U0175043

# 数字时代密码技术与应用

董贵山 等著

科学出版社

北京

# 内 容 简 介

本书是一群产学研界"密码人"共同努力的成果,分析了数字时代网络空间面临的安全威胁,针对"云、大、物、移、智"等新技术带来的日新月异的网络空间安全挑战,提出要以密码为核心支撑打造数字时代网络空间安全体系。从密码技术、产品、标准、应用等方面介绍了国内外密码应用情况并提出密码产业发展的新思路;从密码技术基础、密码新技术、密码应用服务 3 个方面,系统地介绍了近现代典型密码算法、协议,以及同态、零知识证明、安全多方计算、区块链等密码新技术和应用,阐述了密钥和证书管理、身份管理与信任服务、认证鉴别、信息加密、隐私保护等密码应用基础技术和应用接口,并针对"云、大、物、移、智"及工业控制领域提出了相应的密码应用技术体系,进而提出了密码泛在化融合应用、服务化运营的技术平台和运行模式;分享了政务云、金融、智慧城市、车联网、能源、交通、装备制造等领域的典型密码应用方案。

本书是重点研发计划"异构身份联盟与监管基础科学问题研究"(2017YFB0802300)和四川省重大科技专项"党政信息网络空间安全关键技术研究与应用示范"(2017GZDZX0002)支持的项目。笔者期望通过本书分享一些以密码为核心支撑,为数字时代网络空间构造"安全基因"的观点、技术、方案等,可供从事网络安全和密码保障的技术和管理人员使用,也可作为用户进行密码应用体系和解决方案设计的参考。

**图书在版编目(CIP)数据**

数字时代密码技术与应用 / 董贵山等著. —北京 :科学出版社,2021.10
(2023.2 重印)
ISBN 978-7-03-068599-5

Ⅰ.①数… Ⅱ.①董… Ⅲ.①密码术 Ⅳ.①TN918.4

中国版本图书馆 CIP 数据核字 (2021) 第 067207 号

责任编辑:张 展 侯若男 / 责任校对:彭 映
责任印制:罗 科 / 封面设计:墨创文化

**科 学 出 版 社** 出版

北京东黄城根北街16 号
邮政编码:100717
http://www.sciencep.com

**成都锦瑞印刷有限责任公司**印刷
科学出版社发行 各地新华书店经销

\*

2021 年 10 月第 一 版 开本:787×1092 1/16
2023 年 2 月第三次印刷 印张:26 1/2
字数:628 000

**定价:188.00 元**
(如有印装质量问题,我社负责调换)

# 编 委 会

组　长：董贵山

成　员：曾　光　颜　亮　张景中　刘　栋　张兆雷

　　　　韩　斐　郝　尧　陈宇翔　江东兴　白　健

　　　　邓子健　宋　飞　彭海洋　张远云　吴　波

　　　　刘　波　雷　波　姬少培　刘　涛　侯建宁

　　　　夏鲁宁　唐　波　唐　林　梅莉蓉

# 序 1

2020 年 1 月 1 日，《中华人民共和国密码法》正式实施，旨在规范密码应用和管理，促进密码事业发展，保障网络与信息安全，提升密码工作科学化、规范化、法治化水平。这是顺应我国国家网络空间安全新形势，应对密码泛在化应用机遇挑战的重要举措，是推进密码规范应用和产业高质量发展的重要里程碑，也是以法律的名义勾勒出"以密码技术为核心、多种技术交叉融合的网络空间新安全体制"的清晰蓝图。从此，密码管理、密码应用与密码服务进入依法管理、蓬勃发展的新时代。

数字时代的新型基础设施建设已经成为引领数字经济发展的关键载体和支柱，覆盖了网络通信、信息计算、新兴技术领域、行业性融合平台以及科研支撑平台。新基建具备基础平台支撑、海量数据汇聚、广泛实体接入、泛在服务交付的特性。这四大特性无一不代表着巨大的数据价值和平台价值。密码能够深入业务场景之中，与业务应用进行深度融合，是保障网络和信息安全的最有效、最可靠、最经济的关键核心技术，也必然是护航数字经济的核心支撑。密码应用和管理也将更多地表现出基因化、泛在化、标准化、多样化和服务化的基本特征。

基因化是指密码功能正在日益成为信息体系的内生功能。随着信息技术和信息产业的发展，密码应用领域对密码效率、便捷性和通用性的要求，使得"外挂式"密码应用越来越不能适应需求，特别是物联网和工业互联网等场景对安全的天然需求，要求密码功能集成在处理器芯片、主机操作系统等基础软硬件产品中，使密码成为信息产品的内生功能，是密码应用的大势所趋。泛在化是指密码应用广泛分布于网络空间。万物互联下，密码已经开始广泛应用于关系国计民生的重要行业，并逐步走进千家万户，关系每个人的信息安全。未来，在智联智融的新时代，数据被集中、分散、加工、处理，任何一个环节、任何一个流向都离不开安全接入、身份鉴别、加密保护等安全控制，密码将泛化到网络空间的每一个角落。标准化是指密码算法、密码协议、密码产品等都以标准规范化模式固定下来。多年实践表明，标准化是互联互通的前提，是一项技术走向大规模商业化应用的必然选择。自 2012 年起，我国商用密码算法和技术开始走向标准化道路，未来完备的密码标准化体系将扫除不同密码产品、不同应用间的互通互信障碍，密码效益将大幅提升。服务化是指密码服务以运营的方式呈现给用户。云安全服务的大趋势会使密码设备的商业价值逐步降低，密码服务、密码应用的商业价值逐步提升。密码需要实现"可用、好用、能管、好管"的服务目标。

面对日益纷繁复杂的数字世界、多重多变的安全需求，需要回归数字世界的本原，回归密码的本原，数字世界的本原是 0~1 的数字化表达，密码的本原是数字变换。在有效应对数字时代的安全挑战，全面落实密码法，依托密码技术，构建可定义、可度量、可协商、可裁剪的逻辑安全边界，建立按需、动态、高效的网络信息安全新秩序的过程中，密码应用的基因化、泛在化、标准化、多样化和服务化必将成为安全赋能的关键，并且将带来密码新业态的蓬勃发展。

　　本书是一群产学研界"密码人"共同努力的成果，期望能够为这个前所未有的新时代，为"数字中国"的实现，分享一些以密码技术为核心构造"安全基因"的若干观点、技术思路、解决方案等，为从事网络安全和密码保障的技术和管理人员以及各行业用户提供构建安全防护和密码应用体系设计的参考。

中国电子科技集团公司首席信息官

2021 年 1 月 10 日于北京

# 序 2

进入数字时代，人类的生产生活与数字化网络空间高度依存，面临前所未有的挑战和变革。数字时代依托的"新一代信息基础设施"（新基建）建设，是"云、大、物、移、智"的有机聚合和结构化升级，网络安全风险也覆盖了信息服务平台、IoT (Internet of things, 物联网) 设备、PC (personal computer, 个人计算机) 端、移动端，这些承载着新基建业务、数据和服务的载体正在时刻接受海量网络攻击的考验。新型基础设施作为国家级的网络信息服务平台、行业融合支撑平台和科研平台，是以数据驱动的巨系统，数据安全，以及与数据相关的海量城市数字化实体的身份可鉴别，网络行为可信、可控是关键。其安全防护应参考关键信息基础设施的相关要求进行安全防护设计和建设工作，同时针对新基建各领域特定场景进行定制化防护。传统的网络安全防护体系多具有通用性和普适性，无法细粒度地涵盖到特定场景和业务数据流转方面，而密码技术的技术特点和防护理念能够深入业务场景之中，与业务应用进行深度融合，为防护对象提供"贴身防护"和"内生安全"的能力。

密码是保障网络和信息安全的最有效、最可靠、最经济的关键核心技术，是网络安全的最后一道防线，能够为新基建的"基础平台支撑、海量数据汇聚、广泛实体接入、泛在服务交付"四大特性提供针对性的防护。

(1) 密码为基础平台支撑构筑完善的安全防护体系。新型基础设施为国家信息化建设提供新一代的基础支撑平台，其平台价值极高，因此需要完善的安全防护能力。密码技术在网络安全防护体系中居核心和基础地位，依靠密码技术和网络安全技术能够打造集感知安全、传输安全、存储安全、计算安全、处理安全、应用安全于一体的安全防护能力，构建以密码技术为核心、多种技术相互融合的新网络安全体系，构筑新基建安全防护体系。

(2) 密码为海量数据汇聚建立坚实的数据保护能力。新型基础设施是基于多种功能、多种要素、多种技术的体系化集成，支撑着跨领域、跨平台和跨系统的数据交换和信息共享，提供海量数据分析，实现数据的互操作和流程协同。密码技术提供的数据加密存储、可信数据汇聚、安全数据共享、数据流转确权能够实现数据的全生命周期安全，并对敏感数据、个人隐私数据提供针对性的数据脱敏、数据加密和数据隐藏能力，将防护能力深入业务流转之中。

(3) 密码为广泛实体接入提供安全的鉴别防护机制。新型基础设施的部分重点领域，如铁路、公路、电网、通信、管网等，为规模化的网络实体接入建设网络互联平台，实现实体的广泛接入和互联通信。网络互联平台的安全稳定运行成为新型基础设施建设实现价值的前提。基于密码技术为网络实体建立安全的数据执行和存储环境，基于密码技术建立平台侧与网络实体之间的可信鉴别和安全传输机制，两者结合构建从终端侧到平台侧的安全接入环境，有效地保护平台外延的网络实体安全，保障新型基础设施的网络实体安全和边界接入安全。

（4）密码为泛在服务交付构建泛在的密码服务能力。从新型基础设施的建设领域（如智慧城市、物联网、车联网、充电桩）可以看出，核心价值是为数字经济广大领域提供泛在化的服务，将基础能力提供给更多的企业、组织和个人去使用，拓展服务范围，让更多人享受数字经济发展的红利。泛在的服务能力一方面需要服务于各行业领域，密码技术需要依托各行业领域特性提供相适应的防护能力，另一方面需要延伸到海量的网络实体，这些网络实体是新型基础设施建设的价值延伸和受益主体，同时也会成为网络攻击的薄弱点和攻击点，成为攻击平台的跳板。为此，需要建立泛在化的密码保障机制，为广大行业领域提供泛在的密码服务接入能力，为移动终端、PC 端、IoT 终端提供体系化的密码防护能力，有力地支持新基建泛在服务的安全稳定和可管可控。

该书分析了数字时代网络空间面临的安全威胁，针对"云、大、物、移、智"等新技术带来的日新月异的网络空间安全挑战，提出要以密码为核心支撑打造数字时代网络空间安全体系。该书从密码技术、产品、标准、应用等方面介绍了国内外密码应用情况并提出密码产业发展的新思路；从密码技术基础、密码新技术、密码应用服务 3 个方面，系统地介绍了近现代典型密码算法、协议，以及同态、零知识证明、安全多方计算、区块链等密码新技术和应用，阐述了密钥和证书管理、身份管理与信任服务、认证鉴别、信息加密、隐私保护等密码应用基础技术和应用接口，并针对"云、大、物、移、智"及工业控制领域提出了相应的密码应用技术体系，进而提出了密码泛在化融合应用、服务化运营的技术平台和运行模式；分享了政务云、金融、智慧城市、车联网、能源、交通、装备制造等领域的典型密码应用方案。

朋友们，如果您正在从事网络安全和密码保障的技术和管理工作，或者正在为本行业密码应用体系和解决方案设计寻找思路，或者您只是对密码技术和应用感到好奇，此书都值得一读。

四川省密码协会会长
2021 年 1 月 11 日于成都

# 目　　录

## 第一篇　密码发展形势篇

第1章　数字时代网络安全形势 ……………………………………………… 3

1.1　数字时代网络空间安全面临挑战 …………………………………… 3

1.1.1　数字时代的内涵与特征 ………………………………………… 3

1.1.2　数字时代网络空间安全风险 …………………………………… 6

1.2　数字时代依托的安全体系 …………………………………………… 15

1.2.1　云计算安全框架 ………………………………………………… 15

1.2.2　大数据安全框架 ………………………………………………… 22

1.2.3　移动互联网安全框架 …………………………………………… 34

1.2.4　物联网安全框架 ………………………………………………… 40

1.2.5　人工智能安全框架 ……………………………………………… 43

1.3　数字时代与密码 ……………………………………………………… 48

1.3.1　密码是数字时代的安全基石 …………………………………… 48

1.3.2　密码的特性 ……………………………………………………… 49

1.3.3　密码的作用 ……………………………………………………… 49

参考文献 …………………………………………………………………… 52

第2章　国际密码应用概况 …………………………………………………… 53

2.1　密码模块的标准化要求 ……………………………………………… 53

2.2　密码应用中的标准化概况 …………………………………………… 54

2.2.1　国际标准化机构概况 …………………………………………… 54

2.2.2　典型的信息系统密码应用要求 ………………………………… 56

2.3　密码应用与产业发展趋势 …………………………………………… 64

参考文献 …………………………………………………………………… 65

第3章　我国商用密码的发展概况 …………………………………………… 66

3.1　政策法规文件情况 …………………………………………………… 66

3.1.1　政策文件情况 …………………………………………………… 66

3.1.2　法律文件情况 …………………………………………………… 67

3.2　标准规范情况 ………………………………………………………… 68

3.2.1　密码模块 ………………………………………………………… 72

3.2.2　密码主机 ………………………………………………………… 73

　　3.2.3　证书和密钥管理基础设施 ·················································· 74
　　3.2.4　密码应用 ··············································································· 75
　　3.2.5　密码服务 ··············································································· 75
　3.3　密码产业与技术产品应用概况 ············································· 76
　参考文献 ··························································································· 78
第4章　密码产业发展趋势思考 ····················································· 80
　4.1　对密码产业现状的认识 ························································· 80
　　4.1.1　密码产业发展宏观政策环境向好 ········································· 80
　　4.1.2　密码产业规模持续增长，业态日益完善 ······························ 80
　　4.1.3　密码技术、产品和测评体系逐渐健全 ·································· 81
　4.2　密码新业态的思考和实践 ····················································· 81
　　4.2.1　新时代对密码产业带来了泛在化的新需求和新挑战 ··········· 81
　　4.2.2　打造泛在化密码新业态的重大意义和急迫需求 ·················· 82
　　4.2.3　"密码PI$^3$"——密码泛在化理念与实践 ······························ 83
　4.3　促进密码产业新业态发展建议 ············································· 85
　参考文献 ··························································································· 86

## 第二篇　密码技术基础篇

第5章　古典密码和近现代密码 ····················································· 89
　5.1　古典密码 ··············································································· 89
　　5.1.1　古代密码的典型应用 ··························································· 89
　　5.1.2　典型的古典密码机制 ··························································· 91
　5.2　近代密码 ··············································································· 92
　　5.2.1　维吉尼亚密码 ······································································· 92
　　5.2.2　Enigma 密码 ········································································· 92
　5.3　现代密码 ··············································································· 93
　　5.3.1　序列密码 ··············································································· 93
　　5.3.2　分组密码 ··············································································· 94
　　5.3.3　公钥密码 ··············································································· 95
　　5.3.4　HASH 函数 ··········································································· 96
　参考文献 ··························································································· 96
第6章　主流密码算法和协议 ························································· 98
　6.1　分组密码 ··············································································· 98
　　6.1.1　DES 和 3DES ········································································· 98
　　6.1.2　AES ······················································································ 104
　　6.1.3　SM4 ····················································································· 107

　　6.1.4　分组密码的工作模式 ………………………………………… 110

　6.2　公钥密码 …………………………………………………………… 112

　　6.2.1　RSA ………………………………………………………… 112

　　6.2.2　SM2 椭圆曲线 ……………………………………………… 114

　6.3　散列算法 …………………………………………………………… 116

　　6.3.1　MD5 的破解 ………………………………………………… 116

　　6.3.2　SHA-0 和 SHA-1 …………………………………………… 117

　　6.3.3　SHA-3 ………………………………………………………… 118

　　6.3.4　SM3 …………………………………………………………… 119

　6.4　密码体制 …………………………………………………………… 121

　　6.4.1　对称密码体制 ………………………………………………… 121

　　6.4.2　非对称密码体制 ……………………………………………… 122

　　6.4.3　混合密码体制 ………………………………………………… 122

　6.5　密码协议 …………………………………………………………… 126

　　6.5.1　密码协议作用 ………………………………………………… 126

　　6.5.2　密码协议设计原则 …………………………………………… 127

　　6.5.3　密码协议的分类 ……………………………………………… 128

　　6.5.4　典型密码协议 ………………………………………………… 129

　参考文献 ………………………………………………………………… 135

第 7 章　密码新技术和应用 ……………………………………………… 136

　7.1　同态密码 …………………………………………………………… 136

　　7.1.1　概念及分类 …………………………………………………… 136

　　7.1.2　发展历程 ……………………………………………………… 136

　　7.1.3　关键技术方案 ………………………………………………… 139

　　7.1.4　应用方向 ……………………………………………………… 140

　7.2　零知识证明 ………………………………………………………… 141

　　7.2.1　概念及分类 …………………………………………………… 141

　　7.2.2　发展历程 ……………………………………………………… 142

　　7.2.3　关键技术方案 ………………………………………………… 143

　　7.2.4　应用方向 ……………………………………………………… 145

　7.3　安全多方计算 ……………………………………………………… 145

　　7.3.1　概念及分类 …………………………………………………… 145

　　7.3.2　发展历程 ……………………………………………………… 146

　　7.3.3　关键技术方案 ………………………………………………… 147

　　7.3.4　应用方向 ……………………………………………………… 150

　7.4　后量子密码 ………………………………………………………… 150

　　7.4.1　概念及分类 …………………………………………………… 150

　　7.4.2　发展历程 ……………………………………………………… 151

      7.4.3　应用方向 ································································· 151

7.5　区块链·················································································· 152

      7.5.1　概念及分类 ································································· 152

      7.5.2　发展历程 ····································································· 153

      7.5.3　关键技术方案 ································································ 156

      7.5.4　应用方向 ····································································· 163

  参考文献 ···················································································· 164

# 第三篇　密码应用服务篇

第8章　密码应用基础 ········································································· 167

8.1　密钥管理和证书管理 ································································· 167

      8.1.1　密钥管理概念和作用 ······················································ 167

      8.1.2　密钥管理的模式与应用 ···················································· 169

      8.1.3　数字证书的概念与作用 ···················································· 172

      8.1.4　密码应用基础设施 ························································· 173

8.2　信息保护 ··············································································· 178

      8.2.1　信息保护目标和场景 ······················································ 178

      8.2.2　典型的信息保护密码应用 ················································· 178

8.3　认证与鉴别 ············································································ 181

      8.3.1　普通口令认证 ······························································· 181

      8.3.2　密码类认证 ································································· 182

8.4　身份管理与信任服务 ································································· 188

      8.4.1　统一身份管理与跨越信任的需求 ········································· 189

      8.4.2　异构身份联盟与跨域信任技术框架 ······································ 190

8.5　访问控制 ··············································································· 196

      8.5.1　强制访问控制与自主访问控制 ············································ 197

      8.5.2　基于角色的访问控制 ······················································ 198

      8.5.3　基于属性的访问控制 ······················································ 199

      8.5.4　基于属性基加密的访问控制 ·············································· 200

8.6　隐私保护 ··············································································· 203

      8.6.1　隐私保护概述 ······························································· 203

      8.6.2　大数据环境下的隐私保护 ················································· 203

      8.6.3　大数据环境下的数据匿名技术 ············································ 205

      8.6.4　差分隐私保护技术 ························································· 207

      8.6.5　大数据加密存储技术 ······················································ 207

      8.6.6　隐私保护计算技术 ························································· 208

8.7 密码接口应用 ················································ 210

    8.7.1 国际密码应用接口发展状况 ···················· 210

    8.7.2 我国密码应用接口现状 ·························· 213

    8.7.3 常用密码服务接口技术简介 ···················· 216

  参考文献 ···························································· 235

第 9 章 密码技术应用 ·············································· 237

9.1 密码应用基本要求 ··········································· 237

    9.1.1 密码标准与等保标准的联系 ···················· 237

    9.1.2 密码标准 0054 的基本要求 ···················· 238

    9.1.3 等保标准与密码应用相关要求分析 ············ 242

9.2 云计算密码应用 ············································· 247

    9.2.1 研究概况 ········································· 247

    9.2.2 云计算密码保障技术体系 ······················ 248

    9.2.3 关键技术和产品 ································· 263

9.3 大数据密码应用 ············································· 267

    9.3.1 研究概况 ········································· 267

    9.3.2 大数据密码保障技术体系 ······················ 274

    9.3.3 关键技术和产品 ································· 277

9.4 移动互联网密码应用 ········································ 283

    9.4.1 研究概况 ········································· 283

    9.4.2 移动互联网密码保障技术体系 ················· 284

    9.4.3 关键技术和产品 ································· 286

9.5 物联网密码应用 ············································· 288

    9.5.1 研究概况 ········································· 288

    9.5.2 物联网密码保障技术体系 ······················ 291

    9.5.3 关键技术和产品 ································· 292

9.6 工业控制系统密码应用 ····································· 294

    9.6.1 研究概况 ········································· 294

    9.6.2 工控系统密码保障技术体系 ···················· 295

    9.6.3 关键技术和产品 ································· 301

9.7 人工智能密码应用思考 ····································· 303

    9.7.1 研究概况 ········································· 303

    9.7.2 人工智能安全和密码保障 ······················ 304

    9.7.3 发展展望 ········································· 306

  参考文献 ···························································· 307

第 10 章 密码管理与运营服务 ··································· 308

10.1 密码管理服务概况 ·········································· 308

    10.1.1 密码即服务 ······································ 308

    10.1.2　公有云密码服务概况 ··············································310

    10.1.3　线上密码服务概况 ··················································317

  10.2　密码服务泛在特征 ··························································326

  10.3　密码运营服务原则 ··························································327

  10.4　密码运营服务体系 ··························································327

  10.5　密码运营服务平台 ··························································328

    10.5.1　系统架构 ······························································328

    10.5.2　逻辑架构 ······························································331

  10.6　密码运营服务模式 ··························································331

    10.6.1　接入模式 ······························································332

    10.6.2　托管模式 ······························································332

    10.6.3　混合模式 ······························································333

  10.7　密码运营服务内容 ··························································334

    10.7.1　基础密码服务 ··························································334

    10.7.2　通用密码服务 ··························································335

    10.7.3　密码应用服务 ··························································336

  10.8　密码运营服务保障 ··························································337

  10.9　密码服务关键产品 ··························································338

    10.9.1　密码服务系统 ··························································338

    10.9.2　信任服务系统 ··························································340

    10.9.3　云密码资源池 ··························································342

    10.9.4　密码监管系统 ··························································344

  参考文献 ················································································347

第11章　政务信息系统典型密码应用 ··············································348

  11.1　政务云密码保障 ····························································348

    11.1.1　应用需求 ······························································348

    11.1.2　技术框架 ······························································348

    11.1.3　主要内容 ······························································351

    11.1.4　应用成效 ······························································354

  11.2　政务信息共享密码应用 ····················································354

    11.2.1　应用需求 ······························································354

    11.2.2　技术框架 ······························································356

    11.2.3　主要内容 ······························································357

    11.2.4　应用成效 ······························································360

  11.3　"互联网+政务服务"密码应用 ··············································360

    11.3.1　应用需求 ······························································360

    11.3.2　技术框架 ······························································361

    11.3.3　主要内容 ······························································361

11.3.4 应用成效 ·················································· 367

11.4 政务移动办公 ················································ 367

  11.4.1 应用背景 ·················································· 367

  11.4.2 应用框架 ·················································· 368

  11.4.3 主要内容 ·················································· 370

  11.4.4 应用成效 ·················································· 374

参考文献 ·························································· 375

## 第12章 数字经济新基建密码应用 ································ 376

12.1 智慧城市密码应用 ············································ 376

  12.1.1 应用需求 ·················································· 376

  12.1.2 技术框架 ·················································· 376

  12.1.3 主要内容 ·················································· 378

  12.1.4 应用成效 ·················································· 382

12.2 车联网密码应用 ·············································· 383

  12.2.1 应用需求 ·················································· 383

  12.2.2 技术框架 ·················································· 384

  12.2.3 主要内容 ·················································· 385

  12.2.4 应用成效 ·················································· 386

参考文献 ·························································· 386

## 第13章 重要行业典型密码应用 ································ 387

13.1 金融行业密码典型应用 ········································ 387

  13.1.1 应用需求 ·················································· 387

  13.1.2 技术框架 ·················································· 388

  13.1.3 主要内容 ·················································· 389

  13.1.4 应用成效 ·················································· 391

13.2 第三方支付密码典型应用 ······································ 391

  13.2.1 应用需求 ·················································· 392

  13.2.2 技术框架 ·················································· 393

  13.2.3 主要内容 ·················································· 393

  13.2.4 应用成效 ·················································· 394

13.3 能源行业密码典型应用 ········································ 395

  13.3.1 应用需求 ·················································· 395

  13.3.2 技术框架 ·················································· 396

  13.3.3 主要内容 ·················································· 397

  13.3.4 应用成效 ·················································· 398

13.4 交通行业密码典型应用 ········································ 398

  13.4.1 应用需求 ·················································· 399

  13.4.2 技术框架 ·················································· 399

　　　13.4.3　主要内容 ································································· 401

　　　13.4.4　应用成效 ································································· 403

　13.5　装备制造行业密码典型应用 ············································· 403

　　　13.5.1　应用需求 ································································· 403

　　　13.5.2　技术框架 ································································· 403

　　　13.5.3　主要内容 ································································· 405

　　　13.5.4　应用成效 ································································· 407

**参考文献** ··················································································· 407

**后记** ························································································· 408

# 第一篇　密码发展形势篇

# 第1章　数字时代网络安全形势

## 1.1　数字时代网络空间安全面临挑战

### 1.1.1　数字时代的内涵与特征

#### 1. 数字时代的发展概况

数字时代(digital age)，是现代信息技术高度发展的产物，将工业革命通过工业化打造的以传统工业为主导的产业模式，转变为信息革命引领的以信息技术为主导的新产业模式，促进社会经济结构发生了质的飞跃。人类已经进入数化万物、虚实孪生的数字化生存时代。

人类社会的发展离不开信息技术，伴随着科学技术的发展，信息技术正不断发生新的变革。语言、行为、文字是最早人与人之间传达信息的方式，口哨、烟火是早期远距离传达信息的重要手段。随着印刷术的发明，纸张的广泛应用，信息有了有效的载体，促进了信息的流通和保存。伴随 19 世纪中叶的第二次工业革命，人类进入电气时代，信息技术伴随光电技术的发展产生了新的变革。电话、电报的发明使得人类能够更加快速地传递信息，收音机、电视机的普及扩展了人类社会信息传递的广度。20 世纪 50 年代开始，以计算机为代表的第三次工业革命，促进信息和通信领域发生了深刻的变革，计算机、数字通信、互联网的深度发展，打造了数字时代发展的技术基础，使得人类信息传输、存储、处理能力快速提升。21 世纪以来，云计算、大数据、物联网、移动互联网、人工智能等技术蓬勃发展，使得人类利用信息的手段发生了质的飞跃。

计算机的产生和发展开启了人类运算能力提升的里程，打造了数字时代的基础。从 1946 年第一台通用计算机 ENIAC 在美国宾夕法尼亚大学诞生至今，CPU 的元器件经历了电子管、晶体管、集成电路、大规模集成电路的发展历程，处理器运算速度从最初的每秒 5000 次发展到单片每秒 5000 亿次以上，18～24 个月性能翻倍的摩尔定律侧面反映了处理器运算速度的飞速发展。在追求高性能计算的道路上，除采用 CPU 集成电路工艺提升、单核转向多核、GPU 多线程技术等方式提升单机的运算能力之外，通过整合多台网络计算机进行分布式计算，也是提升计算能力的主要方法。高性能计算机主要采用分布式计算的思路，1 台高性能计算机的运算能力相当于 11 万台个人计算机的运算能力。

分布式计算和虚拟化技术推动云计算和大数据走上舞台。云计算对网络、计算、存储等资源进行集合，通过资源虚拟化和统一分配管理，可按需弹性分配给用户使用。当前，亚马逊 AWS、微软 Azure、阿里云等提供的云计算服务已经被广泛接受和使用。海量信息系统应用带来各行业领域大数据资源的爆发式增长，在拥有大量数据的基础上，通过数据的分析和挖掘，提炼出有价值的数据，为人工智能的发展奠定了数字基础，进一步指导政府的科学治理，促进传统产业的数字化转型。Hadoop 作为广泛应用的大数据处理平台，具备针对海量非结构化数据的分析计算能力和分布式并行处理能力。

数字时代所依托的全球互联网，使人类之间的交流跨越了时间和空间障碍，并不断创造互联网应用的新模式。滴滴没有一辆车，却做着出租车的生意；淘宝没有一件货，却整合着无数的商家；银联没有一家银行，却统合着众多国内的银行；微信没有一个店铺，却成就了无数的微商。20 多年来，中国人的宽带下载速率翻了 60 倍以上，网络带宽的提升为互联网应用的发展提供了基础，也使得云计算、移动互联网、物联网的融合应用成为可能。

移动互联网以移动终端为载体，将移动通信和互联网结合起来，实现了互联网的移动化。伴随 3G/4G/5G 移动通信技术和安卓、苹果、微软等移动终端技术的发展，以及移动应用的爆发式增长，移动互联网迅速发展起来。根据《中国移动互联网发展报告》，2018年，在 20 年不到的时间里，中国移动互联网用户达到了 15.7 亿户（超过总人数），全年移动互联网接入每户的月均流量达到 4.42GB，是 2017 年的 2.6 倍。移动终端因其随时、随地、随心、随性的特点，逐渐成为人们工作和生活中不可或缺的组成部分。移动互联网丰富和扩展了人与人之间、人与信息之间的交互手段，移动互联网的高速发展促使传统企业诞生了融合发展新模式——互联网+。新模式下，信息交互不只局限于人与人之间、人与物之间、物与物之间的联动，还诞生了"物物相连"的物联网。物联网进一步提升了人类社会的智能化程度，已经在智能家居、智能交通等领域展现出勃勃生机，正不断辐射智能医疗、智能制造、智能电网等新领域，为数字时代的智能化发展赋能。

数字时代智能化的主要支撑技术是人工智能(artificial intelligence，AI)。人工智能的发展促进了人类处理复杂问题能力的提升和飞跃。人工智能刚诞生时，科学家希望解决"如何用机器模拟人的智能"的问题，随着人工智能技术的不断发展，人工智能正不断地在新的领域超越人类。1997 年，IBM 的"深蓝"超级计算机在一场人机大战中战胜国际象棋冠军 Garry Kasparov。2016 年，在全球范围内直播的围棋领域的人机大战中，谷歌DeepMind 公司的 AlphaGo 击败了国际围棋世界冠军李世石，第二年，AlphaGo 的升级版击败了世界围棋排名第一的柯洁。值得注意的是，击败国际象棋冠军的 AI 和击败国际围棋冠军的 AI 已经发生了质的变化。"深蓝"依赖的是计算机的运算能力，通过穷举获得最优解。AlphaGo 则是将基于深度学习的大数据分析能力融入其中，通过对 3000 万盘棋局进行样本训练、深度学习，分析得出决胜策略。

同时，基于大数据深度学习的人脸识别的精度首次超过人类能力本身。2014 年科学家将基于深度学习的卷积神经网络应用到人脸识别上，采用 20 万个训练数据，在 LFW 人脸识别公开竞赛上第一次超过人类水平的识别精度 97.53%。AI 正不断应用到电子商务、无人驾驶、医疗诊断、石油测井、气象预报、交通管理等领域，融入人类生产、生活的方方面面。

综上，以云计算、大数据、物联网、移动互联网、人工智能为代表的新一代信息技术是数字时代发展的技术支撑，要把握数字化、网络化、智能化融合发展的契机，以信息化、智能化为杠杆培育新动能，推进网络强国、智慧社会建设和数字经济发展。

　　2. 数字时代的主要特征

　　数字时代的特征主要体现为数字化、网络化和智能化[1]。在数字时代的背景下，可以将世界划分为人类的社会空间、物理空间、信息空间 3 个次元。这 3 个次元之间相互关联，彼此影响，反映出时代的信息化程度和数字演进状况，如图 1-1 所示。数字化是社会空间和物理空间的表达方式，构建了信息空间，信息空间体现出数字化的程度；网络化是社会空间和物理空间通过信息空间的融合；智能化是信息空间作用于物理空间与社会空间的高级方式，反映出人工智能技术的发展程度。数字化、网络化和智能化相互驱动，螺旋上升，如图 1-1 所示。

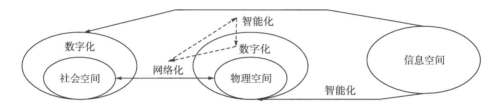

图 1-1　数字时代的数字化、网络化、智能化

　　1）数字化：从计算机化到数据化

　　数字化狭义上是指信息以计算机二进制的数字编码形式进行存储、处理等操作，是信息的表示和处理方式。广义上看，随着云和大数据等技术的深度发展，数字化进一步扩展到了数据本身的采集、存储、传输、分析、处理等数据操作，以及具体业务应用的自动化和信息化。从发展趋势上看，当前数字化的重点发展领域是大数据的深度应用和合理运用，大数据正在不断改变人类的生产和生活方式，在商业模式、管理创新、科学研究等各个领域显现出新的发展机遇。

　　2）网络化：从互联网到物联网

　　互联网作为改变世界的重要发明，已经成为当前人类活动的重要组成部分。人们通过互联网以及移动互联网获取信息、发布信息、交换信息、消费信息，已经成为不可或缺的生活方式。互联网活动主要是人与人之间、人与信息之间的交互，随着网络技术的发展，交互方已不再局限于人的范畴，物联网作为互联网的拓展，将信息技术运用于各种物体之间的连接。在物体上安装感知和传感设备，通过无线网络将物体与互联网联通，实现了物与物的互联，人们可以与物体进行实时的信息交换和通信。物联网技术正焕发出新的动能，在车联网、无人驾驶、智能家居、工业物联网等领域有广阔的发展空间。

　　3）智能化：从专家系统到深度学习

　　对智能化简单的理解是机器能够拥有人的智慧，完成人类的工作。更深一层次的智能化发展要求是机器的智慧能够超越人类。智能化的理念，在计算机刚诞生时就已经是人类追求的目标，主要依赖的是人工智能技术。早期的人工智能主要依赖人类总结出的一些规律和技术，形成专家系统，基于计算机的高速运算能力，实现语言识别、符号处理等一些领域的人工智能。近年来，伴随云计算、大数据等技术的发展，深度学习成为新一代人工智能技术的卓越代表。人工智能不局限于专家系统，正在往自适应、自学习、自博弈的方向发展，深度学习依赖于大数据智能，通过大量的样本训练，不断积累，不断提高。新一代人工智能发展热潮正在上演，它将以算法创新为核心，以大数据为基础，以强大的计算能力为支撑。

## 1.1.2　数字时代网络空间安全风险

随着数字时代新技术的不断深度发展，新技术的复杂性以及与传统服务模式的巨大区别，使安全问题成为最受关注的问题。云计算将数据从原有的用户拥有转移到云端，并带来网络安全边界模糊化问题；物联网把计算能力扩展到物端，使得对数据的访问控制能力发生迁移，并带来海量网络空间实体安全接入与管理问题；大数据将各政务部门、各行业分散的数据进行集中汇聚存储，通过跨部门、跨层级、跨领域共享融合利用，在发挥数据价值的同时，也容易成为网络恶意攻击的重点目标。当前，在国际形势波谲云诡、重要企业组织利益驱动、个人隐私保护体制欠缺的背景下，数字时代面临一系列严峻的网络安全问题威胁。

### 1. 国家间的网络安全博弈

1）美国网络安全战略

2018 年美国发布了《国家网络战略》，这是 15 年来美国公布的首项内容全面的网络战略，将保卫美国、促进繁荣、以实力维护和平、提升美国影响力列为四大支柱，并提出战略目标及实现举措。该战略的核心观点是，美国创造了互联网，因此美国政府必须在界定、塑造和管理网络空间方面保持主导地位。战略报告认为，"美国的繁荣与安全取决于如何应对网络空间的机遇与挑战"，提出需要确保联邦网络与信息安全、关键基础设施安全，打击网络犯罪并完善事件上报机制；为促进美国繁荣，需要加速推进数字经济建设、培育和保护创造力、培养优秀网络人才；为实现"以实力求和平"的目标，一方面需推动达成"负责任国家行为准则"以促进网络稳定，另一方面也要对不可接受的网络行为进行溯源和威慑；为提升美国影响力，应建设开放、互操作、可靠、安全的互联网，并与盟友、伙伴展开广泛合作。

2018 年美国五角大楼发布了《2018 国防部网络空间战略》，以"防御前置""塑造竞争优势"和"做好战争准备"为关键词，提出"在任何空间作战并获胜，以先发制人、击败、威慑等方式抵御重大网络攻击，以及与盟友、伙伴合作"三大目标。为实现这些目标，该战略提出了"建设更致命的联合力量、开展竞争与实施威慑、强化联盟与吸引伙伴、在国防部内实施革新、培养网络人才"五大具体举措。

这两份网络战略文件都强调加快美国网络军事力量建设，进攻性色彩浓厚。强调"防御前置"，突出"大国竞争"，将其作为今后网络安全的主基调。网络作战概念由"主动网络防御"更新为"网络前置"，要让网络恶意行为体承受"反应快速、代价巨大、清晰可见的后果"，要"在源头扰乱或阻滞网络威胁，包括那些未达到武装冲突层级的行为"，从而"将我们的关注焦点外移，在威胁行为抵达目标前将其阻止"，其进攻性明显强于以往的网络威慑政策。

2) 俄罗斯的网络空间战略

俄罗斯已将网络空间安全提升至国家战略高度，通过一系列手段，形成比较全面的网络空间安全保障体系。面对西方网络强国的严密监控，为了争夺网络话语权以及维护本国的网络空间安全，俄罗斯非常注重网络防御能力建设。在 2016 年，俄罗斯就已经进行了克里姆林宫与全球互联网的隔绝。2017 年，俄罗斯通过了禁用各类代理 Web 访问工具的议案，俄罗斯公民不得使用代理和 VPN(virtual private network，虚拟专用网络)访问网络。2018 年，俄罗斯通过一项名为"数字经济国家计划"的新法律草案，该草案提出在 2019 年实施俄罗斯"断网"测试，即切断本国与全球的网络连接，旨在测试俄罗斯的网络防御系统。同时，新法律草案还要求俄罗斯创建自己的域名系统，以便在失去与国际服务器的连接时继续运营。与此同时，在网络攻击方面，俄罗斯也掌握了全球先进的网络攻击技术，形成了强大的网络攻击武器，配合多样化的作战手段。

2019 年 12 月，俄罗斯宣布完成了切断全球互联网的测试实验，能够将俄罗斯的内部网络与全球互联网断开。通过动员政府机构、互联网公司以及互联网提供商，在专用网络上进行了该项测试，普通用户基本没有察觉。该测试是为了保障俄罗斯的国家互联网基础设施能够在独立于全球域名系统(domain name system，DNS)及互联网的情况下处于正常状态。

3) 中国的国家网络空间安全战略

2016 年中国首次发布了《中华人民共和国网络安全法》和《国家网络空间安全战略》[2](以下称《战略》)。《中华人民共和国网络安全法》为网络空间发展提供了法律规范和指引；《战略》则提出了目前我国网络空间已经成为信息传播的新渠道、生产生活的新空间、经济发展的新引擎、文化繁荣的新载体、社会治理的新平台、交流合作的新纽带、国家主权的新领域等"七种发展机遇"；同时面临利用网络干涉他国内政以及大规模网络监控、窃密等活动严重危害国家政治安全和用户信息安全，关键信息基础设施遭受攻击破坏、发生重大安全事件严重危害国家经济安全和公共利益，网络谣言、颓废文化和淫秽、暴力、迷信等有害信息侵蚀文化安全和青少年身心健康，网络恐怖和违法犯罪大量存在直接威胁人民生命财产安全、社会秩序，围绕网络空间资源控制权、规则制定权、战略主动权的国际竞争日趋激烈，网络空间军备竞赛挑战世界和平等 "六大挑战"。

《战略》还提出了国家总体安全观指导下的推进网络空间和平、安全、开放、合作、有序，维护国家主权、安全、发展利益，实现建设网络强国的战略目标等"五大目标"，建立了共同维护网络空间和平安全的尊重维护网络空间主权、和平利用网络空间、依法治理网络空间和统筹网络安全与发展等"四项原则"，制定了推动网络空间和平利用与共同治理的"九大任务"，包括坚定捍卫网络空间主权、坚决维护国家安全、保护关键信息基础设施、加强网络文化建设、打击网络恐怖与犯罪、完善网络治理体系、夯实网络安全基础、提升网络空间防护能力、加强网络空间国际合作等。

《战略》强调网络空间具有国家主权，网络空间安全与国家政治安全紧密相关，网络安全核心技术装备、产品、服务要可控和可信，要建立网络安全审查、等级保护、风险评估、漏洞发现等安全制度和机制，网络空间要和平利用和开展国际合作，强调掌握着大量信息和网络资源的企业(主要为央企)应尽责和政府一起保护好国家关键信息基础设施并以企业作为创新主体取得核心技术突破，强调对关键信息基础设施的保护、夯实网络安全基础，还提出将"人权得到充分尊重"纳入发展目标，要保护知识产权、名誉权、财产权，保护个人隐私，打击侵害公民个人信息的行为，要弥合数字鸿沟等观点，是中国第一次向全世界系统、明确地宣示和阐述对于网络空间发展和安全的立场和主张，具有显著的中国特色，是中国国家安全战略的重要组成部分，已经成为指引我国网络空间安全发展的纲领性文件。

4) 各国的"AI+网络安全"行动

2019 年 6 月、9 月，美国先后公布《国防部人工智能战略》《国家人工智能战略》两大战略，表明其在国家、军队层面的"智能化战略"全面启动。2020 年 2 月，欧盟委员会发布了 3 份重要的数字战略文件，分别是人工智能白皮书《走向卓越与信任——欧盟人工智能监管新路径》《塑造欧洲的数字未来》和《欧洲数据战略》。而人工智能白皮书实际上就是欧盟的人工智能发展战略，旨在打造以人为本的可信赖和安全的人工智能。2019 年 6 月，日本政府出台了《人工智能战略 2019》，引导人工智能技术研发、产业发展和人才培养。细数近几年各国先后发布的人工智能战略和路线图，会发现人工智能领域是群雄逐鹿，每个国家都摩拳擦掌，均将成为全球人工智能发展的领导者或夺取"技术主权"视为其核心目标，在制定了人工智能发展战略的同时，高度重视人工智能的安全问题，并积极促进"AI+网络安全"，保持网络空间安全的技术优势。

2020 年，美国 Perspecta 公司启动研究自主网络防御技术，旨在利用人工智能和机器学习为美国陆军通信电子研究、开发和工程中心空间及地面通信理事会(S&TCD)的战术通信网络开发自主网络防御技术。该技术可在确保自动网络决策安全性的同时，以机器速度实施自主防御网络攻击，可用于自主检测和修补已知网络漏洞，自主识别和纠正网络及主机错误配置，自主检测已知和未知恶意软件样本，"红队"自主决策引擎，提高自主决策引擎的鲁棒性，利用特定战术网络、数据流和消息集检测和推断攻击意图，提高人机团队的性能和效率；将网络应对建议相互关联并形成新的行动方案等。

同年，英国 BAE 公司启动研发基于云平台和人工智能技术的全球态势感知系统。该态势感知系统计划利用商业和开源数据提供连续的全球态势感知服务，包括异常检测和形势预测等。英国 BAE 公司的目标是基于其 Multi-INT 模式分析、学习和开发(Maple)技术，利用机器学习在稀疏和大数据中发现关键信息，解决高度复杂、威胁国家安全的问题。该系统将会以新的方式实现自动化分析，有效节约人力成本，提升运行效率，增强全球信息获取和态势监测能力。

日本也于 2020 年启动对抗网络攻击的人工智能系统的研发。日本防卫省表示，基于人工智能的对抗网络攻击系统可自动检测恶意电子邮件，判断其威胁程度，并对网络攻击做出回应。防卫省还希望采购网络信息收集系统，收集针对防卫省或自卫队的网络攻击战术、技术和程序信息，将网络防御组织从 220 人扩大到 290 人，并就日本军方使用的网络设备的网络安全措施展开研究。

2. 组织和企业面临的网络攻击

1）德国政府遭受 COVID-19 网络钓鱼攻击

2020 年 4 月，据外媒报道，德国西部北莱茵威斯特法伦州政府在未能建立安全防护的网站分发新型冠状病毒肺炎紧急援助资金后遭遇钓鱼攻击，损失了数千万欧元。据悉，网络犯罪分子创建了北威州经济事务部官方网站副本，随后他们使用电子邮件活动分发了指向该虚假网站的链接，吸引用户并在用户注册时收集详细信息。随后，黑客代表真实用户向政府提出援助请求，但他们替换了要汇入资金的银行账户。

德国报纸 *Handelsblatt* 报道称，此前政府已收到 38 万份有关新型冠状病毒肺炎的援助申请，并同意对 36 万份请求提供援助。据德国电视台塔吉绍（Tagesschau）报道，这些援助请求中已发现黑客累计伪造了 3500～4000 份资金请求。据了解，此次黑客行动从 3 月中旬持续到 4 月 9 日，事件被发现后，北威州政府立刻暂停向用户付款并关闭了其网站。但是，德国科技新闻网站 Heise 表示，在关闭该网站之前，北威州警察局就已收到 576 起有关该骗局的欺诈报告。根据粗略估计，北威州政府至少造成 3150 万欧元的损失，这笔钱都汇入了虚假账户。

2）企业物联网设备安全事件

2019 年的黑帽大会（Black Hat）上，物联网嵌入式设备的问题作为大会的热点议题之一，得到了重点关注。大会上 Atredis Partners 团队介绍了一种利用应用蓝牙 LE（low energy，低能耗）攻击技术接管小型物联网设备的案例，能够完全获取一家大型连锁酒店电话密钥系统的权限。在实际应用中，在机顶盒、医疗设备、公共信息电话亭、蜂窝电话等场景下，嵌入式设备许多都直接与互联网相连。这些设备在没有足够的安全性设计时，容易成为攻击对象，存在非授权访问的风险。如果没有相应的安全措施，则会导致这些设备的功能被破坏，数据被窃取，操作被劫持。

2015 年，媒体披露大量的物联网设备曾被网络犯罪组织锁定。2016 年，分布式拒绝服务（distributed denial of service，DDoS）攻击可以通过海量的物联网设备发动，并横行全球网络。一般的关注点都是服务器和用户端设备的安全问题，而物联网设备的脆弱安全性问题往往被忽视，成为恶意组织的重要攻击目标。

当前，从工厂和仓库中的工业物联网到办公室中的智能灯和恒温器，物联网设备已在许多类型的企业中大量使用。据卡巴斯基实验室数据显示，2019 年有 IoT 设备的企业中有近三分之一受到攻击。使设备保持最新状态，仅考虑安全性设计的设备，并分析往返于 IoT 设备的网络流量，可以为确保企业安全提供帮助。Zscaler 公司发布了物联网报告《2020 年企业物联网设备：影子物联网威胁显现》，报告对 212 个制造商的 21 种不同的共计 553 种 IoT 设备进行了统计分析。员工将未经授权的设备带入企业（被称作影子物联网现象），正不断变得普遍。报告显示 83% 的基于物联网的交互都发生在纯文本通道上，只有 17% 的交互使用了安全 SSL 通道。Zscaler 在一季度阻止了约 42000 起基于物联网的恶意软件和漏洞攻击事件。为了应对影子物联网设备带来的日益严重的威胁，必须首先能够发现网络中已经存在的非授权的物联网设备。

3) 工控设备遭受网络攻击

工业控制系统受到网络攻击的案例层出不穷,从伊朗核设施遭到震网病毒攻击损毁,到格鲁吉亚、乌克兰、委内瑞拉供电中断等,已经成为国家或组织开展网络打击的重要手段。卡巴斯基实验室 2018 年发布的《工业威胁态势报告》显示,当年卡巴斯基实验室保护的工业控制系统(ICS)计算机中,近一半受到恶意软件和其他威胁的攻击。卡巴斯基保护的 47.2%的设备在 2018 年受到攻击,高于 2017 年的 44%。受攻击设备包括用于 SCADA系统的 Windows 计算机、历史服务器、数据网关、工程和操作人员工作站、人机界面,以及工业网络管理员和工业自动化软件开发人员使用的系统。

2018 年下半年,卡巴斯基的解决方案检测到超 1.91 万个来自 2700 个恶意软件家族的恶意攻击,与上半年大致相同。这些攻击大多数是随机攻击,并不是有针对性的行动。卡巴斯基表示,2018 年每个月被阻止恶意活动的 ICS 计算机的比例都高于 2017 年同期。该公司在其最新报告中称,特洛伊木马(27.1%)是最常见的病毒,其次是危险对象检测(10.9%)、下载器(4.8%)和蠕虫(4.8%)。2018 年下半年受恶意软件影响最多的国家或地区是越南、阿尔及利亚和突尼斯,而受影响最小的国家或地区是爱尔兰、瑞士、丹麦、中国香港、英国和荷兰。互联网仍然是威胁的头号来源,26%的 ICS 计算机受到来自互联网的威胁。

4) 勒索病毒事件

2017 年,WannaCrypt 勒索软件的横行,引起了人们的广泛注意。2018 年,Satan 勒索软件的升级版,携带"永恒之蓝"再次进入人们的视野。2019 年,GlobeImposter 勒索软件的新变种又一次爆发,在较大范围内进行了广泛传播。2020 年,Dharma 勒索软件源码在黑客论坛上公开出售。随着新勒索软件的频发,勒索软件变种版本的不断出现,对网络安全的影响不断加深。各类勒索软件的肆虐,使得安全研究人员面临严峻的挑战。

勒索软件攻击目标正呈现多样化的趋势。攻击设备方面,从计算机端正转向移动端,勒索病毒主要以计算机为攻击对象,但随着移动互联网的发展,正在向移动端蔓延。卡巴斯基实验室的检测数据显示 2017 年共有 161 个国家的 11 万名用户遭受到移动版勒索软件的攻击,勒索软件的安全包数量达到 54.4 万个,规模呈现逐年增大的趋势。攻击对象方面,从个人用户扩展到企业用户,起初勒索软件主要是针对个人设备发起攻击,在利益的驱使下,黑客正将攻击目标转到企业的关键业务系统和专用服务器上。Rrebus 勒索软件通过对韩国 Web 托管公司 Nayana 的核心业务进行攻击,加密其 153 台 Linux 服务器,攫取了高达 100 万美元的赎金。WannaCrypt 勒索软件攻击事件中,中小企业由于安全架构单一,成为重点攻击对象,也成为主要的受害者。

3. 个人的隐私数据遭受威胁

1) Facebook 用户数据泄露

2018 年 3 月,媒体曝光 Facebook 的 5000 万名用户个人信息数据遭剑桥分析公司泄露,可能牵扯了 2016 年美国总统大选、英国脱欧等重要的政治事件。美国有线电视新闻网 CNN 称,对用户数据的"挖掘",已经写入 Facebook 的"DNA"。部分媒体将此次数据泄露事件视为 Facebook 有史以来遭遇的最大型的数据泄露事件,引起了轩然大波。

一方面，有分析指出特朗普在 2016 年的美国大选中胜出或与此次泄密门有着诸多联系，而且泄密门背后又有通俄门的阴影。因为剑桥分析公司是大选期间特朗普团队的合作伙伴，在 2016 年的美国总统大选中，执行了对选民的分析、购买电视广告等大量竞选活动任务。剑桥分析公司背后的金主包括"第一女婿"库什纳、特朗普的亿万富翁支持者 Robert Mercer 等。剑桥分析被指运用剑桥大学心理学教授 Aleksandr Kogan 开发的性格测试应用 *this is my digital life*，在 Facebook 上获得 5000 万名用户的个人数据创建档案，在选举期间针对这些人进行定向的宣传报道。据报道，这些数据可能涉及 11 个州，人数占到了北美 Facebook 用户的近三分之一，并且有四分之一是选民。引发关注的是 Aleksandr Kogan 是俄罗斯裔美国人，这样的背景不免令人质疑。

另一方面，由于欧美对个人隐私权极为看重，Facebook 用户数据被不当使用，被认为是侵犯了公民的隐私权。美国参议院商务委员会向剑桥分析公司的母公司和 Facebook 发书面函，要求其说明剑桥分析公司是否不恰当地收集了 Facebook 的用户数据。此次事件透露出 Facebook 存在的问题：数据挖掘。Facebook 汇聚和挖掘了大量用户数据，并通过出售给应用开发厂商和广告客户来赚取高额利润。要防止这些买家将这些数据传递给别有用心的第三方，基本是很难做到的。

Facebook 数据泄露事件爆发以后，Facebook 股价一天内大跌 7%，市值蒸发达 360 多亿美元。而剑桥分析公司被指不恰当地获取了 Facebook 用户的敏感信息，2018 年 5 月 2 日，剑桥分析公司及其母公司 SCL 选举公司宣布破产。

2020 年美国总统大选最后投票前一个月，更是暴露出民主党总统候选人拜登的儿子亨特·拜登的个人数据泄露，其与国外的敏感交易引起热议，对其父的竞选造成不可估量的影响。可见个人数据的保护问题，已经成为影响世界政治走势的重要因素之一。

2）新冠肺炎疫情期间 Zoom 视频泄露

2020 年新冠肺炎大流行期间，随着越来越多的用户将工作和社交生活转移到线上，会议应用程序 Zoom 的用户数量在成倍增长。但是，伴随这种线上工作热潮，安全和隐私研究人员也对该应用进行了越来越多的审查，事实证明 Zoom 不断被发现存在许多问题。近日据外媒报道，成千上万的 Zoom 云记录视频在网络上曝光，揭露了软件本身的隐私安全性问题。

据悉，由于 Zoom 对其会议记录的命名方式存在问题，大量的 Zoom 会议视频被会议发起者上传到不同的视频网站和视频云。目前，许多视频都被发布在未受保护的亚马逊云计算平台上，使得通过在线搜索找到它们成为可能。而且这些泄露的视频，被其他用户扫描后上传到 YouTube、Google、Vimeo 等各大视频门户网站上。人们通过这些泄露的视频可以看到治疗会议、商务会议、小学上课等记录。事件发生后，Zoom 已经被告知这个问题，但不清楚该公司是否会改变其视频命名方式，或者是否会保护亚马逊托管的视频。

对此，安全研究员表示，此次事件表明 Zoom 从未具有最核心的安全和私有服务，而且 Zoom 的系统中肯定存一些关键漏洞。但是在许多情况下，为了线上会议，大多数公司和个人很少有其他选择。

对于 Zoom 的隐私安全问题，Zoom 的创始人兼首席执行官 Eric Yuan 在公开声明中写道，公司正在暂停功能开发，以便其工程师专注于安全性和隐私保护方面的技术改进。

Eric Yuan 表示，Zoom 还将进行第三方安全审核和渗透测试，扩大其大赏金计划，并在公司层面预计从政府和执法机构等组织获取一份透明报告。

3) 4G 移动网络安全漏洞

2019 年，韩国科技研究院的研究人员在 4G LTE 移动网络标准中发现 36 个安全漏洞。研究人员在论文中声称，攻击者可利用漏洞窃听及访问用户数据流量，分发伪造短信，干扰基站与手机之间的通信，封阻通话，以及致使用户断网。尽管过去也曝出过很多 LTE 安全漏洞，但这次的漏洞发现规模之大令人震惊，研究人员所用的方法也颇引人注意。

研究人员运用了名为"模糊测试(fuzzing)"的方法，宣称总共发现了 51 个漏洞，其中 15 个之前有过报道，36 个是全新的。LTE Fuzz 根据安全属性产生测试用例，并发往目标网络，监视设备侧日志分类问题行为。据此发现了 36 个此前未披露的漏洞，分为 5 类：未受保护的初始流程、明文请求、具无效完整性保护的消息、重放消息、安全流程绕过。研究人员还探讨了如何根据上下文和环境区分这些漏洞。例如，一家运营商可能在两种设备上存在不同漏洞，或者使用两个不同网络的一台设备体验多个不同漏洞。

这表明无论是设备供应商还是电信运营商都没好好检查其网络组件的安全情况。另外，LTE Fuzz 还能发现高通和海思基带芯片中的漏洞。研究公开后，研究人员已警示 3G 合作伙伴计划(3rd generation partnership project 的，3GPP)、全球移动通信系统协会(GSMA)和供应商，并计划在不远的未来向运营商和供应商私下发布 LTE Fuzz。因为 LTE Fuzz 可被恶意利用，所以不会公开发布。

虽然，有研究指出 4G 网络的安全漏洞不一定会出现在 5G 网络中，但是，Purdue University 和 University of Lowa 的研究人员还是发现了 5G 协议中的 11 个新漏洞。利用这些漏洞，攻击者可以获取用户的通话、短信记录，发送虚假消息，跟踪用户的实时位置等。

4) 上亿级用户数据泄露事件

(1) 社交媒体资料数据泄露。2019 年 10 月，Diachenko 和 Troia 在不安全的服务器上发现了向公众公开并易于访问的大量数据，其中包含 4 TB 的 PII，即大约 40 亿条记录。Troia 和 Diachenko 表示，所有数据集中的唯一身份人员总数已超过 12 亿，这是有史以来单一来源组织最大的数据泄露事件之一。泄露的数据包含姓名、电子邮件地址、电话号码、LinkedIN 和 Facebook 个人资料信息。

发现的包含所有信息的 Elasticsearch 服务器未受保护，可通过 Web 浏览器访问。无须密码或任何形式的身份验证即可访问或下载所有数据。据报道，使这种数据泄露的独特原因在于，它包含的数据集似乎来自两个不同的数据充实公司。

(2) 五角大楼亚马逊 S3 配置错误，意外暴露 18 亿名公民信息。2017 年 11 月，据媒体报道，美国五角大楼意外暴露了一个国防部的分类数据库，包含了美国情报机构在全球社交平台上收集到的 18 亿名用户的个人信息。

这些数据来源于亚马逊云平台上的一个数据库服务器，由于工作人员的配置错误，导致亚马逊的 S3 服务器可以公开下载资源。这台服务器的数据库中存储了近 18 亿条来自社交媒体的帖子，据媒体猜测，这些数据可能是 2009～2017 年收集的。

(3) TrueDialog 数据泄露。2019 年 12 月，vpnMentor 的研究人员发现，TrueDialog 管理的一个数据库被泄露，该数据库包含数年来企业向潜在客户发送的数千万条 SMS 短信，包含短信内容、电话号码和客户的用户名和密码。该数据库包含 10 亿条记录，涉及 1 亿多名美国公民。据悉，该数据库不受在线保护，数据以纯文本格式保存，由 Microsoft Azure 托管，并在 Oracle Marketing Cloud 上运行。

此前，vpnMentor、Noam Rotem 和 Ran Locar 的网络安全研究人员详细介绍了美国通信公司 TrueDialog 数据库泄露的发现。TrueDialog 总部位于美国得克萨斯州奥斯汀，为大型和小型企业创建 SMS 解决方案，目前与 990 多家手机运营商合作，在全球拥有超过 50 亿名用户。

研究人员说，由 Microsoft Azure 托管并在美国 Oracle Marketing Cloud 上运行的 TrueDialog 数据库包含 604GB 的数据。其中包括近 10 亿个高度敏感的数据条目。包含在数百万条 SMS 消息中的敏感数据，包括收件人、信息内容、电子邮件地址、收件人和用户的电话号码、TrueDialog 账户的详细信息等。

（4）Verifications.io 数据泄露。Verifications.io 是美国的一家电子邮件验证公司，2019 年 3 月，Security Discovery 的安全研究人员发现 Verifications.io 公司的 4 个 MongoDB 数据库发生数据泄露，包含 150GB 的营销数据、8 亿多个不同的电子邮件地址。泄露数据的内容不仅涉及个人的消费类数据，还包括员工的收入数据等企业和个人的敏感数据信息。

2019 年 4 月，安全研究人员迪亚琴科和 Vinny Troia 报告称，他们已经找到了一个可以公开访问的 MondoDB 数据库，该数据库归 Verifications.io 所有。但是在研究人员与该公司联系的当天已经被下载，该数据库包含 4 个独立的数据集合，总共有 808539939 条记录。

（5）印度公民 MongoDB 数据库。2019 年 5 月，迪亚琴科发现了一个 MongoDB 数据库，该数据库暴露了 2.75 亿条包含高度 PII 的印度公民记录。该数据库未受保护超过两个星期。

迪亚琴科说，托管在亚马逊 AWS 上的可公开访问的 MongoDB 数据库包括姓名、性别、出生日期、电子邮件、电话号码、学历、专业信息（雇主、工作经历、技能和职能领域）以及当前薪水等信息。

（6）中国求职者 MongoDB 数据泄露。2019 年 1 月，迪亚琴科发现了一个 854 GB 的 MongoDB 数据库，其中包含 2.02 亿条有关中国求职者的记录。数据包含候选人的技能和工作经验，以及个人识别信息，如电话号码、电子邮件地址、婚姻状况、政治倾向、身高、体重、驾驶执照信息、薪资期望和其他个人数据。有消息称，数据来自第三方公司，该公司从许多专业站点收集数据。迪亚琴科发现漏洞后约一周，数据库得到了保护。

2019 年 4 月，据 ZDNet 报道，研究人员发现了中国企业前 3 个月出现多个简历信息泄露事故，涉及简历总数达 5.9 亿份。这些简历泄露的主要原因是服务器的安全防护措施不到位，防火墙的配置措施疏忽，使得用户不需要密码就可以完成登录及获得数据。

**4. 关键安全风险分析**

总体来看，随着新技术的不断应用，数字时代面临的关键安全风险以数据安全风险为首，还包括多域信任问题、隐私保护问题等。

1）数据安全风险

数据的生命周期包含数据采集、传输、存储、处理、分享、销毁诸多环节，每个环节面临不同的安全问题。面对各个环节的安全问题，需采用安全和密码技术进行防护，保障大数据的安全。

在数据采集阶段，要判断采集对象的身份是否可靠，需要对采集对象进行身份鉴别。采集信息中的敏感数据存在泄露风险，需采用脱敏、信源加密方式进行保护。另外，真实的原始数据一旦被采集，用户数据的隐私保护就脱离用户自身控制，需要采用隐私保护技术进行防护。在数据传输过程中，存在被截获和篡改的风险，需采用 SSL（secure sockets layer 安全套接字协议）、VPN 等密码技术进行数据传输过程的机密性和完整性保护。在数据存储阶段，大数据中心汇聚和集中存储的数据容易成为某些个人或团体的重点攻击目标，面临较大的安全风险。需在平台安全的基础上，采用存储加密、结构化及非结构化数据加密措施进行安全保护。在数据处理阶段，需要采用密文运算、脱敏等技术手段进行隐私保护，降低隐私信息泄露风险。大数据活动中需要对敏感和重要数据进行各参与方的交互和共享，共享过程中存在数据泄露、越权访问等安全问题。需要明确各交互方的物理边界，进行边界保护和安全隔离；需采用数字水印、数据标识、区块链等技术进行溯源追溯、分类保护、数据审计等保障数据的安全共享。针对敏感数据的销毁，需采用技术手段保证数据内容和存储介质中数据的有效销毁，防止数据内容恶意恢复，造成数据泄露。

2）多域信任问题

随着云计算、大数据、物联网、移动互联网等技术的不断发展，人、机、物广泛互联，在跨区域进行交互的过程中，在设备管理、移动终端、网络接入、应用服务、安全与隐私保护等方面不断暴露出一系列安全问题，如账号盗用、非法访问、隐私泄露、虚假交易等。要解决这些安全问题，就要构建跨域交互的网络信任体系，通过身份认证、设备认证、行为认证等信任服务的有机结合，对用户、设备的身份及行为，以及应用环境等进行可信度判断。

构建信任服务平台，打造安全可信的网络环境，实现对用户、设备的信任。首先是对用户的信任，需要确保用户是授权用户，验证用户身份；二是对设备的信任，需要确保设备是安全合法的设备，验证设备身份；三是对应用的信任，需要确保业务应用是安全并且合法的，对应用进行管理；四是对用户业务行为的信任，需要确保用户的行为是基于正常业务需求的，追溯用户行为。

3）隐私保护问题

云计算和大数据系统中有相当一部分的数据来自个人，在平台数据安全的基础上，如何进行隐私数据保护是云和大数据平台面临的重要安全问题。

简单的隐私保护技术是将数据经过匿名化处理，将用户标识符进行隐藏，达到隐私保护的目的。然而，随着技术的发展，简单地去标识处理已经无法保证隐私安全，攻击者可以通过链接不同数据源信息及多数据源的交叉分析比对等手段，逆向分析出匿名用户的真实身份，造成用户身份泄露。

与此同时，在数字时代，随着人工智能的深度发展，基于大数据，能够对用户的行为、状态等大量数据进行建模分析、深度学习，个人内在的隐私信息也能够被分析预测出来，个人隐私信息正面临极大的安全风险，隐私保护问题凸显。

从隐私保护的手段上看，必须要求个人数据的使用要进行合理的规范。2018 年 5 月 25 日正式实施的《欧盟通用数据保护条例》（General Data Protection Regulation，GDPR）是一项保护欧盟公民个人数据安全的条例。该条例制定了在处理个人资料方面时保护公民个人数据安全的规则，以及在个人资料流动过程中需要规范数据流转的规则。GDPR 的目的主要是用于保护个人隐私权，设定了"个人数据""数据主体"和"数据主体权利"以及对应的隐私保护要求。GDPR 的发布，意味着欧盟对数据和个人隐私保护及其监管达到了前所未有的高度。

作为迄今为止覆盖面最广、监管条件最严格的数据隐私保护法规，GDPR 对个人隐私权利进行明确规定和条款保护，并对违法行为实行严厉处罚。这就要求政务信息系统、公众大数据服务平台需要采用密码技术，发挥密码的作用，加强在数据采集、传输、存储、处理、交换、销毁等活动中的安全措施，保障数据主体的数据安全。

另外，GDPR 规定了数据跨境传输的有关规范，在数据的流转过程中强调了数据主权地位。GDPR 通过扩充数据主体的数据权利范围和数据保护权利，对数据处理者的个人数据使用进行了限制，并加大了数据处理者的个人数据管理所承担的法律责任。GDPR 以数据流向作为欧盟保护范围的界定，反映出当今信息时代从传统清晰的物理边界转向模糊的逻辑边界。当前，数据尤其是大数据承载了个人、团体、企业乃至国家利益，数据流向哪里，法规就应该适用到哪里，需重视数据资产的保护。

## 1.2　数字时代依托的安全体系

云计算、大数据、物联网、移动互联网、人工智能作为数字时代的关键技术，在成为数字时代创新驱动力的同时，也面临复杂的安全挑战，需要构建相应的安全体系，护航数字时代的发展。

### 1.2.1　云计算安全框架

云计算（cloud computing）是一种分布式计算模式，是通过网络将数据计算处理程序分解成多个小程序，然后通过多台服务器组成的系统运行这些小程序得到结果并返回给用户。1984 年 Sun 公司的联合创始人 JohnGage 提出"网络就是计算机"的猜想，用于描述分布式计算技术带来的新世界，云计算发展验证了这一猜想。VMware 公司于 1998 年成立并首次引入 X86 的虚拟技术。MarcAndreessen 在 1999 年创建了 LoudCloud，是世界上第一个商业化的 IaaS 平台。2006 年，云计算这一术语正式出现在商业领域，Google 的 CEO 在搜索引擎大会上提出云计算，Amazon 推出其弹性计算云（EC2）服务，标志着云计算时代的来临。2009 年，美国国家标准与技术研究院（National Institute of Standards and Technology，NIST）发布了被业界广泛接受的云计算定义："一种标准化的 IT 性能（服务、软件或者基础设施），以按使用付费和自助服务方式，通过 Internet 技术交付"。

从狭义上讲，云计算就是一种可提供资源的网络，使用者可以随时按需获取"云"上的资源。从广义上说，云计算是一种与信息技术、软件、互联网相关的服务，云计算把许多计算资源集合起来，通过软件实现自动化管理，让资源被快速提供给用户。也就是说，把计算能力作为一种商品，在互联网上流通，就像水、电、煤、气一样，可以方便地取用。云计算是一种全新的网络应用概念，其核心概念就是以网络为载体，在网络上提供快速且安全的云计算服务与数据存储，让每一个人都可以使用网络上的庞大计算资源与数据中心。

云计算的显著优势在于其高度灵活性、可扩展性和高性价比等，与传统的网络应用模式相比，其具有七大优势与特点。第一，虚拟化技术。虚拟化突破了时间、空间的界限，是云计算最为显著的特点，虚拟化技术包括应用虚拟化和资源虚拟化两种。物理平台与应用部署的环境在空间上通过虚拟化平台对相应终端操作完成数据备份、迁移和扩展等。第二，动态可扩展。云计算具有高效的计算能力，在服务器原有基础上增加云计算功能能够使计算速度快速提高，最终实现动态扩展虚拟化的层次达到对应用进行扩展的目的。第三，按需部署。计算机包含了许多应用、程序软件等，不同的应用对应不同的数据资源库，所以用户运行不同的应用需要较强的计算能力对资源进行调度，而云计算平台能够根据用户的需求快速配备计算能力及资源。第四，灵活性高。目前市场上大多数 IT 资源、软硬件都支持虚拟化，如存储网络、操作系统和开发用的软硬件等。虚拟化要素统一放在云计算系统资源虚拟池当中进行管理，云计算的兼容性非常强，可以兼容低配置机器、不同厂商的硬件产品，还能够获得更高性能的计算。第五，可靠性高。服务器故障不影响计算与应用的正常运行。因为单点服务器出现故障可以通过虚拟化技术将分布在不同物理服务器上的应用进行快速恢复或利用动态扩展功能部署新的服务器进行计算。第六，性价比高。将资源放在虚拟资源池中统一管理在一定程度上优化了物理资源，提升了资源率，用户不再需要昂贵、存储空间大的主机，可以选择相对廉价的 PC（personal computer，个人计算机）组成实现云计算，既减少了费用，计算性能又不逊于大型主机。第七，可扩展性。用户可以利用应用软件的快速部署来更为简单快捷地对自身所需的已有业务以及新业务进行扩展。例如，计算机云计算系统中出现设备故障，对于用户来说，无论是在计算机层面上，还是在具体运用上均不会受到阻碍，可以利用云计算具有的动态扩展功能来对其他服务器开展有效扩展。这样一来就能够确保任务得以有序完成。在对虚拟化资源进行动态扩展的情况下，能够高效扩展应用，提高计算机云计算的操作水平。

1. 云计算技术框架

NIST 将云计算定义为：云计算是一种计算模式，它是一种无处不在的、便捷的、按需的、基于网络访问的、共享使用的、可配置的计算资源（如网络、服务器、存储、应用和服务），可以通过最少的管理工作或与服务提供商的互动来快速置备并发布。NIST 提出的云计算参考模型如图 1-2 所示。

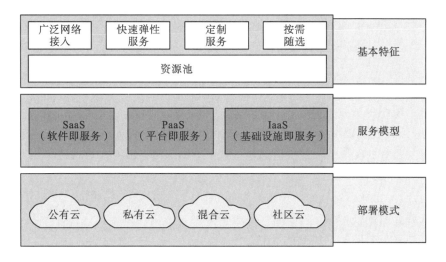

图 1-2　NIST 云计算参考模型

ISO(International Organization for Standardization，国际标准化组织)和 IEC(International Electrotechnical Commission，国际电工委员会)对云计算的定义非常相似：通过自服务置备和按需管理，实现网络可访问的、可扩展的、弹性的共享物理或虚拟资源池的范式。

在 NIST 对云计算的定义中，包含 5 个基本特征、3 个云服务模型及 4 个云部署模型。

云计算具有以下 5 个基本特征。

(1)资源池是最基本的特性。云提供商对资源进行抽象，并将其汇聚到一个池中，其中一部分资源可以分配给不同的用户。

(2)用户可以自己按需自动配置资源，并管理自己的资源，而无须与服务提供商的服务人员互动。

(3)所有的资源都可以通过网络获得，而不需要直接的实体接取；网络并不是服务的必需部分。

(4)快速弹性允许用户从资源池中按需使用资源(置备和释放)，通常完全自动。这使他们更紧密地匹配资源消耗需求。

(5)提供可测量的服务，以确保用户只使用分配给他们的资源；如果有必要，还可以对他们收取费用。计算资源现在可以像水和电一样消耗，客户只需要支付他们所使用的资源。

云计算具有以下 3 个云服务模型。

(1)软件即服务(SaaS)是由服务商管理和托管的完整应用软件。用户可以通过 Web 浏览器、移动应用或轻量级客户端应用来访问它。

(2)平台即服务(PaaS)抽象并提供开发或应用平台，如数据库、应用平台(如运行 Python、PHP 或其他代码的地方)、文件存储和协作，甚至专有的应用处理(如机器学习、大数据处理或直接 API 访问完整的 SaaS 应用的特性)。关键的区别在于，使用 PaaS，用户不需要管理底层的服务器、网络或其他基础设施。

(3)基础设施即服务(IaaS)提供了基础的计算资源，如计算、网络或存储。

NIST、ISO 和 IEC 都使用相同的 4 个云部署模型。

(1)公共云。云基础设施提供服务给某个大型行业团体或一般公众,并由销售云计算服务的组织所有。

(2)私有云。云基础设施专为一个单一的组织运作。它可以由该组织或某个第三方管理并可以位于组织内部或外部。

(3)社区云。云基础设施由若干个组织共享,支持某个特定有共同关注点的社区,例如使命、安全要求、政策或合规性考虑等。它可以由该组织或某个第三方管理,并可以位于组织内部或外部。

(4)混合云。云基础设施由两个或多个云(私有、社区或公共)组成,以独立实体存在,通过标准的或专有的技术绑定在一起,促进了数据和应用的可移植性。混合通常用于描述非云化数据中心与云服务提供商的互联。

### 2. 云计算的安全风险

由于其与生俱来的开放性和分布性,云计算在终端、接入、传输、数据存储、虚拟化、运行等诸多方面都存在一定的安全风险。在参考了《信息安全技术 云计算服务安全能力要求》(GB/T 31168—2014),国际云安全联盟的《云安全指南 V3.0》,美国 NIST(National Institute of Standards and Technology,国家标准与技术研究院) 的 SP800-53 V4(Security and Privacy Controls for Information Systems and Organizations)、 SP800-125(Security Recommendations for Server-based Hypervisor Platforms)、SP800-125a(Guide to Security for Full Virtualization Technologies),欧洲网络与信息安全局的《云计算风险评估报告》等材料的基础上,本书结合实际应用情况,对云计算安全风险分类整理如下。

1)终端安全风险

云计算终端安全方面,存在终端可能非法接入、终端配置管理可能不规范从而导致安全漏洞、终端的外设违规使用或违规外联(特别是无线网络或互联网)导致信息泄露或病毒入侵、终端数据残留或非法保存导致信息泄露、终端固件/系统受到恶意破坏的风险等。

2)用户接入安全风险

传统的用户名+口令的认证方式,在云计算环境中非常容易受到窃听、篡改、仿冒、旁路等攻击。

3)传输安全风险

云终端与虚拟桌面服务器之间传输的各种输入输出操作以及数据缺乏符合国家规定算法的加密安全传输保护能力,云计算系统各组件间的消息与数据传输未进行加密,存在窃听、篡改、重放、插入等安全风险。

4)数据存储安全风险

数据存储安全是云计算安全的核心内容之一,在云计算环境下数据存储存在很多新的安全风险。

客户数据的所有权面临挑战:客户将数据存放在云计算平台上,没有云服务商的配合很难独自将数据安全迁出。在服务终止或发生纠纷时,云服务商还可能以删除或不归还客户数据要挟客户,损害客户对数据的所有权和支配权。云服务商通过对客户的资源消耗、通信流量、缴费等数据的收集统计，可以获取客户的大量相关信息，对这些信息的归属没有明确规定，容易引起纠纷。

数据保护更加困难：云计算平台采用虚拟化等技术实现多客户共享云端的计算资源基础设施，跨虚拟机的非授权数据访问风险突出，虚拟机之间的隔离和防护容易受到攻击。云服务商可能会使用其他云服务商的服务、功能、性能组件，使云计算平台复杂且动态变化。云计算平台随着复杂性的增加，实施有效的数据保护措施更加困难，客户数据被未授权访问、篡改、泄露和丢失的风险增大。

数据残留带来风险：云服务商拥有存储客户数据的存储介质，客户不能直接管理和控制存储介质。当客户不再使用云计算服务时，云服务商应该完全删除客户的数据，包括完全删除备份数据。目前，客户退出云计算服务后其数据仍然有可能完整保存或残留在云计算平台上，还缺乏有效的机制、标准或工具来验证云服务商是否实施了完全删除操作。

5) 虚拟化安全风险

虚拟化是云计算的核心要素，云计算的很多安全风险都与虚拟化息息相关：宿主机 Hypervisor 被恶意控制从而控制任意虚拟机、通过虚拟机攻击并控制宿主机、通过受控虚拟机攻击并控制同一宿主机上的其他虚拟机、虚拟机耗尽宿主机资源、虚拟机镜像非法获取、同一宿主机或同一虚拟网段内的流量窃听、虚拟化环境中的 Side-channel/Covert-channel 和 DMA 攻击、虚拟机迁移风险、宿主机对虚拟机的恶意控制及访问、虚拟机越权访问宿主机磁盘 I/O、虚拟化系统完整性被破坏等。

6) 运行风险

由于云计算所特有的应用模式和运行场景，在实际运行过程中也存在和传统信息系统有很大不同的安全风险：传统密码设备不能完全适应云计算应用场景、弱口令及口令监听、内存中密钥泄露、内部人员获取密钥、虚拟机休眠或迁移导致软件版本/补丁/病毒库未及时更新、虚拟机副本离线破解（虚拟机导入风险）、虚拟机镜像/模板/快照文件缺乏保护措施、云租户之间的安全隔离与访问控制、管理网络未隔离及管理接口滥用、模板来源不明或未按照安全要求进行配置等。

### 3. 云计算安全角色框架

云计算安全是一个非常复杂的、庞大的体系，需要从多角度、多维度立体阐述云计算安全的方方面面，除层次化的阐述（资源抽象与控制安全层、IaaS 层、PaaS 层和 SaaS 层）以外，有必要从云计算参与角色方面来阐述各参与方的安全要点与责任划分，以便形成纵深的、立体的、多层次的、多维度的云计算安全框架。目前，《信息技术　云计算　参考架构》(GB/T 32399—2015) 对云计算的角色、安全职责、安全功能组件以及它们之间的关系进行了详细阐述，具体如图 1-3 所示。

云计算安全应用角色架构是基于云计算角色的分层描述，这些角色包括云服务客户、云服务商、云代理者、云审计者和云基础网络运营者 5 个参与角色，并且详细描述了各角色关注的安全功能要点，如云服务客户需要关注安全云服务管理和安全云服务协同，云服务商需要关注安全云服务协同和安全云服务管理，云代理者需要关注安全云服务管理、安全云服务协同、安全服务聚合、安全聚合与配置、安全服务中介、安全服务仲裁，云审计者需要关注安全审计环境，云基础网络运营者需要关注安全传输支持。

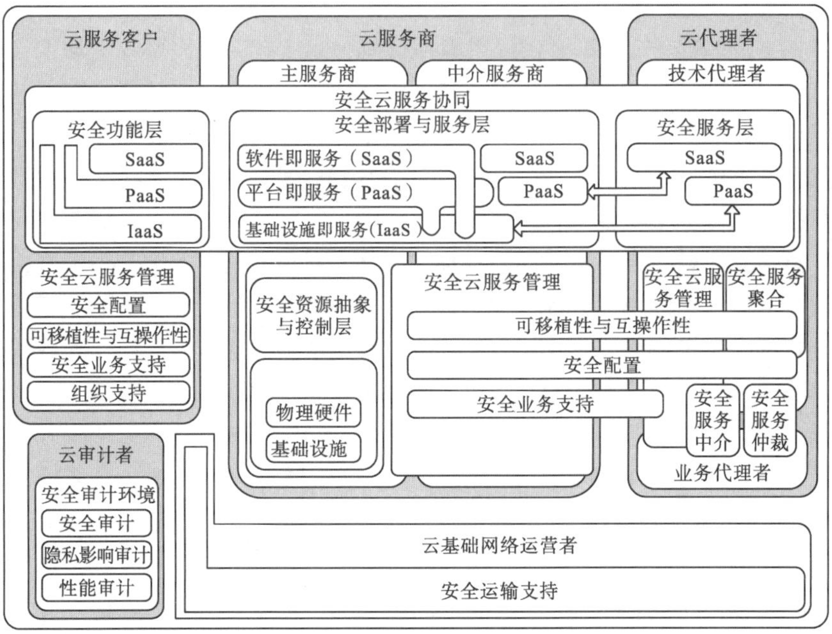

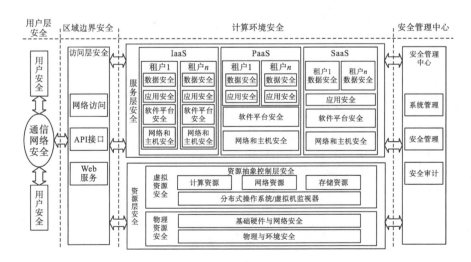

图 1-3　云计算安全应用角色框架

### 4. 云计算安全技术框架

参考《信息安全技术　网络安全等级保护安全设计技术要求》（GB/T 25070—2019），结合云计算功能分层框架和云计算安全的特点，构建云计算安全防护框架，包括云用户层、访问层、服务层、资源层、硬件设施层和管理层，如图 1-4 所示。其中，一个中心指安全管理中心，三重防护包括安全计算环境、安全区域边界和安全通信网络。

图 1-4　云计算安全技术体系架构

　　用户通过安全的通信网络以网络直接访问、API（application programming interface，应用程序接口）接口访问和 Web 服务访问等方式安全地访问云服务商提供的安全计算环境；安全计算环境包括资源层安全和服务层安全。其中，资源层安全分为物理资源安全和虚拟资源安全。虚拟资源安全包括分布式操作系统/虚拟机监视器安全、虚拟计算资源安全、虚拟网络安全以及虚拟存储安全；物理资源安全包括物理与环境安全及基础硬件与网络安全。服务层是对云服务商所提供服务的实现，包含实现服务所需的软件组件；根据服务模式不同，云服务商和云租户承担的安全责任不同，主要包括网络和主机安全、软件平台安全以及云上租户的应用安全和数据安全。云计算环境的系统管理、安全管理和安全审计由安全管理中心统一管控。

　　5. 边缘计算安全参考框架

　　边缘计算是在靠近物或数据源头的网络边缘侧，融合计算、存储、网络、应用核心能力的开放平台，就近提供边缘智能计算服务，满足各行业在实时业务、敏捷连接、数据优化、应用智能、安全与隐私保护等方面的关键需求。边缘计算的业务本质是云计算在数据中心之外汇聚节点的延伸和演进，主要包括云边缘、边缘云和云化网关 3 类落地形态；以"边云协同"和"边缘智能"为核心能力发展方向；软件平台需要采用云理念、云架构、云技术，提供端到端实时、协同式智能、可信赖、可动态重置等能力；硬件平台需要构建异构计算能力。边缘计算的参考架构如图 1-5 所示[3]。

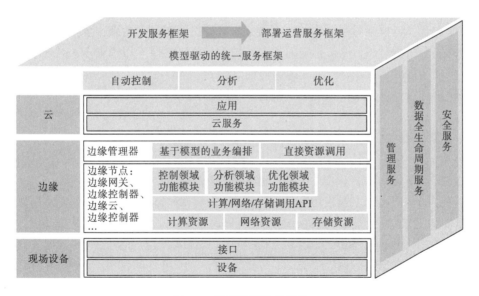

图 1-5　边缘计算参考架构

　　整个系统分为云、边缘和现场设备 3 层，边缘计算位于云和现场设备之间，边缘层向下支持各种现场设备的接入，向上可以与云端对接。边缘层包括边缘节点和边缘管理器两个主要部分。边缘节点是硬件实体，是承载边缘计算业务的核心。边缘管理器的呈现核心是软件，主要功能是对边缘节点进行统一的管理。边缘计算为边缘计算系统提供计算、网络和存储资源服务。

边缘计算面临不安全通信、边缘节点隐私保护、非授权访问、身份被仿冒等安全风险，为了应对边缘安全面临的挑战，需要在不同层级采用分级的安全防护措施，构建边缘安全参考框架，如图1-6所示。

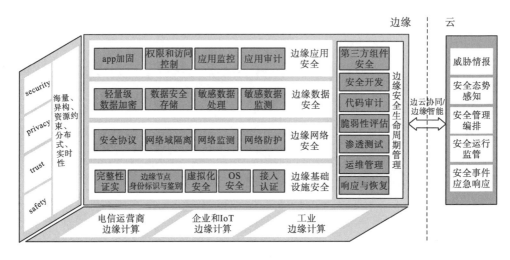

图1-6  边缘安全参考框架

注：App（application，手机软件），OS（operation system，操作系统）。

边缘安全参考框架覆盖了边缘安全类别、典型价值场景、边缘安全防护对象。针对不同层级的安全防护对象，提供相应的安全防护功能，进而保障边缘安全。另外，对于有高安全要求的边缘计算应用，还应考虑如何通过能力开放，将网络的安全能力以安全服务的方式提供给边缘计算应用。

## 1.2.2  大数据安全框架

大数据是信息化发展的必然产物，英文是 big data，其概念起源于美国。"9·11"事件之前，数据分析已经深入应用到美国情报部门，"9·11"事件中的多名恐怖分子，在"9·11"事件前，已经被 CIA（Central Intelligence Agency，美国中央情报局）进行了锁定，但是缺乏和 FBI（Federal Bureau of Investigation，美国联邦调查局）之间的数据关联分析，将恐怖分子的危害等级标识为"低"，导致了"9·11"事件的发生。"9·11"事件之后，美国"痛定思痛"，出于对国防情报、反恐等的信息需求，大力发展大数据，著名的"棱镜门"事件就是基于大数据技术进行国家情报分析的典型应用场景。

随着数字时代的到来，数据逐渐被世界各国视为基本战略资源，并已成为与物质资产和人力资本一样重要的基础生产要素。国家拥有的数据规模和数据的应用能力已逐渐成为综合国力的重要组成部分，对数据的拥有和控制权将成为除陆地、海洋和空中力量之外的国家核心力量。在发展大数据的同时，也容易出现军事涉密数据、政府重要数据、法人和其他组织商业机密、个人敏感数据泄露，给国家安全、社会秩序、公共利益以及个人安全造成威胁。没有安全，发展就是空谈。数据安全是发展大数据的前提，必须将它摆在更加重要的位置。

大数据是在一定时间内无法通过常规软件工具捕获、管理、处理和分析的数据的集合。它是一种庞大的、高增长率的、多样化的信息资产，需要通过新的处理模式才能具有更强的决策能力、洞察力和发现能力以及流程优化能力。大数据包含海量的结构数据、非结构数据，但是如果没有分析，则数据的价值就无法体现。大数据的价值不是海量的数据本身，虽然我们需要数据，但数据很多时候只是伴随科技进步而产生的副产品。而怎么样将这些数据进行存储、计算、分析处理，从而得到我们想要的信息，才是大数据真正的核心所在，正如马云所说，大数据的"大"，不仅是指数据量"大"，同时也是指计算量的大。因此，大数据应该是存储与计算相结合的数据应用模式。

大数据有多个特征，结合目前的主流意见，大数据总共有 7 个特点：volume（数据量大）、variety（数据多样性）、velocity（处理速度快）、value（价值）、veracity（准确性）、valence（关联性）和 validity（合规性），这些特点基本上得到了业界普遍的认可。数据量大是大数据的显著特征，大数据的规模大，需要的存储空间大，一般采用分布式存储架构支撑海量数据的存储。数据多样性是指单一的数据源、单一的数据类型，即使数据量大，也不能称为大数据。大数据需要有不同源的数据，通过不同源数据的融合共享、汇聚清洗、横向关联后，才能形成大数据的数据基础。处理速度快是指大数据与云计算、物联网、人工智能等新一代信息技术之间相互影响、相互促进、相互融合，在对海量数据的分析和计算中，我们需要对数据进行快速的处理，来即时获取有用的信息，避免造成数据垃圾的堆积。大数据的价值要分为两个维度来进行理解。第一个维度是价值大。理论上来说，如果我们有足够多的数据样本，那么我们通过大数据分析和挖掘，能够准确、量化地知道下一阶段将要面临的情况和结果。第二个维度是价值密度低，在大数据统计中，有意义的或者说有价值的数据可能只占总数据的 1%甚至更低。大数据的准确性指的是当数据的来源变得更多元时，这些数据本身的可靠度、质量需要保证，若数据本身就是有问题的，那分析得出的结果也不会是正确的。另外，对于某一个问题，其分析的数据量越多，算法越先进，得出的结果就会越准确，这就是大数据分析魅力十足的原因。大数据的关联性是指在海量数据中对有针对性的有价值的相关的数据进行分析，得出有价值的内容，因此根据不同数据之间的关联，组成不同的大数据集进行分析，会得到不同的结果。大数据的合规性是指大数据的存储、计算和应用，需要符合相关法律法规的规定。同时，大数据带来的新的数据使用模式对相关法律法规提出了新的挑战。

大数据在数据规模、处理方式、应用模式等方面都呈现出与传统数据不同的新特征。传统的计算架构在处理海量数据时无法满足计算效率的要求，因此需要一种基于大数据的新型计算架构。大数据计算架构不仅面临传统信息系统面临的安全风险和威胁，同时在大数据基础平台、数据流转、数据隐私保护等方面引入了新的安全风险和威胁。这些安全风险，阻碍了大数据的应用和推广，而密码技术作为信息安全的核心支撑技术，在大数据安全中势必发挥更重要的作用。

1. 大数据技术框架

参考《信息技术　大数据　技术参考模型》(GB/T 35589—2017)，大数据参考架构如图 1-7 所示。大数据参考框架为大数据系统的基本概念和原理提供了一个总体架构。

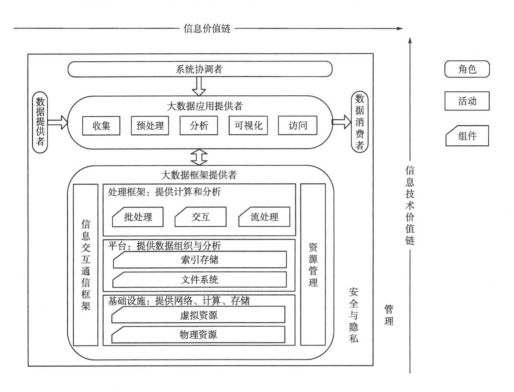

图 1-7　大数据技术框架

框架围绕大数据价值链的两个维度组织展开：信息价值链（水平轴）和信息技术价值链（垂直轴）。信息价值链表现大数据作为一种数据科学方法对从数据到知识的处理过程中所实现的信息流价值。信息价值链的核心价值通过数据采集、预处理、分析、可视化和访问等活动实现。信息技术价值链表现大数据作为一种新兴的数据应用范式对信息技术产生的新需求所带来的价值。信息技术价值链的核心价值通过为大数据应用提供存储和运行大数据的网络、基础设施、平台、应用工具以及其他信息技术服务实现。大数据应用提供者位于两个价值链的交叉点上，大数据分析及其实现为两个价值链上的大数据利益相关者提供特定价值。

大数据参考框架提出了大数据系统中信息流向、系统活动、系统组件、角色关系，指出了完整的大数据系统应该包括大数据平台框架以及大数据应用，同时明确了安全和隐私、管理需要覆盖硬件、软件和上层应用。

大数据处理平台目前类型繁多，面向海量数据批量处理、实时流信息处理、物联网等不同场景有多种对应的解决方案，目前，在高可扩展性，高性能的分布式/并行海量数据管理和处理框架中以 Hadoop 为代表，Hadoop 为大数据分析和挖掘提供了良好的支持。

1）大数据处理模式

大数据分析是在功能强大的支持平台上，通过运行分析算法发现大数据中所隐藏的潜在价值，如隐藏的规律模式和关联关系。根据所需处理时间的不同，大数据的分析和处理方式分为流处理方式和批处理方式。

（1）批处理。在批处理方式中，数据首先被存储于分布式数据仓库中，然后进行分析。MapReduce 是最为典型的批处理模式，其基本思想是，首先将数据分为几个小数据块，然后并行处理这些数据块以产生中间结果，最后将这些中间结果合并以产生最终结果。批处理模式主要用于离线的应用程序，计算过程通常超过 10min，并且通常被安排在空闲时间（如晚上）进行。基于 MapReduce 框架的 hive 和 spark SQL 是最具代表性的批处理开源组件。

（2）流处理。在某些情况下，随着时间的推移，数据的价值会逐渐降低，这时数据的时效性就变得极为重要。同批处理相比，流处理可以更快地进行数据处理并获得相应结果。在数据的流处理中，数据能够以流的形式到达。在数据连续到达的过程中，由于流中携带大量数据，只有一小部分流数据得以保存在有限的内存中。流处理通常应用于在线应用程序，工作时间以秒或毫秒为单位。关于数据流式处理的理论和技术研究已经有很多，Storm、Spark Streaming 和 Flink 等是较具有代表性的开源组件。

通常，流处理适用于以流形式产生的数据，并且数据需要快速得到处理以获得近似结果。因此，流处理的应用相对较少，大多数应用都使用批处理。两种处理模式的体系结构之间有所不同，基于批处理的大数据平台一般情况下都可以实现复杂的数据存储和管理，而流处理平台由于主要基于内存进行数据的实时处理，因此一般来说主要针对小批量数据的使用场景。

2）典型大数据技术平台：Hadoop

谷歌公司从 2005 年陆续发布的关于 GFS、Bigtable、MapReduce 等的论文奠定了大数据技术的基石。开源社区此后快速地给出了谷歌大数据论文理论的开源 Hadoop 代码实现。在具有海量数据的大公司业务驱动和知名研究机构学术研究等多种因素的推动下，当前有数百个与大数据相关的开源项目在开源社区中形成了一个丰富的技术栈，涵盖了存储、计算、分析、管理、运营和维护等方面。

丰富的开源组件包括文件系统（HDFS）、数据库（HBase、MongoDB）、批处理框架（MapReduce）、流计算框架（Spark、Flink）、查询分析（Hive）、数据挖掘（Mahout）、Sqoop（结构化数据导入）、Flume（日志数据导入）等相对完整的生态系统。

Hadoop 系统集成了大数据的主要技术体制，包括数据存储、数据处理、系统管理和其他组件，提供了强大的系统级解决方案，成为大数据处理的核心技术，HBase、HDFS和 MapReduce 构成了 Hadoop 的核心技术。HBase 提供了高效实时分布式数据库；HDFS代表了 Hadoop 大数据平台的最基本的存储能力，实现对分布式存储的底层支持；MapReduce 代表了 Hadoop 大数据平台最基本的计算能力，实现对分布式并行任务处理的程序支持。共同支撑了 Hadoop 的主要体系架构。Cloudera 公司给出了一种 Hadoop 的开源实现方案，如图 1-8 所示。

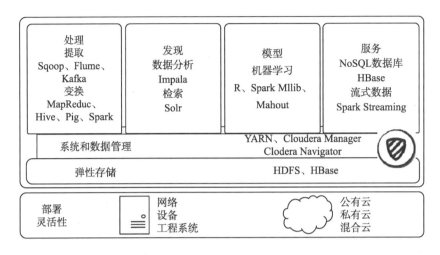

图 1-8　Hadoop 系统组成

(1) HDFS。Hadoop 分布式文件系统 (HDFS) 是 Hadoop 生态系统中其余部分的基础。HDFS 是 Hadoop 的存储层，在系统存储容量和带宽总容量线性增长时，能够对海量数据进行存储。HDFS 是能够跨越多个服务器的逻辑文件系统。客户端与文件交互可能需要与集群中的每一个节点进行通信。HDFS 将文件分解成块 (block)，每一个文件被存储在集群中任何节点的任何物理驱动器上。

(2) Sqoop。Sqoop 提供了传统关系型数据库 (如 Oracle 等) 以及其他数据源 (如 FTP 服务器) 中批量导入/导出数据的功能。Sqoop 自身通过提交 MapReduce 任务，与关系型数据库进行交互。

(3) Flume。Flume 是一个基于事件的数据导入工具，主要用于将日志文件等数据导入 Hadoop。Flume 支持内存通道和文件通道传输数据。内存通道通过牺牲一定的可靠性实现高速传输，文件通道通过牺牲一定的传输速度提供较高的可靠性。

(4) HBase。HBase 是分布式 key-value 存储，由谷歌的论文 *BigTable: A Distributed Storage System for Structured Data* 启发而来。HBase 在大数据系统中通常用来存储海量结构化数据，底层使用 HDFS 作为数据的底层存储层。HBase 被划分为不同区域，根据 row key 进行分隔。区域由 RegionServer 存放，客户端使用键值从 RegionServer 请求数据。

(5) MongoDB。作为一个分布式文件存储数据库，MongoDB 主要为 Web 端的应用程序提供可以扩展的高性能的数据存储服务。MongoDB 不需要定义模式，模式自由的特征适合存储各类非结构化类型的文档。基于 JSON 格式的 BSON 文件 (二进制数据存储) 存储格式，尤其适合视频文件的存储，同时支持对存储对象进行快速查询。

(6) MapReduce。MapReduce 是与 HDFS 相对应的数据处理部分，提供最基本的数据批处理机制。MapReduce 作业由客户端提交给 MapReduce 框架，然后在 HDFS 中的一个数据子集上执行。MapReduce 框架负责客户代码在集群之间的分发和执行，客户端不需要与集群的任何节点进行交互以执行任务，作业本身会申请一定数量的任务完成其工作。根据 MapReduce 框架的调度算法，每个任务会被分配到一个节点运行。

(7) Spark。作为专门用于进行大规模数据处理的计算引擎框架，Spark 由加州大学伯克利分校的 AMPLab 开发。Spark 启用了内存分布数据集，支持交互式计算和复杂算法，Spark 主要组件包括流计算 Spark streaming、查询 Spark SQL 以及机器学习 SparkR、Mllib、Mahout 等。

（8）Sentry。Sentry 组件为其他生态组件提供细粒度角色访问控制（role-based access control，RBAC）。虽然各个组件可能会有自己的验证机制，但是 Sentry 在各个组件之间提供了一个支持强制集中策略的统一验证机制。

3）Hadoop 安全发展

Hadoop 项目最初关注的是实际的技术实施，项目中的代码逻辑能够有效处理分布式系统固有的复杂性。由于 Hadoop 具有较强的针对性，在早期的项目中设定了一个默认准则，即整个集群和所有的访问用户都属于同一可信网络，并无较强的安全策略实施措施。

在 Hadoop 项目的演变过程中，首先加入了 Kerberos 机制对用户身份进行强安全认证。除强安全认证策略之外，还需要有强授权策略的设定。起初授权策略是在单个组件上实现的，需要大数据运维管理人员在各组件上分别对授权控制进行配置。Apache Sentry 项目的出现简化了授权机制，目前在开源大数据平台中，尚未有一个能在 Hadoop 生态系统中具有整体统筹性的授权机制。

Hadoop 安全的另一个演变是通过加密和其他机密性机制进行的数据保护。Hadoop 为节点间的数据传输添加了加密手段，对硬盘上的数据存储也进行了加密。

## 2. 大数据安全风险和需求

1）大数据安全风险

随着大数据时代的来临，大数据处理分析技术在突发事件应急处置、社会治理和国家战略的制定中，发挥着越来越重要的作用。同时大数据的技术架构具有数据异构、架构开放、分布并行以及协同处理等特点，决定了它在安全性上面临很多威胁，既包括以病毒、木马、恶意攻击、网络入侵为主的传统安全威胁，又包括以物理和环境、网络和通信、设备和计算、应用、数据为主的新威胁。

大数据安全的目的是防止数据被盗、损坏和滥用，并确保大数据平台的安全可靠运行。大数据的安全威胁包括网络与通信中的安全威胁、计算环境的安全威胁、数据的安全威胁。

网络与通信：大数据技术架构复杂，大数据应用一般采用底层复杂、开放的分布式计算存储架构，数据为分布式存储形式，动态分散在很多个不同的存储设备中，甚至分散在不同的物理地点存储。新的技术和架构使大数据应用的系统边界变得模糊，传统的基于边界的安全保护措施变得不再完全有效。

计算环境：在大数据环境中，由于数据类型、用户角色和应用需求更加繁杂多样，在很大程度上增加了制定访问控制策略和进行用户授权管理的难度，非常容易出现授权过多和授权不足的现象。大数据复杂的数据存储和流动场景使得数据加密的实现变得更加困难。

商业大数据基础设施采用了云架构。在基于云的大数据架构中，必须首先解决由云计算体系引发的安全问题，包括数据提供者和数据消费者之间的边界、多租户、数据残留、数据监管等。此外，大数据平台部署于 Linux 操作系统上，操作系统面临漏洞、端口、病毒、木马等安全威胁。

数据安全：数据信息在采集、传输、存储、处理、共享以及销毁等环节暴露出大量的数据安全问题突出，是制约大数据应用发展的瓶颈。

2）大数据采集安全威胁

大数据的来源广，种类多，数据规模增长速度较快，数据采集的可信程度是一个非常重要的问题。它面临的安全威胁主要包括数据伪造或故意制造，伪造的数据会导致人们在进行数据分析时得出错误的结论，从而影响其决策判断。

3）大数据传输安全威胁

在大数据传输过程中，需要各种相关协议进行正常的运行和通信。但是在实际过程中，某些协议缺少可信的安全保护机制，数据源在向平台进行数据传输的过程中可能会泄露、破坏或者被拦截，将这导致数据隐私泄露和其他安全管理失控的问题。

4）大数据存储安全威胁

大数据主要以分布式的形式存储在大数据平台中。在大数据平台上，一般采用云存储技术以多个副本、多个节点和分布式的形式存储各种数据。如果数据以集中的形式存储在一起，则会大大增加非法入侵和发生泄露的风险。

5）大数据处理安全威胁

大数据处理过程中，由于密文计算技术还不成熟，目前采取的仍然是明文计算的方式，存在信息泄露的风险。此外，攻击者可以对非敏感数据进行大数据的聚合关联分析形成更有价值的敏感信息，给数据处理带来了极大的挑战。

6）大数据交换安全威胁

在大数据环境下，数据的拥有者和使用者分离，用户失去了对数据的绝对控制权。在防止数据丢失、被盗取、被滥用和被破坏上存在技术难度。如何管控大数据环境下的数据共享交换、权属关系、使用行为、信息的追踪溯源以及数据的越权使用是一个巨大的挑战。

7）大数据销毁安全威胁

进行数据物理删除的传统方法是对物理介质进行完全覆盖，但是对于大数据环境中的物理删除问题，此方法并不可靠。在大数据环境中，用户无法控制数据的物理存储介质，因此没有办法保证同时删除数据的存储副本。如果数据未被彻底删除，则可能会被非法地进行恢复，导致泄露用户数据或隐私信息的风险。

8）大数据安全需求

大数据作为一种新型的服务计算模式，在具有传统信息系统面临的安全风险与威胁的同时，也引入了新的信息安全问题，增加了新的安全风险与威胁。这些安全风险，阻碍了大数据的应用和推广，而密码技术作为信息安全的核心支撑技术，在大数据安全中势必发挥更重要作用。

网络与通信安全需求：大数据应用系统与外部用户网络之间的数据传输需要进行保护，同时大数据应用系统内部节点、节点与客户端之间、认证过程的通信，也需要进行保护。

计算环境安全需求：主流大数据系统通常由基础平台、计算环境、应用软件、网络通信等部分组成。云平台、Linux 操作系统和大数据平台等是最为常用的基础平台包。基础平台为数据资源提供支撑，保证基础平台的安全性是数据资源被安全可靠地使用的基础。

Linux 操作系统需要采用密码技术进行加固保护，提升用户密码强度，防止口令被暴力破解；增加重要目录和文件权限的安全性，保护敏感数据不被窃取。实施强制访问控制策略，增强操作系统内核防护。

云平台需要采用密码技术进行加固保护，保障云平台边界和云平台内部域之间的隔离，确保云平台各节点通信和调度管理过程中对重要敏感信息的机密性和完整性进行保护。云密码服务资源池需要应用普通密码构建，保障云平台承载的应用系统的密码服务使用需求。

在大数据计算平台中，为了对平台进行安全加固保护，需要使用密码技术。在大数据平台上使用密码技术时则必须符合相应规定。

数据安全需求：数据作为核心资产，必须对于数据的安全给予充分的重视。信息业务系统在利用数据资源时，对于数据自身的安全必须进行高度重视，不然就会出现数据泄露的问题。在对数据进行公开、各级部门间和内部的数据进行共享时，数据安全问题是迫切需要解决的问题，这也是大数据资源得以进一步地进行开放共享、规范化、平台化，以及相关挖掘应用得以发展的关键。因此，需要采用密码技术确保大数据全生命周期的安全。

(1) 在数据采集的过程中，有必要针对不同类别和不同级别的数据建立对应的密码保护机制，对重要的敏感数据进行加密存储和分级分类访问控制，以防止未经授权的访问和恶意攻击。有必要统一数据收集渠道，规范数据格式及相关过程和方法，以确保数据收集的合规性、合法性和一致性。必须识别并记录数据源，以防止数据伪造。必须建立完整的数据质量管理体系，以确保在数据采集过程中采集/生成的数据的准确性、一致性和完整性。

(2) 在数据传输的过程中，必须采取适当的加密保护措施，从而确保传输通道，传输节点和传输数据的安全，以防发生传输过程中数据泄露的问题；通过网络基础设施的备份建设来实现网络的高可用性，以此确保数据传输过程的稳定。

(3) 在数据存储的过程中，需要对诸多的数据资源进行细粒度的访问控制，以防由于数据资源使用不当而造成的数据泄露风险。另外，必须定期对数据进行备份和恢复，以实现对存储数据的冗余管理并保护数据的可用性。

(4) 在数据处理的过程中，有必要根据法律法规、标准和业务需求，对敏感数据的脱敏要求和规则进行分类，并对敏感数据进行脱敏，以确保数据的可用性和安全性。在数据分析过程中必须采取合适的安全控制措施，以防止在数据挖掘和分析过程中泄露有价值的信息和个人隐私。在数据使用过程中，有必要建立安全责任机制和评估机制，保护国家秘密和敏感信息，防止其被用于不正当的目的。必须建立数据处理环境安全保护机制，并基于统一的数据计算和开发平台，以确保数据处理过程中有完整的安全控制管理机制。有必要在数据导入和导出过程中管理数据的安全性，以防止损害数据本身的可用性和完整性。

(5) 在数据交换的过程中，有必要对共享数据实施安全风险控制措施，以降低数据共享中存在的安全风险。同时，对于数据发布必须实施安全风险控制措施，以实现数据发布过程中数据的安全可控；必须进行数据接口的安全管控，以防止接口调用中存在的安全风险。

（6）在数据销毁过程中，应建立数据删除机制，以实现数据的有效销毁，防止由于存储介质中数据的恢复而造成数据泄露的风险。

应用安全需求：大数据应用可以通过网络为用户提供以数据为驱动的信息技术应用程序服务。但是，其可能会面临一系列威胁，如基于 Web 的攻击、Web 应用程序的攻击/注入攻击、拒绝服务攻击、网络钓鱼、用户身份盗用等，这可能会导致大数据平台存在安全问题，如信息泄露、网络瘫痪、服务中断等。因此，需要加强大数据系统的安全监管和风险管理，进行数据资产保护，确保大数据应用的安全可靠运行。

3. 大数据安全角色框架

大数据中的角色包括数据主体、数据提供者、大数据服务提供者、大数据监管者和数据消费者。其中，大数据服务提供者又包含大数据框架提供者和大数据应用提供者两类。大数据应用角色框架如图 1-9 所示。

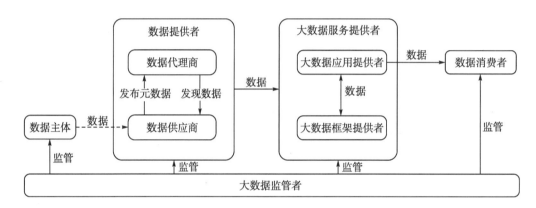

图 1-9　大数据应用角色框架

经过多年的推进，政府机构日常办公、信息收集与发布、公共管理等事物，以业务信息系统为支撑，实现了政府办公自动化能力的提升。各信息系统成为大数据生态系统中的数据主体和大数据应用提供者；各信息系统向大数据平台提供数据，大数据平台则担任起了数据供应商的角色。

1）数据主体

数据由数据主体产生，在应用过程中存在多个阶段，在多个角色之间传输。数据主体是数据的拥有者，数据的拥有者是具体的个人或企事业单位。数据主体主动或被动地将数据传输至数据提供者。

2）数据提供者

数据提供者主动收集或被动接收来自数据主体的数据，并提供数据发布服务，为大数据服务提供商提供原始数据。数据提供者包括数据供应商和数据代理商两个子角色。

其中，数据供应商主要从数据主体收集或被动接收数据，经脱敏、格式化等数据整理后将数据集中存储，并为数据条目产生元信息，并公布元信息。数据代理商提供连接

数据供应商和大数据服务提供者的服务,可充当数据交易中心的角色,其主要的活动有:

(1)为主动公布数据源的数据供应商提供元信息注册;

(2)寻找在线的公开数据源,并注册其元信息;

(3)为大数据服务提供者搜寻有用数据,提供服务目录。

数据提供者角色可由数据主体担任,实现对使用数据的访问认证和权限管控;也可由独立的部门承担,实现对数据的运营。

### 3)大数据服务提供者

大数据服务提供者提供大数据分析能力和基础设施,由大数据应用提供者和大数据框架提供者两个子角色组成。大数据框架提供者指大数据平台运营商,为大数据应用提供者提供软件和硬件的基础设施。大数据平台包括大数据应用的计算环境、存储环境和网络环境,可基于传统的计算基础设施或新型计算架构云平台构建。大数据应用提供者开发大数据应用,并在大数据平台上为用户完成大数据计算。

### 4)数据消费者

数据消费者使用大数据服务提供者提供的数据和服务,可以是一个真实的终端用户,也可以是另一个系统。数据消费者向大数据应用提供者请求数据或服务,使用大数据服务提供者提供的数据或服务。

### 5)数据监管者

数据监管者制定大数据应用的管理政策,对大数据生命周期中各阶段的业务合规性、安全保密合规性进行监督检查。

### 4. 大数据安全技术框架

通过梳理分析大数据的安全风险和需求,参考 NIST 等国内外关于大数据技术参考架构的研究成果及《信息安全技术　数据安全能力成熟度模型》(GB/T 37988—2019),遵循《信息安全技术　网络安全等级保护安全设计技术要求》(GB/T 25070—2019)构建大数据安全技术框架。以密码服务基础设施、信任服务设施为安全基础支撑,提供密码密钥管理服务以及访问控制等信任服务;以安全管理和安全服务为辅助支撑,依托多种数据安全防护机制,如图 1-10 所示。

安全基础设施包括密码服务基础设施和信任服务设施,主要为大数据安全系统提供密码服务和信任服务支持。

基础设施安全则通过在云平台、物理存储、操作系统等基础设施层面提供安全防护,保障大数据平台的安全,具体包括网络安全、存储安全、服务器安全、终端安全等防护要素。

在数据安全方面,通过提供数据分类分级、传输加密、存储介质加密、数据脱敏、隔离交换等技术手段,覆盖数据采集、传输、存储、处理、交换、销毁等整个生命周期的各个阶段,从而确保数据在整个生命周期的安全性。

数据安全监管依托大数据平台对各类设备进行全程安全管控,对全网数据资源进行统一动态管理,是构建大数据安全保障的关键支撑,是保障各类大数据应用系统安全可靠运行的重要基础。

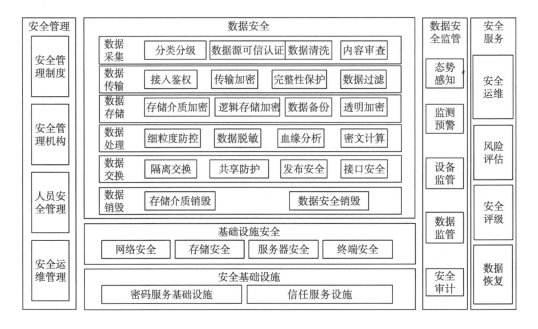

图 1-10    大数据安全体系技术框架

基于大数据安全体系技术框架可进行大数据安全管理,提供数据安全保护服务。通过制定大数据安全的管理制度、管理机构、人员管理和运维管理制度,并在大数据系统的运行过程中提供安全运维、风险评估、安全等级等管理和服务功能,以此确保大数据系统平台的安全、稳定和可靠运行,最大限度地发挥其价值。

5. 大数据安全参考框架

在大数据安全防护实践方面,相关企业以大数据安全标准为指导,结合自身业务情况,逐步建立了适合行业业务场景的大数据安全防护体系。

1) 阿里巴巴大数据安全体系

阿里巴巴为了保障整个数据业务链路的合规与安全,提供面向电商行业的大数据平台,从业务、数据和生态 3 个层面来保障和应对其数据在消费者隐私保护、商业秘密保护等方面的安全风险与挑战,如图 1-11 所示。

阿里巴巴的大数据安全体系主要围绕数据展开,以数据为中心,在数据全生命周期的各个阶段,从组织建设、制度流程、技术工具、人员等方面进行数据的安全保障。通过关注企业自身业务产生的数据和与外部第三方组织交互的数据,以衡量组织机构的数据安全能力,促进组织机构了解并提升自身的数据安全水平。

2) 中国移动大数据安全体系

中国移动自 2015 年以来逐步加强大数据安全保障体系建设的步伐,体系框架涵盖安全策略、安全管理、安全运营、安全技术、合规评测、服务支撑六大体系,涉及大数据安全采集、传输、存储、使用、共享、销毁六大过程(图 1-12)。同时,通过推进"大数据安全防护"手段建设,积极开展"大数据安全应用"试点研究,全方位保护大数据的保密性、

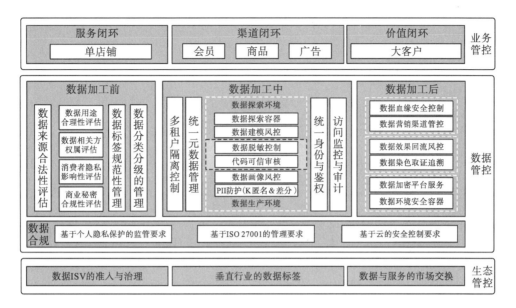

图 1-11　阿里巴巴大数据安全体系

注：ISV（independent software vendors，独立软件开发商）。

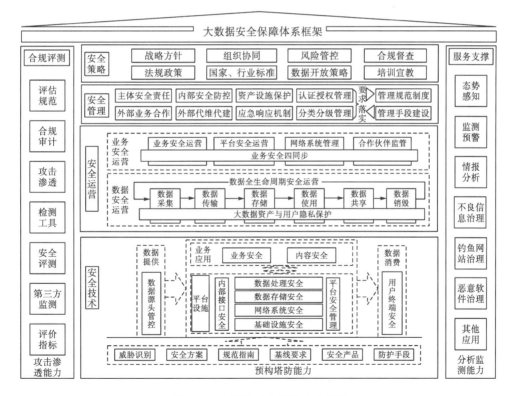

图 1-12　中国移动大数据安全体系

完整性、可用性和可追溯性，保障大数据环境安全可管、可控、可信。大数据安全保障体系为实现公司数据开放共享、有效利用，保障数据安全发挥了不可替代的作用。相关成果已成为国际、国家、行业标准，力争成为国内和国际最佳实践。

### 1.2.3　移动互联网安全框架

移动互联网是数字时代重要的网络基础设施之一，是实现数字时代泛在接入、全面互联的重要技术手段，是互联网的技术、平台、商业模式、应用与移动通信技术结合并实践的活动的总称。

近年来，移动互联网所依托的移动通信网络实现了 3G、4G 再到 5G 的跨越式发展，正在向 6G 发展，在峰值速率上看，5G 将达到 20Gb/s，相比 4G 的 1 Gb/s 提高了 20 倍，4G 的延迟为 10ms，5G 将减少至小于 1ms，移动通信网络的快速发展，将迎来新的发展机遇。移动互联网正逐渐渗透到人们生活、工作的各个领域，位置服务、微信、支付宝等丰富的移动互联网应用迅猛发展，正在深刻改变数字时代的社会生活。

另外，值得关注的是 SpaceX 公司正在推进一种基于近地卫星的"星链"网络通信技术，计划在地球上空 550km 处的近地轨道部署成千上万颗卫星，组成"星链"网络，提供全球互联网服务。通过 3G、4G、5G、6G 及"星链"等各类网络通信技术，实现网络信号全球覆盖，使得身处大洋和沙漠中的用户，仍可随时随地保持与世界的联系。

1. 移动互联网技术

移动互联网继承了移动通信技术随时、随地、随身和互联网开放、分享、互动的优势，是以宽带 IP 为技术核心的，可同时提供语音、图像、多媒体、传真、数据等高品质电信服务的新一代开放电信基础网络，由移动通信运营商提供无线接入，互联网企业提供各种成熟的应用。

整体技术架构如图 1-13 所示。

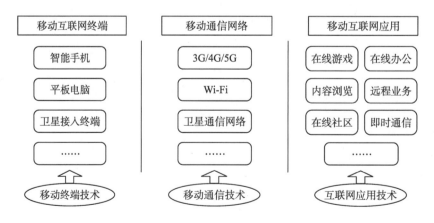

图 1-13　移动互联网技术体系图

从图 1-13 可以看出,移动互联网的组成包括移动通信网络、移动互联网终端、移动互联网应用三大部分;技术上包括移动终端技术、移动通信技术和互联网应用技术。

1) 移动通信网络

移动互联网通过无线网络,取代传统网线,将网络信号覆盖延伸到每个角落,让移动终端用户能随时随地接入所需的移动应用服务。

移动互联网通信技术主要包括通信标准与协议、移动通信网络技术和中段距离无线通信技术。移动通信特别是蜂窝网络技术的迅速发展,使用户彻底摆脱终端设备的束缚、实现完整的个人移动性、可靠的传输手段和接续方式。以各类星座系统为代表的卫星通信技术,将实现个人终端随时、随地便捷接入。

2) 移动互联网终端

移动互联网终端设备的兴起是移动互联网发展的重要助推器。当前,智能手机、平板电脑等移动互联网终端产业蓬勃发展,推进了信息计算能力在全世界的快速普及。

移动互联网终端技术包括硬件设备的设计和智能操作系统的开发技术,以及移动应用开发技术。在移动终端技术发展方面,用户体验是硬件、操作系统和应用发展的重要目标。

3) 移动互联网应用

移动音乐、短视频、手机游戏、社交服务、手机支付、位置服务等丰富的移动互联网应用发展迅猛,正在深刻改变信息时代的社会生活。其实现依赖移动互联网应用技术,包括 HTML5 技术、多平台/多架构应用开发工具、高精确度移动定位技术、高级移动用户体验设计技术、移动终端管理技术、应用性能测量与监视技术等。

2. 移动互联网安全风险和需求

像互联网一样,移动互联网的发展,也面临各类安全威胁和风险,突出体现在终端和应用、无线/核心网络和应用业务平台等方面[4]。

1) 移动终端安全风险和需求

移动终端需要具备防范各类网络攻击的能力。在终端侧,移动终端设备可能存在软硬件漏洞,被攻击者通过恶意程序、病毒木马、固件漏洞,篡改设备进行控制,轻则泄露设备上的敏感或隐私数据,重则会形成由大量“肉鸡”组成的僵尸网络,被攻击者利用发起DDoS(distributed denial of service attact,分布式拒绝服务攻击)、APT(advanced persistent threat,高级可持续威胁攻击)攻击。

移动终端需要具备较强的数据保护能力。移动终端上积累了大量用户的隐私数据,设备丢失和恶意 App 均可能导致用户重要敏感数据失窃,严重影响移动互联网用户的信息安全。

移动终端需要具备单点安全风险识别和防范风险扩散的能力。5G 网络中,移动终端需适应 eMBB、mMTC、uRLLC 三种场景,终端设备种类、数量较 4G 时代有了指数级别的提升,一旦发生终端被攻破或控制的风险,对整个网络和信息系统的安全威胁将更为严重。

2) 移动通信网络安全风险和需求

在无线和核心网络中,业务数据在无线信道和公共网络上传输,面临被恶意攻击者窃听和篡改的风险,需要具备对传输数据的机密性和完整性的保护能力。终端—基站之间的空口,由于无线信号的广播特性,如没有相应的安全机制,可能存在窃听篡改、假冒终端/基站的中间人攻击等安全风险;同时,空口也存在通过适时发送干扰信号破坏终端—基站之间通信的智能干扰攻击风险。

移动通信网元需要具备对设备安全漏洞和网络风险的监测防御能力。在接入网中,可能存在伪基站、伪控制器站点等,对终端—网络之间的信令、业务交互构成安全威胁。同时,在5G网络时代,由于采用了SDN/NFV等新的核心网技术,对所有网元进行虚拟化,并由这些虚拟网元逻辑地组成网络切片,同时会通过网络能力开放向第三方开放部分管理运维功能。但是网元虚拟化的过程,如将虚拟网元逻辑组成网络切片的方法、网络能力开放过程、5G运维系统等,可能存在漏洞。这些漏洞可能被攻击者利用,以实施窃听、干扰等攻击,严重时可中断、瘫痪5G核心网的正常运行,造成安全风险。

3)移动应用安全风险和需求

在应用方面,行业用户的应用系统部署在移动互联网可达的平台上,无论是物理的服务器,还是公共的云平台,均会面临与传统互联网同样的安全威胁。同时,由于移动互联网的开放性,用户的数据将面临更严峻的泄露风险。所以,移动互联网应用必须加强终端和用户身份认证、应用数据保护等方面的安全能力。

### 3. 移动互联网(4G/5G)安全架构

国内外标准化组织和技术团体,针对移动互联网中的安全威胁和风险,持续开展安全架构的研究设计。3GPP针对3G/4G和5G提出了相应的安全架构,国内的IMT-2020也在2017年6月发布的《5G网络安全需求与架构白皮书》中提出了相应的安全架构。

1)等级保护移动互联网安全框架

2019年,《信息安全技术 网络安全等级保护基本要求》(GB/T 22239—2019)(简称"等保2.0")标准发布。在新的等保标准中,针对移动互联网络,进行了专门的安全防护设计。

移动互联等级保护对象由移动终端、移动应用和无线网络三个部分组成。移动终端通过无线通道连接无线接入网关,无线接入网关通过访问控制策略限制移动终端的访问行为,后台的移动终端管理系统负责对移动终端的管理,包括向客户端软件发送移动设备管理、移动应用管理和移动内容管理策略等,如图1-14所示。

在"等保2.0"标准中,结合基础要求和移动互联扩展要求,针对等保三级网络,其安全防护重点实现以下要求。

(1)安全物理环境:明确需要做好物理环境的安全防护和入侵检测。

(2)安全区域边界:明确需要做好客户端感知,要求开展安全监控、日志记录、入侵防范等,实现对网络攻击特别是新型网络攻击行为的分析。

(3)安全计算环境:包括移动终端管理、移动应用管理,明确需要做好计算环境安全防护、数据加密、客户端主动防护,要求移动软件必须有防御恶意攻击的能力。

(4)安全建设管理:明确需要做好安全建设管理,包括移动应用软件采购、移动应用软件开发、配置管理。

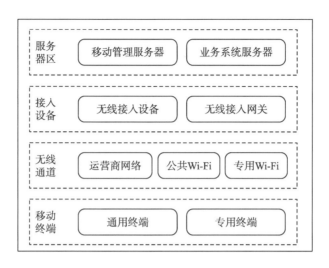

图 1-14　移动互联网系统架构

(5)安全运维管理：明确需要做好漏洞和风险管理，对安全管理人员加强安全培训。

2)3GPP 移动通信网络安全架构

在 3G 时代,国际标准化组织 3GPP 制定了一套完整的安全体系架构(参见 TS 33.102)、随着技术的不断演进，在 LTE(long term evolution，长期演进)时代、5G 时代，3GPP 组织持续更新和发布了针对性的安全体系架构。当前，3GPP 国际标准化组织为 4G 网络制定了更可靠、鲁棒性更高的安全机制。在 2018 年 6 月发布的 3GPP R15 标准 TS 33.501 中，提出了 5G 安全架构。

4G LTE 安全架构如图 1-15 所示。

4G LTE 安全架构基本沿用 3G 网络的用户身份保护机制、双向身份认证和鉴权密钥协商机制，定义了 5 个类型的安全特征组，每个类型的安全特征组应对一定的威胁，完成一定的安全目标。

(1)网络接入安全(Ⅰ)：负责提供用户安全接入服务，避免遭受来自无线网络上的攻击。

(2)网络域安全(Ⅱ)：保证节点间安全交换信令，避免遭受来自有线网络上的攻击。

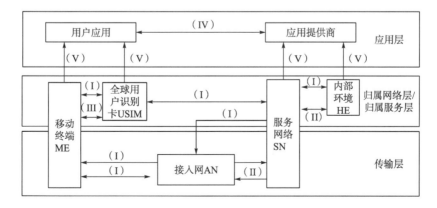

图 1-15　4G LTE 安全架构

（3）用户安全（Ⅲ）：负责保护移动应用平台安全接入网络。

（4）应用层安全（Ⅳ）：保证用户和业务提供者之间能够安全交换信息。

（5）可视可配置安全（Ⅴ）：保证用户能对网络安全配置进行了解，业务能根据网络安全功能进行使用和配置。

同时，4G LTE 网络根据 LTE 扁平化的网络架构定义了新的安全特性，使得无线接入网络和核心网络安全相互独立，提高整个系统的安全性。具体包括接入层（AS）安全和非接入层（NAS）安全，AS 安全实现移动终端与基站设备之间信令数据的加密和完整性保护、用户数据的加密保护；NAS 安全实现移动终端与移动管理实体（mobility management entity，MME）之间信令数据的加密和完整性保护。

5G 安全架构整体如图 1-16 所示。

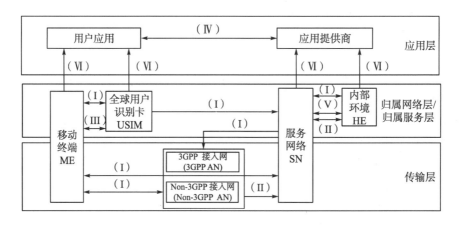

图 1-16    5G 安全架构

该架构由网络接入域安全（Ⅰ）、网络域安全（Ⅱ）、用户域安全（Ⅲ）、应用域安全（Ⅳ）、基于服务化架构（SBA）的信令域安全（Ⅴ）、安全的可视性和可配置性（Ⅵ）6 个部分组成。在 4G 安全架构基础上，3GPP 5G 安全架构进行了提升，最重要的增强是信任模型、密钥层次结构、运营商间网络安全、隐私保护、基于服务的体系结构安全 5 个方面。

（1）信任模型：在网络接入域安全（Ⅰ）中进行了补充，实现了一组安全功能，使得用户设备能够安全地通过网络进行认证并接入服务，包括 3GPP 接入和非 3GPP 接入，特别是防止对无线接口的攻击。此外，针对接入安全，还包括从服务网络到接入网络的安全上下文传输。

（2）密钥层次结构：5G 密钥管理更为完善，除长期密钥充当安全上下文主要来源之外，补充了用于身份验证和密钥协商的密钥，并制定了系列密钥派生方法，满足密钥使用要求。

（3）运营商间网络安全：补充 SEPP（security edge protection proxy，安全边界保护代理）实体，用于确保运营商之间网络交换信息的安全性，提供完整性保护、重放保护、消息可信验证、互相认证和授权、密钥协商、密钥管理、拓扑隐藏、欺骗保护。

（4）隐私保护：设计了订阅标识符 SUPI，它包含敏感的订户和订阅信息，要求除系统正常运行所需的部分［即以移动国家代码（mobile country code，MCC）和移动网络代码

(mobile network code，MNC)形式的路由信息]外，不应以明文形式传输订阅标识符 SUPI。

(5)基于 SBA 的信令域安全：在信令域安全(Ⅴ)中，实现了一组安全功能，使得 SBA 的网络功能能够在服务网络内以及与其他网络进行安全通信。这些功能包括网络功能注册、发现和授权安全方面，以及对基于服务的接口的保护。

### 4. 卫星互联网安全探索

卫星互联网是基于卫星通信技术构建的互联网，通过发射一定数量的卫星完成组网，辐射全球，构建具备实时信息处理能力的大卫星系统。卫星互联网是一种能够同时完成向地面和空中终端提供宽带互联网接入等通信服务的新型网络，具有广覆盖、低延时、宽带化、低成本等特点。

卫星互联网作为移动互联网的一个重要分支技术和重要发展方向，在未来必然会迎来快速发展和应用。但在当前环境下，对卫星互联网全面应用的期待仍然需要等待一段时间。在这个领域中，即使最激进的 Starlink 计划也要发射上万颗低轨(low earth orbit，LEO)通信卫星，且仅能在 2020 年内启动通信测试。在得不到应用积累和检验的情况下，系统性研究卫星互联网的安全体系是一个没有可靠结果的任务。当前的现实也是如此，在国内外的机构和研究中，尚未形成针对卫星互联网的安全技术体系框架或标准。

但是，卫星互联网也不是凭空产生的，它对早前的卫星通信系统的应用技术和安全技术保持了一定的继承性。可以通过分析卫星通信系统的安全研究成果，窥见卫星互联网安全体系的一角面貌。卫星通信系统在安全方面面临一些典型的风险和弱点，如物理通信环境恶劣、卫星通信节点能力受限、网络动态性变化频繁等。这些弱点给卫星通信网络的安全设计带来了非常大的挑战。因此，在研究卫星通信系统安全体系的过程中，一般会重点关注并解决以下安全问题。

#### 1)物理/数据链路层安全

需要实现通信链路和卫星通信节点的抗损坏技术，一般应通过一定数量的备份卫星，构建一个具备可靠性的星座系统。同时，要在卫星的轨道设计、频率设计上进行充分优化，确保任何时刻、任何地点都能有足够的卫星节点提供网络接入和传输服务。另外，对卫星地面站，也要加强安保和备存。

设计卫星信号的抗干扰技术和抗窃取技术，包括抗压制性干扰、欺骗性干扰。解决这类问题的技术也多从物理和数据链路层入手，通过增强卫星信号发射的自适应能力、建立地面中继能力、实现扩频和调频等技术，均能够缓解信号干扰给卫星通信带来的影响。

#### 2)网络和传输层安全

早在 1999 年，国际空间数据系统咨询委员会(Consultative Committee for Space Data System，CCSDS)就制定了空间通信协议(space communication protocol specification，SCPS)，SCPS 沿用了 TCP/IP 分层架构，但对传输层的 3 次握手、超时重传等机制进行了裁剪和改进。该协议虽然未成为广泛认同的卫星传输协议，但其思路及后续的很多研究，推动了卫星通信传输协议向与 TCP/IP 兼容的方向发展。因此，在卫星通信系统的网络和传输层面，面临与地面有线网络类似的安全风险。其关键的安全技术包括安全认证和密钥管理两类。

在卫星通信系统向卫星互联网发展的过程中，一些新的技术也逐渐得到重视和研究，包括星座网络安全路由技术研究、高层空间安全协议设计、卫星互联网安全审计与入侵检测技术研究、空间信息安全管理体系研究等[5]。

## 1.2.4　物联网安全框架

物联网是指通过射频识别技术、定位系统、红外感应器、激光扫描器等各种传感设备与感知设备，采集声、光、电、热、力学、化学、生物、位置等各类信息，依托 4G、5G、NB-IOT、蓝牙、LoRa 等不同的网络接入方式，建立物与物、物与人之间的泛在连接，进而实现对物品的网络在线的感知、识别及管理。

物联网是"万物相连的互联网"，是互联网的延伸和扩展，将各种感知设备与互联网结合起来形成的一个泛在互联的巨大网络，实现在任何时间、任何地点，人、机、物的互联互通。主要有两层意思：第一，物联网的基础是互联网，是互联网的延伸和扩展，形成万物互联的网络；第二，网络接入端延伸和扩展到了普通的物理对象，实现物品的信息交换和通信。

为了适应物联网技术的高速发展，规范物联网的技术体系，由中国牵头编制的物联网技术标准《物联网参考体系架构》（ISO/IEC 30141:2018）中提出了基于实体的物联网参考模型，如图 1-17 所示。

### 1. 物联网参考模型

基于实体的物联网参考模型，通过箭头线说明物联网系统的主要实体之间的交互关系。

（1）物理实体：参与物联网连接的真实事物，可由各种类型的标签进行监控和识别，可以被物联网设备感知和作用。

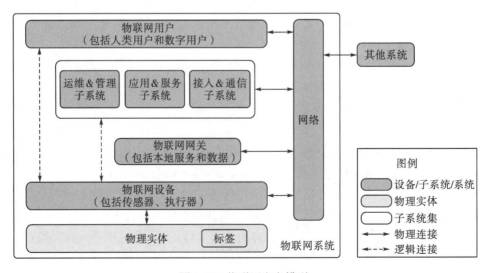

图 1-17　物联网参考模型

(2)物联网设备：通过感知技术，执行与物理世界的交互，包括传感器和执行器。

(3)网络：物联网设备通过物联网网络进行通信。

(4)物联网网关：在本地网络和广域接入网络间做网络接入管控。

(5)应用&服务子系统：承担物联网业务功能的应用程序以及服务系统。应用&服务子系统通常能提供设备数据与分析数据存储能力、过程管理能力、分析服务能力等。

(6)运维&管理子系统：包含设备管理应用程序，为系统中的物联网设备提供监控和管理功能，提供物联网系统的监控和管理能力，以及向用户提供管理能力。

(7)接入&通信子系统：为用户提供物联网系统的访问能力，为服务功能、管理功能、业务功能提供接口。提供的接入功能需设置访问控制权限，进行身份验证和授权。

(8)物联网用户：包括人类用户和数字用户。人类用户通常使用某种用户设备与物联网系统交互。数字用户通过 API 与物联网系统交互。

(9)其他系统：主要指其他物联网系统及非物联网系统，其他系统通过网络与物联网系统交互。

## 2. 物联网安全需求

物联网安全需求主要是保证其机密性、可鉴别性与可控性[6]。机密性要求采用密码技术对物联网系统的重要和隐私数据进行加密处理，构建加密体系来保护物联网的数据隐私；可鉴别性要求建立物联网系统的信任体系，保证用户登录、网络接入、数据来源等都是真实可信的；可控性的安全需求在物联网领域尤为突出，要求采取安全防护手段保证中心端的控制不会因错误导致严重灾难，主要关注点包括控制命令传输渠道的安全性、控制结果的风险评估能力、控制判断的冗余能力等。从物联网感控设备及卡、网络与传输交换、业务应用与服务、安全管理与运维 4 个方面进行安全需求分析。

### 1)物联网感控设备及物联网卡等安全需求

感控设备包含感知终端和控制设备，由于感知终端大多处于无人监控且恶劣的环境中，面临设备遭受破坏、非法接入、无线干扰、非授权访问、恶意控制等问题，安全风险较为突出。智能物联网卡是将具有存储、加密及数据处理能力的集成电路芯片镶嵌于塑料基片上制成的卡片，存在智能卡交互过程数据泄露、非授权用户随意获取数据等安全风险，软件形态的智能卡面临假冒、窃听、重放、拒绝服务、非授权访问等网络威胁。安全网关面向物联网应用场景用于解决现存于物联网中的终端安全问题。安全网关通过连接传统 PC、智能设备等多种终端，实现设备的统一管理，存在网络攻击、非法接入的风险。物联网终端可能采集处理大量敏感数据，易发生数据窃取等问题。

### 2)物联网网络与传输交换安全需求

由于 Wi-Fi、ZigBee、蓝牙、2G/3G/4G/5G 等无线通信技术自身存在的安全问题以及物联网系统中多种无线通信技术并存的复杂性导致物联网网络面临安全问题。物联网感知终端和接入设备大部分处在无人监控的场景中，易失控面临逆向攻击，无线射频信号传输易受劫持、窃听、篡改数据等风险，需要建立安全通道建立信息传输的可靠性保障机制。物联网信息传输过程中会经过不同异构性的网络，且物联网中节点数量庞大并以集群方式存在，当面临海量数据传输需求时，容易导致核心网络堵塞，进而产生各种拒绝服务攻击，需采取多路传输，缓解网络堵塞的压力，并有效抵御拒绝服务攻击。在物联网传输层存在不同架构的网络需相互连通，因此传输层也面临异构网络跨网认证等安全问题，需要建立点到点的加密机制保证传输层安全。传输交换的数据包未加密和签名，易发生被伪造、发送者抵赖等问题，需要保证通信双方传输交换安全。

3) 物联网业务应用与服务安全需求

物联网业务平台可为 SaaS 层和设备层搭建桥梁，为终端层提供设备接入，为 SaaS 层提供应用开发能力，面临的安全风险和需求与云和大数据平台类似，这里不再赘述。

4) 物联网安全管理与运维安全需求

物联网安全管理与运维安全方面，物联网安全管理涉及物联网安全漏洞管理、物联网安全事件应急响应管理等需求。管理和运维人员存在非授权访问、操作行为抵赖、违规篡改日志等安全风险。

## 3. 物联网安全参考模型

《信息安全技术　物联网安全参考模型及通用要求》(GB/T 37044—2018)在物联网参考体系的基础上，从分区分域防护的角度，提出了物联网安全防护的参考分区，针对每个分区的主要安全风险和威胁，分析安全防护需求，形成物联网系统的安全责任逻辑分区，如图 1-18 所示。

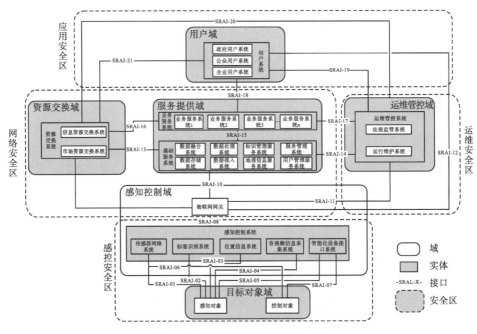

图 1-18　物联网参考模型安全分区

感控安全区：主要满足感知对象、控制对象及相应感知控制系统的信息安全需求。由于感知终端的特殊性，在安全需求上该安全区与传统互联网差异较大，主要原因表现在感知对象计算资源的有限性、组网方式的多样性、物理终端实体的易接触性等方面。

网络安全区:主要满足物联网的网关、资源交换域及服务提供域的安全需求,其安全要求不应低于一般通信网络的安全要求,主要保障数据汇集和预处理的真实性及有效性、网络传输的机密性及可靠性、信息交换共享的隐私性及可认证性。

应用安全区:主要满足用户的信息安全需求,负责满足系统用户的身份认证、访问权限控制以及配合必要的运维管理等方面的安全要求,同时需要具备一定的主动防攻击能力,充分保障系统的可靠性。

运维安全区:主要满足运维管控域的安全需求,除满足基本运行维护所必要的安全管理保障外,还需要符合相关法律法规监管提出的安全保障功能。

## 1.2.5 人工智能安全框架

人工智能是研究、开发用于模拟、延伸和扩展人的智能的理论、技术及应用的科学。人工智能领域的研究包括机器人、语言识别、图像识别、自然语言处理和专家系统等。数字时代人工智能以机器学习,特别是深度学习为核心,在语音、自然语言识别,视觉处理等领域迅速发展。世界各国高度重视人工智能,美国接连发布人工智能政府报告,首先将人工智能提升到国家战略层面,英国、欧盟、日本等也纷纷发布人工智能相关战略。党的十九大报告指出,要"推动互联网、大数据、人工智能和实体经济深度融合",连续发布了《促进新一代人工智能产业发展三年行动计划(2018—2020 年)》《新一代人工智能发展规划》等国家政策文件,已经逐渐形成了涵盖芯片、开源平台、基础和行业应用的人工智能产业链。

人工智能主要的技术包括机器学习、神经网络、深度学习等,其中机器学习是人工智能的核心。机器学习算法是一类从数据中自动分析获得规律,并对未知数据进行预测的方法。机器学习已经广泛应用在数据挖掘、数据分类、自然语言处理(natual language processig,NLP)、生物特征识别、计算机视觉、搜索引擎、DNA 序列测序等方面。

1. 人工智能技术概况

1)人工智能发展历程

符号主义、连接主义和行为主义是人工智能发展历史上的三大技术流派[7]。符号主义认为人工智能源于数学逻辑,用符号描述人类的认知过程、模拟人的抽象逻辑思维,在人工智能早期占据主导地位,代表性成果包括逻辑理论家和几何定理证明器等。专家系统在 20 世纪 70 年代出现,结合了领域知识和逻辑推断,使人工智能获得工程应用。

连接主义认为人工智能源于仿生学,是目前的技术主流,要求以工程技术手段模拟人脑神经系统的结构和功能。霍普菲尔特提出的 Hopfield 神经网络模型和鲁梅尔哈特提出的反向传播算法,使神经网络的研究取得突破。2006 年,Hinton 提出了深度学习算法,使神经网络的能力大大提高。几年后,使用深度学习技术的 AlexNet 模型在 ImageNet 竞赛中获得冠军。

行为主义认为人工智能源于控制论,智能行为的基础是"感知-行动"的反应机制,智能只在与环境的交互作用中表现出来,需要具有不同的行为模块与环境交互,以此来产生复杂的行为。

符号主义、连接主义和行为主义先后在各自的领域取得了成果，也逐渐走向了相互借鉴和融合发展的道路。特别是在行为主义思想中引入连接主义的技术，诞生了深度强化学习技术，成为 AlphaGo 战胜人类的技术支撑。

2）深度学习带动本轮人工智能发展

深度学习在于建立可以模拟人脑进行分析学习的神经网络，模仿人脑的机制来解释数据。深度学习在传统神经网络的基础上进一步发展，基于海量数据进行统计学习，比过去基于人工定义规则的专家系统更具备优越性。近年来深度学习已经在语音识别、图像识别等领域取得突破。在语音识别领域，目前所有的商用语音识别算法都基于深度学习，使用深度神经网络模型的语音识别相对传统混合高斯模型识别错误率降低超过 20%。在图像分类领域，针对 ImageNet 数据集的算法分类精度已经达到 95%以上，与人的分辨能力相当。深度学习分为训练和推断两个环节。训练出一个复杂的深度神经网络模型需要海量数据输入。推断是利用训练好的模型，使用待判断的数据去推断得出各种结论。图形处理器等各种更加强大的计算设备的发展，使得深度学习可以充分利用海量的标注数据、弱标注数据或无标注数据，自动学习到抽象的知识表达。

3）基于深度学习的人工智能技术体系

基于深度学习的人工智能算法主要依托通过封装至软件框架的方式供开发者使用。软件框架是整个技术体系的核心，实现人工智能算法的封装、数据的调用以及计算资源的调度使用。编译器及底层硬件技术也进行了功能优化以提升算法效率。基于深度学习的人工智能技术架构，包括基础硬件层、深度神经网络模型编译器及软件框架 3 层（图 1-19）。

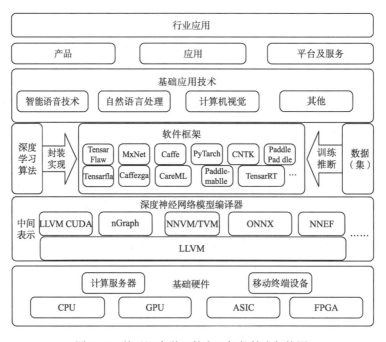

图 1-19　基于深度学习的人工智能技术架构图

(1)基础硬件层。基础硬件层包括 CPU(central processing unit，中央处理器)、GPU(graphics processing unit，图形处理器)、为特定场景应用而定制的计算芯片、基于计算芯片定制的服务器等(GPU 服务器集群、各类移动终端设备以及类脑计算机等)，为人工智能深度学习算法提供了基础计算能力。

(2)深度神经网络模型编译器。深度神经网络模型编译器是底层硬件和软件框架，以及不同软件框架之间的桥梁，为上层应用提供硬件调用接口，解决不同上层应用在使用不同底层硬件计算芯片时可能存在的不兼容问题，包括针对人工智能计算芯片定向优化的深度神经网络模型编译器和针对不同神经网络模型表示的规定与格式。

(3)软件框架层。软件框架指的是为了实现某个业界标准或完成特定基本任务的软件组件，用于实现深度学习算法的模块化封装，为应用开发提供集成软件工具包，包括人工智能算法实现的各类应用及算法工具包，以及为上层应用开发提供的算法调用接口。

### 2. 人工智能安全风险

人工智能由于技术的不确定性和应用的广泛性，给数字时代网络空间安全带来诸多风险和挑战。一方面由于人工智能深度学习算法存在不可解释性、数据强依赖性，以及人为恶意应用等问题，可能给网络空间与国家社会带来安全风险。另外，人工智能技术可应用于网络安全与公共安全领域，为信息基础设施和社会经济运行的重大态势提供感知、预测、预警，支撑主动决策响应，从而提升网络防护能力与社会治理能力。

1)网络安全风险

人工智能学习框架和组件的安全漏洞，可能引发系统安全问题。目前，谷歌、微软、亚马逊、Facebook、百度发布的人工智能学习框架和组件，大多为开源，还是缺乏严格的测试管理和安全认证，可能存在安全漏洞。例如，TensorFlow、Caffe 等软件框架及其依赖库已经被发现存在安全漏洞，攻击者可以利用漏洞篡改或窃取人工智能系统数据和信息。此外，人工智能技术还可提升网络攻击能力，对网络安全防护体系构成威胁。人工智能技术可大幅提高恶意软件编写分发的自动化程度，可使编写脚本组成计算机病毒和木马，并且使分发和执行的流程自动化；还可以绕过安全产品的检测，甚至实现恶意软件自动化地在每次迭代中更新代码和签名形式，逃避反病毒产品检测。2017 年 3 月出现首个用机器学习创建恶意软件的案例，能够基于生成性对抗网络(generative adversarial networks，GAN)的算法来产生对抗恶意软件的样本(参考《为基于 GAN 的黑盒测试产生敌对恶意软件样本》)，使样本能绕过基于机器学习的检测系统。2017 年 8 月 EndGame公司发布了可修改恶意软件绕过检测的人工智能程序有 16%的概率绕过安全系统的防御检测。人工智能技术可生成可扩展攻击的智能僵尸网络，加剧网络攻击破坏程度。2018年 Fortinet 发布的全球威胁态势预测中表示，人工智能技术未来将被大量应用在机器人集群和蜂巢网络中，内部能相互通信和交流，并根据共享的本地情报采取行动。被感染设备也将变得更加智能，同时自动攻击多个目标，并能阻碍被攻击目标缓解与相应措施的执行。

2)数据安全风险

逆向攻击可导致算法模型内部的数据泄露。利用机器学习系统提供的一些应用程序编程接口获取系统模型的初步信息，进而对模型进行逆向分析，可获取模型内部的训练数据和运行时采集的数据。例如，通过某病人的药物剂量就可恢复病人的基因信息、对人脸识别系统通过使用梯度下降方法实现训练数据集中特定面部图像的恢复重建等。人工智能还可加强数据挖掘分析能力，使隐私泄露风险增大。通过深度挖掘分析，人工智能系统可基于其采集到的无数个看似不相关的数据片段，得到更多与用户隐私相关的信息，个人隐私变得更易被挖掘和暴露。剑桥分析公司通过关联分析的方式从 Facebook 中获得了海量的美国公民用户信息，包括肤色、性取向、智力水平、性格特征、宗教信仰、政治观点等，借此实施对美国总统大选的分析预测，甚至对大选施加影响。

3）算法安全风险

算法设计或实施有误，有可能无法实现设计者的预设目标，可产生与预期不符甚至具有伤害性的结果。Uber 自动驾驶汽车 2018 年 3 月因机器视觉系统未及时识别出路上突然出现的行人，导致车祸并致人死亡。谷歌、斯坦福大学、伯克利大学和 OpenAI 研究机构的学者根据错误产生的阶段将算法模型设计与实施过程中的安全问题分为 3 类。第一类是设计者为算法定义了错误的目标函数，导致算法在执行任务时对周围环境造成不良影响。第二类是设计者定义了计算成本非常高的目标函数，使得在训练和使用阶段算法无法完全按照目标函数执行，从而无法达到预期的效果或对周围环境造成不良影响。第三类是选用的算法模型表达能力有限，与实际情况不符，导致算法在面对不同于训练阶段的全新情况时可能产生错误的结果。

目前，人工智能尚处于依托海量数据驱动知识学习的阶段，含有噪声或偏差的训练数据可影响算法模型的准确性。在含有较多噪声的数据和小样本数据集上训练得到的人工智能算法泛化能力较弱，算法准确性和鲁棒性会大幅下降。目前，人工智能算法学习得到的只是数据的统计特征或数据间的关联关系而不是因果关系，攻击者有可能利用人工智能算法模型的上述缺陷，在预测/推理阶段，精心制作对抗样本作为输入数据以达到逃避检测、获得非法访问权限等目的。例如，Biggio 研究团队利用梯度法来产生最优化的逃避对抗样本，实现了对垃圾邮件检测系统和 PDF 文件中的恶意程序检测的逃避。还有通过产生特定的对抗样本，使机器学习错误地将人类看起来差距很大的样本错分类为攻击者想要模仿的样本，从而达到获取受模仿者权限的目的，目前在基于机器学习的图像识别系统和语音识别系统中出现。

4）信息安全风险

智能推荐算法可加速不良信息的传播。McAfee 公司表示，犯罪分子将越来越多地利用机器学习来分析隐私记录，以识别潜在的易攻击目标人群，并通过智能推荐算法投放定制化钓鱼邮件，提升社会工程攻击的精准性。人工智能技术还可制作虚假信息内容，如变声、换脸、伪造音视频文件，用以实施诈骗等不法活动。2018 年 5 月，谷歌在 I/O 开发者大会上展示的聊天机器人，在与人进行电话互动时对话自然流畅、富有条理，已经完全骗过了人类。

综合来看，人工智能带来的安全风险是由于其技术的不成熟性以及技术恶意应用导致的，虽然人工智能安全风险可能存在于网络空间和国家社会的多个领域，但总体来说安全问题尚处于前瞻性与苗头性阶段。随着人工智能技术的创新突破和应用场景的日益增多，其安全风险也将更加具有泛在化、融合化等特点，对人类生产生活、国家政治经济安全产生深远影响。

### 3. 人工智能安全参考框架

如图 1-20 所示，人工智能安全体系架构通过安全应用和安全管理来应对安全风险。其中，安全风险是人工智能对网络空间安全可能造成的影响，安全应用是人工智能技术在网络信息安全领域中的具体应用方向，安全管理是从管控人工智能安全风险和促进人工智能技术在安全领域应用的角度，研究构建人工智能安全管理体系。

1) 安全风险

人工智能作为战略性与变革性信息技术，给网络空间安全增加了新的不确定性。主要安全风险包括网络安全风险、数据安全风险、算法安全风险和信息安全风险。网络安全风险涵盖网络设施和学习框架的漏洞、后门安全风险，以及人工智能恶意应用导致的系统网络安全风险。数据安全风险包括人工智能的训练数据错误、非授权篡改以及人工智能引发的隐私数据泄露等风险。算法安全风险包括算法设计、决策相关的安全问题，涉及算法黑箱、算法模型缺陷等。信息安全风险主要包括人工智能技术应用于信息传播以及人工智能输出的信息内容安全问题。

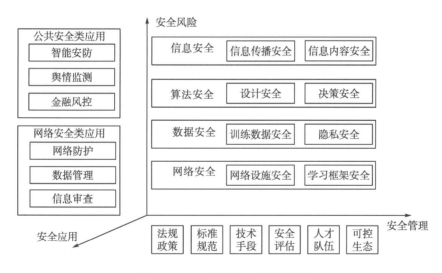

图 1-20　人工智能安全体系架构图

2) 安全应用

人工智能因其突出的数据分析、自主学习、智能决策、知识提取、自动控制等能力，可在智能安防、网络防护、信息审查、舆情监测、数据管理、金融风控等领域有许多创新性应用。可以将人工智能算法应用于入侵检测、恶意软件检测、安全态势感知、威胁预警等技术研究，可以利用人工智能技术实现对数据的分类分级、防泄露、泄露溯源等数据安全保护，可以利用人工智能辅助人类对表现形式多样、数量庞大的网络不良内容进行快速审查，可以利用人工智能推动安防领域从被动防御向主动判断、及时预警的智能化方向发展，可以利用人工智能技术提升信用评估、风险控制的工作效率和准确度，协助政府部门进行金融交易监管，还可以利用人工智能技术加强认知域网络舆情监控能力，提升社会治理能力。

3）安全管理

人工智能安全管理包括法规政策、标准规范、技术手段、安全评估、人才队伍、可控生态 6 个方面。在法规政策方面，应针对人工智能重点应用领域和重点安全风险，建立健全安全管理法律法规和管理政策。在标准规范方面，应加强人工智能安全要求、安全评估评测等方面的国内外行业标准的制定完善工作。在技术手段方面，应打造人工智能安全风险监测预警、态势感知、应急处置等安全管理的技术支撑能力。在安全评估方面，应加快人工智能安全评估评测指标、方法、工具和平台的研发，构建第三方安全评估评测能力。在可控生态方面，应加强人工智能产业生态的研究与投入，提升生态的自我主导能力，促进人工智能安全发展。

# 1.3  数字时代与密码

## 1.3.1  密码是数字时代的安全基石

密码因战争而生，是决定胜败的关键要素。密码自诞生以来其保护信息、识别身份的核心功能从未改变，从传统的外交军事等领域，逐步渗透到所有社会活动中。在信息时代，密码的发展和进步决定了保护个人隐私、保护商业机密乃至保护国家安全的能力。人类社会已经进入以融合与智慧为特征的数字时代，面对各种信息安全的威胁，密码全面融合各类信息系统，并在保证信息安全和身份验证方面显现出无可替代的作用。无论是在个人身份证、智能终端方面，还是在通信、金融、交通、能源等重要基础设施中，密码的应用比比皆是。进入新的历史时期，随着信息革命的到来，网络空间已然成为国家"第五疆域"，日益成为大国博弈的主战场，网络安全已成为总体国家安全观的重要组成部分，"没有网络安全，就没有国家安全"已经成为共识，密码技术作为保障网络安全的根本性核心技术，其重要性再次凸显。

当前我国在密码法规政策、理论研究、技术创新、产业发展、应用推进等方面取得系列成效，但仍然存在密码工程化实现能力相对薄弱，高水平密码供给不足，贴合重要领域场景和重大工程需求的密码解决方案欠缺等问题。

随着"建设世界一流密码强国"的总体目标的提出和《中华人民共和国密码法》的正式实施，在数字时代，云计算、大数据、物联网、移动互联网和人工智能的各个安全体系中，密码已经成为解决网络、计算、应用、管理等不同层次的网络安全问题，覆盖政务、社会、民生的各个方面，保障实体可信、数据安全、网络行为可管可控的基础与核心支撑技术。

在日常生活中，公民的个人财产、医疗信息等个人隐私信息基本上已全部以数据的形式进行保存和交换，数据安全是数字时代的重中之重。以日常生活中大家最常用到的社交软件微信为例，微信是当今社会中维系人际关系、日常交流、财富管理，以及作为其他软件的入口的重要软件，与密码的应用密不可分。不管是在登录时进行的实体认证，还是在文件传输时的安全保障，在财产交易时的授权确权，均离不开密码技术的支撑。

另外，数字时代离不开云计算等新技术新应用的发展。无论是物联网、移动互联网，还是 5G 网络，密码技术类似于网络空间中的人体的免疫系统，密码即是免疫病毒和伤痛的安全基因，将深度融合于新型信息基础设施的各个环节，保障其数据安全、平台安全和网络交互过程安全。密码保障体系是网络安全保障体系的重要组成部分，作为保障数字中国、智慧社会的关键技术支撑，是数字时代的安全基石。

### 1.3.2　密码的特性

密码的特性包括以下几个方面。

#### 1. 保密性

保密性也称机密性，是不将有用信息泄露给非授权用户的特性。可以通过信息加密、身份认证、访问控制、安全通信协议等技术实现，信息加密是防止信息非法泄露的最基本的手段，主要强调有用信息只被授权对象使用的特征。

#### 2. 完整性

完整性是指信息在传输、交换、存储和处理过程中，保持信息不被破坏或修改、不丢失和信息未经授权不能改变的特性，也是最基本的安全特征。

#### 3. 真实性

真实性是指对信息处理交互各方的身份以及信息交互内容的真实性保证，确保信息交互双方数字身份的真实有效，以及信息交互内容的真实。

#### 4. 不可否认性

不可否认性又称抗抵赖性，指网络通信双方在信息交互过程中，具备形成提供给第三方进行验证的数字证据的能力，能够通过第三方验证确信所有参与者不可否认或抵赖本人的真实身份，以及提供信息的原样性和完成的操作与承诺。

以数据安全为中心的数字时代网络安全体系，密码"四性"是对数据安全最全面和完整的保护。

### 1.3.3　密码的作用

在数字时代，密码不仅仅是安全保障的手段之一，而是成为数字时代发展不可或缺的支撑和驱动。

1. 密码是网络安全的基石

密码是保障网络安全的根本性核心技术，在维护国家安全、促进经济社会发展、保护公民利益中发挥着不可替代的重要作用。随着信息技术的不断发展，网络欺诈、个人隐私和商业机密的泄露对社会和谐稳定造成极大破坏，密码技术在网络空间管控中扮演至关重要的角色，是构建网络信任的基本工具，也是反制网络监控与窃密的关键技术。世界各国均把密码作为保障网络安全的核心技术和战略资源、实施网络安全防护的关键手段、构建网络信任体系的重要基石。

2. 密码是数字经济的发展动能

2020 年 3 月我国发布了《关于构建更加完善的要素市场化配置体制机制的意见》，明确将数据列为第五项生产要素，这意味着数据将会和土地、劳动力、资本、技术一样可进行市场化配置，一样具有所有权、使用权、市场化交易等特性。

密码技术创新，有力支撑了数字经济发展，数字经济发展有效促进了密码技术应用。在以数据为关键要素的数字经济时代，要深刻认识密码在护航数字经济发展中的关键作用。数字经济中数据是新的生产要素，是基础性和战略性资源。密码是确保数据作为生产要素进行合理市场化配置的核心技术。数据就是财富，安全才有价值，只有给数据赋予所有权、使用权等安全化属性，安全数据才真正具有市场化配置和交易的价值，而密码技术是对数据进行产权保护的核心技术。具体能力如下。

第一，保护数字经济安全。利用基于密码技术的身份鉴别、信任管理、访问控制、数据加密、可信计算、密文计算、数据脱敏等措施，可以有效解决数据产生、传输、存储、处理、分析、使用等全生命周期安全问题，解决网络基础资源、信息设施、计算分析、应用服务、网络通道、接入终端等全体系平台安全问题，解决技术融合、产业融合中的全产业链条安全问题，为数字经济提供系统性、全方位的安全防护。

第二，助力数字经济融通。数字经济时代，一方面，密码助力打通数据融通的信任瓶颈，实现信息资源开放共享。利用基于密码的数据标识、数字签名、数字内容和产权保护等技术，构建起真实不可抵赖的"数字契约"，为数据资源确权、开放、流通、交易提供信任基础。另一方面，密码助力疏通资金融通的信任梗阻，促进融资便利化。例如，在供应链融资中，通过以密码为基础的区块链技术，利用多重签名、不可篡改等特点，实现信息和资金流向的可追溯、可审计。

第三，促进数字经济创新。新型计算、网络攻防和密码技术的交替演变、融合发展，成为推动社会科技进步的强大动力。一方面，密码与信息技术的融合催生信息科技创新。近年来基于密码的区块链技术的广泛应用，为电子商务、数字金融等带来新的机遇。另一方面，信息科技创新推动密码创新。量子计算的快速发展，使得抗量子密码算法设计成为新的发展方向；云计算推动密码理论研究进入同态时代；物联网技术对终端环境实现密码计算安全提出新的挑战。数字经济本质上是一种创新经济，其核心动力是信息技术创新，在数字经济发展的过程中，始终存在密码与信息技术的协同创新。

第四，强化数字经济监管。利用密码技术和数据标识、数字签名、网络身份的结合，在确保数据安全有序流动的同时，为数据溯源、行为追踪、隐私保护提供有效支撑，为数字经济领域的监管提供司法证据，为部门监管和打击犯罪提供有力武器，为提升国家治理体系和治理能力现代化水平、完善监督保障体系建设提供技术手段。

### 3. 密码是社会治理的可信支撑

密码为"数字中国"各领域实体互信、网络安全互通、数据安全保护与共享提供了重要保障。在数据加密、身份认证、访问控制等应用上发挥着难以替代的作用，为网络空间安全提供"鉴别基因、可信基因、免疫基因"。

密码已在国家公共安全、金融交通等国计民生领域发挥出重要作用。我国有关部门发行的电子身份证、工商电子营业执照等，也已经使用密码技术实现对公民、法人网络身份的可靠识别，如在公共安全领域使用商用密码的第二代居民身份证已成功换发十几亿张；在金融交通领域，商用密码已大规模应用于金融 IC 卡、网银 U 盾、ETC 计费等系统中，为国家金融安全发挥了重要作用；在税收领域，使用商用密码的防伪税控系统用户已达数千万户，每年为国家防止偷漏税款达千亿元。密码也是目前世界公认解决大数据安全和隐私保护问题最好的办法，对打造安全可信、可管、可控的网络空间，提升社会治理能力意义重大。

### 4. 密码是新基建的护航者

新基建为万物互联、泛在智能的发展提供基础设施服务，密码是保证泛在物联、网联、数联、智联可信、可管、可控的核心关键技术。5G 网络、数据中心等新型基础设施建设，其产业范围可辐射延伸至网络安全、集成电路、软件、装备制造，以及大数据、人工智能、区块链等众多高新技术领域，其应用范围涵盖车联网、物联网、智慧城市、工业控制等多样化的场景，迫切需要以密码技术为安全基石，构建多种安全技术融合创新的网络安全防御体系，确保物联安全、网联安全、数联安全和智联安全。

数据安全是新基建设施可靠运行的关键，密码是保障数据安全的核心和基础技术手段。新基建将面向各类应用场景，围绕数据的感知、传输、连接、处理提供智能化的数据产品和服务，而数据安全是数据应用的前提保障，通过密码技术可有效保障数据全生命周期的安全。因此，密码已成为护航国家新基建发展的重要保障手段。

### 5. 密码是信息技术创新的动力

从世界各国信息技术的发展历史来看，密码一直是推动信息技术创新发展的原动力。香农信息论和保密系统的通信理论的提出，更推动了密码技术与电子信息技术的融合发展。第二次世界大战期间，英国数学家图灵破解了德军著名的 Enigma 密码，帮助盟军取得了胜利。图灵围绕密码的破译提出了图灵机模型，这也是现代计算机的最初模型。冯·诺依曼在获得世界计算机先驱奖时说："我们应该感谢图灵，我是在图灵机模型的基础上拓展了计算机模型，是图灵发明了计算机。"可以说，密码应用和攻防催生信息技术重大变革，通过实施密码优先发展战略，能够强有力地驱动信息科技整体创新。例如，区块链的诞生及其在金融、物流等领域的不断应用创新，得益于密码技术和现代网络与计算技术驱动下的整体创新。

# 参 考 文 献

[1] 徐宗本. 把握新一代信息技术的聚焦点[R]. 第二期"大足院士讲坛", 2019.

[2] 国家互联网信息办公室. 国家网络空间安全战略[OL]. [2016-12-27]. http://www.cac.gov.cn/2016-12/27/c_1120195926.htm.

[3] ECC, AII. 边缘计算安全白皮书[R]. 2019.11.

[4] 黄开枝、金梁、赵华. 5G 安全威胁及防护技术研究[J]. 邮电设计技术, 2015(6): 8-12.

[5] 赛迪顾问物联网产业研究中心. 中国卫星互联网产业发展研究白皮书 [R]. 2020(6).

[6] 全国信息安全标准化技术委员会. 物联网安全标准化白皮书(2019 版)[R]. 2019.

[7] 中国信息通信研究院, 中国人工智能产业发展联盟. 人工智能发展白皮书 (2018 年)[R]. 2018.

# 第 2 章 国际密码应用概况

## 2.1 密码模块的标准化要求

FIPS 是美国联邦信息处理标准(Federal Information Processing Standard)的缩写，是 NIST 基于美国信息技术管理改革法案(公法 104~106)制定的针对联邦计算机系统的标准和方针。这些标准和方针由 NIST 发布，并作为联邦信息处理标准(FIPS)在政府机构广泛采用。NIST 针对强制性的联邦政府需求制定 FIPS 标准，如政府软件和系统，同时在尚未形成统一标准的工业化领域或综合解决方案中，采用 FIPS 标准[1]。

范围：FIPS 规定的密码模块包含硬件(hardware)、软件(software)和/或固件(firmware)，或是它们的集合，这些模块需要包含经过认可的安全功能，包括密码算法和密钥生成，并规定了密码模块的系统边界。

分级：FIPS 将使用密码模块的系统环境，按照重要性、保密性的级别不同，分为 4 个级别，从低到高分别是 Level 1、Level 2、Level 3、Level 4，我国后来制定的《信息系统安全等级保护》(该法规后重新制定为《网络安全等级保护》)，以及《信息系统密码应用基本要求》(GM/T 0054—2018)等信息安全和密码相关法律法规和标准，都参考了这样的分级要求方式。

测评：FIPS 认证测试工作由 CMVP(Cryptographic Module Validation Program)授权的实验室进行。CMVP 是由美国 NIST 和加拿大政府的通信安全组织(Communications Security Establishment，CSE)共同建立的，它负责维护 FIPS，并向第三方实验室授权为密码和安全测评实验室。测评按照申请产品的不同，大体上分为"密码模块端口和接口安全""角色、服务和认证安全""物理环境安全""系统安全""密钥管理""电磁干扰"等多个方面的测试。测评通过后，会颁发 FIPS 认证通过证书，截至 2018 年，通过 FIPS 认证的密码设备和软硬件产品共有 1149 件，其中数量最多的是密码中间件产品，有 264 件。

使用：FIPS 是政府对应用系统的分级安全要求，其中提出了密码软硬件模块的合规性要求，是评估一个产品整体能否使用的"门槛"。在具体的使用中，需要结合行业不同，分别按照 SOX(塞班斯法案，上市公司监管法规)、HIPAA(健康保险隐私及责任法案)、FISMA(联邦信息系统安全防护政策)、GLBA(金融服务法现代化法案)、PCI-DSS(支付卡行业数据安全标准)等美国行业应用合规要求配合使用，而应用系统本身针对行业的合规性，也需要满足相关的行业要求。

## 2.2 密码应用中的标准化概况

随着密码技术和密码产品的不断发展，密码、安全、应用不断融合，相关密码技术产品已经"悄无声息"地被广泛使用在数字世界的方方面面。在信息领域国际标准化的道路上，密码从一开始就扮演着重要的角色。

除专门针对密码产品的 FIPS 140-2/3（美国 NIST 发布的针对密码模块安全需求标准）等相关国际标准外，在通信传输、应用、数据等国际标准规范中，也大量涉及密码技术。例如，在 TLS、SSH、IPsec、PGP 等广大科研人员长期使用的相关标准规范、开源代码中，随处可见"后台"密码的身影。含有密码的国际安全标准已经成为发达国家当前最新数字政府建设中的重要遵循标准。这些国际标准规范、开源代码中密码技术的广泛应用，进一步表明了密码作为安全核心支撑的作用，清晰了密码"泛在化"趋势。

### 2.2.1 国际标准化机构概况

网络安全和密码标准及其测评体系的组织机构为云计算提供了重要技术与管理支撑。目前，全球范围内的网络安全和密码标准化工作已经启动，全世界已经有 30 多个标准组织宣布加入这类标准的制定行列[2]。主要的标准组织是以 NIST、ITU、ISO、IEEE、IETF、3GPP 为代表的传统电信或互联网领域的标准组织。其中一些标准组织的确进行了大量有意义的工作，正在努力将密码的应用标准化向前推动。值得一提的是，我国的商用密码算法在国际上也获得了认可，在 ISO 形成了相应的国际标准，见表 2-1。

表 2-1 密码国际标准

| 我国商用密码算法 | SM2 数字签名算法 | SM3 杂凑算法 | SM9 数字签名算法 | SM4 分组算法 |
|---|---|---|---|---|
| 国际标准号 | ISO/IEC 14888-3 | ISO/IEC 10118-3 | ISO/IEC 14888-3 | ISO/IEC 18033-3 |

#### 1. NIST

在美国联邦政府的支持下，NIST 进行了大量的标准化工作。美国联邦政府，正在积极推进联邦机构采购云计算服务，而 NIST 作为联邦政府的标准化机构，就承担起为政府提供技术和标准支持的任务，它集合了众多云计算方面的核心厂商，共同提出了目前被广泛接受的云计算定义，并且根据联邦机构的采购需求，还在不断推进云计算的标准化工作。

NIST 制定的最有名的密码标准是 FIPS 140-2，这项标准实际已经作为美国政府对重要网络设施和信息系统的合规性要求提出。

此外，NIST 还制定了大量云计算安全、数据安全、隐私保护等方面的标准规范，比较具有代表性的有如下几个。

(1)SP 500-291-293 数据定级范围、方法、粒度。该系列标准确定了美国政府在云计算和数据安全方面的优先级，定义了云计算安全参考架构，对不同安全级别的安全需求以及当前和未来的风险消减措施需求提出了建议。

(2)SP 500-299 NIST 云计算安全参考架构。定义了一个 NIST 云计算安全参考架构，确定了云计算中各参与方的角色，设计了一个用于云计算的风险管理框架。

(3)SP 800-144 公有云中的安全和隐私指南。该指南专注于公有云中安全和隐私方面面临的挑战，包括环境的威胁、技术风险和保护措施，为云上信息系统建设提供参考。

## 2. CSA

CSA 是专门针对云计算安全方面的标准组织，已经发布了《云计算关键领域的安全指南》白皮书，该指南成为云计算安全领域的重要指导文件。CSA 确定了云计算安全的 15 个焦点领域，对每个领域给出了具体建议，并从中选取较为重要的若干领域着手标准的制定，在制定过程中，广泛咨询 IT 人员的反馈意见，获取关于需求方案说明书的建议。CSA 确定的 15 个云计算安全焦点领域分别是信息生命周期管理、政府和企业风险管理、法规和审计、普通立法、eDiscovery、加密和密钥管理、认证和访问管理、虚拟化、应用安全、便携性和互用性、数据中心、操作管理事故响应、通知和修复、传统安全影响(商业连续性、灾难恢复、物理安全)、体系结构。

云计算(主要是以虚拟化方式提供服务的 IaaS 业务)给传统的 IDC(Internet data center，互联网数据中心)及以太网交换技术带来了一系列难以解决的问题，如虚拟机间的交换、虚拟机的迁移、数据/存储网络的融合等，作为以太网标准的主要制定者，IEEE 目前正在针对以上问题进行研究，并且已经取得了一些阶段性的成果。

CSA 制定的比较知名的标准规范如下。

(1)《云计算关键领域的安全指南》、《云计算安全技术要求》。该系列指南和要求提出了云计算中各层面的安全要求，覆盖访问层、资源层、服务层等各个层面，同时提出了安全管理、安全服务的相关要求，为云平台和云上应用系统安全建设提供了综合参考。

(2)《CoC for GDPR Compliance》(CSA GDPR 合规行为准则)。为云服务提供商(cloud service provider，CSP)、云消费者及相关企业提供 GDPR(General Data Protection Regulation，通用数据保护条例)合规解决方案，并提供涉及云服务提供商应提交的关于数据保护级别的透明性准则。这个准则为各种规模的客户提供工具来评估其个人数据保护水平从而支持决策。它也能够指导任何规模和地点的云服务提供商，遵守欧盟个人数据保护法规，并以结构化的方式提出提供给客户的个人数据保护分级的建议。

## 3. ITU、IETF、ISO 等传统标准组织

ITU、IETF、ISO 等传统的国际标准组织也已经开始重视云计算的标准化工作。ITU 继成立了云计算焦点组(Cloud Computing Focus Group)之后，又在 SG13 成立了云计算研究组(Q23)；IETF 在近两次会议中都召开了云计算的 BOF(birds of a feather，兴趣小组会议)，吸引了众多成员的关注；ISO 在 ISO/IEC JTC1 进行一些云计算相关的 SOA(service-oriented architecture，面向服务的结构)标准化工作等。与其他专注于具体某

个行业领域的组织不同,这些标准组织希望能够从顶层架构的角度来对云计算标准化进行推进。虽然短期内可能不会取得太多的成果,但长期来看,这些组织如果能够吸收众家之长,形成云计算安全标准的"顶层设计",应该是非常有意义的。

(1)ISO/IEC JTC1:Information technology-Cloud computing-Reference architecture(信息技术-云计算-参考架构)。该标准提出了云计算参考架构,包括角色、结构、安全功能和密码功能组件等的功能和相互之间的关系。

(2)ITU-T SG17:X.1601 Security Framework for Cloud Computing V2.0(云计算安全框架)。该标准分析云计算环境中的安全威胁和挑战,并介绍了可减缓这些风险并应对安全挑战的密码能力。

(3)OASIS:Reference Model and Methodology(PMRM)Version 1.0(隐私管理参考模型和方法论)。该标准提供了一个隐私管理的参考模型和方法论,直接提出了实现合适的可操作的隐私管理功能和支撑机制。

## 2.2.2 典型的信息系统密码应用要求

### 1. 密码应用基础方面

1)密码基本组件标准

密码产品、算法和协议在使用前需要由相关部门批准其适用性,密码实现经批准验证足以保护数据和通信安全后才能使用。随着现代计算速度和计算能力的提高以及成本的降低,旧的加密算法越来越容易受到攻击,遵守相关建议和控制措施是至关重要的。新西兰信息安全手册(New Zealand Information Security Manual,NZISM)规定了必须使用加密的情形、密码的风险评估方法,并提醒了密码算法与协议都是在有限时间内保障安全的,如椭圆曲线密码将会在未来几年全面代替 RSA。此外,NZISM 还考虑到特殊的密码安全需求和使用加密产品例外的情形,并针对使用加密产品、数据恢复、减少存储和实体转移、信息和系统保护使用、加密信息技术设备、加密传输信息和密钥刷新与退出方面给出了明确的分级建议,具体的参考标准可以参见表 2-2[3]。

表 2-2 国际密码算法

| 标准名称 | 发布机构 |
| --- | --- |
| New Zealand Communications Security Standard No. 300 – Control of COMSEC Material | GCSB |
| FIPS140-2 | NIST |
| FIPS140-3 DRAFT | NIST |
| NIST Special Publication 800-131A Transitions: Recommendation for Transitioning the Use of Cryptographic Algorithms and Key Lengths | NIST |
| NIST Special Publication 800-56B Revision 1 Recommendation for Pair-Wise Key-Establishment Schemes Using Integer Factorization Cryptography,September 2014 | NIST |
| SP 800-57 Part 1, Recommendation for Key Management: Part 1: General (Revision4), Jan 2016 | NIST |
| SP 800-57 Part 2, Recommendation for Key Management: Part 2: Best Practices for Key Management Organization, Aug 2005 | NIST |

续表

| 标准名称 | 发布机构 |
|---|---|
| SP 800-57 Part 3, Recommendation for Key Management, Part 3 Application-Specific Key Management Guidance, Jan, 2015 | NIST |
| FIPS PUB 186-4 Digital Signature Standard (DSS) July 2013 | NIST |
| SP 800-131A Rev. 2 (DRAFT) Transitioning the Use of Cryptographic Algorithms and Key Lengths – July 2018 | NIST |
| SP 800-56B Rev. 1 - Recommendation for PairWise Key-Establishment Schemes Using IntegerFactorization Cryptography - September 2014 | NIST |
| Handling requirements for protectively marked information and equipment | PSR |
| Virtual Private Network Capability Package Version 3.1 March 2015 | NSA |
| Suite B Implementer's Guide to NIST SP 800-56A,July 28, 2009 | NSA |
| Guidelines on Cryptographic Algorithms Usage and Key Management - EPC342-08 Version 8.0 18 December 2018 | European Payments Council |
| Choose an Encryption Algorithm | Microsoft |
| Transport Layer Protection Cheat Sheet | OWASP |
| Guide to Cryptography | OWASP |
| New Directions in Cryptography - IEEE Transactions on Information Theory Vol IT22 November 1976 | Diffie, Hellman |
| Transport Layer Security (tls) | IETF |
| TLS 1.3 | IETF |
| The Transport Layer Security (TLS) Protocol Version 1.3 March 2018 | IETF |

2）批准使用的密码算法与协议

只有经批准的加密算法才能在政府内部使用，并且算法的实现也需要完成已批准的加密评估，才能被批准保护信息。批准的算法并不能对未知的攻击保障安全性，但是这些算法经过政府、工业界和学术界在实践和理论上广泛的审查，并没有发现可能受到任何可行的攻击。在某些情况下，发现了理论上的所谓漏洞，然而，这些结果在当前的技术和能力下被认为是不可行的。批准的加密算法分为 3 类：非对称/公钥算法、散列算法和对称加密算法。公钥算法包括 ECDH、ECDSA、DH、DSA 和 RSA。散列算法包括 SHA-384、SHA-512 和 SHA-1。对称算法包括使用 256 位密钥长度的 AES 和 3DES。其中，SHA-1、3DES、DH、DSA 和 RSA 不得用于新的实施，而只能用于已经运行这些系统的当前遗留系统。关于加盐，即通过在密码的开头或结尾添加值或字符串来进一步修改散列的技术，也给出了建议标准。此外，规定还在使用的密钥长度、参数长度、新旧系统使用、工作模式等方面给出了明确的分类建议，具体的参考标准可以参见表 2-3 和表 2-4。

表 2-3　批准使用的面协议

| 功能 | 密码算法名称 | 应用标准 | 最低安全指标 |
|---|---|---|---|
| 加密 | Advanced Encryption Standard (AES) | FIPS 197 | 256-bit key |
| 散列 | Secure Hash Algorithm (SHA) | FIPS 180-4 | SHA-384 |
| 数字签名 | Elliptic Curve Digital Signature Algorithm (ECDSA) | FIPS 186-3 ANSI X9.62 | NIST P-384 |
| 密钥交换 | Elliptic Curve Diffie-Hellman (ECDH) | SP 800-56AANSI X9.63 | NIST P-384 |

表 2-4  批准使用的密码协议

| 标准名称及代号 | 发布机构 |
|---|---|
| DH | IEEE |
| DSA Digital Signature Algorithm | NIST |
| AES Advanced Encryption Standard | NIST |
| RFC 8492 Secure Password Ciphersuites for Transport Layer Security (TLS) FEB 2019 | IETF |
| RSA | RSA Laboratories |
| RFC 6944 Applicability Statement: DNS Security (DNSSEC) DNSKEY Algorithm Implementation Status | Internet Engineering Task Force (IETF) |
| NIST Special Publication 800-57 Part 1 Revision 4 Recommendation for Key Management - Part 1: General | NIST |
| NIST Special Publication 800-57 Recommendation for Key Management – Part 2: Best Practices for Key Management Organization | NIST |
| NIST Special Publication 800-57 Part 3 Revision 1 Recommendation for Key Management Part 3: Application-Specific Key Management Guidance | NIST |
| RFC 2898 PKCS #5: Password-Based Cryptography Specification Version 2.0 | IETF |
| RFC 8018 PKCS #5: Password-Based Cryptography Specification Version 2.1 | IETF |
| NIST Special Publication 800-63-3 series – Digital Identity Guidelines | NIST |
| NIST Special Publication 800-106 Randomized Hashing for Digital Signatures | NIST |
| NIST Special Publication 800-107 Revision 1 Recommendation for Applications Using Approved Hash Algorithms | NIST |
| NIST Special Publication 800-132 Recommendation for Password-Based Key Derivation Part 1: Storage Application | NIST |
| ECDH | NIST |
| SHA | NIST Standards Australia |
| 3DES | NIST ANSI Standards Australia |
| Cryptography Management | NIST |
| AES | NIST |
| AES | NIST |
| AES | NIST |
| AES-CBC | NIST |
| AES-CBC Algorithm | IETF |
| AES in TLS | IETF |
| Commercial National Security Algorithm (CNSA) Suite | NSA |
| Commercial National Security Algorithm (CNSA) Suite Factsheet | NSA |
| Commercial Solutions for Classified (CSfC) FAQ | NSA |
| FIPS PUB 180-4, Secure Hash Standard, August 2015 | NIST |

　　传输中的机密信息由经批准的加密算法和经批准的加密协议保护,批准的加密协议有 5 种,分别是 TLS、SSH、S/mime、OpenPGP 报文格式和 IPSec。

### 3) 硬件安全模块

硬件安全模块用于需要加密功能的附加安全性的场景,定义为提供密码功能的硬件模块或设备。HSM 可以安装在主机上或外接。HSM 可以封装为分立设备、PCI 卡、USB 设备、智能卡或其他形式,提供(但不限于)加密、解密、密钥生成、签名、散列和密码加速。该器具通常也提供一定程度的物理防篡改功能,具有用户接口和用于密钥管理、配置和固件或软件更新的可编程接口。HSM 的传统用途是在自动柜员机、电子资金转移和销售点网络中。HSM 还用于保护 PKI 部署、SSL 加速和 DNSSEC(DNS 安全扩展)实施中的 CA 密钥。HSM 通常描述封装多芯片模块、设备、卡或器具,而不是单芯片组件或设备。HSM 可以包括防御功能,当检测到篡改时激活这些功能。例如,加密密钥和敏感数据被删除或归零。在可用性和安全性之间存在一种权衡,因为有效的篡改响应实质上会使 HSM 无法使用,具体的参考标准可以参见表 2-5。

表 2-5　HSM 标准

| 标准名称 | 发布机构 |
| --- | --- |
| Payment Card Industry (PCI) Hardware Security Module (HSM) - Security Requirements - Version 1.0, April 2009 | PCI |
| FIPS PUB 140-2 - Effective 15-Nov-2001 – Security Requirements for Cryptographic Modules | NIST |

### 2. 网络传输方面

### 1) TLS 协议和 SSL 协议

传输层协议(transport layer security,TLS)和安全套接字协议(secure sockets layer,SSL)是设计用于为互联网应用提供通信安全性的加密协议,在传输层协议(如 TCP/IP 协议)上扩展密码保护能力,在电子邮件、Web 浏览器等应用中得到广泛使用[3]。

TLS 协议和 SSL 协议使用 X.509 证书和非对称加密技术进行身份验证,并生成会话密钥;使用此会话密钥加密双方之间的数据,为数据提供机密性保护;对会话中的数据计算消息验证码,为数据提供完整性保护。

TLS 和 SSL 是不同的协议。TLS 协议来自互联网工程任务组(The Interner Engineering Task Force,IETF),其最新版本为 TLS 1.3,于 2014 年 10 月发布。SSL 协议是 TLS 协议的前身,在 SSL 3.0 处理分组密码模式填充的方式中发现了一个设计漏洞,在 SSL 3.0 的基础上后续发展出 TLS 1.0、TLS 1.1 等版本(表 2-6)。

表 2-6　TLS 和 SSL 协议版本信息

| 标准名称 | 发布机构 |
| --- | --- |
| The SSL 3.0 specification | IETF |
| The TLS 1.2 specification | IETF |
| The SSL 2.0 prohibition | IETF |
| The Transport Layer Security (TLS) Protocol Version 1.3 draft-ietf-tls-tls13-03 October 2014 | IETF |
| Vulnerability Summary for CVE-2014-3566 | NIST |
| Alert (TA14-290A) - SSL 3.0 Protocol Vulnerability and POODLE Attack | US-CERT |
| This POODLE Bites: Exploiting The SSL 3.0 Fallback | Google September 2014 |

目前，SSL 协议、TLS 1.1 由于被证实存在安全缺陷，在使用中应以 TLS 协议最新版本取代。微软已于 2014 年 10 月宣布，在其 Internet Explorer 浏览器和在线服务中禁用 SSL 3.0 支持，谷歌从 2020 年 1 月开始在 Chrome 中完全禁用 TLS 1.0 和 TLS 1.1 协议；微软于 2020 年上半年在 Microsoft Edge 和 Internet Explorer 11 中完全禁用该系列协议；苹果将于 2020 年 3 月在 Safari 中禁用该系列协议。

2）SSH

SSH 的英文全称为 Secure Shell，是建立在应用层上的远程会话登寻安全协议（表 2-7），目前 SSH 使用的端口号默认为 22，因其在传输信息的过程中，采用的是加密的密文，与 Telnet 相比，安全性要高得多[3]。目前流行的 SSH 验证方式有两种，一种是基于口令的，另外一种是基于密钥的[3]。基于口令的验证方式受密码复杂度的局限，使用范围较小；基于密钥的验证方式，用户可以根据自己的需要生成不同长度的密钥，安全性高、使用方便。用户在 FREEBSD 上利用 SSH 创建一对密钥，密钥分为公钥和私钥，把私钥放在自己的计算机上，把公钥放在需要访问的计算机上，采用 SSH 进行连接时，远程的计算机会向本地的计算机发出请求，请求使用公钥进行安全验证。本地计算机接收到请求后，对比发送过来的公钥是否和本地的公钥一致，如果一致就可以进行通信[3]。最重要的就是在进行通信的过程中，所有的信息都是加密的，极大地保证了信息的安全性。

表 2-7    SSH 协议相关标准规范

| 标准名称 | 发布机构 |
| --- | --- |
| Further information on SSH can be found in the SSH specification | IETF |
| Further information on Open SSH | Open SSH |
| OpenSSH 7.3 | Open SSH |
| OpenSSH 8.4 | Open SSH |

3）IPSec

IPsec（IP security，IP 安全）是一个 IP 层的安全框架，它为网络上传输的 IP 数据提供安全保证，其主要功能是对数据的加密和对数据收发方的身份认证，是一种传统的实现三层 VPN（virtual private network，虚拟专用网）的安全技术[3]。

为 IPsec 服务的协议有 IKE（internet key exchange）、ESP（encapsulating security protocol）、AH（authentication header）3 类。IKE 是个混合协议，其中包含部分 Oakley 协议以及内置在 ISAKMP（internet security association and key management protocol）协议中的部分 SKEME 协议，所以 IKE 也可写为 ISAKMP/Oakley，它是针对密钥安全的，用来保证密钥的安全传输、交换以及存储，主要是对密钥进行操作，并不对用户的实际数据进行操作；ESP（encapsulating security protocol）和 AH（authentication header）的主要工作是保护数据安全，也就是加密数据，直接对用户数据进行操作 [3]。

IPsec 除能够为隧道提供数据保护来实现 VPN 之外，还可以自己单独作为隧道协议来建立隧道，如果 IPsec 自己单独作为隧道协议来使用，那么 IPsec 不需要借助任何其他隧道协议就能独立实现 VPN 功能。IPsec 到底是只使用数据保护功能再配合其他隧道协议，还是自己独立实现隧道协议来完成 VPN 功能，可以由配置者自己决定[3]。相关资料参考表 2-8。

表 2-8　IPSec 相关标准规范

| 标准名称 | 发布机构 |
| --- | --- |
| Security Architecture for the IP overview | IETF |

### 3. 应用安全方面

#### 1) OpenPGP

PGP 为数据通信提供了加密和验证功能，通常用于签名、加密和解密文本、电子邮件和文件。OpenPGP 是一种非专有协议，为加密消息、签名、私钥和用于交换公钥的证书定义可统一的标准。OpenPGP 消息格式作为经批准的加密协议实现，适用于 RFC 2440 和 RFC 4880 中指定的协议（后者取代 RFC 2440）。OpenPGP 协议标准规范参见表 2-9。

如果用于加密电文的私人证书和相关密钥被怀疑失密，即被盗、丢失或在互联网上传输，则无法保证由该私人密钥签名的后续电文的完整性，同样，不能保证使用对应公钥加密的消息的保密性，因为第三方可以截获消息并使用私钥解密。当私人证书被怀疑泄露或脱离代理机构的控制时，代理机构必须立即撤销密钥对[3]。

表 2-9　OpenPGP 协议相关标准规范

| 标准名称 | 发布机构 |
| --- | --- |
| OpenPGP Message specification | IETF |

#### 2) 安全邮件方面

安全邮件是指邮件抵御攻击者获取或篡改邮件、病毒邮件、垃圾邮件、邮件炸弹等方面，这些威胁严重危及电子邮件的正常使用，甚至对计算机及网络造成严重的破坏。电子邮件安全包括传输安全、认证安全、访问控制、内容机密性、完整性等方面，涉及对密码技术的综合运用。为了保障邮件整个生命周期的安全，建立规范的邮件管理机制，国际上针对邮件管理制定了多个标准和规范，相关资料参考表 2-10。

表 2-10　安全邮件

| 标准名称 | 发布机构 |
| --- | --- |
| RFC 3207, SMTP Service Extension for Secure SMTP over Transport Layer Security | IETF |
| RFC 4408, Sender Policy Framework | IETF |
| RFC 4686, Analysis of Threats Motivating DomainKeys Identified Mail | IETF |
| RFC 4871, DomainKeys Identified Mail Signatures | IETF |
| RFC 5617, DomainKeys Identified Mail (DKIM) Author Domain Signing Practices (ADSP) | IETF |
| NIST publication SP 800-45 v2, Guidelines on Electronic Mail Security | NIST |

| 标准名称 | 发布机构 |
|---|---|
| CPA Security Characteristic Desktop Email Encryption Version 1.1 | NCSC UK |
| Sender Policy Framework | |
| Measuring the Impact of DMARC's Part in Preventing Business Email Compromise | Global Cyber Alliance |
| DMARC | DMARC |
| Common Problems with DMARC Records | DMARC |
| DMARC Reporting: Key Benefits and Takeaways | Global Cyber Alliance |
| Use DMARC to validate email in Office 365 | Microsoft |
| Using Multiple signing Algorithms with the ARC (Authenticated Received Chain) Protocol draft-ietfdmarc-arc-multi-02 | IETF |
| RFC 6376 DomainKeys Identified Mail (DKIM) Signatures | IETF |
| RFC 7208 Sender Policy Framework (SPF) for Authorizing Use of Domains in Email, Version | IETF |
| RFC 7489 Domain-based Message Authentication, Reporting, and Conformance (DMARC) | IETF |
| RFC 7960 Interoperability Issues between Domainbased Message Authentication, Reporting, and Conformance (DMARC) and Indirect Email Flows | IETF |
| RFC 8463 A New Cryptographic Signature Method for DomainKeys Identified Mail (DKIM) | IETF |
| NIST Special Publication SP800-177 | NIST |
| NIST Technical Note 1945 - Email Authentication Mechanisms: DMARC, SPF and DKIM, February 16, 2017 | NIST |
| Email Security and Anti-Spoofing | NCSC, UK |
| Phishing Attacks | NCSC, UK |
| Domain-based Message Authentication, Reporting and Conformance (DMARC) | NCSC, UK |
| Binding Operational Directive BOD-18-01 | DHS |
| Malicious Email Mitigation Strategies | ACSC |
| Mitigating spoofed emails – Sender Policy Framework explained | ACSC |

### 4. 密钥管理方面

　　加密技术是信息保护的核心技术，在当今的互联世界中，几乎所有互联网安全协议都使用加密技术进行身份验证，保障信息的完整性、保密性和不可否认性。加密技术的安全通常依赖算法的强度、密钥的强度，以及强大的密钥管理机制，在大多数情况下，密码算法都是公开的，所以加密的安全性主要取决于加密密钥的保密性，而强大的密钥管理对于保护加密密钥的安全和机密至关重要[3]。为了保障密钥整个生命周期的安全，应建立规范的密钥管理机制，国际上针对密钥管理制定了多个标准和规范，相关资料参考表 2-11。

表 2-11　密钥管理相关标准规范

| 标准名称 | 发布机构 |
|---|---|
| ISO 11568-1:2005 Banking -- Key management (retail) -- Part 1: Principles | ISO / IEC |
| ISO 11568-2:2012 Financial services -- Key management (retail) -- Part 2: Symmetric ciphers, their key management and life cycle | ISO / IEC |

| 标准名称 | 发布机构 |
|---|---|
| ISO 11568-4:2007 Banking -- Key management (retail) -- Part 4: Asymmetric cryptosystems -- Key management and life cycle | ISO / IEC |
| ISO/IEC 11770-1:2010, Information Technology – Security Techniques – Key Management -- Part 1: Framework | ISO / IEC |
| ISO/IEC 11770-2:2008 Information technology -- Security techniques -- Key management -- Part 2: | ISO / IEC |
| ISO/IEC 11770-3:2015 Information technology -- Security techniques -- Key management -- Part 3: | ISO / IEC |
| June 2005, RFC 4107, Guidelines for Cryptographic Key Management | IETF |
| Public Key Cryptography Standards | IETF |
| August, 2013: NIST Special Publication (SP) 800-130, A Framework for Designing Cryptographic Key Management Systems. | NIST |
| April 2013, Special Publication 800-53 R4, Security and Privacy Controls for Federal Information Systems | NIST |
| December 2014 Special Publication 800-53A, R4 Assessing the Security Controls for Federal Information Systems | NIST |
| January, 2016: Revision 4 of Special Publication (SP) 800-57, Part 1, Recommendation for Key Management, Part 1: General. | NIST |
| SP 800-57 Part 2, Recommendation for Key Management - Part 2: Best Practices for Key Management Organizations | NIST |
| January 2015: NIST Special Publication 800-57 Part 3 Revision 1, Recommendation for Key Management Part 1: General | NIST |
| December 21, 2012: NIST Special Publication (SP) 800-133, Recommendation for Cryptographic Key Generation | NIST |
| November, 2015: Special Publication (SP) 800-131A, Transitions: Recommendation for Transitioning the Use of Cryptographic Algorithms and Key Lengths. | NIST |
| Federal Information Processing Standards Publication FIPS Pub 140-2 Security Requirements For Cryptographic Modules | NIST |
| NISTIR 7609 January 2010 Cryptographic Key Management Workshop Summary | NIST |
| PCI Data Security Standards | PCI |
| Enterprise Key Management Infrastructure (EKMI) | OASIS |
| Key Management Interoperability Protocol (KMIP) | OASIS |
| Guidelines on Cryptographic Algorithms Usage and Key Management December 2016 | European Payments Council |

关于密钥协商的标准规范参考表 2-12。

### 表 2-12　密钥协商标准规范

| 标准名称 | 发布机构 |
|---|---|
| June 5, 2013: SP 800-56A Revision 2: Recommendation for Pair-Wise Key Establishment Schemes Using Discrete Logarithm Cryptography | NIST |
| August 27, 2009: SP 800-56B, Recommendation for Pair-Wise Key Establishment Schemes Using Integer Factorization Cryptography | NIST |
| December 11, 2011: NIST SP 800-56C, Recommendation for Key Derivation through Extraction-then-Expansion | NIST |
| December 2012: NIST has published an ITL Bulletin that summarizes NIST SP 800-133: Recommendation for Cryptographic Key Generation. | NIST |

| 标准名称 | 发布机构 |
| --- | --- |
| NIST Special Publication 800-38F, December 2012- Recommendation for Block Cipher Modes of Operation: Methods for Key Wrapping | NIST |
| Public Key Cryptography Standards | IETF |

## 2.3 密码应用与产业发展趋势

为应对网络安全威胁，世界各国持续加大网络安全投入，推动网络安全产业发展。我们通过对网络安全企业竞争力的研究，以及观察单个网络安全企业能力优劣，认为密码产业有以下趋势。

(1) 高度关注密码与信息新技术体系融合创新研究。欧美等密码强国在密码基础理论方面一直处于领先地位，同时也将密码技术深度融合应用到其主导的网络信息技术体系中。欧美等国大型 ICT 企业多数有高水平密码研发团队，且与高校密码研究联系紧密。Wintel 体系、新兴的云计算、大数据技术平台，在实体认证、数据安全、系统安全方面已经与国际标准化密码算法、协议深度融合。同时国外对信息隐形、量子密码、生物特征的识别理论与技术也高度关注。

(2) 通过重大工程牵引推进了密码产业快速发展。美国于 21 世纪初启动了"密码现代化"计划，美国密码体系与主流信息技术体系高度融合，无缝连接。欧洲的 NESSIE 工程、eSTREAM 序列密码征集计划，日本的 CRYPTREC 计划，美国的"密码现代化"计划、后量子密码、轻量级密码和认证加密密码征集计划对密码基础和共性前沿技术的研究与应用提供了持续的推动力[4]。

(3) 跨国科技巨头全面渗透密码产业。全球大型跨国 ICT(information and communications technology，信息与通信技术)公司，如思科、亚马逊、华为等，在不断提升自身产品安全性能的同时，构建了强大的密码供应链和服务体系，借助庞大的密码提供商体系，在全球网络安全市场尤其是密码应用市场占有重大份额。同时，通过收购、投资等渠道不断吸收全球最先进的密码技术，这些大型跨国科技巨头无论是在创新资源整合方面，还是在产品集成方面，都具有先天优势。

(4) 标准化体系完善，国际化成效显著。NIST 负责制定针对联邦计算机系统的标准和方针，并作为联邦信息处理标准(FIPS)，在政府机构广泛采用。美国通过 FISMA 法案要求在政府以及关键应用上实行 FIPS 相关标准，对于对称密码算法、公钥加密算法、散列算法、随机数生成算法以及消息验证码算法都做出了强制规定，目前 FIPS 针对密码领域制定的系列标准大多也成为国际标准，ISO 制定的密码模块安全要求标准 ISO/IEC 19790 与 ISO/IEC 24759 均是由美国的 FIPS 140 标准形成的。

(5) 数据安全成为密码产业发展的重中之重。根据 Gartner 2017 年用户安全支出行为调查，51％的企业表示数据安全风险是整体安全支出的主要驱动因素，超过 70％的企业/组织在 2018 年增加了数据安全的预算。随着 2018 年 5 月 GDPR 的正式实施，提供 GDPR

合规产品和服务成为全球各大网络安全公司的重要业务，微软、IBM、埃森哲、安永、普华永道、BAE Systems、Imperva、Symantec 及 Forcepoint 等厂商纷纷发布自己的产品和服务[4]。

（6）市场需求"一站式"服务模式。目前国内外密码厂商众多，产品和技术日趋细化，非专业性的用户难以准确进行产品选型来实现全面的统筹考虑，因此急需能提供一站式产品和服务的厂商。厂商也积极应对，通过自研或与细分领域的其他专业厂商建立合作，建立全方位的密码产品和服务体系。例如，Fortinet、Capgemini Group 等企业打造了端到端的基于密码技术的数据安全服务。这一趋势预计将给产业带来集中度的提高。与之相对应，密码产品发展也有集成化的要求，大而全的密码安全平台产品将受到客户的青睐。

（7）密码产品丰富多样。从 NIST 官网查询，截至 2018 年 10 月，有 3293 款产品获得了 FIPS 140-1 或 FIPS 140-2 的认证。引人注意的是，以往都是硬件密码产品居多，而现在软件产品同样能通过较高安全级别认证。软件产品类型包含密码应用安全中间件、操作系统内核密码模块、网络设备软件模块等，且软件密码产品更能够灵活满足多种应用场景，包括云端、移动端、物联网等。结合传统的密码芯片、USBKey、密码卡、密码机类产品，形成了安全可靠的密钥管理、身份认证、访问授权、密文存储、通信保密等基础密码能力，为网络安全产品、网络设备、存储应用类、通信应用类产品提供丰富支撑。

## 参 考 文 献

[1] FIPS 标准, https://www.nist.gov/itl/publications-0/federal-information-processing-standards-fips[OL]. NIST. [2020.2]

[2] 程莹, 张云勇, 房秉毅,等. 云计算标准化现状分析[J]. 电信科学, 2010 (S1):6-10.

[3] 新西兰信息安全手册 (NZISM) https://www.nzism.gcsb.govt.nz/home/previous-versions/.Government Communications Security Bureau[EB/OL], GCSB, 2020.2.

[4] 黄梦竹. 全球网络安全企业竞争力评价及其对中国的启示——基于全球网络安全上市企业的调查分析[D]. 上海: 上海社会科学院，2019.

# 第3章 我国商用密码的发展概况

商用密码涉及金融交易、防伪税控、电子支付、网上办事等，直接关系经济安全和社会安全。随着数字化、网络化、智能化时代的到来，新技术和新需求推动密码应用领域边界不断扩张，驱动数字经济发展的区块链、数字货币、后量子密码、隐私保护等基于密码技术的融合创新不断涌现，构建以商用密码技术为核心、多种技术交叉融合的网络空间新安全体制已经是保障经济、社会安全的战略性举措。[1]

从整体发展态势看，我国在商用密码政策体系、技术创新、标准专利、密码应用和产业培育等方面取得长足发展。

(1) 相继出台了《中华人民共和国密码法》等法律法规以规范密码应用和管理，大力推进密码在国家治理、生产生活各领域的应用。

(2) 商用密码产品体系和标准已基本覆盖密码技术、产品、服务、应用、检测和管理等多个领域，包括国家标准化管理委员会已发布的商用密码国家标准、国家密码管理局已发布的商用密码行业标准、已发布和应用鉴定的密码产品、相关专利等。

(3) 商用密码应用场景泛在化发展，在金融、税务、海关、电力、公安、交通等领域具有广阔的发展前景。

密码作为护航新基建场景泛在化发展的安全基因和核心要素，在 5G、人工智能、工业互联网、物联网等新兴领域的关口前移战略地位进一步彰显，对相关传统信息产业和新兴产业具有显著的辐射带动作用，其产业范围可融合延伸至网络安全、集成电路、软件、装备制造，以及大数据、人工智能、区块链等众多领域，其在各行业数字化发展中的泛在化应用延伸将带动多领域千亿级市场的发展，对我国数字经济目标的实现影响重大。

虽然我国商用密码发展已取得令人瞩目的成绩，但与发达国家相比，仍然存在一定的差距。目前我国密码发展主要面临产业格局不合理、技术创新能力不足、缺乏良好的密码应用基础生态、新技术新应用领域密码创新应用不足、密码安全防范意识不足等问题。下面从政策法规、标准规范、产品技术、产业生态几个方面展开分析。

## 3.1 政策法规文件情况

### 3.1.1 政策文件情况

商用密码政策是指为实现密码应用、商用密码相关产业发展目标，根据商用密码产业特点和发展需要，针对商用密码应用和产业发展所面临的问题，在满足安全需求、优化资源配置、符合产业规制等方面制定的计划、规划、措施、法律法规的总和，以促进商用密码产业健康快速持续发展。

我国已建立起以一部行政法规加多部专项管理规定(即 1+N)为主要内容的现行商用密码法规体系。国家密码管理部门根据实际工作需求，制定了商用密码标准规范，对现行商用密码法规体系的施行起到了积极的补充作用。

近年来，国家在法律法规和政策文件中逐步明确了商用密码应用要求，为依法规范商用密码应用提供了坚实的法律基础，通过完善商用密码管理法规体系，实现商用密码使用由行政推进向依法规范应用转变。近年来《信息安全技术　网络安全等级保护基本要求》(GB/T 22239—2018)、《中华人民共和国密码法》等标准与法规相继出台，国内各行业为响应国家政策，促进商用密码产业发展，也陆续发布相关政策和指导性文件。[2,3]

在政务领域，根据《电子政务外网商用密码推进实施方案》，围绕电子政务外网密码应用的关键问题和核心需求，通过规范电子政务外网商用密码的管理、推进商用密码在电子政务外网重点领域的全面应用，切实提升政务外网网络空间安全保障能力，护航电子政务外网业务的安全可靠运行。

金融行业自 2014 年起也开始进推进密码体系的完善和深度融合应用。交通运输业作为国民经济的重要产业部门，根据交通运输部发布的《数字交通发展规划纲要》，指出要健全网络和数据安全体系，推进重要信息系统密码应用及加强对交通数据全生命周期的管控，保护商业秘密和个人隐私。能源行业企业结合行业自身特点，正在草拟自身行业标准或企业标准，目前正在研究制定泛在电力物联网密码应用规范等相关标准。南方电网、蒙西电网和石油国际均有密码规划的需求，商用密码应用推广力度加大。应急管理部也明确了构建应急管理认证授权与密码服务的总体要求。

此外，国家其他部委也对身份认证系统、网络信任服务体系、通信传输安全、数据传输安全提出明确了要求，将促进密码应用不断发展。

虽然我国在密码领域陆续制定了相关的法规、条例、办法，但随着行业应用和新技术的不断发展，仍然难以全面覆盖各个行业领域，实现对网络信息安全威胁的全面约束，主要原因在于一些法规制度和技术标准在执行力度上不足，在实践中未能很好地执行。因此，在密码应用领域还需要专业的机构和企业来为用户提供安全指导，为用户提供全面体系化的安全保障。[4,5]

## 3.1.2　法律文件情况

网络安全观指引网络建设，直接关系经济、政治和社会安全，早期通用的国际密码算法频繁被爆出漏洞，建设自主可控、安全领先、整体合规的密码体系成为近年来密码应用推进工作的重要任务。

基于此背景，2016 年我国颁布了《中华人民共和国网络安全法》，首先奠定了信息系统等级保护的法律地位；2018 年 2 月，《信息系统密码应用基本要求》(GM/T 0054—2018)发布，用于规范对信息系统密码应用情况的密码应用安全性评估；同时，国家有关部门也要求在金融和重要领域大力推进密码应用，建立商用密码测评认证和分类检测体系等一系列行动计划，使得密码应用和密码测评成为落实国家网络安全战略的重要手段；2020 年，《中华人民共和国密码法》出台，标志着商用密码应用将走上法制管理路线。

《中华人民共和国网络安全法》《中华人民共和国密码法》《商用密码管理条例》《关键信息基础设施安全保护条例》《网络安全等级保护条例》等法律法规都突出了密码应用和监管，《政务信息系统政府采购管理暂行办法》等部门规章强化了同步规划、同步建设、同步运行密码保障系统和开展密码应用安全性评估审查的要求。

综上所述，目前我国商用密码应用已经有法可依，国家大力推动商用密码应用的政策方向坚定，从目前发布的政策文件等推断，国家将持续推进商用密码算法的应用，各行业和领域也都在积极推进本行业和领域的商用密码应用，为商用密码应用提供了有力的保障。政策的推动将为商用密码领域带来大规模的市场增长，传统的密码产品体系已不能很好地支撑新技术条件下的商用密码应用，难以满足云环境下大规模密码应用的集中监管、弹性分配以及便捷使用等特点，亟待进行商用密码产品核心技术创新，以适应新形势下商用密码发展的需要。

## 3.2　标准规范情况

国内商用密码行业标准主要由国家密码管理局发布，自 2006 年起，国家密码管理局组织人员研究商用密码算法和技术的标准化工作策略。2011 年 10 月 19 日，密码行业标准化技术委员会(即密标委)成立，标志着我国的密码标准化工作走上正轨，密码标准管理被纳入国家标准管理体系，是我国密码标准化工作史上的里程碑。

密码行业的标准日益增多，可划分为密码基础类、基础设施类、密码设备类、密码服务类、密码应用类、密码检测类和密码管理类七大标准类别，如图 3-1 所示。

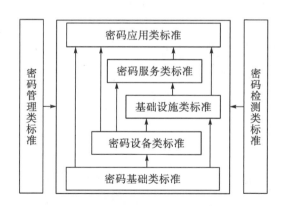

图 3-1　2017 版密码标准体系框架

在密码标准体系框架进一步改进的同时，具有基础性、通用性、普适性特点的已发布密码行业标准逐步上升为国家标准。2016 年以后，全国信息安全标准化技术委员会共发布了 16 项密码国家标准，连同 2013 年及以前发布的《信息安全技术可信计算密码支撑平台功能与接口规范》(GB/T 29829—2013)、《信息安全技术分组密码算法的工作模式》(GB/T 17964—2008)和《信息技术安全技术密钥管理第 1 部分：框架》(GB/T 17901.1—1999)，密码国家标准的数量已经达到 19 项。

2018 年，配合《中华人民共和国标准化法》最新修订版的生效，密标委对密码标准体系框架进行了最新改进，将图 3-1 所示的密码标准体系框架扩展到包括技术维、管理维和应用维 3 个维度，并在技术维上对原有的 7 个大类进行必要的子类划分，形成了当前最新的密码标准体系框架[6]，如图 3-2 所示。

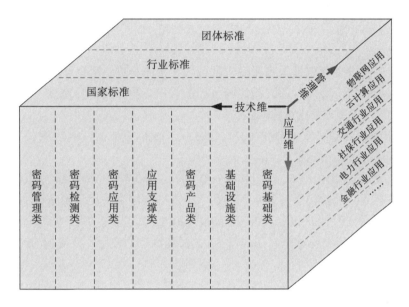

图 3-2　2019 版密码标准体系框架

密码基础类标准主要对通用密码技术进行规范，它是该体系框架中的基础性规范，主要包括密码算法标准、密码术语与标识标准、密码设计与应用标准、密码协议标准等。

基础设施类标准主要针对密码基础设施进行规范，包括证书认证系统密码协议、证书认证系统密码、数字证书格式等相关安全技术。当前已颁布的密码标准只涉及公钥基础设施，未来可能还会出现标识基础设施等其他密码基础设施类标准。

密码产品类标准主要规范各类密码产品的接口、规格以及安全要求。对安全认证网关、智能密码钥匙、密码机、VPN 等相关产品给出技术规范、设备接口和产品规范；对密码产品安全性，不区分其功能差异，而给出统一准则；对技术管理架构与密码产品配置，以《密码设备管理　设备管理技术规范》(GM/T 0050—2016)为基础统一制定。

应用支撑类标准针对密码报文、调用接口、交互流程等进行规范，包括典型支撑和通用支撑两个方面。典型支撑类标准基于密码实现与应用无关的安全机制、服务接口和安全协议，如证书应用综合服务接口、可信计算可信密码支撑平台接口等，通用支撑规范《通用密码服务接口规范》(GM/T 0019—2012)使用统一的接口向密码应用标准和典型支撑标准提供签名验签、加解密等通用密码功能。

密码应用类标准对用密码技术实现安全功能的应用系统制定要求和规范,包括应用要求、密码服务和典型应用 3 类。应用要求规范了各行业信息系统合规使用密码技术。典型应用定义了具体密码应用,如安全电子签章、动态口令等,典型应用类标准还含有其他行业标准机构制定的与行业相关的密码应用标准,如《国内金融集成电路(IC)卡规范》(JR/T 0025.1—2008)中,对金融 IC 卡业务的密码应用进行规范。密码服务类则用以规范面向公众或特定领域提供的各类密码服务。

密码检测类标准对标准体系确定的应用、基础和产品类标准出台的相应检测标准,如针对随机数、安全协议、密码产品功能和安全性等方面的检测规范。其中,对于密码产品的功能检测,分别针对不同的密码产品定义检测规范;对于密码产品的安全性检测则基于统一的准则执行。

密码管理类标准主要包括国家密码管理部门在密码标准、密码算法、密码产业、密码服务、密码应用、密码监测、密码测评等方面的管理规程和实施指南。

下面罗列了一些重要的密码标准成果。

《SM3 密码杂凑算法》(GM/T 0004—2012),该标准规定了 SM3 密码杂凑算法的计算方法及步骤,并列出了运算示例。

《SM4 分组密码算法》(GM/T 0002--2012),该标准规定了 SM4 分组密码算法的算法结构和算法描述,并给出了运算示例,适用于密码应用中使用分组密码的需求。

《SM2 密码算法使用规范》(GM/T 0009—2012),定义了 SM2 密码算法使用规范,包括密钥、签名加密等数据格式,适用于 SM2 密码算法的使用,并支持 SM2 的设备、系统相关的检测及研发。

《密码设备应用接口规范》(GM/T 0018—2012)规定了公钥密码基础设施应用技术体系中服务类密码设备的应用接口标准。适用于服务类密码设备的使用及研制,包括基于该类密码设备的应用开发,指导该类密码设备的检测等。

《随机性检测规范》(GM/T 0005—2012),规定了密码应用中的检测方法和随机性检测指标。

《密码应用标识规范》(GM/T 0006—2012),规定了密码应用有关的算法标识、密钥标识、设备标识、协议标识、数据标识、角色标识等的表示及使用。

《可信计算可信密码模块接口规范》(GM/T 0012—2012),描述了 TCM 的密码算法、密钥管理、密码机制等。

《可信计算可信密码模块符合性检测规范》(GM/T 0013—2012),该标准定义了可信密码模块的命令测试向量,并提供测试方法与灵活的测试脚本。适用于可信密码模块的符合性测试,不能取代其安全性检查。

《数字证书认证系统密码协议规范》(GM/T 0014—2012),描述了证书认证和数字签名中通用的密码函数接口、安全协议流程及数据格式等标准。

《通用密码服务接口规范》(GM/T 0019—2012),规定了通用密码服务接口。适用于公开密钥应用技术体系中密码应用服务的开发,密码应用支撑平台的研制及检测,也可指导密码设备应用系统的开发。

与此同时,我国的密码标准情况也迈向了国际,包括 SM2 数字签名算法、祖冲之序列密码算法、SM9 数字签名算法、SM3 杂凑密码算法等。

商用密码技术产品分类如图 3-3 所示。

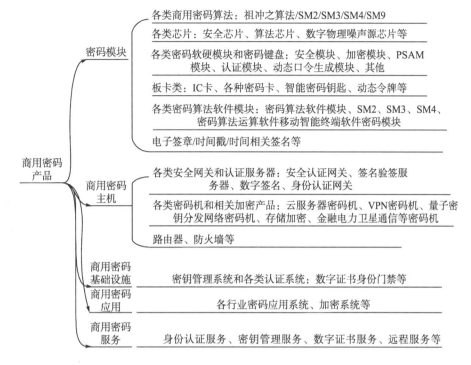

图 3-3　商用密码技术产品分类

密码模块包括各类商用密码算法、各类芯片、各类密码软硬模块和密码键盘、板卡类、各类密码算法软件模块、电子签章/时间戳/时间相关签名等。密码算法以祖冲之算法、SM2、SM3、SM4、SM9 为代表。芯片包括各种安全芯片、算法芯片、物理噪声源芯片。各类密码软硬模块和密码键盘因应用场景不同划分出安全模块、加密模块、PSAM 模块等。

板卡类和各类密码算法软件模块同样因应用场景和环境不同可划分为不同种类。除此之外，将电子签章/时间戳/时间相关签名划分为单独一类模块提供时间服务。

商用密码主机主要分为各类安全网关和认证服务器、各类密码机和相关加密产品、路由器和防火墙等。

商用密码基础设施主要分为密钥管理系统和各类认证系统，因应用环境不同又进一步细分为数字证书、身份门禁等。

商用密码应用主要包括各行业密码应用系统和加密系统。

商用密码服务主要包括身份认证、密钥管理、数字证书、远程服务等非软件/非硬件服务。下面对部分重要密码产品的概念进行阐述。

### 3.2.1　密码模块

1. 商用密码算法

(1)祖冲之算法。祖冲之算法是我国研究的流密码算法，是 4G 网络中的国际标准密码算法，该算法包括加密算法(128-EEA3)、祖冲之算法(ZUC)和完整性算法(128-EIA3)3 个部分。

(2)SM2。SM2 是椭圆曲线公钥密码算法，包括总则、数字签名算法、公钥加密算法、密钥交换协议 4 个部分，并在每个部分的附录详细说明了实现细节和示例，在很多方面都优于 RSA 算法。

(3)SM3。SM3 适用于密码应用中的数字签名验签，消息认证码、随机数的生成与验证，可满足多种密码应用的安全需求，并在 SM2、SM9 标准中使用。

(4)SM4。SM4 是对称密码算法，主要用在无线局域网中。标准的分组长度和密钥长度均为 128bit。解密算法与加密算法结构相同，但轮密钥使用顺序相反，解密轮密钥是加密轮密钥的逆序。加密算法和密钥相关算法都采用了 32 轮非线性迭代结构。

(5)SM9。SM9 是标识密码算法，可降低公开密钥系统中密钥和证书管理的复杂性，将用户的标识(如邮件地址、手机号码、QQ 号码等)作为公钥，无须交换数字证书和公钥，实现易于部署和管理的安全系统，适用于端对端的离线安全通信、云端数据加密、基于属性加密、基于策略加密的各种场合。

2. 板卡

板卡简称 PCB 板，是一种印制电路板，带有插芯，可插入计算机主板的插槽来控制硬件的运行，如采集卡、显示器等设备，安装驱动程序即可实现相应功能。密码板卡则是使用 MCU(microcontroller unit，微控制单元)、FPGA(field programmable gate array，现场可编程逻辑门阵列)等器件实现加密算法的快速加解密处理，与计算机通过外设总线接口实现连接和数据加解密、签名/验证、杂凑运算等功能调用的板卡。

3. 智能密码钥匙

智能密码钥匙集芯片和读卡器于一体，采用软件与硬件结合设计，可以为终端计算机提供认证、签名验证、加密解密、消息摘要等安全密码服务，保证了用户数据的机密性、真实性和完整性。

类似地，智能密码钥匙产品通过硬件实现密码算法软件程序组成。硬件外部采用 USB 接口。硬件内部生成真随机数，提供数据加解密、数字签名验证、私钥及证书存储和文件管理等功能。软件部分提供设备的初始化解锁等管理工具、常用的 CSP(cryptographic service provider，加密服务提供程序)和 PKCS#11 接口等，可以用于各种应用的认证安全需求。

### 4. 动态令牌

动态令牌是生成动态口令的终端，主要分为时间同步、事件同步、挑战/应答 3 类，是一种账号防盗技术，可保护交易和登录时的认证安全，无须周期性修改密码，安全省心，在最基本的密码认证这一环节保证了系统的安全性，被广泛运用在网银、网游、电信运营商、电子政务、企业等应用领域。

### 5. 芯片

芯片集成了各类商用对称/非对称算法，具有极高的安全性，可保证内部存储密钥和信息数据不被非法读取、篡改。广泛应用于嵌入式领域。芯片源自水电表等应用的 ESAM 模块，用于线路数据加密传输与密钥存储。芯片的一种重要应用是版权保护应用。以防止知识产权成果被非法盗用。当前使用最久的是认证类密码芯片，具有平台安全、算法统一、应用简单的优势。但整体安全性较低，对主控 MCU 的保护较弱，存在明显安全漏洞，攻击者能通过对 MCU 的攻击，间接攻破加密芯片，通常可采用算法、数据移植等方式解决该问题，将板上主控 MCU 的程序和数据移植一部分到加密芯片中运行，借助加密芯片完成 MCU 缺失的功能，并保护程序的绝对安全，从而保证产品安全性。

## 3.2.2　密码主机

密码主机主要包括各类安全网关、数字签名、签名验证服务器、各类加密机密码机、各种加密路由器、加密防火墙等。以下针对部分主要类别进行介绍。

### 1. 安全网关

安全网关是多种技术的融合，主要包括 IPSec VPN 安全网关、SSL VPN 安全网关、综合安全网关、接入控制网关、IPSecVPN 安全终端、SSL VPN 安全终端、综合 VPN 网关等，其目的是防止互联网或外网不安全因素蔓延到自己企业或组织的内部网。安全网关在应用层和网络层上通常设有防火墙，在第三层上还能有 VPN 作用。

安全网关含有两种接入模式：网桥模式和网关模式。

网桥模式通常将网关部署在防火墙、路由器等企业接入设备后面。安全网关的内网口和外网口连接同一网段的两个部分，只要给安全网关配置该网段的 IP 地址，无须改变网络拓扑和其他配置，透明接入网络。

网关模式包括 ADSL 拨号、DHCP client 端、静态路由 3 种外网接入类型。网关模式通常将应用部署于网络出口，当作宽带网络的接入设备，保护内部网络。

当需要连接不同地域的网络时，企业可使用网关提供的 VPN 功能通过互联网连接异地网络。

VPN（虚拟专用网络）是一种远程访问技术，在公网上建立加密的专用网络，广泛应用于企业网络，VPN 网关通过加密数据包的加密和转换目标地址实现远程访问，可通过服务器、软件、硬件等多种技术手段实现。

2. 数字签名、签名验证服务器

签名验证服务器具有数据加解密、签名、验签、MAC、杂凑、数字信封、数字证书管理等功能，支持 SM1/SM2/SM3/SM4 国密算法，可为用户解决敏感信息机密性、完整性、有效性和不可抵赖等安全性问题。

签名验证服务器是面向各类电子数据提供基于数字证书的数据签名服务，并对签名数据验证其签名真实性和有效性的专用服务器。签名验证服务器广泛应用于网上办公、网上审批、网上证券、网上银行和网上支付等信息化应用中，用于保护业务系统安全。

3. 服务器密码机

服务器密码机是以密码为核心的硬件设备，具有物理保护措施和完整密钥管理机制。服务器密码机属于应用层密码设备，支持 SM1/SM2/SM3/SM4 国密算法，为业务系统提供安全的应用层密码服务，如密钥管理、数据加密、消息验证、签名验签等，保证数据全生命周期的安全性、完整性、有效性、不可抵赖性，广泛应用在证券、电力、金融、社保、公交等领域。

以金融数据密码机为例，为金融业务提供数据机密性、完整性、抗抵赖、数据源认证等安全密码服务，并管理业务系统中的密钥，保证其安全。

金融数据密码机与其业务结合紧密，按不同的业务需求定制解决方案，适用于银行金融业务系统，特别是跨行的 ATM/POS 交易系统。此外，它还广泛用于证券、社保、税收、保险、电力、公交、商贸、邮电等金融业务系统中。

### 3.2.3　证书和密钥管理基础设施

国家及行业相关标准对证书和密钥管理基础设施进行了标准化和规范，包括《数字证书认证系统密码协议规范》（GM/T 0014—2012）、《电子政务外网密钥管理基础设施建设要求》、《密码设备管理对称密钥管理技术规范》（GMT0051—2016)等，要求各公司提供的基础设施支持 SM1/SM2/SM3/SM4 等密码算法，保证密钥生命周期各环节的安全等。证书和密钥管理基础设施被广泛用于电子政务、能源、电力、车联网等领域，为行业用户提供安全、完善的密钥管理、证书管理和服务支撑。

1. 密钥管理系统

密钥管理系统的核心包括对称密钥管理、综合管理、非对称密钥管理、日志审计管理等。

对称密钥管理功能主要提供密钥在线与离线管理，覆盖密钥产生、分发、更新、撤销、恢复、归档等功能。可对外提供支持国密协议的密钥管理 API(application programming interface，应用程序接口)接口及 SDK(software development kit，软件开发工具包)，使业务系统接入更安全。

非对称密钥管理功能主要提供非对称密钥全生命周期的管理服务，服务对象是基于非对称密钥体系的密码应用系统，支持密钥预生成策略管理，对外提供国密标准的密钥管理服务，同样支持多种协议的 API 接口管理。

综合管理系统提供用户管理、权限管理、证书管理、系统备份策略管理等功能，对管理人员进行身份鉴别及登录控制，杜绝非法用户登录访问系统。

日志审计管理功能主要记录系统的管理操作日志，使管理域能够查看操作日志记录，使审计员能够对操作日志进行事后审计和追踪，并验证日志签名的有效性。

### 2. 认证系统基础设施

认证系统基础设施为用户提供安全的网络运行环境，主要因应用环境、安全需求不同分为数字证书认证系统、身份认证系统、安全门禁系统、权限管理系统、动态令牌认证系统、基于 SM2 的无证书认证系统、基于标识的身份管理系统、基于 SM2 算法的指纹认证系统、(云)签名验签系统、身份认证网络认证平台、协同签名系统等。以数字证书认证系统为例，数字证书认证系统基于 PKI(public key infrastructure，公钥基础设施)关键技术，提供用户注册、审核、密钥产生、分发功能，在证书方面包括证书制证、签发、发布、下载、查询等服务功能，使应用系统更方便地使用加密和数字签名技术，保证信息的机密性、真实性、完整性与不可否认性。

## 3.2.4　密码应用

密码应用因环境和需求不同衍生出多种多样的产品，主要包括密码应用系统和加密系统两大类，目前存在的密码应用系统超过 200 款，主要包括 ATM 密码应用系统、POS 密码应用系统、一卡通密码应用系统、基于区块链的数据库密码管理系统、加密数据库系统、终端安全登录与文件加密系统、网络层安全接入系统、视频监控信息加密与认证管理系统、押运箱身份认证与位置信息传输加密系统、协同签名系统、视频监控安全管理系统、基于区块链的数据库管理密码系统、视频监控管理中心端密码系统等。目前存在的加密系统超过 50 款，主要包括电子文档加密系统、电子文档安全传输/交换系统、电子文档安全管理系统、SAP 安全中间件系统、文件加密存储系统、安全电子邮件系统、语音加密系统、手机即时信息加密通信系统、加密手机系统、视屏数据加密系统、视频采集加密系统、数字电视条件接收系统、控制指令远程传输加密服务系统、安全移动办公系统等。

## 3.2.5　密码服务

密码服务是一种新的产品交付模式，将密码技术与云计算技术深度融合，按云计算技术架构的要求整合密码产品、密码使用策略、密码服务接口和服务流程，将密码系统设计、部署、运维、管理、计费等功能组合，以服务形态解决用户的应用需求。

密码服务主要包括身份认证、数字证书、远程服务等类型，与上述应用不同的是，用户不再购买密码系统或硬件等产品获得服务，而是直接以"租用"形式远程获取云上各类密码功能。

密码服务系统以密码运算能力和相关密码设备为基础支撑，以密码功能服务化为目标，集中化管理密码资源，屏蔽后台多样的密码软硬件设备和组件，实现业务系统统一密码服务调用，提供统一、安全、可扩展的密码服务，包括 PIN 转换、MAC 生成/验证、签名生成/验证、数据加/解密等，并具有较高的弹性服务能力、系统可靠性和安全性。

# 3.3  密码产业与技术产品应用概况

近年来，我国密码技术与应用发展迅速，密码相关专利已达 3000 件左右；标准和产品渐成体系，密码标准和产品发布数量迅速增加；检测能力快速上升，上海、深圳等地陆续建成产品检测分中心。密码服务于国家经济建设和社会生活，在金融、税务、海关、电力、公安、交通等领域广泛应用，取得了良好的社会和经济效益。

商用密码由管理机构和组织、供给方、支撑方、需求方组成产业生态，商用密码产业由相关科研、生产、销售、应用和服务各环节所有单位的经济活动汇聚而成，并受国家、地方以及行业商用密码相关监管、指导机构管理，在各行各业开展产业活动，如图 3-4 所示。

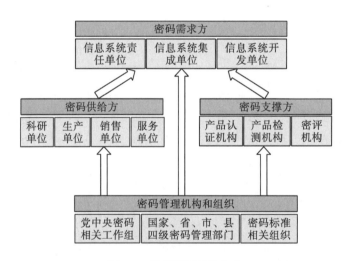

图 3-4  商用密码产业生态

商用密码产业围绕技术研究、产品开发与应用形成产业生态，算法研究与应用的主要从业单位为科研院所、高校及部分大型密码厂商；芯片、模块、板卡和整机等基础产品研发设计单位以密码厂商、科研院所为主。围绕产品供给形成了安全芯片、算法芯片等芯片产品，密码键盘、密码硬模块、软模块等密码模块产品；IC 卡、密码卡、购电卡等板卡产品；加密网关、认证网关、安全网关等整机产品；电子签章系统、密钥管理系统、认证系统、加密系统、密码应用系统等系统产品。

密码产品的谱系分类如图 3-5～图 3-7 所示。

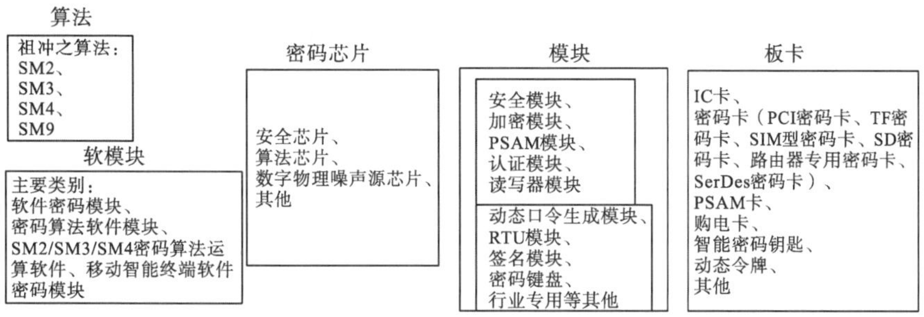

算法

**祖冲之算法:**
SM2、
SM3、
SM4、
SM9

**软模块**

主要类别:
软件密码模块、
密码算法软件模块、
SM2/SM3/SM4密码算法运算软件、移动智能终端软件密码模块

**密码芯片**

安全芯片、
算法芯片、
数字物理噪声源芯片、
其他

**模块**

安全模块、
加密模块、
PSAM模块、
认证模块、
读写器模块

动态口令生成模块、
RTU模块、
签名模块、
密码键盘、
行业专用等其他

**板卡**

IC卡、
密码卡(PCI密码卡、TF密码卡、SIM型密码卡、SD密码卡、路由器专用密码卡、SerDes密码卡)、
PSAM卡、
购电卡、
智能密码钥匙、
动态令牌、
其他

图 3-5　商用密码产品谱系分类情况(1)

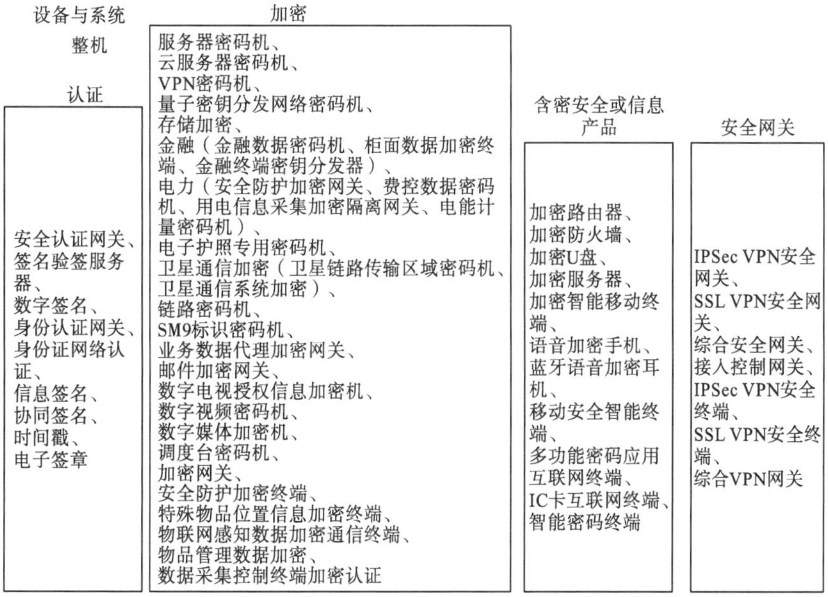

**设备与系统**
**整机**

**认证**

安全认证网关、
签名验签服务器、
数字签名、
身份认证网关、
身份证网络认证、
信息签名、
协同签名、
时间戳、
电子签章

**加密**

服务器密码机、
云服务器密码机、
VPN密码机、
量子密钥分发网络密码机、
存储加密、
金融(金融数据密码机、柜面数据加密终端、金融终端密钥分发器)、
电力(安全防护加密网关、费控数据密码机、用电信息采集加密隔离网关、电能计量密码机)、
电子护照专用密码机、
卫星通信加密(卫星链路传输区域密码机、卫星通信系统加密)、
链路密码机、
SM9标识密码机、
业务数据代理加密网关、
邮件加密网关、
数字电视授权信息加密机、
数字视频密码机、
数字媒体加密机、
调度台密码机、
加密网关、
安全防护加密终端、
特殊物品位置信息加密终端、
物联网感知数据加密通信终端、
物品管理数据加密、
数据采集控制终端加密认证

**含密安全或信息产品**

加密路由器、
加密防火墙、
加密U盘、
加密服务器、
加密智能移动终端、
语音加密手机、
蓝牙语音加密耳机、
移动安全智能终端、
多功能密码应用互联网终端、
IC卡互联网终端、
智能密码终端

**安全网关**

IPSec VPN安全网关、
SSL VPN安全网关、
综合安全网关、
接入控制网关、
IPSec VPN安全终端、
SSL VPN安全终端、
综合VPN网关

图 3-6　商用密码产品谱系分类情况(2)

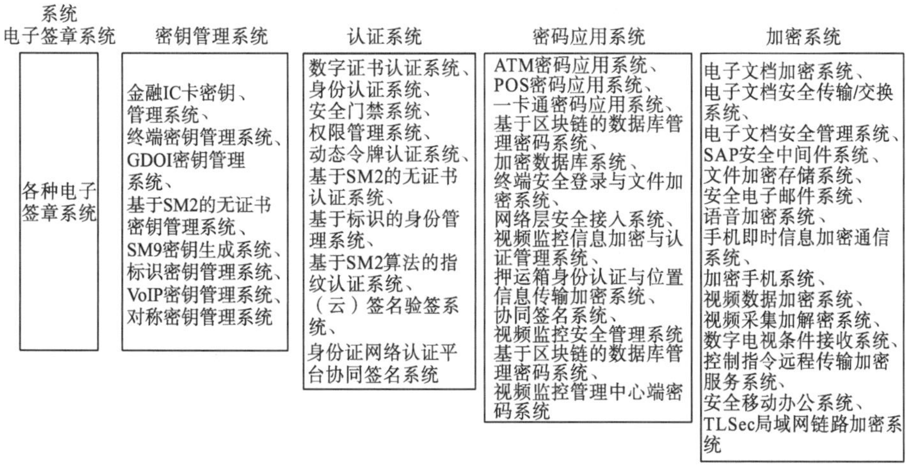

**系统**
**电子签章系统**

各种电子签章系统

**密钥管理系统**

金融IC卡密钥管理系统、
终端密钥管理系统、
GDOI密钥管理系统、
基于SM2的无证书密钥管理系统、
SM9密钥生成系统、
标识密钥管理系统、
VoIP密钥管理系统、
对称密钥管理系统

**认证系统**

数字证书认证系统、
身份认证系统、
安全门禁系统、
权限管理系统、
动态令牌认证系统、
基于SM2的无证书认证系统、
基于标识的身份管理系统、
基于SM2算法的指纹认证系统、
(云)签名验签系统、
身份证网络认证平台协同签名系统

**密码应用系统**

ATM密码应用系统、
POS密码应用系统、
一卡通密码应用系统、
基于区块链的数据库管理密码系统、
加密数据库系统、
终端安全登录与文件加密系统、
网络层安全接入系统、
视频监控信息加密与认证管理系统、
押运箱身份认证与位置信息传输加密系统、
协同签名系统、
基于区块链的数据库管理密码系统、
视频监控管理中心端密码系统

**加密系统**

电子文档加密系统、
电子文档安全传输/交换系统、
电子文档安全管理系统、
SAP安全中间件系统、
文件加密存储系统、
安全电子邮件系统、
语音加密系统、
手机即时信息加密通信系统、
加密手机系统、
视频数据加密系统、
视频采集加解密系统、
数字电视条件接收系统、
控制指令远程传输加密服务系统、
安全移动办公系统、
TLSec局域网链路加密系统

图 3-7　商用密码产品谱系分类情况(3)

随着商用密码应用深入金融等重要领域，并在云计算、物联网、工业互联网等新领域逐步得到应用，越来越多的电子信息、互联网厂商以及深耕行业的应用厂商陆续开展商用密码业务，商用密码产业在竞争更加剧烈、应用场景更加多元化的同时也进入了快速发展时期。

在金融领域密码应用方面，由于资金安全对密码的需求最为强烈，密码技术在金融领域大量应用和普及，目前在网上证券、电子渠道等方面需求迫切。

在交通行业，商用密码产品应用相对普及率高，主要包括公共交通互联互通和ETC（electronic toll collection，电子收费）两类业务应用。近年来，交通运输部高度重视交通行业信息化工作，在行业信息化发展方向、建设运行、技术标准等方面进行了统筹规划，重点实施了一批带动性强的重点工程，包括"两客一危"车辆联网联控系统、全国道路货运车辆公共监管与服务平台、道路运政管理信息系统互联互通工作、全国道路客运联网售票系统、道路运输车辆综合性能检测系统互联互通，危险货物运输安全监管平台（电子运单），全国高速公路视频联网工程等。除此之外，北斗卫星作为我国导航卫星在精准农业、精准测绘、车路协同等领域具有广阔的前景，商用密码对这些应用安全的保驾护航同样十分重要。

在政务移动办公领域，以"数字广东"为例，基于移动政务密码应用系统，实现协同审批、移动办公，推动扁平、移动、透明、智能办公方式的发展。省直各部门按规范改造办公自动化系统，对接政务微信平台与办公终端，实现省直地市办公系统的互联互通、省内政务外网文件互通，并通过整合相关系统资源，实现办公、业务审批、机关事务处理一体化。

在电力、石油、石化等能源行业中，密码应用场景主要包括调度、计量、配电网、办公系统、业务系统、其他业务系统等，应用类型主要包括数字证书系统和加解密两大类。

在司法领域，密码主要用于解决信息系统的网络规划、安全规划、数据规划、应用规划等方面的安全需求，如CA、密管、VPN、信任服务、云密码服务、通信信道加密等，在建设中因不同的场景需要而有所调整。

虽然密码逐渐深入应用于金融、税收、社会管理等国民经济发展和社会生产生活的方方面面，但由于各地在信息化建设、政策、资金投入等方面的不同，在实际使用环节仍然存在密码保障落实不到位，密码应用不够系统全面等问题。随着等保2.0和《中华人民共和国密码法》的出台，密码技术应用将迎来创新发展的巨大机遇和发展空间。需要聚焦数字经济发展需求，研究量子、后量子、同态、安全多方计算、智能化密码分析等密码领域基础前沿技术，研究区块链、数字货币、云计算等开放平台数据安全与隐私保护、边缘计算安全、物联网安全、工业互联网安全相关的密码创新应用技术，解决商用密码领域基础软硬件密码的内生问题，提高数字时代各领域密码融合应用的能力。

# 参 考 文 献

[1] 《商用密码知识与政策干部读本》编委会. 商用密码知识与政策干部读本[M]. 北京: 人民出版社, 2017.

[2] 张平武.商用密码发展历程与展望[J]. 中国信息安全, 2018（8）: 51-53.

[3] 李兆宗. 全面贯彻实施密码法, 奋力开创新时代密码工作新局面[J]. 秘书工作, 2019(11): 41-43.

[4] 王永传. 商用密码科技创新和产业发展实践与思考[J]. 中国信息安全, 2018(8): 57-59.

[5] 霍炜. 构筑以密码为基石的智能时代新安全[J]. 网络空间安全, 2018,9(5): 23-26, 31.

[6] 田敏求. 我国密码标准体系研究综述[J]. 信息安全与通信保密, 2018(5): 94-101.

# 第4章 密码产业发展趋势思考

## 4.1 对密码产业现状的认识

### 4.1.1 密码产业发展宏观政策环境向好

新时期国家治理体系和治理能力现代化的战略目标，为密码治理提出了新的时代命题[1]。《中华人民共和国网络安全法》《中华人民共和国密码法》等相关法律法规和政策文件陆续颁布，《信息安全技术网络安全等级保护基本要求》(GBT 22239—2019)和《信息系统密码应用基本要求》(GM/T 0054—2018)等标准相继出台，共同为密码产业的发展指引了方向、明确了路径。密码技术在政务、金融、能源、交通等各领域广泛、深入应用成为大势所趋。密码应用更加有法可依、有规可循、有政策牵引促进。随着密码产业发展环境的整体向好，也有越来越多的企业投身到密码产业发展当中，不断地拓宽密码技术的广度和深度，推动密码产业的快速发展。

### 4.1.2 密码产业规模持续增长，业态日益完善

近年来，我国商用密码产业规模持续增长，已经从 2012 年的 88.6 亿元发展到 2017 年的 239.41 亿元，如图 4-1 所示。商用密码的从业单位迅速增加，不断有商用密码生产厂商、网络安全厂商、电信运营商、互联网厂商、行业应用开发商等单位，踊跃投入商用密码产业发展中。商用密码企业更加多元化，产业规模逐步壮大。

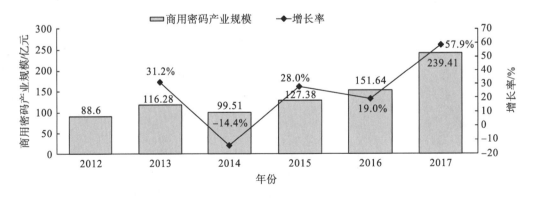

图 4-1 密码产业情况

随着商用密码产业规模的不断增长以及商用密码应用需求的不断扩展，各地密码协会、密码产业联盟等组织蓬勃发展。密码学术界和产业界加强合作，组建联合团队、联合实验室，加速推动商用密码技术创新和行业应用。各地区、各行业相继开展了密码创新基地、密码产业园区、密码应用创新中心的建设，包括国家电网密码应用创新中心和上海密码创新产业基地的建设等。

### 4.1.3　密码技术、产品和测评体系逐渐健全

我国商用密码标准体系日趋完善，覆盖密码算法、密码产品、密码系统研发和密码检测等多个方面。其中，SM2/SM3/SM9 密码算法已正式成为 ISO/IEC 国际标准，标志着我国商用密码算法正逐步走向国际化。我国商用密码产品不断丰富，截至 2019 年底，我国在商用密码许可有效期内的商用密码产品达到 1500 余款，在售商用密码产品达到 800 多款，基本形成了种类丰富、链条完整、安全适用的商用密码产品体系。近年来，国家密码管理局在全国批准布局了 4 家密码产品测评机构、20 余家密码应用安全测评机构，逐步建立了密码测评体系，为规范和促进密码应用，发展密码产业提供了有力保障[2]。

## 4.2　密码新业态的思考和实践

### 4.2.1　新时代对密码产业带来了泛在化的新需求和新挑战

互联网经济、共享经济、数字经济的蓬勃发展为密码应用带来了巨大的市场需求。与此同时，网络安全事件频发，数据安全和隐私保护需求旺盛，密码是其核心技术支撑；云计算、大数据、物联网、移动互联网和 5G 等新技术发展带来网络空间实体海量、泛在接入，网络空间安全边界逐步模糊化、移动化，网络安全防护面临严峻挑战；网络攻防动态博弈、信息系统全面"云化"，传统密码保障方式需要做出改变和适应。为此，密码要不断深入、随时按需、无感、易用地与应用融合，支撑数字经济发展；面向基于云计算、大数据平台的新 IT 技术体系，密码保障能力也需要平台化、弹性化和服务化。同时，以网络数据安全与行为可控为核心目标的密码保障新需求不断推动着密码应用和密码管理的创新发展。传统密码应用方式转型，将面临从技术、产品、部署、运维和监管等各个层面的变化，适应这些变化对供给侧和需求侧都是一个挑战。

密码技术、产品、应用等发展呈现泛在化趋势，产业发展必须与之相符，打造泛在化的密码新业态成为时代所趋。密码泛在化的关键在于，密码需要根据场景的不断变化，针对性提供易用、合规的服务，具体表现为 4 个显著特征。

(1) 密码应用合规性。所提供的产品和服务应通过相应的检测和测评。

(2) 密码算法标准化。所提供的密码产品和密码服务应符合商用密码系列算法标准。

(3) 密码支撑易用性。所提供的产品和服务应支持多系统多平台应用。

(4) 密码保障服务化。面对不同行业用户的需求，需提供可定制的专业服务模式。

## 4.2.2 打造泛在化密码新业态的重大意义和急迫需求

### 1. 打造泛在化密码新业态是对国家总体安全观的有力支撑

习近平总书记在对国家总体安全观、正确的网络安全观等的论述中多次强调"网络安全是整体的、动态的、开放的、相对的、共同的"，"过去分散独立的网络变得高度关联、相互依赖，网络安全的威胁来源和攻击手段不断变化，那种依靠装几个安全设备和安全软件就想永保安全的想法已不合时宜"。[3]

在国家公共通信和信息服务、能源、交通、水利、金融、电子政务等重要行业和领域，网络与信息安全问题面临着实时监控、实时预警、快速响应等多方面的新需求，密码作为保障网络与信息安全的核心技术与基础支撑，在技术、产品、部署、运维和监管等各个层面都将需要与之相适应。在网络空间攻击多元化、资源大数据化、信息系统云端化以及移动终端接入多样化等新形势下，从"静态防御、重在攻防"转变为"数据资产防护、强化内生安全"，发挥密码的基础核心作用，是维护国家网络空间安全的有力支撑。

### 2. 打造泛在化密码新业态是护航数字经济的核心保障

数字经济日益成为全球经济发展的新动能，"云、物、移、大、智"等新技术带来的新安全风险也日益凸显。护航数字经济安全发展，关键在于保障数据安全，需要做到数据采集、处理使用、数据监管的实体可信、过程可靠。

密码具备鉴别、可信、免疫的安全基因，能够提供可靠数字化生成、可信数字化行为、可控数字化治理等能力。基于密码技术的身份鉴别、信任管理、访问控制、数据加密、可信计算、密文计算、数据脱敏等措施，可以有效解决数据产生、传输、存储、处理、分析、使用等全生命周期安全，在确保泛在接入实体可信、感知和采集来源可靠、数据完整性保护和防篡改、控制信令安全可控、数据资源确权和安全共享、数据运营服务安全监管等方面发挥着关键作用。密码技术是保障数据安全的核心，打造泛在化密码新业态是护航数字经济的核心保障。

### 3. 打造泛在化的密码应用和服务是产业发展大趋势

第四次工业革命已经到来，将形成包含互联网、物联网和服务互联网在内的超级网络，将进入万物皆算法、万事皆数据的数据时代。互联网时代 ICT 基础设施建设经历了从物理服务器、服务器虚拟化、云计算到云服务的发展历程，商用密码行业也势必要适应这一发展趋势。以各地建设政务云和数据中心为例，大量原先分散建设的政务信息系统逐步迁移上云，数据资源正在融合和共享，原有分散、孤立建设密码保障系统的模式，也要适应和变更为密码保障能力资源池化和统一管理服务的模式。从需求侧考虑，以密码服务替代密码设备，能够降低采购成本和运维成本，提升信息化建设敏捷性，缓解安全建设的困扰。从供给侧考虑，密码厂商要做到以按需、便捷、弹性、集约的方式提供密码服务。从密码与应用融合需求考虑，密码服务还需要做到精准化，深植于业务之中，提供支持不同场景的泛在接入能力。从技术层面考虑，IT 技术演进和模式创新的速度加快，密码服务需要跟踪学界和业界的前沿进展，并且需要有专业的密码服务提供商来保持服务能力的持续迭代和更新。

## 4.2.3　"密码 PI³"——密码泛在化理念与实践

针对密码产业发展的新需求和新趋势，密码泛在化要通过"密码 PI³"实现落地。基于密码 Plus、密码 Inside、密码 Innovation 以及密码 International 的密码 $PI^3(\pi^3)$ 实践，不断推进泛在化密码新业态发展落地。

1. 打造开放可运营的密码服务平台，形成密码 Plus 模式

密码 Plus——将传统的密码能力和密码应用，与新技术、新应用以及行业应用场景相结合。例如，在大数据领域，密码将提供去中心化下的认证、鉴权等能力；在云计算领域可以提供远程证明、密文数据检索等能力。此外，还包括物联网、区块链等。

在基于云计算和大数据平台构建开放服务 IT 架构的大趋势下，基于开放平台打造面向行业用户乃至公众的密码服务平台，提供开放可运营的密码管理服务，打造融合密码专业人才、密码专业工具、密码制度规范、密码运营服务流程等能力，面向业务应用提供的专业化、弹性化密码服务模式已成为趋势。其中，密码专业工具是至关重要的一环，是聚合密码产业生态能力，面向各类业务应用场景提供统一化、标准化、专业化、服务化、泛在化密码服务能力的承载平台。通过打造开放可运营的密码管理服务平台，可实现广泛接入和适配各类网络计算环境和应用系统，提供即接即用、按需使用的密码服务能力，实现密码技术与应用的定向适配和精准使用，提供密码应用合规性的一站式解决方案，面向国家网络空间提供平台化、专业化、泛在化的密码服务。

密码管理服务平台包含平台基础层、平台服务层、应用服务层，其体系框架如图 4-2 所示[4]。

应用服务层打造安全应用系统，面向国家网络空间企业用户、互联网用户和政务人员各类用户提供即时通信、安全邮件等基于密码的安全应用 SaaS 服务，为各类政务应用、市场应用、社会应用提供密码应用接口服务及管控，形成前台服务能力。

平台服务层依托密码服务系统，整合各类信息资源、密码服务系统以及其他支撑服务系统，形成统一的密码服务平台管理能力，通过密码服务 SDK 及 API 网关为应用提供基础密码、数据安全、应用密码、网络信任、密钥管理等各类密码服务，通过平台管控对接安全运营和监管平台，实现密码能力的统一管理和集中监管。

平台基础层依托安全云平台，聚合密码产业生态能力和创新技术，融合各类密钥管理系统、密码运算系统、电子认证系统、信息服务系统、数据安全系统等密码资源和系统，为密码管理服务平台提供后台基础支撑。

通过此平台，在各地密码管理局的统筹下，可以构建面向政务云的统一密码管理服务平台，能够为政务云上业务应用开发者、业务服务提供者、业务应用使用者、平台运维以及平台监管者提供安全、合规使用密码的保障，为云上业务应用提供统一的密码服务能力。促成密码泛在化新业态的发展。

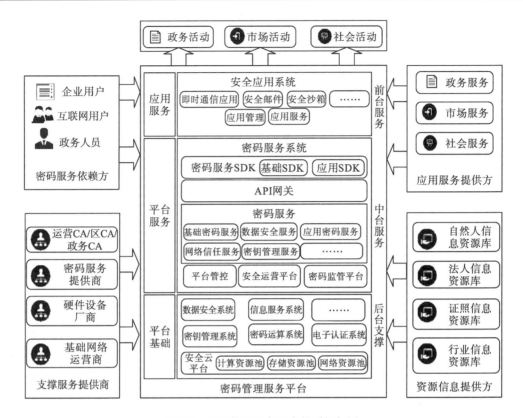

图 4-2　密码管理服务平台体系框架图

**2. 构建密码 Inside 生态环境，拓展密码应用范围**

密码 Inside——不同于传统"外挂式"调用密码设备提供密码能力，密码 Inside 是打造"内生式"的一体化密码能力。例如，通过密码嵌入、集成等方式，处理器、操作系统、数据库、浏览器、工业控制软硬件等内置形成"内生式"的密码能力。密码 Inside 未来将向底层硬件平台和用户业务应用两个方向发展。

在底层硬件平台发展方面，密码 Inside 是根据不同应用场景，通过 IP 核等更灵活的方式，更紧密地嵌入各类应用、安全芯片中。

业界有卫士通等密码厂商与龙芯等芯片厂商开展深入合作，提供密码 IP 核，实现龙芯等 CPU 的商密算法内嵌式支持能力，并共同推进涵盖处理器、操作系统、数据库、中间件和浏览器等基础软硬件的密码应用体系框架和产业生态构建，为信息与密码技术深度融合发展提供了基础，拓宽密码产业高质量发展空间。同时，密码 IP 核的授权使用和基于 license 的分成模式，也是密码新业态的一种尝试。

此外，在互联网视频应用等领域，协议安全增强需求迫切，基于密码芯片打造安全视频会议产品与系统，提供高安全要求的安全视频会议服务，也体现了密码 Inside 创新产业生态、护航数字经济发展的重要价值。

在用户业务应用发展方面，随着类似 Salesforce 等云应用生态 SaaS 平台的不断发展，数据安全已经成为云上安全防护的核心要素之一。这些承载用户业务应用和用户业务数据的 SaaS 平台上汇聚的用户数据更集中、更敏感、更复杂，对不同用户数据隔离、用户内部不同数据针对不同数据使用者权限的细粒度划分等的安全需求，大大超出传统非云化 ERP（enterprise resource planning，企业资源计划）、CRM（customer relationship management，客户关系管理）、财务、物流等应用系统的安全需求，这些都使得密码 Inside 将以服务形式更紧密地嵌入云上 SaaS 应用平台提供支撑。

**3. 推进密码 Innovation，驱动产业发展**

密码 Innovation——密码技术的蓬勃发展将激发网络安全创新力。以动态密码、属性密码、全同态密码和后量子密码等为代表的新型密码领域的发展，将为信息化新技术、新能力的发展带来指数级增长。

数字时代，IT 架构的平台化、开放化、泛在接入、数据汇聚、全时全域服务等特点，推动了新型密码算法、密码协议、抗量子密码算法、同态密码、区块链等技术面向新技术新应用场景的发展。特别是区块链引起国家的高度关注[5]。区块链完全基于多种密码技术的综合应用，打造安全区块链服务平台、智能合约快速开发平台、区块链信任服务平台、安全数据共享交换平台等已经成为驱动数字经济发展的密码创新动能。针对智慧城市应用，构建由各政府机构、大型企业共同维护的可信城市联盟链，实现各业务区块链系统之间的资产交换和价值传递，完善区块链信任体系，增强城市区块链系统的可信性，并支撑政府监管，促进区块链密码泛在化应用生态的繁荣，也成为新经济发展的重要驱动力。

**4. 国际开放和创新并举，实现密码 International**

密码 International——密码技术发展须坚持国际开放和创新并举之路。当前我国 SM2、SM3、SM9 等算法已成为国际标准，话语权和主导权不断提升。随着国家"一带一路"倡议、"走出去"战略的推进，各企业集团面临国内外信息安全保护需求。密码应用与国际接轨，有效支撑境外业务和数据的保护成为必须。

企业发展全球化，需要打造以密码为核心的网络安全整体保障服务模式，落实密码泛在部署，保障企业数据资产安全。例如，采用密码 Inside 的全球视频会议系统，实现总部与全球分支机构的多媒体数据安全传输；基于加密中间件服务实现密码 Inside 的企业微信、橙讯、蓝信等多种即时通信工作平台，可以为全球员工提供安全、可信的业务沟通和数据传输保护等。

## 4.3　促进密码产业新业态发展建议

（1）加快《中华人民共和国密码法》配套落地措施的制定和实施。《中华人民共和国密码法》规定，国家鼓励和支持密码科学技术的研究与交流，依法保护密码知识产权。在具体保障措施实施方面，建议出台针对算法、软模块、密码 IP 核授权、密码 Inside 相关专利使用等软件化知识产权的相关规定和办法。

（2）加大密码服务模式的推广和应用。泛在化密码产业新业态离不开密码服务。建议制定推进密码服务的指导意见及鼓励政策，对密码服务从业准入制度、管理制度、评价标准、技术标准等方面进行相应规定；策划建立区域、行业密码运营服务中心，通过试点示范推动政务云、互联网金融、企业移动办公、交通等领域密码服务快速应用。

（3）打造服务数字经济发展的密码服务平台，建立密码服务体系。在国家新基建宏大规划下，围绕工业互联网、智慧城市、一体化政务服务与监管、能源、交通等重要行业，建立密码和安全基础支撑服务设施，突破异构实体身份统一管理、跨域信任、动态信任、密码运算和密钥管理、数据安全保护、跨域数据安全共享交换等关键技术，为各领域打破身份和数据的壁垒，形成支撑各行业数字化转型安全保障的密码服务基础设施体系，向各行业提供密码运营服务，将为各领域实现融合、高效、创新发展奠定基础。

## 参 考 文 献

[1] 李兆宗.全面贯彻实施密码法, 奋力开创新时代密码工作新局面[J].秘书工作, 2019(11):41-43.

[2] 商用密码发展报告(2012—2017 年)编写组. 商用密码发展报告(2012—2017 年)[M]. 北京：电子工业出版社，2018.

[3] 习近平.在网络安全和信息化工作座谈会上的讲话[OL]. [2016-04-19]. http://www.cac.gov.cn/2016-04/25/c_1118731366.htm. 2016-04-19.

[4] 董贵山.密码服务云构建数字中国网络安全服务新生态[OL]. [2019-03-01]. https://www.sohu.com/a/298514456_468736.

[5] 习近平. 把区块链作为核心技术自主创新重要突破口[N]. 人民日报海外版, 2019-10-24.

# 第二篇　密码技术基础篇

# 第 5 章　古典密码和近现代密码

密码学的发展历经千年，大致经历了 3 个阶段：古典密码阶段、近代密码阶段和现代密码阶段。本章参考了中国密码学会网站资料[1,2]，对密码学发展史和有代表性的密码技术进行简要介绍。

## 5.1　古　典　密　码

### 5.1.1　古代密码的典型应用

古典密码最早源自军队，保护己方秘密并洞悉敌方秘密是克敌制胜的重要条件。古代各国已经在军事用途中广泛使用古典密码[1,3]。

1. 古代中国

《孙子兵法》中说："知己知彼，百战不殆；不知彼而知己，一胜一负；不知彼，不知己，每战必败。"中国古代有着丰富的军事实践和发达的军事理论，同时也出现不少巧妙、规范和系统的身份认证和保密通信方法。

1）符和虎符

符是古时朝廷下令的凭证，通常做成两部分，使用时一分为二，验证时合二为一，同一符的两部分完美结合即成为验证通过的凭证。近代间谍史中,常有把纸币钞票一撕为二,作为接头联络的工具，其原理同符。现代密码学中，公钥/私钥体系实施身份认证的方法也与符相通。

虎符是中国古代调用军队常用的凭证，如魏信陵君"窃符救赵"。虎符一般由铜、银等金属制成，背面刻有铭文，以示级别、身份、调用军队的对象和范围等。虎符分为两半，一半由在外的将帅保管，一半放在朝廷。朝廷派遣使者，需携"虎符"验合，才可调兵遣将。

2）《六韬》中的阴符和阴书

《六韬》又称《太公六韬》或《太公兵法》，据说是由西周太公望(姜子牙)所著。其中，《龙韬·阴符》篇和《龙韬·阴书》篇，对君主如何在战争中与在外的将领进行保密通信进行了阐述。

(1)关于阴符。武王问太公说：领兵深入敌国境内，军队突然遇到紧急情况，要与各军远近相通，保持密切联系，应该怎么办？

太公回答说：国君与主将之间可用阴符秘密联络。阴符长度共有 8 种，分别表示大获全胜、杀敌主将、占领城池、敌军败退、我军誓死坚守、我军请求增援、军队战败、战事失利等不同含义。只有国君和主将知道这 8 种阴符的秘密。

(2)关于阴书。武王问太公说：领兵深入敌国境内，要使军队灵活配合作战，需要联络的事情很多，距离遥远，应该怎么办？

太公回答说：如果有军机大事需要联络，应该用书信。君主和主将通过书信联系，书信都要拆分成 3 部分，并分派 3 人发出，每人拿一部分。只有这 3 部分合在一起才能读懂信的内容。这就是机密信。

3)《武经总要》中的符契、信牌和字验

中国宋代兵书《武经总要》第 15 卷中有符契、信牌、字验 3 节，讲述了军队身份验证和秘密通信的方法。

符契中的符是皇帝向军队调兵的凭证，共有 5 种，不同符的组合表示调用兵力的多少。每符分两段，一段留京师，一段由各路军队的主将掌握。两符相合，将领才能接受命令，然后用将领的印重封，交使者带回。

契是主将派人向下属调兵的凭证，共有 3 种，都是鱼形，分为上下两段。上段由主将掌握，下段交下属收掌，使用方法类似于符。

信牌是交战时，派人传送紧急命令的信物和文件。北宋初期使用一分两半的铜钱，后来改用木牌并可写字。

字验是秘密传送军情的方法。先约定 40 种不同的军情，然后用一首含有 40 个不同字的诗，令其中每一个字对应一种军情。传送军情时，通过一封普通的书信或文件，在其中的关键字旁加印记，这样不怕被敌方截获并破解信中内容。将军收到信后，找到其中的关键字，根据约定查出该字所告知的情况，还可以在这些字上再加印记，以表示对有关情况的处理，并令军使带回。可以说字验方法与近代军队、外交官和间谍常用的密码字典保密通信和联络原理相同。

4)《兵经百言》中的"传"字诀

明末清初著名的军事理论家揭暄的《兵经百言》中总结的"传"字诀，对古代军队通信方法进行了说明。

军队除用锣鼓、旌旗、骑马送信、燃火、烽烟等进行联系外，两军相遇，还要对暗号(口令)。当军队分开有千里之远时，宜用机密信进行通信。机密信分为 3 种：改变字的通常书写或阅读方式(如传统密码学的文字替换或移位方法)、隐写术("无形文"，用含有某种化学物质的液体来书写，用特殊方法使文字显现出来)、把信书写在特殊的载体上。

## 2. 其他文明古国

1)古印度

印度公元前 300 年的《经济论》记载了当时用密写的方式给密探下达任务。

2)古希腊

大约公元前 700 年，古希腊军队用一种叫作 Scytale 的圆木棍来进行保密通信。把长带子状羊皮纸缠绕在圆木棍上写字，解开后，羊皮纸上只有杂乱无章的字符。只有再次缠绕到同样粗细的棍子上才能看出所写的内容。这种 Scytale 圆木棍也许是人类最早使用的文字加密解密工具，又叫"斯巴达棒"，其原理属于密码学中的"换位法"加密。

## 5.1.2　典型的古典密码机制

### 1. Caesar 密码

Caesar(凯撒)密码在公元前 1 世纪被使用，将英文字母向前移动 $k$ 位，从而生成字母替代的密表，$k$ 就是最早的文字密钥。例如，$k=5$，密文字母与明文的对应关系见表 5-1。

表 5-1　Caesar 密码明密文对应表

| 明文 | A | B | C | D | E | F | G | H | I | J | K | L | M |
|---|---|---|---|---|---|---|---|---|---|---|---|---|---|
| 密文 | F | G | H | I | J | K | L | M | N | O | P | Q | R |
| 明文 | N | O | P | Q | R | S | T | U | V | W | X | Y | Z |
| 密文 | S | T | U | V | W | X | Y | Z | A | B | C | D | E |

### 2. Polybius 密码

公元前 2 世纪，一个叫 Polybius 的希腊人设计了一种将字母编码成符号对的方法。使用了一个称为 Polybius 的校验表，包含许多后来在加密系统中非常常见的成分。校验表由一个 5 行 5 列的网格组成，网格中包含 26 个英文字母，其中 I 和 J 在同一格中，相应字母用数对表示，见表 5-2。

表 5-2　Polybius 校验表

| 校验数 | 1 | 2 | 3 | 4 | 5 |
|---|---|---|---|---|---|
| 1 | A | B | C | D | E |
| 2 | F | G | H | I/J | K |
| 3 | L | M | N | O | P |
| 4 | Q | R | S | T | U |
| 5 | V | W | X | Y | Z |

### 3. 多表代替密码

15 世纪，莱昂·巴蒂斯塔·阿尔伯蒂第一个提出多表代替密码，逐步发展成当今大多数密码体制所属的一种密码类型；修道院院长约翰内斯·特里特米乌斯的《多种写法》在 1508 年使多表代替又向前跨出了一大步，并成为密码学的第一本印刷书籍。在此之后，乔瓦尼·巴蒂斯塔·波他将阿尔伯蒂乱序密表与特里特米乌斯和贝拉索的见解融合在一起，使之成为现代多表代替的概念。

# 5.2　近　代　密　码

近代密码[2,4]是指从第一次世界大战到 1976 年这段时期密码的发展阶段。近代密码学经常和现代密码学合称为近现代密码学，可以看作是现代密码学的一部分，只是在时间上进行了划分，将战争集中使用密码学的时期单独分开。

电报的出现第一次使远距离快速传递信息成为可能，它增强了西方各国的通信能力，但是通过无线电波送出的每条信息不仅传给了己方，也传送给了敌方，这就意味着必须给每条信息加密。第一次世界大战的爆发，使世界各国对密码和解码人员的需求急剧上升，秘密通信能力也成为军事实力的重要组成部分。

## 5.2.1　维吉尼亚密码

维吉尼亚密码在 1586 年就被设计出来了，但直到 200 年后莫尔斯电码开始流行，这个密码才开始进入人们的视野。法国外交官维吉尼亚在 1585 年写成了《论密码》一文，他集中了当时密码学的很多精华，采用自身密钥体制，以一个共同约定的字母为起始密钥，以其对第一个密文脱密，得到第一个明文，以第一个明文为密钥对第二个密文脱密，以此类推，如此不会重复使用密钥。

维吉尼亚的《密码理论》一度被称作"不可破译"的密码，直到 1854 年被建立现代计算机理论框架的查尔斯·巴贝奇破译。而在美国南北战争期间，南方联军一直使用的就是维吉尼亚密码，虽然早已经被破译，但由于当时没有大规模发表，所以北方政府一直占据着情报获取方面的优势。

## 5.2.2　Enigma 密码

1918 年德国人亚瑟·谢尔比乌斯设计出了一种密码机器，也就是世界闻名的 Enigma。Enigma 是一种多表替换的加密实践，其加密核心是 3 个转轮。每个转轮的外层边缘都写着 26 个德文字母，用以表示 26 个不同的位置，经过转轮内部不同导线的连接，改变输入和输出的位置实现加密。一个 3 转轮的 Enigma 机器，能进行 17576 种不同的加密变化。第二次世界大战中德国使用了 3 个正规轮和 1 个反射轮，极大地提高了军事信息的安全性。

但是 1939 年，第二次世界大战刚刚拉开序幕，波兰密码学家马里安·雷耶夫斯基、杰尔兹·罗佐基和亨里克·佐加尔斯基就将破译 Enigma 的研究成果共享给英国盟友，奠定了 Enigma 破译的基础。英国密码破译专家诺克斯和图灵的团队不断地对德国的密码机器进行研究、模仿和破译，最终制作了能破译德国情报的密码机，并命名为"炸弹"。从此德军在战争中的绝大多数行动，都从图灵团队传到英国军事指挥中心，帮助盟军取得胜利。同样 1943 年，美国从破译的日本密电中获得山本五十六行动安排，在去往中途岛的路上截击山本成功，日本海军从此一蹶不振。可以说，密码学的发展直接影响了第二次世界大战的战局。

随着 Enigma 的破译，人们意识到其实真正保证密码安全的往往不是算法，而是密钥。即使算法外泄，但只要密钥保密，密码就不会失效。荷兰密码学家 Kerckhoffs 于 1883 年在其《军事密码学》中提出：密码系统的安全性应只取决于可随时改变的密钥，而不应取决于不易被改变的事物(算法)。

随着计算机科学的发展，计算机和现代数学给密码设计者带来了空前的便捷、高效和自由，使其可以设计出更加复杂的密码体系。

## 5.3　现　代　密　码

1949 年，香农发布了一篇名为《保密系统的信息理论》的论文，引入信息论，提出了混淆和扩散两大设计原则，奠定了密码学的相对成体系的理论基础，标志着现代密码学的建立。香农的密码学理论偏向对称密码学，包括分组密码和流密码。分组密码是将明文分成等长的多个分组，使用确定的算法和对称密钥对每组明文进行加密；流密码是加密和解密双方使用相同的伪随机加密数据流作为密钥，通常是按比特位对数据流进行加密。

现代密码学真正意义上开始进入发展期是从 20 世纪 70 年代中期开始。1976 年，美国密码学家迪菲和赫尔曼发表了一篇名为《密码学的新方向》的文章，开启了公钥密码体制的研究与发展。公钥密码主要采用了将加密和解密两个相关密钥单独操作，加密密钥是公开的，称为公钥，不仅可以公开算法，连密钥也可以公开；解密密钥专属于用户，称为私钥，两种密钥相关而存异，基于一种特殊的单向陷门函数，不再是简单的表单替代和置换，不能互相计算出来。1977 年，美国官方颁布了数据分组对称加密标准 DES，将密码学推向更广泛的应用。1978 年，由美国的里维斯特、沙米尔和阿德曼在数论方法上构造的 RSA 算法，逐步成为应用最广、最成熟的公钥密码体制。

现代密码可以分为序列密码、分组密码、公钥密码等类型，下面是其中的一些代表性的密码算法[4]。

### 5.3.1　序列密码

#### 1. 欧洲 eSTREAM 序列密码

2004 年，欧洲启动了为期 4 年的 ECRYPT(European network of excellence for cryptology)计划，其中的序列密码项目称为 eSTREAM，主要任务是征集新的可以广泛使用的序列密码算法。eSTREAM 项目极大地促进了序列密码的研究。

#### 2. 中国 ZUC 算法

ZUC 算法又称祖冲之算法，是 3GPP 机密性算法 EEA3 和完整性算法 EIA3 的核心，是由中国设计的加密算法。2009 年 5 月，ZUC 算法获得 3GPP 安全算法组 SA 立项，正式申请参加 3GPP LTE 第三套机密性和完整性算法标准的竞选工作。历时两年多的时间，ZUC 算法经过包括 3GPP SAGE 内部评估、两个邀请付费的学术团体的外部评估以及公开评估在内的 3 个阶段的安全评估工作后，于 2011 年 9 月正式被 3GPP SA 全会通过，成为 3GPP LTE 第三套加密标准核心算法。

ZUC 算法是中国第一个成为国际密码标准的密码算法。其标准化的成功，是中国在商用密码算法领域取得的一次重大突破，体现了中国商用密码应用的开放性和商用密码设计的高能力，其必将增大中国在国际通信安全应用领域的影响力，且今后无论是对中国在国际商用密码标准化方面的工作，还是对商用密码的密码设计来说都具有深远的影响。

## 5.3.2　分组密码

### 1. DES 算法

DES 算法是 1972 年美国 IBM 公司研制的对称密码体制加密算法。明文按 64 位进行分组，密钥长度为 64 位，密钥事实上是 56 位参与 DES 运算。随着计算机计算能力的提高，DES 密钥过短的问题成为 DES 算法安全的隐患。例如，1999 年 1 月，RSA 数据安全公司宣布：该公司所发起的对 56 位 DES 的攻击已经通过互联网上的 100000 台计算机合作在 22 小时 15 分内完成。

NIST 于 1997 年发布公告，征集新的数据加密标准作为联邦信息处理标准以代替 DES。新的数据加密标准称为 AES。

### 2. AES 算法

密码学中的高级加密标准(advanced encryption standard，AES)又称 Rijndael 加密算法，是美国联邦政府采用的一种分组加密标准。这个标准用来替代原先的 DES，已经被多方分析且广为全世界所使用。AES 有一个固定的 128 位的块和 128、192 或 256 位的密钥。该算法为比利时密码学家 Joan Daemen 和 Vincent Rijmen 所设计，结合两位作者的名字，以 Rijndael 命名。AES 在软件及硬件上都能快速地加解密，相对来说较易于操作，且只需要很少的存储空间，目前正被部署应用到更大的范围。

### 3. SM4 算法

SM4 算法全称为 SM4 分组密码算法，是国家密码管理局于 2012 年 3 月发布的第 23 号公告中公布的密码行业标准。SM4 算法是一个分组对称密钥算法，明文、密钥、密文都是 16 字节，加密和解密密钥相同。加密算法与密钥扩展算法都采用 32 轮非线性迭代结构。解密过程与加密过程的结构相似，只是轮密钥的使用顺序相反。

SM4 算法的优点是软件和硬件实现容易，运算速度快。

### 4. IDEA 算法

国际数据加密算法(international data encryption algorithm，IDEA)是由来学嘉(Lai Xuejia)和 James Masseey 于 1990 年提出第一版，并命名为 PES(proposed encryption standard)。后来又针对 PES 算法的轮函数做出调整，使得算法能有效地抵抗差分密码分析，称为 IPES(improved PES)，1992 年正式改名为 IDEA。它是对 64 位大小的数据块加密的分组加密算法，密钥长度为 128 位，它基于"相异代数群上的混合运算"的算法设计思想，用硬件和软件实现都很容易且比 DES 在实现上更加快速。

## 5.3.3　公钥密码

### 1. RSA 算法

1977 年，美国 MIT 的 Ronald Rivest、Adi Shamir 和 Len Adleman 提出了第一个较完善的公钥密码体制——RSA 体制，这是一种基于大素数因子分解的困难问题的算法。

RSA 是被研究得最广泛的公钥算法，从 1978 年提出到现在已有 40 多年，它经历了各种攻击的考验，逐渐被人们接受，是目前应用最广泛的公钥方案之一。通常认为 RSA 的破译难度与大数的素因子分解难度等价。

### 2. ECC 算法

ECC 又称椭圆曲线密码系统，在 1985 年分别由 Victor Miller 和 Neal Koblitz 独立提出。1985 年以来，ECC 受到全世界密码学家、数学家和计算机科学家的密切关注，并且在提高 ECC 系统的实现效率上取得了长足的进步，如今 ECC 算法是已知的效率最高的公钥密码系统之一。

ECC 和其他几种公钥系统相比，其抗攻击性具有绝对的优势，如 160 位 ECC 与 1024 位 RSA、DSA 具有相同的安全强度，210 位 ECC 则与 2048 位 RSA、DSA 具有相同的安全强度。这些优点在 IC 卡、电子商务、Web 服务器、移动电话和便携终端等对于带宽、处理器能力、能量或存储有限制的应用中显得尤为重要。

### 3. SM2 算法

SM2 算法全称为 SM2 椭圆曲线公钥密码算法，是国家密码管理局 2010 年 12 月发布的第 21 号公告中公布的密码行业标准。SM2 算法属于非对称密钥算法，发送者用接收者的公钥将消息加密成密文，接收者用私钥对收到的密文进行解密还原成原始消息。

SM2 算法相比较其他非对称公钥算法(如 RSA)而言使用更短的密钥串就能实现比较牢固的加密强度，同时由于其良好的数学设计结构，加密速度也比 RSA 算法快。

### 5.3.4  HASH 函数

#### 1. MD4 算法

MD4 是麻省理工学院教授 Ronald Rivest 于 1990 年设计的一种信息摘要算法。它是一种用来测试信息完整性的密码散列函数。其摘要长度为 128 位，一般 128 位长的 MD4 散列被表示为 32 位的十六进制数字。这个算法影响了后来的算法，如 MD5、SHA 家族和 RIPEMD 等。

2004 年 8 月，山东大学教授王小云报道在计算 MD4 时可能发生杂凑冲撞，同时公布了对 MD5、HAVAL-128、MD4 和 RIPEMD 四个著名 Hash 算法的破译结果。

Denboer 和 Bosselaers 以及其他人很快地发现了可攻击 MD4 版本中第一步和第三步的漏洞。Dobbertin 向大家演示了如何利用一部普通的个人计算在几分钟内找到 MD4 完整版本中的冲突（这个冲突实际上是一种漏洞，它将导致对不同的内容进行加密却可能得到相同的加密结果）。毫无疑问，MD4 就此被淘汰。

#### 2. MD5 算法

MD5 的全称是 Message-Digest Algorithm 5（信息摘要算法），在 20 世纪 90 年代初由 MIT Laboratory for Computer Science 和 RSA Data Security Inc.的 Ronald L Rivest 开发出来，由 MD2、MD3 和 MD4 发展而来。它的作用是让大容量信息在用数字签名软件签署私人密钥前被"压缩"成一种保密的格式（就是把一个任意长度的字节串变换成一定长的大整数）。

对任意少于 $2^{64}$ 位长度的信息输入，MD5 都将产生一个长度为 128 位的输出。这一输出可以被看作是原输入报文的"报文摘要值"。MD5 以 512 位分组来处理输入的信息，且每一分组又被划分为 16 个 32 位子分组，经过了一系列的处理后，算法的输出由 4 个 32 位分组组成，将这 4 个 32 位分组级联后将生成一个 128 位散列值。

#### 3. SM3 算法

SM3 算法是国家密码管理局于 2010 年公布的中国商用密码杂凑算法标准。该算法消息分组长度为 512 位，输出杂凑值为 256 位，采用 Merkle-Damgard 结构。SM3 密码杂凑算法的压缩函数与 SHA-256 的压缩函数具有相似的结构，但是 SM3 密码杂凑算法的设计更加复杂，如压缩函数的每一轮都使用 2 个消息字，消息拓展过程的每一轮都使用 5 个消息字等。目前对 SM3 密码杂凑算法的攻击还比较少。

### 参 考 文 献

[1] 中国密码学会.密码发展史之古典密码[OL]. [2017-04-24]. http://www.oscca.gov.cn/sca/zxfw/2017-04/24/content_1011709.shtml.

[2]　中国密码学会. 密码发展史之近现代密码[OL]. [2017-04-24]. http://www.oscca.gov.cn/sca/zxfw/2017-04/24/content_1011711. shtml.

[3]　黄月江. 信息安全与保密[M]. 北京: 国防工业出版社, 2008.

[4] Stinson D R. 密码学原理与实践[M]. 3 版. 冯登国, 等译. 北京：电子工业出版社, 2016.

# 第6章 主流密码算法和协议

## 6.1 分 组 密 码

分组密码是对称密码领域的一个重要部分,具有易于标准化、速度快及便于软件和硬件实现等特点,通常是信息与网络安全中实现数字签名、数据加密、密钥管理及认证的核心体制,在网络通信和信息安全领域发挥着极其重要的作用。

分组密码起源于 1949 年香农发表的《保密系统的信息理论》一文。论文中提出的"混淆"和"扩散"概念,是分组密码算法的重要原则。分组密码算法的特点是加密密钥也是解密密钥。对明文文件加密时,需要对明文进行分组,然后对每组明文文件分别加密得到等长的密文。

对分组密码算法的研究包括分组密码设计、分组密码分析两个方面。分组密码设计研究主要包括安全性设计,即实现抵抗各类密码分析攻击方法的能力,以及算法实现性设计,即增强密码算法在软硬件实现过程中的效率。分组密码分析研究主要包括差分密码分析、线性密码分析方法等。

主要的分组加密算法包括 DES 加密算法、AES 加密算法和 SM4 算法等。分组密码早期发展研究主要围绕 DES 算法进行。DES 的全称为美国数据加密标准算法,是 1972 年由美国 IBM 公司研制的,一直使用到 20 世纪末。人们对 DES 算法的研究非常深入,既推出了 LOKI、FEAL、GOST 等类似的算法,也逐渐确认了密钥过短抗穷尽密钥搜索攻击能力不足等安全隐患。基于此,发展出了 DES 算法的改进型 3DES 算法,以及新的 AES、IDEA 加密算法。

AES 算法的全称为高级加密标准算法,是比利时密码学家 Joan Daemen 和 Vincent Rijmen 所设计的,由 NIST 于 2001 年 11 月 26 日确定为美国联邦政府采用的标准区块加密算法,用于替代 DES,目前已经被多方分析并广为全世界所使用。

SM4 算法是 2006 年我国国家密码管理局公布的无线局域网产品使用的标准化分组算法。

### 6.1.1 DES 和 3DES

DES(Data Encryption Standard,数据加密标准)算法[1],是 1977 年美国公布实施的一个商用分组密码。1973 年开始,美国国家标准学会在全世界征求密码标准方案,IBM 提交的 Tuchman-Meyer 方案被最终采纳为数据加密标准,它的出现是现代密码史上一件非常有影响力的事件，其应用极为广泛。

1. 算法描述

DES 算法采用对称密码体制，加密和解密均采用相同的密钥，其密钥的有效长度为 56 位，附加上 8 位的奇偶校验位后总密钥长度为 64 位。DES 分组长度为 64 位，每次加密的明文数据单元为 64 位并生成等长的密文，其基本结构图如图 6-1 所示。

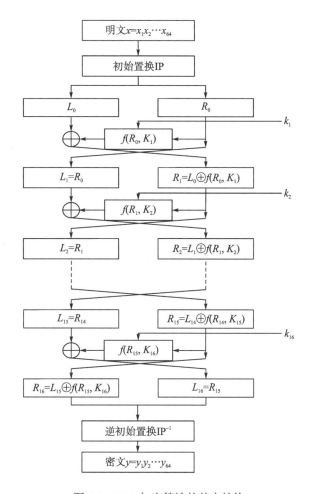

图 6-1  DES 加密算法的基本结构

DES 算法的分组结构采用 Feistel 网络，其核心思想是将加密的文本块分成两半。首先使用子密钥对其中一半应用循环功能，将输出与另一半进行"异或"运算；然后交换这两半，这一过程会继续下去，但最后一个循环不交换。DES 使用 16 个循环，使用异或、置换、代换、移位操作 4 种基本运算。

2. 参数产生

设 $x=x_1 x_2 \cdots x_{64}$ 是待加密的 64 位的明文，其中 $x_i \in \{0,1\}, 1 \leqslant i \leqslant 64$，明文组 $x$ 在加密

之前，要先经过一个初始置换。初始置换 IP 见表 6-1。密文组在解密之前也要先进行逆初始置换。逆初始置换 IP$^{-1}$见表 6-2。

表 6-1    初始置换

| | | | | | | | |
|---|---|---|---|---|---|---|---|
| 58 | 50 | 42 | 34 | 26 | 18 | 10 | 2 |
| 60 | 52 | 44 | 36 | 28 | 20 | 12 | 4 |
| 62 | 54 | 46 | 38 | 30 | 22 | 14 | 6 |
| 64 | 56 | 48 | 40 | 32 | 24 | 16 | 8 |
| 57 | 49 | 41 | 33 | 25 | 17 | 9 | 1 |
| 59 | 51 | 43 | 35 | 27 | 19 | 11 | 3 |
| 61 | 53 | 45 | 37 | 29 | 21 | 13 | 5 |
| 63 | 55 | 47 | 39 | 31 | 23 | 15 | 7 |

表 6-2    逆初始置换

| | | | | | | | |
|---|---|---|---|---|---|---|---|
| 40 | 8 | 48 | 16 | 56 | 24 | 64 | 32 |
| 39 | 7 | 47 | 15 | 55 | 23 | 63 | 31 |
| 38 | 6 | 46 | 14 | 54 | 22 | 62 | 30 |
| 37 | 5 | 45 | 13 | 53 | 21 | 61 | 29 |
| 36 | 4 | 44 | 12 | 52 | 20 | 60 | 28 |
| 35 | 3 | 43 | 11 | 51 | 19 | 59 | 27 |
| 34 | 2 | 42 | 10 | 50 | 18 | 58 | 26 |
| 33 | 1 | 41 | 9 | 49 | 17 | 57 | 25 |

3. 密钥产生

设密钥为 $k = k_1 k_2 \cdots k_{64}$ ，$k_i \in \{0,1\}, 1 \leq i \leq 64$ 。从密钥 $k$ 生成子密钥 $k_i$ 的算法如图 6-2 所示。密钥 $k$ 中有 8 位奇偶校验位，分别位于第 8、12、47、32、40、48、56、64 位。奇偶校验位的作用是检查密钥 $k$ 在产生、分配以及存储过程中是否可能发生错误。置换 PC-1 的作用就是针对去掉奇偶校验位的 56 位打乱重新排列。选择置换 PC-1 见表 6-3。密钥 $k$ 经 PC-1 输出后，前 28 位作为 $C_0$ ，后 28 位作为 $D_0$ 。对于 $1 \leq i \leq 16$ ，有

$$C_i = \text{LS}_i\left(C_{i-1}\right)$$
$$D_i = \text{LS}_i\left(D_{i-1}\right)$$

其中， $\text{LS}_i$ 代表循环左移变换 1 位或 2 位。

选择置换 PC-2 见表 6-4。用于从 $C_i D_i$ 中选取 48 位作为子密钥 $k_i$ ，生成的 16 个子密钥 $k_i$ 分别用于算法的 16 轮加密中。

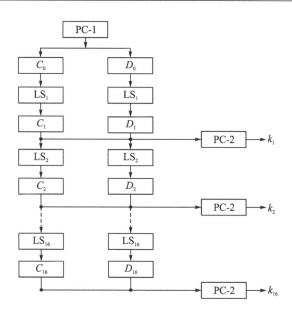

图 6-2 子密钥的计算

表 6-3 选择置换 PC-1

| | | | | | | |
|---|---|---|---|---|---|---|
| 57 | 49 | 41 | 33 | 25 | 17 | 9 |
| 1 | 58 | 50 | 42 | 34 | 26 | 18 |
| 10 | 2 | 59 | 51 | 43 | 35 | 27 |
| 19 | 11 | 3 | 60 | 52 | 44 | 36 |
| 63 | 55 | 47 | 39 | 31 | 23 | 15 |
| 7 | 62 | 54 | 46 | 38 | 30 | 22 |
| 14 | 6 | 61 | 53 | 45 | 37 | 29 |
| 21 | 13 | 5 | 28 | 20 | 12 | 4 |

表 6-4 选择置换 PC-2

| | | | | | |
|---|---|---|---|---|---|
| 14 | 17 | 11 | 24 | 1 | 5 |
| 3 | 28 | 15 | 6 | 21 | 10 |
| 23 | 19 | 12 | 4 | 26 | 8 |
| 16 | 7 | 27 | 20 | 13 | 2 |
| 41 | 52 | 31 | 37 | 47 | 55 |
| 30 | 40 | 51 | 45 | 33 | 48 |
| 44 | 49 | 39 | 56 | 34 | 53 |
| 46 | 42 | 50 | 36 | 29 | 32 |

4. 加密解密过程

DES 的加密过程如图 6-3 所示。设 $x = x_1 x_2 \cdots x_{64}$ 是待加密的 64 位的明文，其中 $x_i \in \{0,1\}, 1 \leqslant i \leqslant 64$。DES 首先利用初始置换 IP 对 $x$ 进行换位处理；然后对所示的与密钥

有关的圈变换进行 16 次迭代；最后经过逆初始置换 $IP^{-1}$ 的处理得到密文 $y = y_1 y_2 \cdots y_{64}$，其中 $y_i \in \{0,1\}, 1 \leqslant i \leqslant 64$。

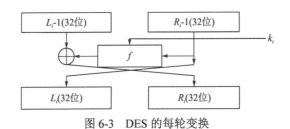

图 6-3　DES 的每轮变换

### 5. 安全性分析

DES 在被采纳成为标准之前就备受争议，主要集中在两个方面：第一，IBM 所提交的 Tuchman-Meyer 方案在设计之初时密钥长度为 128 位，而 DES 却只使用了 56 位密钥，使用者担心密钥过短难以抵抗穷举攻击；第二，DES 的内部结构、S 盒的设计标准都被列入了官方机密，使用者不能确信 DES 的内部结构有没有陷门供情报部门在没有密钥的情况下利用加以解密。尽管如此，DES 仍然在世界领域内发挥了举足轻重的作用。由于其本身设计的精妙及没有更合适的替代品，DES 的使用期限一再被延长。不过随着计算能力的迅速提高，其密钥长度和分组长度过短这一弱点越来越明显，1999 年 1 月，电子边境基金会(Electronic Frontier Foundation，EFF)仅用 22 小时 15 分就成功破译了 DES。

### 6. 三重 DES

为了充分利用现有的 DES 软件和硬件资源，人们开始提出针对 DES 的各种改进方案，一个简单的方案是使用多重 DES。多重 DES 就是使用多个不同的 DES 密钥利用 DES 加密算法对明文进行多次加密。使用多重 DES 可以增加密钥量，从而大大提高抵抗对密钥的穷举搜索攻击能力。

常用的多重 DES 算法主要是三重 DES[2]。三重 DES 有 4 种模式，如图 6-4 所示。

(1)DES-EEE3 模式：在该模式中共使用 3 个不同密钥，顺序使用 3 次 DES 加密算法。

(2)DES-EDE3 模式：在该模式中共使用 3 个不同密钥，依次用加密—解密—加密算法。

(3)DES-EEE2 模式：在该模式中共使用 2 个不同密钥，顺序使用 3 次 DES 加密算法，其中第一次和第三次加密使用的密钥相同。

(4)DES-EDE2 模式：在该模式中共使用 2 个不同密钥，依次用加密—解密—加密算法，其中加密算法使用的密钥相同。

前两种模式使用 3 个不同的密钥，每个密钥长度为 56 位，因此三重 DES 总的密钥长度达到 168 位。后 2 种模式使用 2 个不同的密钥，总的密钥长度为 112 位。以前两种模式为例，设 $k_1$、$k_2$、$k_3$ 是 3 个长度为 56 位的密钥。给定明文 $x$，则密文为 $y = \mathrm{DES}_{k_3}(\mathrm{DES}_{k_2}^{-1}(\mathrm{DES}_{k_1}(x)))$，给定密文 $y$，则明文为 $x = \mathrm{DES}_{k_1}^{-1}(\mathrm{DES}_{k_2}(\mathrm{DES}_{k_3}^{-1}(y)))$。

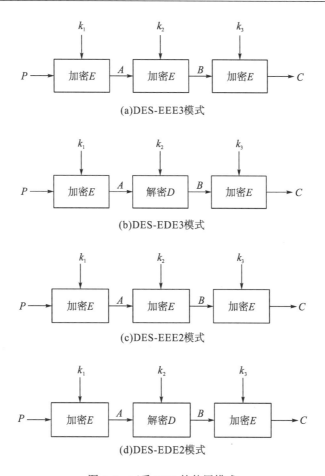

图 6-4  三重 DES 的使用模式

注：$P$ 为明文；$A$、$B$ 为中间结果；$C$ 为加密结果；$D$ 为解密算法计算；$E$ 为加密算法运算。

在 1999 年 10 月发布的 DES 标准报告中推荐使用的三重 DES 是 $k_1 = k_3$ 的情形，这是一种比较受欢迎的 DES 的替代方案。$k_1$、$k_2$、$k_3$ 互不相同的三重 DES 在实际应用中也经常被采用。

三重 DES 的优点主要包含以下方面。

(1)密钥长度增加到 112 位或 168 位，可以有效克服 DES 面临的穷举攻击。

(2)相对于 DES，增强了抗差分分析和线性分析的能力。

(3)由于 DES 的软硬件产品已经在世界上大规模使用，升级到三重 DES 比更换新的算法的成本小得多。

(4)攻击 DES 比其他任何加密算法的分析时间要长得多，但是仍然没有发现比穷举攻击更有效的、基于算法本身的密码分析攻击方法。相应地，三重 DES 对密码分析攻击有很强的免疫力。

但是由于三重 DES 是 DES 的改进版本，其也有很多先天不足的地方。

(1)三重 DES 的处理速度较慢，尤其是软件实现。这是因为 DES 最初的设计是基于硬件实现的，使用软件实现本身就偏慢，而三重 DES 使用了 3 次 DES 运算，故实现速度更慢。

(2) 虽然密钥的长度增加了，不过明文分组的长度没有变化，仍为 64 位，就效率和安全性而言，与密钥的增长不相匹配。因此，三重 DES 只是在 DES 变得不安全的情况下的一种临时解决方案。

## 6.1.2　AES

### 1. 算法描述

1999 年，美国 NIST 对 DES 的安全强度进行重新评估，明确指出 DES 已经不足以保证信息的安全。NIST 随即发起公开征集高级加密标准[3]算法的活动，以提出一个更安全的分组密码算法取代 DES 并且安全性不低于 3DES，速率比 3DES 要快。此外，NIST 特别提出了 AES 必须是分组长度为 128、192、256 位的密钥，且算法在世界范围内必须是免费的。2000 年 10 月 2 日，NIST 宣布 AES 的最终评选结果，比利时密码学家 Joan Daemen 和 Vincent Rijmen 提出的 Rijndael 数据加密算法最终获胜，成为高级加密标准 AES。2001 年 NIST 正式公布高级加密标准 AES，并于 2002 年 5 月 26 日生效。

### 2. 参数与密钥

AES 分组密码拥有 128 位的分组长度，可以使用 128、192 或者 256 位大小的密钥。密钥的长度影响着密钥编排(即在每一轮中使用的子密钥)和轮的次数。具体见表 6-5。

表 6-5　AES 的密钥长度和加密轮数列表

| 分组 | 密钥长度(32 位的字)/个 | 分组长度(32 位的字)/个 | 加密轮数/轮 |
|---|---|---|---|
| AES-128 | 4 | 4 | 10 |
| AES-192 | 6 | 4 | 12 |
| AES-256 | 8 | 4 | 14 |

假定密钥的长度为 128 位，则 AES 的迭代轮数为 10 轮，这是目前使用最广泛的实现方式。首先，将输入的明文分组 $P$ 和密钥 $K$ 分成 16 字节，记为 $P = P_0P_1P_2\cdots P_{15}$ 和 $K = K_0K_1\cdots K_{15}$。一般地，明文分组用以字节为单位的正方形矩阵定义，称为状态(state)矩阵。在算法的每一轮中，状态矩阵的内容不断变化，最后的结果作为密文输出。该矩阵中字节的排列顺序为从上到下、从左到右依次排列，如图 6-5 所示。

按列方向优先的方式排列成 4×4 的矩阵，矩阵的每一列被称为 1 个 32 位的字。通过密钥编排程序将该密钥矩阵被扩展成一个由 44 个字组成的序列 $w[0], w[1], \cdots, w[43]$，序列的前 4 个元素 $w[0]$、$w[1]$、$w[2]$、$w[3]$ 是原始密钥，用于加密运算中的初始密钥。后 40 个字分为 10 组，每组 4 个字(128 位)分别用于 10 轮加密运算中的轮密钥加，如图 6-6 所示。

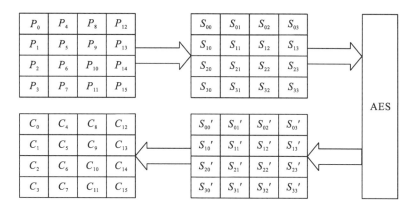

图 6-5  明文到密文的变化示意图

图 6-6  轮密钥序列

这个 $4\times4$ 的矩阵每一列的 4 个字节组成一个字,依次命名为 $w[0]$、$w[1]$、$w[2]$、$w[3]$。它们构成了一个以字为单位的数组 $w$。接着,对数组 $w$ 扩充 40 个新列,构成总共 44 列的扩展密钥数组。新列按照以下的递归方式产生。

(1)如果 $i$ 不是 4 的倍数,那么第 $i$ 列,由如下等式确定:$w[i]=w[i-4]\oplus w[i-1]$。

(2)如果 $i$ 是 4 的倍数,那么第 $i$ 列,由如下等式确定:$w[i]=w[i-4]\oplus T(w[i-1])$。其中,$T$ 是一个复杂函数。这一过程如图 6-7 所示。

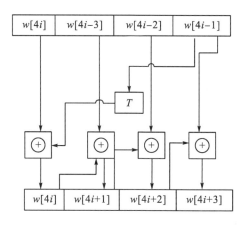

图 6-7  AES 密钥扩展图

函数 $T$ 由 3 部分组成：字循环、字节代换和轮常量异或，这 3 部分的作用分别如下。

(1) 字循环：将 1 个字中的 4 个字节循环左移 1 个字节，即将输入字 $[b_0, b_1, b_2, b_3]$ 变换成 $[b_1, b_2, b_3, b_0]$。

(2) 字节代换：对字循环的结果使用 AES 的 S 盒进行字节代换。

(3) 轮常量异或：将前两步的结果与轮常量 Rcon[$j$] 进行异或，其中 $j$ 表示轮数。

轮常量 Rcon[$j$] 是一个字，其值见表 6-6。使用与轮相关的轮常量是为了防止不同轮中产生的轮密钥的对称性或相似性。

表 6-6　轮常量值表

| $J$ | 1 | 2 | 3 | 4 | 5 |
|---|---|---|---|---|---|
| Rcon[$j$] | 01000000 | 02000000 | 04000000 | 08000000 | 10000000 |
| $J$ | 6 | 7 | 8 | 9 | 10 |
| Rcon[$j$] | 20000000 | 40000000 | 80000000 | 1B000000 | 36000000 |

### 3. 加密解密过程

AES 的流程图如图 6-8 所示。

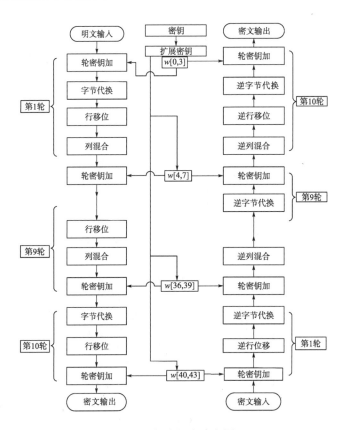

图 6-8　加密解密流程图

与加密的第 1~9 轮的轮函数一样，包括 4 个操作：字节代换、行位移、列混合和轮密相加。最后一轮迭代不执行列混合。另外，在第一轮迭代之前，先将明文和原始密钥进行一次加密操作。对于一轮完整的加密过程，由 4 个操作阶段组成，即字节代换、行移位、列混合和轮密钥加。

AES 的解密过程仍为 10 轮，每一轮的操作是加密操作的逆操作。由于 AES 的 4 个轮操作(字节代换、行移位、列混合和轮密钥加)都是可逆的，因而解密操作的一轮就是顺序执行逆行移位、逆字节代换、轮密钥加和逆列混合。同加密操作类似，最后一轮不执行逆列混合，在第一轮解密之前，要执行 1 次轮密钥加操作。

**4. 算法的应用**

AES 的安全性能及实现效率比较高，它具有密钥灵活性及较高的可实现性，且内存需求低，利于软硬件的执行。它的密钥建立时间短，适合于在存储器受限的环境中使用，算法性能良好，用途广泛。

*1)在信息安全技术和安全产品中的应用*

AES 通常被认为是 DES 算法的取代者，可以为原有的数据加密应用提供更强的数据安全保障。当前网络技术发展迅猛，对于基于网络的数据加密的要求也日益提高，AES 的应用首先体现在网络信息安全领域中。随着 AES 标准的公布，IETF 的 IPSec 工作组已经使 AES 成为 ESP 使用的默认加密算法，要求 IPSec 实现必须兼容 AES 加密算法。VPN 设备厂商也已经使用 AES 加密算法来代替原来产品中使用的 DES 或 3DES 算法。

*2)在无线网络中的应用*

AES 在网络技术中的另一个主要应用是无线网络应用。无线网络的通信是一个更为开放的环境，对安全性的要求更高。无线网络的国际标准主要有两个：一个是 IEEE 803.11 协议(用于 WLAN，又称 Wi-Fi 标准)；另一个是用于 WMAN 的 IEEE 803.16 协议(WiMAX)。2004 年后这两个协议也都将 AES 加入协议的安全机制中。此外，IEEE 802.11i 草案已经定义了 AES 加密的两种不同运行模式，解决了无线局域网(WLAN)标准中的诸多安全问题。ZigBee 技术的 MAC 层也使用了 AES 算法进行加密，用来保证 MAC 帧的机密性、完整性、一致性和真实性。

*3)其他应用*

AES 也成为虚拟专用网、SONET(同步光网络)、远程访问服务器(remote access service，RAS)、移动通信、卫星通信、电子金融业务等领域的加密算法。此外，许多政府乃至部分军用通信领域也采用了 AES 加密算法，以及基于 AES 算法的网络保密系统。

## 6.1.3　SM4

2006 年 1 月，国家密码管理局公布了我国第一个商用密码算法——SM4 算法[4]，其设计简洁高效，利于软硬件实现，已经在无线局域网产品中广泛使用。除此之外，SM4 算法在金融证券、工业控制等领域也有广泛的应用。

1. 算法描述

SM4 算法是一种分组密码算法，其分组长度为 128 位，密钥长度也为 128 位。加密算法与密钥扩展算法均采用 32 轮非线性迭代结构，以字(32 位)为单位进行加密运算，每一次迭代运算均为一轮变换函数$F$。SM4 算法加解密算法的结构相同，只是使用的轮密钥相反，其中解密轮密钥是加密轮密钥的逆序。SM4 算法的总体结构如图 6-9 所示。

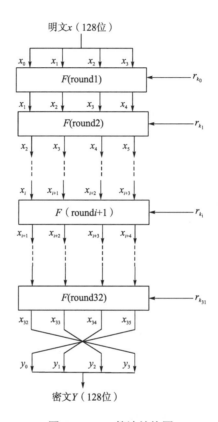

图 6-9　SM4 算法结构图

2. 轮函数

SM4 算法中的每一次迭代运算即为一个轮变换。轮变换函数$F$的内部流程图如图 6-10 所示。

设输入为$(X_0, X_1, X_2, X_3) \in (Z_2^{32})^4$，轮密钥为$r_k \in Z_2^{32}$，则轮函数$F$为

$$F(X_0, X_1, X_2, X_3, r_k) = X_0 \oplus T(X_1 \oplus X_2 \oplus X_3 \oplus r_k)$$

整体的轮函数为

$$X_{i+4} = F(X_i, X_{i+1}, X_{i+2}, X_{i+3}, r_{k_i}) = X_i \oplus T(X_{i+1} \oplus X_{i+2} \oplus X_{i+3} \oplus r_{k_i})$$

其中，$i \in \{0,1,2,\cdots,31\}$；$T$为一个合成置换，作用于$Z_2^{32} \to Z_2^{32}$并且可逆，由非线性变换$\tau$和线性变换$L$复合而成，表达式为$T(\ ) = L(\tau(\ ))$。

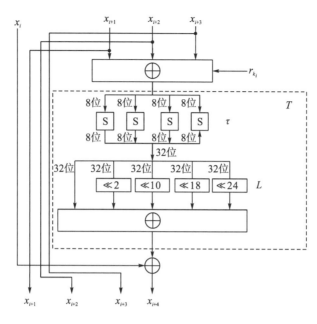

图 6-10　轮函数

非线性变换 $\tau$ 和线性变换 $L$ 的具体形式如下。

（1）非线性变换 $\tau$。非线性变换 $\tau$ 由 4 个平行的 S 盒构成。设输入为 $A=(a_0,a_1,a_2,a_3)\in\left(Z_2^8\right)^4$，输出为 $B=(b_0,b_1,b_2,b_3)\in\left(Z_2^8\right)^4$，则

$$(b_0,b_1,b_2,b_3)=\tau(A)=(\text{Sbox}(a_0),\text{Sbox}(a_1),\text{Sbox}(a_2),\text{Sbox}(a_3))$$

（2）线性变换 $L$。非线性变换 $\tau$ 的输出是线性变换 $L$ 的输入。设输入为 $B\in Z_2^{32}$，输出为 $j$，则

$$C=L(B)=B\oplus(B\ll 2)\oplus(B\ll 10)\oplus(B\ll 18)\oplus(B\ll 24)$$

（3）S 盒。S 盒是一个 8 进 8 出的表，如输入 'ac'，则经 S 盒后的值为表中第 $a$ 行和第 $c$ 列的值，$\text{Sbox}('ac')='0d'$。

### 3. 密钥扩展

SM4 算法中的轮密钥由加密密钥通过密钥扩展算法生成，如图 6-11 所示。

设用于密钥扩展算法的加密密钥长度为 128 位，表示为 $M_K=(M_{K_0},M_{K_1},M_{K_2},M_{K_3})$，系统参数为 $F_K=(F_{K_0},F_{K_1},F_{K_2},F_{K_3})$，$C_K=(C_{K_0},C_{K_1},\cdots,C_{K_{31}})$，其中 $F_{K_i}(i=0,1,2,3)$、$C_{K_i}(i=0,1,\cdots,31)$ 均为一个字。

$M_{K_i}(i=0,1,2,3)$ 为字。轮密钥表示为 $(r_{k_0},r_{k_1},\cdots,r_{k_{31}})$，其中 $r_{k_i}(i=0,1,\cdots,31)$ 为字。轮密钥由加密密钥生成。令 $K_i\in Z_2^{32},i=0,1,\cdots,35$，轮密钥为 $r_{k_i}\in Z_2^{32},i=0,1,\cdots,31$，则轮密钥生成方法如下。

首先，$(K_0,K_1,K_2,K_3)=(M_{K_0}\oplus F_{K_0},M_{K_1}\oplus F_{K_1},M_{K_2}\oplus F_{K_2},M_{K_3}\oplus F_{K_3})$

然后，对 $i=0,1,\cdots,31,rk_i=K_{i+4}=K_i\oplus T'(K_{i+1}\oplus K_{i+2}\oplus K_{i+3}\oplus C_{K_i})$

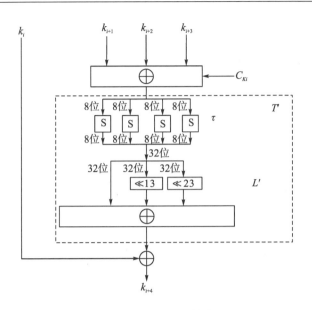

图 6-11　密钥扩展算法

其中，需要说明如下。

(1) $T'$ 变换与加密算法轮函数的$T$基本相同，只将其中的线性变换 $L$ 修改为以下 $L'$：
$$L'(B) = B \oplus (B \ll 13) \oplus (B \ll 23)$$

(2) 系统参数 $F_K$ 的取值，采用 16 进制表示如下：
$$F_{K_0}(A3B1BAC6), F_{K_1}=(56AA3350), F_{K_2}=(677D9197), F_{K_3}=(B27022DC)$$

(3) 固定参数 $C_K$ 的取值方法如下：

设 $ck_{i,j}$ 为 $C_{K_i}$ 的第 $j$ 字节 $(i=0,1,\cdots,31; j=0,1,2,3)$，即 $C_{K_i}=\left(c_{k_{i,0}},c_{k_{i,1}},c_{k_{i,2}},c_{k_{i,3}}\right)\in\left(Z_2^8\right)^4$，则 $c_{k_{i,j}}=(4i+j)\times 7(\mathrm{mod}256)$。

## 6.1.4　分组密码的工作模式

分组密码在实际应用中可以使用许多不同的方式来对数据进行加密，分组密码算法本身是为了使数据安全，但是如果多次使用相同的密钥对多个分组进行加密，则会引发许多数据安全问题。因此，为了能确保数据安全以及方便高效地使用分组密码，人们定义了很多分组密码的工作模式，以便于运用到不同环境当中的实际应用。而分组密码的主要工作模式分为电码本(electronic codebook，ECB)模式、密文分组链接(cipher block chaining，CBC)模式、输出反馈(output feedback，OFB)模式、密文反馈(cipher feedback，CFB)模式以及计数器(counter，CTR)模式，见表 6-7。

ECB 模式好的一面就是用同一个密钥加密的单独消息，其结果是没有错误传播。实际上，每一个分组可被看作是用同一个密钥加密的单独消息。密文中数据出了错，解密时，会使得相对应的整个明文分组解密错误，但它不会影响其他明文。然而，如果密文中偶尔丢失或添加一些数据位，那么整个密文序列将不能正确解密。除非有某帧结构能够重新排列分组的边界。其缺点是，在给定的相同密钥下，同一明文组总是产生同一密文组，这会暴露明文组的数据格式。

表 6-7  分组密码工作模式

| 模式 | 描述 | 典型应用 |
| --- | --- | --- |
| ECB | 用相同的密钥分别对明文分组独立加密 | 单个数据的安全传输（如一个加密密钥） |
| CBC | 加密算法的输入是上一个密文组和下一个明文组的异或 | 面向分组的通用传输认证 |
| CFB | 一次处理 $s$ 位，上一块密文作为加密算法的输入，产生的伪随机数输出与明文异或作为下一单元的密文 | 面向数据的通用传输认证 |
| OFB | 与 CFB 类似，只是加密算法的输入是上一次加密的输出，且使用整个分组 | 噪声信道上的数据流的传输（如卫星通信） |
| CTR | 每个明文分组都与一个经过加密的计数器相异或。对每个后续分组计数器递增 | 面向分组的通用传输，用于高速需求 |

CBC 模式的优点为，能隐蔽明文的数据模式，并且在某种程度上能防止数据篡改，如明文组的重放、嵌入和删除等。CBC 模式的不足是会出现错误传播，密文中任一位发生变化会涉及后面一些密文组。但 CBC 模式的错误传播不大，一个传输错误至多影响两个消息组的接收结果。

分组密码算法也可以用于同步序列密码，就是所谓的密码反馈 CFB 模式。在 CBC 模式下，整个数据分组在接收完之后才能进行加密。对许多网络应用来说，这是个问题。例如，在一个安全的网络环境中，当从某个终端输入时，它必须把每一个字符马上传输给主机。当数据按字节规模传输时，CBC 模式不适用。当待加密的消息必须按字符位进行处理时可以用 CFB 模式。CFB 模式除有 CBC 模式的优点外，其自身独特的优点是它特别适用于用户数据格式的需要。在密码设计中，应尽量避免更改现有系统的数据格式和规定，这是重要的设计原则。CFB 模式的缺点有两个：一是对信道错误较敏感且会造成错误传播；二是数据加密的速率降低。但这种模式多用于数据网中较低层次，其数据速率都不太高。

OFB 模式克服了 CBC 模式和 CFB 模式的错误传播带来的问题，但同时也带来了序列密码具有的缺点，对密文被篡改难以进行检测。OFB 模式不具有自同步能力，要求系统保持严格的同步，否则难以解密。OFB 模式的初始向量 $IV$ 无须保密，但各条消息必须选用不同的 $IV$。

CTR 模式，每个分组对应一个逐次累加的计数器，并通过对计数器进行加密来生成密钥流。也就是说，最终的密文分组是通过将计数器加密而得到的位序列，和 OFB 模式一样都将分组密码作为序列密码使用。

# 6.2　公　钥　密　码

1976 年，Diffie 和 Hellman 在发表的《密码学中的新方向》一文中，提出了公钥密码学 (public-key cryptography) 的基本思想。公钥密码学的发展代表了整个密码学发展历史中最伟大的一次革命。

公钥密码学和以前的对称密码学完全不同。第一，公钥算法是基于数学函数的，而不是基于传统的替换和置换的，更重要的是，与只使用一个密钥的对称密码不同，它使用两种独立的密钥用于加密和解密。使用两种密钥在消息的保密性、密钥分配和认证领域有着非常重要的意义。在公钥密码体制中，加密密钥和解密密钥是完全不一样的，也无法根据解密密钥推导出加密密钥。公开密钥密码体制思想不同于传统的对称密钥密码体制，它要求密钥成对出现和使用，一个是加密密钥 ($e$)，另一个是解密密钥 ($d$)，且不可能从其中一个推导出另外一个。公共密钥与私有密钥是有紧密关系的，用公共密钥加密的信息只能用私有密钥解密，反之亦然。由于公钥算法不需要使用密钥服务器，密钥分配协议简单，所以极大地简化了密钥管理。此外，除加密功能外，公钥系统还可以提供数字签名算法。

## 6.2.1　RSA

RSA 公钥加密算法[5]是在 1977 年由 Ron Rivest、Adi Shamirh 和 Len Adleman 提出的，RSA 取名来自 3 位学者名字的首字母。

它是第一个安全、实用的公钥密码算法，目前已经成为公钥密码的国际标准，也是目前应用最广泛的公钥密码体制。RSA 使用一个公共密钥和一个私有密钥。如果用其中一个加密，则可用另外一个解密，密钥长度从 256～2048 位可变，加密时也需要把明文拆分成块，块的大小可以根据密钥的长度变化，但不能超过密钥的长度。

RSA 的数学基础是欧拉定理，它的安全性依赖于大整数因子分解困难问题。RSA 具有安全、易懂、易实现等基本特点，这也是 RSA 使用较广的主要原因。RSA 的算法逻辑原理如图 6-12 所示。

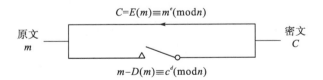

图 6-12　RSA 利用单向陷门函数的原理

### 1．参数产生与密钥产生

RSA 公钥密码算法密钥对的产生需要进行以下几个步骤。

(1) 选取两个大素数 $p$ 和 $q$（为了确保算法的安全性，目前两个数的长度至少为 512 位），并计算 $n = pq$。

(2) 计算 $\varphi(n) = (p-1)(q-1)$。

(3) 随机选择整数 $e(1 < e < \varphi(n))$ 作为公钥，且满足 $\gcd(e, \varphi(n)) = 1$，即 $e$ 与 $\varphi(n)$ 互素。

(4) 使用欧几里得扩展算法计算私钥 $d$，满足 $de \equiv 1\bmod(\varphi(n))$，即 $d = e^{-1}\bmod(\varphi(n))$。

因此，$e$ 和 $n$ 是公钥，可对外公开；$d$ 是私钥，加密者需要自己保存。

### 2．加密解密过程

加密过程：加密时首先需要将明文位串分块，使得每个块对应的十进制小于 $n$，即分块长度小于 $\log_2 n$，然后对每个明文分块 $m_i$ 做加密运算，具体步骤如下。

(1) 选取接收方公钥 $(e, n)$。

(2) 把消息 $M$ 分为长度为 $L(L < \log_2 n)$ 的消息串 $M = m_0 m_1 \cdots m_t$。

(3) 使用加密算法 $c_i = m_i^e \bmod n(1 \leqslant i \leqslant t)$，计算 $C = c_1 c_2 \cdots c_t$。

(4) 将密文 $C$ 发送给接收方。

解密过程：

(1) 接收方收到密文 $C$，将密文 $C$ 按长度 $L$ 分组得 $C = c_1 c_2 \cdots c_t$。

(2) 使用私钥 $d$ 和解密算法 $m_i = c_i^d \bmod n(1 \leqslant i \leqslant t)$，计算获得 $m_i$。

(3) 明文消息为 $M = m_0 m_1 \cdots m_t$。

### 3．算法的应用

RSA 公开密钥加密算法自提出以来，得到了广泛认可和应用，目前已经成为电子安全领域的国际规范标准，在各领域的应用数不胜数。

下面介绍两种 RSA 在密钥管理中的实际应用。

传统的密码体制中（如数据加密标准 DES 算法等），加密和解密使用的是同一个密钥。系统的密钥总数为用户总数的 $n(n-1)/2$ 倍。且随着系统用户的增加，密钥总数会急剧增大，给密钥管理带来极大的困难。RSA 算法加密密钥是公开的，系统的密钥总数仅为用户总数的 $2n$ 倍。这就大大地减小了密钥管理的难度。

在基于 RSA 的密钥管理系统中，采用由主密钥和会话密钥两层组成的分层密钥结构。主密钥由系统管理员按 RSA 算法要求生成，进行安全的分发存储。会话密钥由发送方随机生成，使用 RSA 算法公钥加密后，使用会话密钥通过对称加密算法加密消息，再将公钥与加密消息一起发送给接收方，从而实现会话密钥"一次一密"，用后销毁。

此外，系统可以提供两类密钥管理服务，无鉴别功能的密钥管理和具有鉴别功能的密钥管理供用户选用，具有辨别功能的密钥管理包括以数字签名形式发送有关"证书"信息。

### 6.2.2　SM2 椭圆曲线

#### 1. 算法描述

1985 年，Koblitz 和 Miller 提出了椭圆曲线基础理论，并将其应用于公钥密码系统。2012 年 12 月，我国国家密码管理局也公布了 SM2 椭圆曲线公钥密码算法[6]。SM2 是我国具有自主知识产权的基于椭圆曲线困难问题(elliptic curve cryptosystem，ECC)的商用公钥密码算法，其使用的主流加密参数长度为 256 位。由于在相同安全程度要求下，椭圆曲线密码较其他公钥密码算法(如 RSA)所需密钥长度要小得多，因此得到广泛的推广应用。

#### 2. 参数产生

1)主要参数介绍及参数选取的原则

第一步：任意选择长度至少为 192 位的串 SEED。

第二步：计算 $H = H_{256}(\text{SEED})$，并记 $H = (H_{255};H_{254};H_{253};\cdots;H_0)$。

第三步：置 $R = \sum_{i=0}^{255} 2^i h^i$，其中 $i$ 取 0~255 的整数。

第四步：置 $r = R(\text{mod}p)$。

第五步：任意选择 $F_p$ 中的元素 $a$ 和 $b$，使 $r^3 = a^3(\text{mod}p)$。

第六步：若 $(4a^3 + 27b^2)\text{mod}p = 0$，则转第一步。

第七步：所选择的 $F_p$ 上的椭圆曲线为 $E$：$y^2 = x^3 + ax + b$。

第八步：输出 $(\text{SEED};a,b)$。

2)基点的确定

随着参数 $a$、$b$、$p$ 的确定，这条曲线 $y^2 = x^3 + ax + b$ 就定下来了。先随机产生 0 到 $p-1$ 间的整数作为基点的 $x$ 坐标，计算 $x^3 + ax + b$ 的结果再开方就得出基点的 $y$ 坐标，必须满足 $x$、$y$ 为整数，又知道椭圆曲线上的任意非无穷远点可作为基点，得到基点 $G(x,y)$。

#### 3. 密钥产生

用随机数发生器产生随机数 $k \in [1,n-1]$，其中 $n$ 是椭圆曲线基点 $G$ 的阶次，则 $k$ 即为用户保留的私钥 $d_B$。公钥 $P_B = [d_B]G$(即基点的 $k$ 倍点运算)。

#### 4. 加密解密过程

1)SM2 加密过程

假设要发送的消息为位串 $M$，len 为 $M$ 的位长度，加密者进行如下运算。

第一步：用随机数发生器产生随机数 $k \in [1,n-1]$，其中 $n$ 是椭圆曲线基点 $G$ 的阶次。

第二步：计算椭圆曲线点 $C_1 = [k]G = (x_1,y_1)$，其中 $G$ 和 $C_1$ 都在椭圆曲线上，并将 $C_1$ 的数据转换成位串。

第三步：计算粗圆曲线上的点 $S = [h]P_B$。若 $S$ 是无穷远点，则报错并退出。

第四步：曲线点 $[k]P_B = (x_2, y_2)$，将坐标 $x^2$、$y^2$ 的数据转换成位串。

第五步：计算 $t = \text{KDF}(x^2 \| y^2, \text{len})$，KDF() 是密钥派生函数，输出长度是 len 的位串，若 $t$ 为全零位串，则返回第一步。

第六步：计算 $C_3 = \text{Hash}(x^2 \| M \| y^2)$，Hash() 是密码杂凑函数。

第七步：输出密文 $C = C_1 \| C_2 \| C_3$。

2) SM2 解密过程

假设 klen 为密文中 $C_2$ 的位长度，解密者对密文 $C = C_1 \| C_2 \| C_3$ 进行解密，要完成以下运算。

第一步：从 $C$ 中取出位串 $C_1$，将 $C_1$ 的数据类型转换为椭圆曲线上的点，验证 $C_1$ 是否满足椭圆曲线方程，若不满足，则报错并退出。

第二步：计算 $d_B C_1 = (x^2, y^2)$，将坐标 $x^2$、$y^2$ 的数据类型转换为位串。

第三步：计算 $t = \text{KDF}(x^2 \| y^2, \text{len})$，若 $t$ 为全零位串，则报错并退出。

第四步：从 $C$ 中取出位串 $C_2$，计算 $M' = C_2 \oplus t$。

第五步：计算 $u = \text{Hash}(x^2 \| M' \| y^2)$，从 $C$ 中取出位串 $C_3$，若 $u \neq C_3$，则报错并退出。

第六步：输出明文 $M'$。

5. 算法的应用

ECC 技术更强的安全性、更高的效率和更好的性价比，使其在实际中得到了更为广泛的应用。Scott Vanstone 博士和他的同事在 1985 年成立了 Certicom 研究小组，并成功实现和推广了 ECC 技术以及产品；2005 年 3 月 2 日，美国政府部分正式采用 ECC 用于数字签名和密钥交换的排他性的公钥密码技术；夏普将 M-System 加密技术并入安全性半导体产品；SET 的发展商 Globeset 公司计划将 ECC 用于付费中，将此技术应用于基于芯片的产品和服务当中；Entrust 提供一系列全面的软件产品，包括 Entrust Authority、TruePass 和 Entelligence，使 PKI 可以用于多种应用；Sun 公司计划推出支持 ECC 7.0 版的 Sun Java 系统服务器等；我国已经拥有了自主知识产权的 ECC 算法标准 SM2，完整实现 ECC 国家标准算法的芯片已经研发成功；2003 年 5 月 12 日，我国颁布的无线局域网国家标准《信息技术系统间远程通信和信息交换局域网和城域网特定要求第 11 部分：无线局域网媒体访问控制和物理层规范》（GB 15629.11—2003）中，采用了 ECC 算法，并包含了全新的 WAPI（wireless LAN authentication and privacy infrastructure，无线局域网鉴别和保密基础结构）；ECC 技术已经用于我国第二代身份证；基于 ECC 的可信计算、电子政务、数字电视 CA 等，正在建设或者已经建设完成；北京华大信安科技有限公司在 ECC 核心技术研发推广等方面都取得了相应成果。这些都表明 ECC 在我国正得到越来越多的重视，其应用也必将越来越广泛。

# 6.3 散 列 算 法

Hash 一般翻译做散列、杂凑，或音译为哈希，是把任意长度的输入(又叫做预映射，pre-image)通过散列算法变换成固定长度的输出，该输出就是散列值。这种转换是一种压缩映射，也就是散列值的空间通常远小于输入的空间，不同的输入可能会散列成相同的输出，所以不可能从散列值来确定唯一的输入值。简单地说，就是一种将任意长度的消息压缩到某一固定长度的消息摘要的函数。

Hash 算法没有一个固定的公式，只要符合散列思想的算法都可以被称为是 Hash 算法。Hash 算法可以将一个数据转换为一个标志，这个标志和源数据的每一个字节都有十分紧密的关系。Hash 算法还具有一个特点，就是很难找到逆向规律。近年来的 Hash 函数标准有 MD5、SHA-0、SHA-1 以及 SM3 算法等，接下来分别介绍这几个算法的压缩流程，并分析各算法的安全性以及应用前景。

## 6.3.1 MD5 的破解

MD5 算法[7]自诞生之日起，就有很多人试图证明和发现它的不安全之处，即存在碰撞(在对两个不同的内容使用 MD5 算法运算时，有可能得到一对相同的结果值。

1996 年，Dobbertin 通过设定非标准的 MD5 初始链接值得到一对伪碰撞。而在 2004 年的国际密码学会议上，王小云利用差分攻击算法首次实现了 MD5 随机碰撞攻击，得到 MD5 碰撞消息对。同年，Philip Hawkes 等对王小云实现的碰撞攻击进行了部分分析。

2005 年，王小云和于洪波给出了上述随机碰撞攻击的细节：首先确定了可以产生可行碰撞的消息差分，该消息差分可有效利用第三轮轮函数不能充分扩散其最高位差分的特性，推导得到含有尽可能小差分重量的差分路径以及所需的充分条件。最后通过单消息修改技术和多消息修改技术，修改并得到满足充分条件的(近似)碰撞块。文中介绍了近似碰撞块的概念，并实际通过两次近似碰撞过程得到了 1024 位的碰撞消息对，复杂度为 $2^{39}$。同年，Yu Sasaki 等采用新的消息修改技术进一步修改了部分王小云给出的充分条件，并运用更高效的碰撞寻找算法进一步将碰撞攻击复杂度降低至 $2^{30}$。

2006 年，Klima 引入了新的消息修改技术——隧道技术，详细介绍了多种类型的隧道及其工作形式。隧道技术的引入进一步加速了 MD5 碰撞的寻找。随后，谢涛于 2008 年发现了另一组 3 位碰撞消息差分，能在半小时以内产生一对碰撞。同年谢涛等讨论了 1-MSB 输入差分碰撞技术，成功运用该技术实现了 MD5 随机碰撞，复杂度为 $2^{20.96}$。随后几年，谢涛团队进一步研究了适用于 MD5 碰撞攻击的消息差分，以及 MD5 的单块消息碰撞攻击技术。目前 MD5 攻击在普通计算机上运行只需要数秒钟。

## 6.3.2　SHA-0 和 SHA-1

最初载明的算法于 1993 年发布，称为安全散列标准 (secure hash standard) FIPS PUB 180。这个版本现在常被称为 SHA-0[8]。它在发布之后很快就被 NSA 撤回，并且由 1995 年发布的修订版本 FIPS PUB 180-1 (通常称为 SHA-1[9]) 取代。SHA-1 和 SHA-0 的算法只在压缩函数的消息转换部分差了 1 位的循环位移。根据 NSA 的说法，它修正了一个在原始算法中会降低散列安全性的弱点。然而 NSA 并没有提供任何进一步的解释或证明该弱点已被修正。而后 SHA-0 和 SHA-1 的弱点相继被攻破，SHA-1 似乎是显得比 SHA-0 有抵抗性，这多少证实了 NSA 当初修正算法以增进安全性的声明。

SHA-0 和 SHA-1 可将一个最大 2 位的消息，转换成一串 160 位的消息摘要；其设计原理相似于 MD4 和 MD5。

### 1. SHA-0 的破解

在 CRYPTO98 上，两位法国研究者提出一种对 SHA-0 的攻击方式：在 $2^{61}$ 的计算复杂度之内，就可以发现一次碰撞 (即两个不同的消息对应到相同的消息摘要)；这个数字小于生日攻击法所需的 $2^{80}$，也就是说，存在一种算法，使其安全性达不到一个理想的散列函数抵抗攻击所应具备的计算复杂度。

2004 年 8 月 12 日，Joux、Carribault、Lemuet 和 Jalby 宣布找到 SHA-0 算法的完整碰撞的方法，这是归纳 Chabaud 和 Joux 的攻击所完成的结果。他们发现一个完整碰撞只需要 $2^{51}$ 的计算复杂度。他们使用的是一台有 256 颗 Itanium 2 处理器的超级计算机，约耗 80000CPU 工时。

2004 年 8 月 17 日，在 CRYPTO 2004 的 Rump 会议上，王小云、冯登国、来学嘉和于红波宣布了攻击 MD5、SHA-0 和其他散列函数的初步结果。他们攻击 SHA-0 的计算复杂度是 $2^{40}$，这意味着他们的攻击成果比 Joux 及其他人的更好。2005 年 2 月，王小云、殷益群、于红波再度发表了对 SHA-0 破密的算法，可在 $2^{39}$ 的计算复杂度内就找到碰撞。

### 2. SHA-1 的破解

鉴于 SHA-0 的破密成果，专家建议那些计划利用 SHA-1 实现密码系统的人们也应重新考虑。在 2004 年 CRYPTO 会议结果公布之后，NIST 即宣布将逐渐减少使用 SHA-1，改用 SHA-2。

2005 年 2 月，王小云、殷益群及于红波发表了对完整版 SHA-1 的理论攻击，只需少于 $2^{69}$ 的计算复杂度，就能找到一组碰撞 (利用生日攻击法找到碰撞需要 $2^{80}$ 的计算复杂度)。

2005 年 8 月 17 日的 CRYPTO 会议中，王小云、姚期智、姚储枫再度发表更有效率的 SHA-1 攻击法，预计能在 $2^{63}$ 个计算复杂度内找到碰撞。

2017 年 2 月 23 日，Google 公司公告宣称其与 CWI Amsterdam 合作共同创建了两个有相同 SHA-1 值但内容不同的 PDF 文件，这代表 SHA-1 算法已被正式攻破。

### 6.3.3　SHA-3

SHA-3 的全称为第三代安全散列算法(secure Hash algorithm 3)，之前名为 Keccak[10]算法，是由 ST 微电子(ST Microelectronics)公司的 Bertoni、Daemen、Assche 和 NXP 半导体公司的 Peeters 共同设计提交的 Hash 算法，它使用基于 Sponge 构造的 Sponge 函数，Keccak 的状态更新使用的是作用在三维数组上的 5 步迭代排列。

1. 算法描述

Keccak 使用基于 Sponge 构造的 Sponge 函数，Sponge 函数表示为 Keccak $[r, c, d]$。$r$、$c$、$d$ 表示 3 个输入参数。在函数中‖表示连接符号，$\oplus$ 表示按位异或，$\lfloor s_n \rfloor_n$ 表示将字符串 $s$ 截短只留前面 $n$ 位。

Keccak$[r, c, d]$函数表示如下：

$$\text{Input}\quad M \in Z_2^*$$

$$\text{Output}\quad M \in Z_2^*$$

$$P = \text{pad}(M, 8) \| \text{enc}(d, 8) \| \text{enc}(r/8, 8)$$

$$P = \text{pad}(P, r)$$

$$\text{Let } P = P_0 \| P_1 \| \cdots \| P_{(|p|-1)}, \text{with } P_i \in Z_2^r$$

$$s = 0^{r+c}$$

$$\text{For } i = 0 \text{ to } |P| - 1$$

$$\{$$

$$\quad s = s \oplus (P_i \| 0^c)$$

$$\quad s = \text{Keccak} - f[r+c](s)$$

$$\}$$

$$Z = \text{empty string}$$

$$\text{While out is requested do}$$

$$\{$$

$$\quad Z = Z \| s_r$$

$$\quad s = \text{Keccak} - f[r+c](s)$$

$$\}$$

Keccak $- f$ 是作用在 3 维数组上的 5 步迭代排列，Keccak$[r, c, d]$函数中使用了两个函数 pad$(M, n)$ 和 enc$(x, n)$，这两个函数的功能如下。

pad$(M, n)$ 表示在 $M$ 后添加一位"1"，紧接着添加最少的"0"使得添加后的长度是 $n$ 的整数倍。

enc$(x, n)$ 表示整数 $x$ 的 $n$ 位编码，从最低有效位到最高有效位，当 $x = \sum_{i=0}^{n-1} 2^i x_i$ 时，它返回字符串 $x_0, x_1, \cdots, x_{n-1}$。

SHA-3 算法根据产生摘要的长度分为 4 个，具体如下。

(1) SHA3-224：$\left\lfloor \text{Keccak}\left[r=1024, c=576, d=28\right]\right\rfloor_{224}$。

(2) SHA3-256：$\left\lfloor \text{Keccak}\left[r=1024, c=576, d=32\right]\right\rfloor_{256}$。

(3) SHA3-384：$\left\lfloor \text{Keccak}\left[r=512, c=1088, d=48\right]\right\rfloor_{384}$。

(4) SHA3-512：$\left\lfloor \text{Keccak}\left[r=512, c=1088, d=64\right]\right\rfloor_{512}$。

### 2. SHA-3 的安全性

SHA-3 算法的摘要的长度为 224、256、384、512。至今没有攻击 SHA-3 算法的破密算法复杂度小于 $2^{n/2}$，$n$ 为摘要长度。这里包括所有的攻击，不仅仅是原像攻击、第二原像攻击和碰撞攻击。关于 Keccak 算法的攻击，Keccak 团队提供了专门的网站收集对不同轮次 Keccak 的最好攻击结果（https://keccak.team/crunchy_contest.html）。截至目前，1～2 轮 Keccak 攻击的最好结果由 Pawel Morawiecki 保持，他采用基于 SAT 求解器的方法进行分析；3～4 轮 Keccak 攻击的最好结果由郭建保持，他通过设计线性结构的方法减少攻击的复杂度，实现了部分版本的 Keccak 原像攻击，并对其他版本给出了复杂度的估计。

## 6.3.4　SM3

### 1. 算法描述

SM3 算法是 Hash 算法当中的一种，其全称为 SM3 密码杂凑算法[11]，是中国政府采用的一种密码散列函数标准，由国家密码管理局于 2010 年 12 月 17 日发布。相关标准为《SM3 密码杂凑算法》（GM/T 0004—2012）。在商用密码体系中，SM3 主要用于密码应用中的数字签名和验证、消息认证码的生成与验证以及随机数的生成等，据国家密码管理局表示，其安全性及效率与 SHA-256 相当。在信息安全中，SM3 也有许多重要的应用，多种密码应用都能满足其安全需求。

SM3 算法采用了典型的 Merkle-Damgard 迭代结构，简称为 M-D 结构，结构的图形描述如图 6-13 所示。

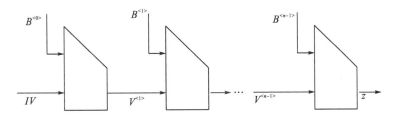

图 6-13　SM3 算法的实现过程

其中：$B^{<>}$：表示分组输入的消息数据；$V^{<>}$：表示寄存器的键值数据，也就是散列值的中间结果数据。

## 2. SM3 算法的实现过程

### 1) 分组

将需要加密的文件转为二进制，然后分组为 $512K + 448$（$K$ 为任意整数，不够用一个 "1" 和多个 "0" 补齐），再加上 64 位的文件长度信息构成 $512(K+1)$ 的分组，如图 6-14 所示。

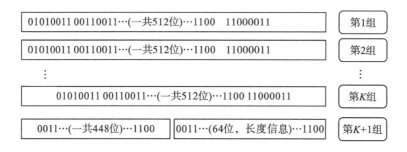

图 6-14 转换过程

### 2) 迭代运算

这里有一个参数（256 位）参与运算，初始值 $V(0)$（文档中叫作 $IV$），迭代一次之后得到 $V(1)$，后面依次迭代得到 $V(1)$、$V(2)$、$V(3)$、…、$V(K)$、$V(K+1)$，$V(K+1)$ 也就是最终的杂凑值，如图 6-15 所示。

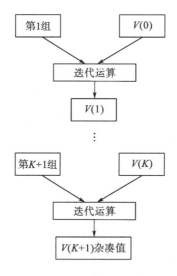

图 6-15 SM3 密码杂凑算法

SM3 密码杂凑算法在密码学当中具有重要的地位，它的压缩函数与 SHA-256 的压缩函数具有相似的结构，但 SM3 密码杂凑算法的设计较之更为复杂。SM3 密码杂凑算法自发布以来受到密码学界的广泛关注。碰撞攻击方面，Mendel 等在 CT-RSA 2013 上给出了

SM3 密码杂凑算法的可实现复杂度的 20 轮碰撞攻击和 24 轮自由起始碰撞攻击。区分攻击方面，Kircanski 等在 SAC 2012 上给出了 SM3 密码杂凑算法的可实现复杂度的 32 轮与 33 轮 Boomerang 区分攻击和 34 轮与 35 轮的理论结果。同时，他们还利用 SM3 密码杂凑算法轮常数的循环移位特征，构造了 SM3-XOR 的滑动移位(slid rotational)攻击和相应的实例。在 ASISP 2013 上，白东霞等指出了先前的 Boomerang 区分攻击中 33 轮路线与实例不匹配的问题，同时给出了 33 轮路线中的矛盾，更正了基于 33 轮路线构造的 34 轮和 35 轮路线，给出了复杂度为 $2^{31.4}$ 的 34 轮 Boomerang 区分攻击和复杂度为 $2^{33.6}$ 的 35 轮 Boomerang 区分攻击。他们还给出了基于 34 轮路线和 35 轮路线构造的 36 轮和 37 轮 Boomerang 区分攻击的理论结果。原像攻击方面，邹剑等在 ICISC 2011 上给出了 SM3 密码杂凑算法的首个分析结果。2018 年，邹剑和董乐给出了从第 2 轮开始的 31 轮原像攻击、从第 4 轮开始的 32 轮原像攻击和从第 3 轮开始的 33 轮伪碰撞攻击。

# 6.4 密 码 体 制

密码体制也叫密码系统，是指能完整地解决信息安全中的机密性、数据完整性、认证、身份识别、可控性及不可抵赖性等问题中的一个或几个的系统。对一个密码体制，需要用数学方法清楚地描述其中的各种对象、参数、解决问题所使用的算法等。

通常情况下，一个密码体制由五元组{M，C，K，E，D}5 个部分组成。

(1)明文信息空间。它是全体明文 M 的集合。

(2)密文信息空间。它是全体密文 C 的集合。

(3)密钥空间。它是全体密钥 K 的集合。其中，每一个密钥 K 均由加密密钥 $K_e$ 和解密密钥 $K_d$ 组成，即 $K = (K_e, K_d)$。

(4)加密算法。它是由 M 到 C 的加密变换，即 $M \rightarrow C$，也就是 $C = (M, K_e)$。

(5)解密算法。它是由 C 到 M 的加密变换，即 $C \rightarrow M$，也就是 $M = (C, K_d)$。

对称密码体制、公钥密码体制是最常见和主要的密码体制。

## 6.4.1 对称密码体制

对称密码体制就是前文所介绍的对称密码的密码体制，对称密码体制也称为私钥密码体制。在对称密码体制中，加密和解密采用相同的密钥。因为加解密密钥相同，需要通信的双方选择和保存他们共同的密钥，各方必须信任对方不会将密钥泄露出去，这样才可以实现数据的机密性和完整性。对机密信息进行加密和验证随报文一起发送报文摘要(或散列值)来实现。

对称密码体制采用的典型算法有 DES(数据加密标准)算法及其变形 Triple DES(三重 DES)、IDEA、RC5 等。DES 标准由美国国家标准学会提出，DES 的密钥长度为 56 位。Triple DES 使用两个独立的 56 位密钥对交换的信息进行 3 次加密，从而使其有效长度达到 112 位。RC2 和 RC4 方法是 RSA 数据安全公司的对称加密专利算法，它们采用可变密钥长度的算法。通过规定不同的密钥长度，RC2 和 RC4 能够提高或降低安全的程度。

对称密码算法的优点是计算开销小，加密速度快，是用于信息加密的主要算法。它的局限性在于它存在通信双方之间确保密钥安全交换的问题。对于具有 $n$ 个用户的网络，需要 $n(n-1)/2$ 个密钥，在用户群不是很大的情况下，对称加密系统是有效的。但是对于大型网络，当用户群很大，分布很广时，密钥的分配和保存就成问题。

另外，由于对称加密系统仅能用于对数据进行加解密处理，提供数据的机密性，不能用于数字签名。

## 6.4.2  非对称密码体制

非对称密码体制又称为公钥密码体制，即前文所介绍的公钥加密的密码体制，该技术就是针对私钥密码体制的缺陷被提出来的。在公钥加密体制中，加密和解密是相对独立的，加密和解密会使用两把不同的密钥，加密密钥（公开密钥）向公众公开，谁都可以使用，解密密钥（秘密密钥）只有解密人自己知道，非法使用者根据公开的加密密钥无法推算出解密密钥，故称为公钥密码体制。

如果一个人选择并公布了他的公钥，则其他任何人都可以用这一公钥来加密传送给那个人的消息。私钥是秘密保存的，只有私钥的所有者才能利用私钥对密文进行解密。

公钥密码体制的算法中最著名的代表是 RSA。此外，还有背包密码、McEliece 密码、Diffe Hellman、Rabin、零知识证明、椭圆曲线、EIGamal 算法等。

公钥密钥的密钥管理比较简单，并且可以方便地实现数字签名和验证。但算法复杂，加密数据的速率较低。公钥加密系统不存在对称加密系统中密钥的分配和保存问题，对于具有 $n$ 个用户的网络，仅需要 $2n$ 个密钥。

公钥加密体制除用于数据加密外，还可用于数字签名。公钥加密体制可提供以下功能。

(1)机密性(confidentiality)。保证非授权人员不能非法获取信息，通过数据加密来实现。

(2)确认(authentication)。保证对方属于所声称的实体，通过数字签名来实现。

(3)数据完整性(data integrity)。保证信息内容不被篡改，攻击者不可能用假消息代替合法消息，通过数字签名来实现。

(4)不可抵赖性(non-repudiation)。发送者不可能事后否认他发送过消息，消息的接收者可以通过数字签名向中立的第三方证实所指的发送者确实发出了消息。

## 6.4.3  混合密码体制

混合密码体制也被称作混合密码系统，指用公钥密码加密一个用于对称加密的短期密码，再由这个短期密码在对称加密体制下加密实际需要安全传输的数据。最初混合密码体制的使用仅限于从执行效率方面进行考虑，直到 2000 年 Cramer 和 Shoup 提出了 KEM-DEM[12]结构的混合加密体制，使得混合密码体制成为一种解决 IND-CCA 安全问题的而且实际的公钥密码体制。

通过使用对称密码，我们能够在通信中确保信息的机密性。然而要在实际中运用对称密码，就必须解决密钥的配送问题。而通过使用公钥密码，可以避免解密密钥的配送，从而也就解决了对称密码所具有的密钥配送问题。

但是，公钥密码还有两个很大的问题。

(1)公钥密码的处理速度远远低于对称密码。

(2)公钥密码难以抵御中间人攻击。

本章介绍的混合密码体制就是解决问题(1)的方法。而要解决问题(2)，则需要对公钥进行认证。关于认证的方法，将在 8.1 章节进行介绍。

混合密码体制(hybrid cryptosystem)是将对称密码和公钥密码的优势相结合的方法。

混合密码体制中会使用快速的对称密码来对消息进行加密，将消息转换为密文，从而保证消息的机密性。然后用公钥密码对加密消息时使用的对称密码的密钥进行加密，由于对称密码的密钥一般比消息本身要短，因此公钥密码速度慢的问题就可以被忽略。

将消息通过对称密码来加密，将加密消息时使用的密钥通过公钥密码来加密，这样的两步密码机制就是混合密码体制的本质。

下面我们来罗列一下混合密码系统的组成机制。

(1)用对称密码加密消息。

(2)通过伪随机数生成器生成对称密码加密中使用的会话密钥。

(3)用公钥密码加密会话密钥。

(4)从混合密码系统外部赋予公钥密码加密时使用的密钥。

混合密码系统运用了伪随机数生成器、对称密码和公钥密码 3 种密码技术。正是通过这 3 种密码技术的结合，才创造出了一种兼具对称密码和公钥密码优点的密码方式。

用混合密码系统可以进行加密和解密两种操作，如图 6-16 所示。

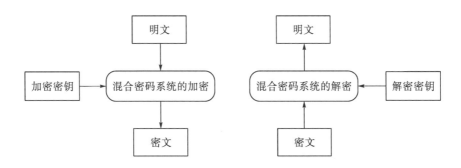

图 6-16　混合密码系统的加密和解密操作

下面详细介绍混合密码系统的加密和解密过程。

1. 混合密码系统的加密

混合密码系统的加密过程如图 6-17 所示。

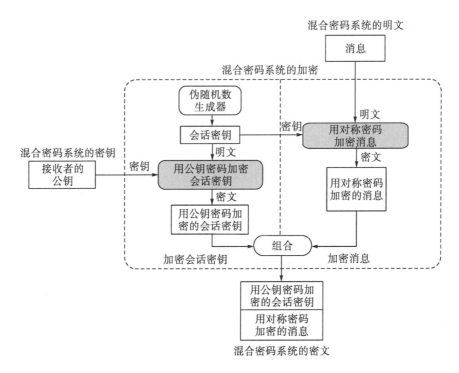

图 6-17　混合密码系统的加密过程

1) 明文、密钥、密文

图 6-17 中，中间虚线围成的大方框就是混合密码系统的加密部分。

上面标有"消息"的方框就是混合密码系统中的明文，左边标有"接收者的公钥"的方框就是混合密码系统中的密钥，而下面标有"用公钥密码加密的会话密钥"和"用对称密码加密的消息"所组成的方框，就是混合密码系统中的密文。

2) 加密消息

中间的大虚线方框分成左右两部分。

右半部分是"加密消息"的部分(对称密码)，左半部分是"加密会话密钥"的部分(公钥密码)。

消息的加密方法和对称密码的一般加密方法相同，当消息很长时，需要使用分组密码的模式。即便是非常长的消息，也可以通过对称密码快速完成加密。这就是右半部分所进行的处理。

3) 加密会话密钥

左半部分进行的是会话密钥的生成和加密操作。

会话密钥(session key)是指为本次通信而生成的临时密钥，它一般是通过伪随机数生成器产生的。伪随机数生成器所产生的会话密钥同时也会被传递给右半部分，作为对称密码的密钥使用。

接下来，通过公钥密码对会话密钥进行加密，公钥密码加密所使用的密钥是接收者的公钥。

会话密钥一般比消息本身要短。以一封邮件的加密为例，消息就是邮件的正文，长度一般为几千个字节，而会话密钥则是对称密码的密钥，最多也就是十几个字节。因此即使公钥加密速度很慢，要加密一个会话密钥也花不了多少时间。

会话密钥的处理方法是混合密码系统的核心，会话密钥既是对称密码的密钥，同时也是公钥密码的明文。因为将对称密码和公钥密码两种密码体制相互联系起来的正是会话密钥。

4）组合

从右半部分可以得到"用对称密码加密的消息"，从左半部分可以得到"用公钥密码加密的会话密钥"，然后将两者组合起来。所谓组合，就是把它们按顺序拼在一起。

组合之后的数据就是混合密码系统整体的密文。

2. 混合密码系统的解密

混合密码系统的解密过程如图 6-18 所示。

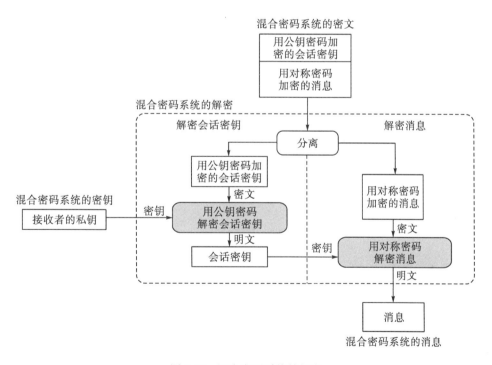

图 6-18　混合密码系统的解密

1）分离

混合密码系统的密文是由"用公钥密码加密的会话密钥"和"用对称密码加密的消

息"组合而成的,因此首先需要将两者分离。只要发送者和接收者事先约定好密文的结构,将两者分离的操作就很容易完成。

2)解密会话密钥

会话密钥可以用公钥密码进行解密,为此我们就需要解密密钥,也就是接收者的私钥。除持有私钥的人以外,其他人都不能够解密会话密钥。

解密后的会话密钥将被用作解密消息的密钥。

3)解密消息

消息可以使用对称密码进行解密,解密的密钥就是刚刚用公钥密码解密的会话密钥。上述流程正好是"混合密码系统的加密"的逆操作。

### 3. 混合密码系统实例

混合密码系统解决了公钥密码速度慢的问题,并通过公钥密码解决了对称密码的密钥配送问题。

著名的密码软件 PGP 以及网络上的密码通信所使用的 SSL/TLS 都运用了混合密码系统。

PGP 的处理除这里介绍的消息加解密之外,还包括数字签名、数字签名认证以及私钥管理等处理。

# 6.5　密　码　协　议

密码协议是一种基于密码理论的网络协议。通过组合消息、密钥和加密算法,可以实现主体身份验证和网络环境中会话密钥交换等安全目标,并为网络通信提供安全服务。为了达到预期的安全目标,同时也为了保证加密协议本身的安全性,在设计加密协议时,需要在协议消息之间建立复杂的内部联系,使攻击者既不能破坏这些联系,也不能从这些联系中寻找到扰乱协议运行的线索。因此,密码协议在现代密码系统中是必不可少的。

## 6.5.1　密码协议作用

密码协议也称为安全协议,是一种定义了一系列步骤的分布式算法。这些步骤精确地规范了双方或多方为实现某个安全目标而采取的行动。

### 1. 密码协议的重要性

作为保证通信系统安全的一种重要方法,密码协议的安全性对于网络和通信系统自身的安全而言是至关重要的。因此,采取合适的手段对密码协议的安全性进行有效的分析具有极其重要的意义。

2. 密码协议的目标

密码协议的目标包括机密性、认证性、不可抵赖性、公平性和匿名性等。根据密码协议的不同安全目标，一般可以分为密钥建立协议、认证协议、公平交换协议、电子投票协议和电子支付协议。为了保证安全目标的实现，有必要对其安全性进行分析，以确保能够实现安全目标。长久以来对密码协议的分析基本上是通过经验或观察来完成的，但是这种方法只能发现非常明显的漏洞，很难发现更细微的漏洞。为了保证协议的安全性，需要一种更加严格和标准化的方法。

密码协议的主要目标是确保独立实体可以在开放的环境中可靠地流转，而次要的目标是确保用户之间的消息可以在公共信道中可靠地传输。在密码学中，一般将消息的发送者命名为 Alice，消息的接收者命名为 Bob，而消息传输过程中的窃听者命名为 Eve。为了保证消息传输过程的保密性，Alice 在发送消息之前先使用加密密钥，按照一定的加密算法对要发送的明文消息 $M$ 进行加密，得到密文 $C$；然后通过公开的信道将密文 $C$ 发送给 Bob。Bob 收到这些消息后，可以使用相应的解密密钥和解密算法将密文 $C$ 恢复为明文 $M$，从而获得 Alice 发送的真实消息。这种情况下，只要窃听者 Eve 不知道相应的解密密钥，即使他窃取到了密文 $C$，也无法将其恢复为明文消息 $M$。以上就是密码协议存在的目的。

## 6.5.2　密码协议设计原则

为了确保密码协议能够在协议执行完成时实现某些安全性质，在其设计时必须遵循相应的原则，主要包括认证性原则、机密性原则、完整性原则、不可抵赖性原则和公平性原则。

1. 认证性原则

认证性是指通过确保身份获得对某人或某物的信任，从而抵御假冒攻击的风险。在密码协议中，当一个成员提交主体身份并声称是该协议的主体时，通过进行身份验证以确认其身份是否与所声明的一致，或者出示证据证明其真实身份，这一过程被称为认证过程。密码协议的实体可以是单向的或双向的。

2. 机密性原则

机密性的目的是防止协议消息泄露给未授权的所有者，即使攻击者观察到消息的格式，其也无法获取消息的内容或从中提取有用的信息。确保密码协议消息机密性的最直接方法是对其进行加密。通过加密能够使消息从明文转变为密文，如果没有密钥，则无人可以将消息进行解密。当前的加密体制分为公钥加密体制和私钥加密体制，前者具有更简单的密钥管理方式，而后者具有更高的效率。

3. 完整性原则

完整性的目的是防止协议消息被非法修改、删除和替代。保护协议完整性最常用的方法是封装和签名，即使用加密方法或 Hash 函数来生成一个附加到消息的明文摘要，以此作为验证消息完整性的基础，其被称为完整性检查值(integrity check value, ICV)。对于密码协议完整性而言，一个关键的问题是，交流双方必须事先就算法的选择达成共识。如果受保护的消息存在一定的冗余性，则加密消息的冗余性就可以确保消息的完整性。因为如果攻击者不知道加密密钥并修改了部分密文，则将导致解密结果错误。

4. 不可抵赖性原则

不可抵赖性是密码协议的重要属性，其目的是为通信主体提供另一方参与协议交换的证据，以确保其合法权益不会被侵犯，也就是说，协议主体必须对其自身的法律行为负责，并且事后无法抵赖。不可抵赖性协议的主要目的是进行证据收集，以便可以向可信仲裁证明另一方确实已发送或接收了该消息。证据通常以签名消息的形式存在，将消息和指定发送者绑定在一起。

5. 公平性原则

公平性作为密码协议的重要基础属性之一，其目的是确保在协议执行的任何阶段，协议执行的所有参与方都是平等的，要么协议执行完成时所有参与方都得到他们所需的结果，要么所有参与者什么都得不到。

## 6.5.3　密码协议的分类

常用密码协议可以分为提供身份认证、密钥协议等功能的基础密码协议和提供信息传输保护、金融交易安全的应用密码协议。

1. 基础密码协议

1)认证协议

认证协议包括实体身份认证协议，消息身份认证协议，数据源认证验证协议和数据目标身份认证协议等，主要用于抵御伪造、篡改和拒绝攻击。认证验证协议主要分为两种类型：一种是 Shamir 在 1984 年提出的基于身份的认证协议，另一种是 1986 年 Fiat 等提出的零知识身份认证协议。在这两个协议的基础上，人们提出了一系列实用的认证协议，包括 Schnorr 协议、Feige-Fiat-shamir 协议等。

2)密钥交换协议

密钥交换协议主要用于建立会话密钥。通常用于在协议的两个或多个参与实体之间建立共享的密码信息，如电子邮件通信中使用的会话密钥。该协议中采用的密码体制可以是对称密码体制或非对称密码体制。Diffie Hellman 协议和 Kethoros 协议等是最具代表性的密钥交换协议。

3)认证密钥交换协议

认证密钥交换协议主要是将认证协议和密钥交换协议结合在一起,通过对通信实体的身份进行认证，然后在此基础上为下一次安全通信分配会话密钥。Internet 密钥交换

(Internet key exchange，IKE)、分布式身份验证安全服务、Kerberos 身份验证协议、X.509 协议等是最为常见的认证密钥交换协议。

2. 应用密码协议

1）传输保护协议

这种协议主要通过在不安全的网络通道中构建加密隧道，从而实现信息传输的机密性、完整性和可用性。SSL / TLS 协议和 IPSec 协议等是最为常用的传输保护协议。

2）电子邮件安全协议

电子邮件安全协议主要用于电子邮件传输过程中信息及附件的安全，其由一系列的Hash、数据压缩、对称加密和密钥加密算法组成。电子邮件的消息一般采用对称加密算法进行加密，每个对称密钥仅使用一次，因此也称为会话密钥。会话密钥由接收者的公共密钥进行加密和保护，以确保只有接收者才能对会话密钥进行解密。PGP（pretty good privacy）协议是最为典型的电子邮件安全协议。

3）电子商务协议

电子商务协议中，协议主体一般代表着参与交易的各方，他们之间的利益目标是不一致的。因此，在该协议中最重要的原则是公平性。也就是说，该协议必须保证参与交易的任何一方都不能够通过损害对方利益的手段来获取利益。SET 协议和 iKP 协议是最为常见的电子商务协议。

4）安全多方计算协议

安全多方计算协议的目的是确保分布式环境中的所有参与者都可以安全地执行计算任务。在该协议中，一般的假设是其在执行时总将受到外部实体甚至内部参与者的攻击，该假设很好地反映了网络环境中的实际情况。确保协议的正确性和每个参与者各自输入的机密性是这个协议的两个最基本的安全要求，即在协议执行之后，每个参与者都应该获得正确的输出，并且无法获得其他信息。

## 6.5.4　典型密码协议

1. Kerberos 认证协议

Kerberos[13]是一种基于对称密码体制的身份认证协议，用来在非安全网络中实现用户实体的身份认证。Kerberos 协议的特点是用户只需完成一次身份验证就可以凭验证后获得的票据访问多个服务。Kerberos 协议机制如图 6-19 所示。

Kerberos 协议流程包括票据请求和服务请求两个阶段。前者是向 KDC 申请TGT（ticket-granting ticket）的过程，后者是客户端与服务端之间的身份认证过程。

1）票据请求阶段

首先，客户端向 KDC 发送自己的身份信息并申请 TGT；KDC 产生 TGT，并用协议开始前客户端与 KDC 之间的密钥将 TGT 加密并回复给客户端；客户端最后解密 TGT 密文包，从而获得 TGT。详细过程如图 6-20 所示。

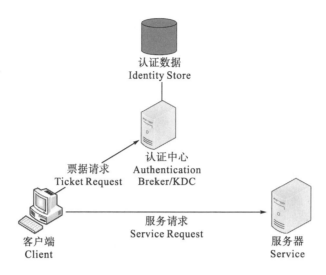

图 6-19　Kerberos 协议机制

图 6-20　票据请求阶段流程

2) 服务请求阶段

首先，客户端向 KDC 发送与服务端的认证请求。

其次，KDC 为客户端生成一个会话密钥，为服务端生成一个票据，并下发给客户端。其中，会话密钥用于服务器和客户端之间的认证，票据封装了会话密钥和服务的身份信息，如用户名、IP 地址、时间戳等。

再次，客户端将收到的票据转发到服务器，同时将收到的会话密钥解密出来，然后将自己的用户名、IP 地址等信息打包成认证申请，用会话密钥加密，同时发送给服务端。

最后，服务器收到票据，用自己与 KDC 之间的密钥将其解密，从而获得会话密钥和用户名、IP 地址、时间戳等信息。再用会话密钥将认证申请解密从而获得用户名和 IP 地址，通过两者比较可以验证客户端的身份。通过身份验证后，服务器再向客户端发送委派令牌，作为后续安全交互的令牌。详细过程如图 6-21 所示。

2. Diffie Hellman 密钥协商协议

Diffie Hellman 协议[14]（简称 DH 协议）用于在两个用户之间安全地交换一个密钥以便用于后续的报文加密。DH 密钥交换协议只能用于密钥交换，不能进行消息的加密和解密。同 DH 协议双方确定密钥后，要使用对称加密算法加密和解密消息。DH 协议主要解决通信双方在不安全的通信渠道中安全协商一个对称加密密钥的问题。

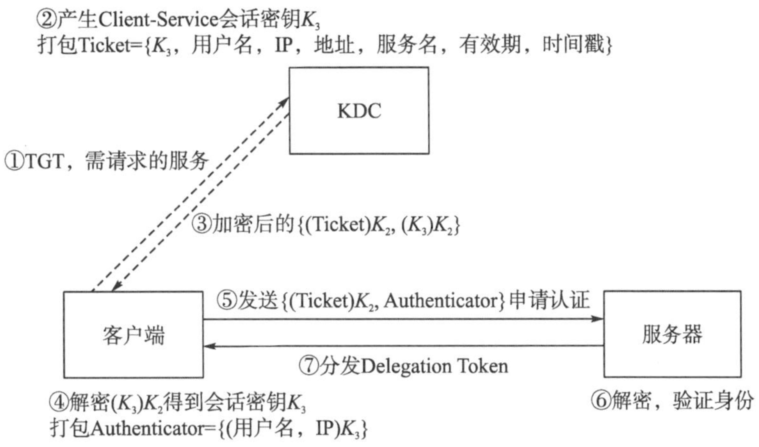

②产生Client-Service会话密钥$K_3$
打包Ticket={$K_3$, 用户名, IP, 地址, 服务名, 有效期, 时间戳}

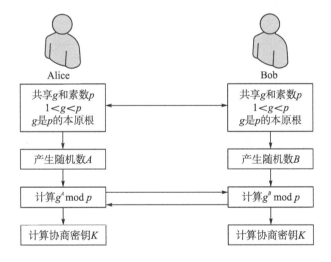

①TGT，需请求的服务

KDC

③加密后的{(Ticket)$K_2$, ($K_3$)$K_2$}

⑤发送{(Ticket)$K_2$, Authenticator}申请认证

客户端

⑦分发Delegation Token

服务器

④解密($K_3$)$K_2$得到会话密钥$K_3$
打包Authenticator={(用户名, IP)$K_3$}

⑥解密，验证身份

图 6-21　服务请求阶段流程

DH 协议的安全性依赖于计算离散对数的困难程度。离散对数问题可简单解释如下。
如果 $p$ 是一个素数，$g$ 和 $x$ 是整数，计算 $y = g^x \bmod p$ 非常容易。但是针对相反的过程：预知 $p$、$g$ 和 $y$，求某个 $x$（离散对数），满足等式 $y = g^x \bmod p$，通常十分困难。

DH 协议的主要流程如图 6-22 所示。

Alice

共享$g$和素数$p$
$1<g<p$
$g$是$p$的本原根

产生随机数$A$

计算$g^A \bmod p$

计算协商密钥$K$

Bob

共享$g$和素数$p$
$1<g<p$
$g$是$p$的本原根

产生随机数$B$

计算$g^B \bmod p$

计算协商密钥$K$

图 6-22　DH 协议流程

（1）Alice 与 Bob 共享一个素数 $p$ 以及该素数 $p$ 的本原根 $g$（geneator），当然这里有 $2 \leqslant g \leqslant p-1$。这两个数是可以不经过加密地由一方发送到另一方，至于谁发送给谁并不重要，其结果只要保证双方都得知 $p$ 和 $g$ 即可。

（2）Alice 产生一个私有的随机数 $A$，满足 $1 \leqslant A \leqslant p-1$，然后计算 $g^A \bmod p = Y_a$，将结果 $Y_a$ 通过公网发送给 Bob。与此同时，Bob 也产生一个私有的随机数 $B$，满足 $1 \leqslant B \leqslant p-1$，计算 $g^B \bmod p = Y_b$，将结果 $Y_b$ 通过公网发送给 Alice。

（3）Alice 和 Bob 之间的密钥协商结束。Alice 通过计算 $K_a = (Y_b)^A \bmod p$ 得到秘钥 $K_a$，同理，Bob 通过计算 $K_b = (Y_a)^B \bmod p$ 得到密钥 $K_b$，可以证明，必然满足 $K_a = K_b$。因此双方经过协商后得到了相同的秘钥，达成密钥协商的目的。

（4）Diffie Hellman 协议难以防御中间人攻击和重放攻击，需要采用其他手段协助提供安全机制。

### 3. 基于数字信封的点对点加密协议

在点对点数据交换时，通常采用数据信封进行安全数据交换。数字信封的原理是采用对称密码算法对数据进行加密，然后采用非对称密码算法加密对称密钥；在解密过程，首先使用非对称密码算法解密密钥，获取对称密钥，然后使用对称密钥解密数据，获取数据明文。数字信封的生成和解开过程如图 6-23 所示。

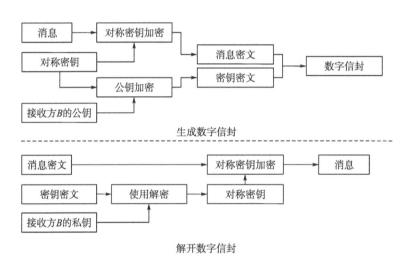

图 6-23  数据信封示意图

加密过程：

（1）发送方 $A$ 需要通过在线或离线信道预先获取接收方 $B$ 的公钥，然后随机产生对称密钥，并使用该对称密钥加密数据。

（2）发送方 $A$ 使用 $B$ 的公钥对对称密钥进行加密，获得对称密钥密文。

（3）发送方 $A$ 把数据密文和对称密钥密文一起发送给接收方 B。

解密过程：

（1）接收方 $B$ 使用自己的私钥解密对称密钥密文，获取对称密钥；

（2）接收方 $B$ 使用密钥解密数据密文，获取明文数据。

此外，数字信封可结合数据签名实现交换数据完整性和抗抵赖功能。具体过程为，在发送方发送数据前，对消息密文、密钥密文进行签名，实现数字信封的完整性和抗抵赖保护。接收方收到数据后，首先采用发送方的公钥验证签名，验证通过则证明该数据确定由发送方提供，防止数据交换的抵赖。

## 4. IPSec 传输加密协议

IPSec[15]是三层隧道加密协议,它为互联网上传输的数据提供了基于密码的安全保证,是目前最为通用的实现三层 VPN(virtual private network,虚拟专用网络)的安全技术。IPSec 通过在两个 IPSec 密码机之间建立安全通道,来保护通信双方之间(如企业总部网络和分部网络之间)传输的数据,该安全通道通常称为 IPsec 隧道。IPSec 协议的典型应用场景如图 6-24 所示。

图 6-24　IPSec 传输加密协议示意图

IPSec 提供了认证(AH)和加密(ESP)两种安全机制。认证机制使 IP 通信的数据接收方能够确认数据发送方的真实身份,防止数据在传输过程中被篡改,为数据提供完整性保障。加密机制通过对数据进行加密保护,防止数据在传输过程中被窃听,为数据提供机密性保障。

IPSec 提供隧道模式(tunnel)和传输模式(transport)两种传输模式。隧道模式实现站点到站点的保护,传输模式实现端到端的保护。

不同的安全机制在隧道和传输模式下的数据封装形式如图 6-25 所示。

| 模式<br>协议 | 传输 | 隧道 |
|---|---|---|
| AH | IP AH Data | IP AH IP Data |
| ESP | IP ESP Data ESP-T | IP ESP IP Data ESP-T |
| AH-ESP | IP AH ESP Data ESP-T | IP AH ESP IP Data ESP-T |

图 6-25　IPSec 的数据封装形式

(1)AH 机制:提供认证、完整性保护和防重放功能,支持通信防篡改,但不具备防窃听能力,主要用于传输非机密数据。AH 的工作原理是在标准 IP 包头后面添加一个身份验证报文头,通过该报文头对数据提供完整性保护。AH 可选择的算法有 MD5、SHA-1/2、SM3 等,MD5 和 SHA1 因强度问题存在安全隐患,建议使用 SHA2 或 SM3 算法。

(2)ESP 机制:提供加密、认证、完整性保护和防重放功能。ESP 的工作原理是在标准 IP 包头后面添加 ESP 报文头,并在数据包后面追加 ESP 尾。相比 AH 协议,ESP 对保护的数据进行加密后再封装到 IP 包中，从而保障传输数据的机密性。常见的加密算法有 DES、3DES、AES、SM4 等。同时，作为可选项，用户可以选择 SHA2、SM3 等完整性算法保证报文的完整性和真实性。

在实际应用时，可以根据安全需求同时使用这两种安全机制或选择其中一种。AH 和 ESP 都可以提供认证服务，但 AH 提供的认证服务要强于 ESP。AH 和 ESP 联合使用的方式一般为先采用 ESP 封装报文，再对报文进行 AH 封装，处理后的报文从内到外依次是原 IP 报文、ESP 头、AH 头和外部 IP 头。

(3)隧道(tunnel)模式：该模式下，针对传输的整个 IP 数据包计算 AH(或 ESP 头)，AH(或 ESP 头)以及 ESP 加密的用户数据被封装在一个新的 IP 数据包中。隧道模式通常应用于两个安全网关之间的通信。

(4)传输(transport)模式：该模式下，仅对传输层数据计算 AH(或 ESP 头)、AH(或 ESP 头)以及 ESP 加密的用户数据放置在原 IP 包头后面。传输模式通常应用于两台主机之间的通信，即主机和安全网关之间的通信。

IPSec 协议过程主要分两个阶段。

第一阶段交换：通信双方彼此建立一个已通过身份验证和安全保护的通道，此阶段的交换建立了一个 ISAKMP 安全联盟，即 ISAKMP SA (也可称为 IKE SA)，如图 6-26 所示。第一阶段有主模式和野蛮模式两种协商模式。

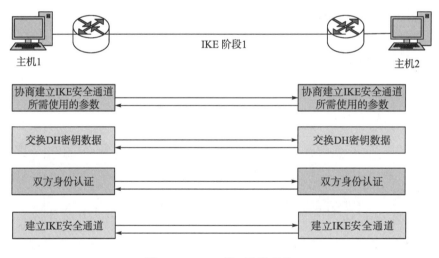

图 6-26  IPSec 第一阶段交换

第二阶段交换：用已经建立的安全隧道(IKE SA)为 IPSec 协商提供安全服务，即为 IPSec 协商具体的安全联盟，建立 IPSec SA，产生用来加密数据流的会话密钥，用于最终的 IP 数据安全传送，如图 6-27 所示。

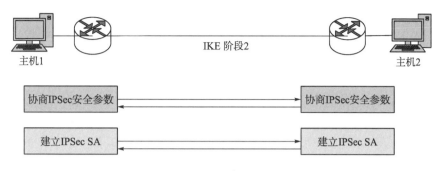

图 6-27　IPSec 第二阶段交换

# 参 考 文 献

[1] NBS, Data Encryption Standard, FIPS PUB 46, National Bureau of Standards[S]. Washington D.C., 1977.

[2] NIST. Special Publication 800-67（Version 1）, Recommendation for the Triple Data Encryption Algorithm（TDEA）Block Cipher[S]. 2004.

[3] National Institute of Standards and Technology（NIST）. Federal Information Processing Standards Publication 197（FIPS PUB 197）: Specification for Advanced Encryption Standard[S]. 2001.

[4] 国家密码管理局. 信息安全技术　SM4 分组密码算法[S]. GB/T 32907—2016.

[5] National Institute of Standards and Technology（NIST）. NIST Special Publication 800-38A, Recommendation for Block Cipher Modes of Operation: Methods and Techniques[S]. 2001.

[5] Rivest R L, Shamir A, Adleman L. A method for obtaining digital signatures and public-key cryptosystems[J]. Communications of the ACM, 1978, 21（2）: 120-126.

[6] 国家密码管理局. SM2 密码算法加密签名消息语法规范[S]，GB/T 35275—2017.

[7] Rivest R. The MD5 Message-digest Algorithm[S]. RFC 1321, 1992.

[8] Biham E Chen R. Near-Collisions of SHA-0, CRYPTO（Matthew K. Franklin, ed.）[C]. Lecture Notes in Computer Science, 2004（3152）: 290-305.

[9] National Institute of Standards and Technology. FIPS PUB 180-1: Secure Hash Standard[S]. 1995.

[10] Bertoni G, Daemen J, Peeters M, et al. The Keccak reference[R]. Submission to NIST（Round 3）, 2011,13: 14-15.

[11] 国家密码管理局. SM3 密码杂凑算法[S]. GM/T 0004—2012, 2010.

[12] Cramer R, Shoup V. Design and analysis of practical public-key encryption schemes secure against adaptive chosen ciphertext attack[J]. SIAM J. Computing, 2003, 33: 167-226.

[13] Bill B. Designing an authentication system: A dialogue in four scenes. humorous play concerning how the design of Kerberos evolved[D]. Cambridge: MIT, 1988.

[14] Diffie W, Hellman M E. New directions in cryptography[J]. IEEE Transactions on Information Theory, 1976（22）: 644-654.

[15] Doraswamy N, Harkins D. IPsec: The new Security Standard for the Internet[M]. Upper Saddle River: Prentice Hall PTR, 2003.

# 第7章 密码新技术和应用

## 7.1 同态密码

### 7.1.1 概念及分类

与一般加密算法相比,同态加密除了能实现基本的加密操作之外,还能实现密文间的多种计算功能,即先计算后解密可等价于先解密后计算。这个特性对于保护信息的安全具有重要意义,利用同态加密技术可以先对多个密文进行计算之后再解密,不必对每一个密文解密而花费高昂的计算代价;利用同态加密技术可以实现无密钥方对密文的计算,密文计算无须经过密钥方,既可以减少通信代价,又可以转移计算任务,由此可平衡各方的计算代价;利用同态加密技术可以实现让解密方只能获知最后的结果,而无法获得每一个密文的消息,可以提高信息的安全性。正是由于同态加密技术在计算复杂性、通信复杂性与安全性上的优势,越来越多的研究力量投入其理论和应用的探索中。

本质上,同态加密是指这样一种加密函数,对明文进行环上的加法和乘法运算再加密,与加密后对密文进行相应的运算,结果是等价的。具有同态性质的加密函数是指两个明文 $a$、$b$ 满足 $\mathrm{Dec}(\mathrm{Enc}(a) \odot \mathrm{Enc}(b)) = a \oplus b$ 的加密函数,其中 Enc 是加密运算,Dec 是解密运算,$\odot$、$\oplus$ 分别对应明文和密文域上的运算。

同态加密分为单同态加密、类同态加密(somewhat homomophic encryption)、全同态加密。

(1)单同态加密只能在明文上执行一种同态代数运算,即加法或者乘法。

(2)类同态加密能够同时支持加法和乘法同态,但能够处理的函数较有限。

(3)全同态加密不仅支持加法和乘法同态,而且能够处理任意的函数,密文尺寸保持多项式有界。

目前,在同态加密中,单同态、类同态密码系统具有高效性,能够进行实用化应用,但是全同态密码系统效率还比较低,离实用化较远。

### 7.1.2 发展历程

同态加密的发展历史总体上可以分为两个阶段:①1978~2008 年,同态加密的概念提出,相继出现了具有某种同态性的加密方案,但没有达到全同态性;②2009 年至今,Gentry 提出了世界上第一个全同态加密方案,解决了困扰密码学界 30 年的难题,掀起了同态加密研究的热潮。基于 Gentry 的设计思想，相继出现了许多全同态加密方案。

### 1. 同态加密

1978 年 RSA 加密方案诞生，该加密系统具有乘法同态性，是第一个同态加密方案。基于 RSA 同态性的思考，1978 年，Rivest 等[1]为解决对数据库中的数据进行操作的同时不泄露明文信息，首次提出同态密码的概念，指出同态是对密文进行的操作，同时也对明文执行相应的操作，并设计了一种同时满足乘法同态和加法同态的加密算法，该方案和 RSA 一样归结到大整数分解困难问题上去，但是后来被证明该方案不能抗已知明文攻击。

1984 年，Goldwasser 和 Micali 等基于陷门函数和二次剩余难题提出语义安全的同态加密方案，并定义了加密安全性。但是这个方案为单比特加密，效率较低。1985 年，ElGamal 加密算法提出，整数的和椭圆曲线的 ElGamal 密码体制均是支持乘法同态加密算法的[2]。1987 年，Brickell 和 Yacobi 破解了 1978 年 Rivest 提出的密码体制，并提出了 $R$ 次加同态密码体制，且该体制能够抗已知明文攻击。

1992 年，Michael 和 Richard 提出了基于对称群上的代数同态加密标准。1993 年，Fellows 和 Kobliz 等在文献中提出了基于多项式环的密码体制 Polly Cracker，但是其密文长度随计算的进行呈指数级增长，便超出了现实的预期，导致效率低下，且其安全性也在 2002 年被 Rainer 和 Willi 等攻破，证明了其的不安全性。

1996 年，Boneh 和 Lipton 证明，任意确定的代数同态加密体制都可以在亚指数时间内被完全攻破。1999 年，著名的加法同态特性加密体制 Paillier 由 Pascal Paillier 提出，该方案是随机性加密方案，概率公钥加密体制，其安全性基于二次剩余难题。2002 年，J Domingo-Ferrer 提出了 Domingo-Ferrer 密码方案，该方案具备加法和混合乘法同态特性，但是在 2003 年被 Wagner 等破解。

2005 年，Dan Boneh、Goh 和 Kobbi Nissim 提出了一个基于双线性对的同态加密方案，第一次做到能够同时支持加同态和乘同态，但该方案虽然能支持任意多个加同态，但是只能支持一个乘同态，仍然不能处理任意多项式。该方案的构造思路提示人们要尝试选择新的代数系统去构造全同态密码体制，不要拘泥于常规的代数系统。

2008 年，Carlos 等提出格上的全同态密码体制构造的可能性，总结下来有 3 个优势：第一，所有元素可以通过一组共同的格基来表示，能够满足各种运算；第二，两个加密信息的和等于两个信息先做和再加密；第三，格上困难问题本身的计算复杂度，使得加密过程可以简单化，构造同态加密体制也变得更容易。

1978~2008 年，在同态加密提出的这 30 年里，具有不同同态特性的加密方案被提出，但是这些方案大多是单同态（即只具备乘法或加法同态性），即使有一些方案具备一些全同态的属性，如 BGN 方案、Rivest 方案、Domingo Ferrer 等，但都存在安全性或者计算深度方面的缺陷。

### 2. 全同态加密

直到 2009 年，Gentry 提出了第一个基于理想的格全同态加密方案[2]，在他的博士论文中对全同态加密做了详细的描述。由于密文中存在噪声，只有当噪声小于特定的门限值时，密文才能够被正确解密，否则将产生解密错误问题。随着同态操作，电路中的噪声不断放大，当噪声超过门限值时，就不能实现正确解密了，这限制了同态加密算法的处理能力。

Gentry 提出在电路内部的每个节点通过同态解密进行密文更新，降低密文噪声。这样，密文的噪声就控制在了特定的范围内。电路每一层都可以确保噪声可控，就可以对任意深度的电路或多项式执行同态操作。由此可见，只有方案能够同态处理其解密电路以及扩展的解密电路时，才能实现噪声控制，进而达成全同态。该方案是对全同态的第一次真正实现，也掀起了国内外学者对全同态研究的热潮。

2010 年 5 月，Smart 和 Vercauteren 等采用多项式环的素理想对基于理想格的 Gentry 方案进行了特例化改进，并将单比特加密扩展为多比特加密。Smart 和 Vercauteren 只执行了其中的 Somewhat 同态方案，由于为了满足 Gentry 的自举要求，对多项式环的维数要求过高(约为 $2^{27}$)，未能够实现他们的全同态加密方案，并且该方案的密钥生成算法过于复杂，时间花费过大。

2010 年 6 月，Dijk 等对简单代数结构上的全同态方案进行了研究，提出了一个完全基于整数运算的全同态加密方案。2010 年 8 月，Gentry、Halevi 提出一个全同态加密方案的算法实现，他们改进了 Smart、Vercauteren 方案的密钥生成算法，取消了对格行列式素性的要求，加快了加密、解密速度，并使得密文更新的计算过程变得简单，但效率仍然很低。2010 年 10 月，Stehle 和 Steinfel 对 Gentry 的方案进行了优化，以允许“可忽略概率解密错误”这一弱化条件，提出了较快速的全同态加密方案，降低了比特计算的复杂度。

2011 年，Gentry、Halevi 和 Brakerski、Vaikuntanathan 分别独立发现了一种不需要“压缩”步骤的构造方法，去除了额外的安全假设(稀疏子集和问题)。这些方案第一次偏离了 Gentry 的设计框架。之后，在 Brakerski、Vaikuntanathan 所提出的重线性化技术的基础上，Gentry 提出了一个非自举的全同态加密方案，其构造框架不同于 2009 年 Gentry 的初始框架：不需要“压缩”解密算法，也不需要在每个节点做同态解密来更新密文，而是通过模转换技术，更好地控制了噪声的增长，将每个门的计算复杂度降低到 $\tilde{O}(\lambda L^3)$ (其中 $\lambda$ 为安全参数，$L$ 为电路深度)，然后他们使用自举作为优化，将复杂度进一步降低到 $\tilde{O}(\lambda^2)$，提高了全同态加密的效率。

2013 年，Crytpo13 会议中，Gentry 使用了比特矩阵作为密文，该种矩阵密文的乘积或相加不会产生密文维数的改变，所以在密文计算时不需要进行重线性化。

尽管目前提出了很多全同态的加密方案。但是，大多都是基于 Gentry 的全同态理论框架。基于自举技术的全同态加密，由于需要复杂的同态解密来降低噪声，使得密文计算的花销较大；而基于密钥转换和模转换的层次化全同态加密方案，需要预先设置同态计算深度 $L$，无法做到无界全同态加密，而且随着 $L$ 的增大，方案的各个参数的规模也会变得非常大。

## 7.1.3　关键技术方案

### 1. 乘法同态加密方案

RSA 加密方案如下。

(1) 密钥生成。选择两个不同的大素数 $p$、$q$。设 $n = pq$，计算其欧拉函数 $\phi(pq) = (p-1)(q-1)$。

随机选择一个整数 $e$，满足 $1 < e < \phi(pq)$，且 $\gcd(e, \phi(n)) = 1$，计算 $e$ 的逆，$d = e^{-1} \bmod \phi(n)$，则公钥为 $(n, e)$，私钥为 $(n, d)$。

(2) 加密。输入消息 $m \in \mathbf{Z}_n$，计算密文 $c = m^e \bmod n$。

(3) 解密。输入密文 $c$，解密消息 $m = c^d \bmod n$。

由方案描述可知，两个消息 $m_1$ 和 $m_2$ 的加密为 $\mathrm{Enc}(m_1) = m_1^e \bmod n \, \mathrm{Enc}(m_2) = m_2^e \bmod n$，那么 $\mathrm{Enc}(m_1)\mathrm{Enc}(m_2) = (m_1 m_2)^e \bmod n$，$\mathrm{Dec}(\mathrm{Enc}(m_1)\mathrm{Enc}(m_2)) = m_1 m_2$。可以看出 RSA 加密方案具有乘法同态性。

### 2. 加法同态加密方案

Paillier 加密方案如下。

(1) 密钥生成。选择两个不同的大素数 $p$、$q$。设 $n = pq$，计算其欧拉函数 $\phi(pq) = (p-1)(q-1)$，计算其 $p-1$ 与 $q-1$ 的最小公倍数 $\lambda = \mathrm{lcm}(p-1, q-1)$。

随机选择一个整数 $g \in \mathbf{Z}_{n^2}^*$ 并计算 $\mu = (L(g^\lambda \bmod n^2))^{-1} \bmod n$，其中函数 $L(u) = (u-1)/n$ 为有理数域上的除法，则公钥为 $(n, g)$，私钥为 $(\lambda, \mu)$。

(2) 加密。输入消息 $m \in \mathbf{Z}_n$，随机选择一个整数 $r \in \mathbb{Z}_n^*$，计算密文 $c = g^m r^n \bmod n^2$。

(3) 解密。输入密文 $c$，解密消息 $m = L(c^\lambda \bmod n^2) \mu \bmod n$。

由方案描述可知，两个消息 $m_1$ 和 $m_2$ 的加密为 $\mathrm{Enc}(m_1) = g^{m_1} r_1^n \bmod n^2, \mathrm{Enc}(m_2) = g^{m_2} r_2^n \bmod n^2$，那么 $\mathrm{Enc}(m_1)\mathrm{Enc}(m_2) = g^{m_1+m_2}(r_1 r_2)^n \bmod n^2$，$\mathrm{Dec}(\mathrm{Enc}(m_1)\mathrm{Enc}(m_2)) = m_1 + m_2$。可以看出 Paillier 加密方案具有加法同态性。

### 3. 全同态加密方案

描述 Dijk 等所提出的 DGHV 方案，其中包括用于构造全同态加密方案的基石——Somewhat 同态加密方案和 DGHV 全同态加密方案。

符号说明：对于一个实数 $z$，$\lceil z \rfloor$ 表示取最近整数，即 $\lceil z \rfloor \in (z-1/2, z+1/2] \cap \mathbf{Z}$；$\lceil z \rceil$ 表示取上整数，即 $\lceil z \rceil \in [z, z+1) \cap \mathbf{Z}$；$\lfloor z \rfloor$ 表示取下整数，即 $\lfloor z \rfloor \in (z-1, z] \cap \mathbf{Z}$。

1) Somewhat 同态加密方案

在 DGHV 方案中需要一些参数来控制各个变量的位长度，其参数设置如下：$\rho = \lambda, \rho' = 2\lambda, \eta = \tilde{O}(\lambda^2), \theta = \tilde{O}(\lambda^4), \gamma = \tilde{O}(\lambda^5), \tau = \gamma + \lambda$，其中 $\lambda$ 为安全参数。

首先我们需要定义一个用于公钥生成的分布：

$$\mathcal{D}_{\gamma,\rho}(p)=\{x=pq+r:q\leftarrow \mathbf{Z}\bigcap[0,2^{\lambda}/p),r\leftarrow \mathbf{Z}\bigcap(-2^{\rho},2^{\rho})\}$$

Somewhat 同态加密方案 SHE $=$(KeyGen′,Enc′,Dec′,Evaluate)描述如下。

(1) KeyGen′($\lambda$)：根据输入的安全参数 $\lambda$，随机选择 $p\leftarrow(2\mathbf{Z}+1)\bigcap[2^{\eta-1},2^{\eta})$。在分布 $\mathcal{D}_{\gamma,\rho}(p)$ 中随机选取 $\tau+1$ 个数 $(x_0,x_1,\cdots,x_\tau)$，以致 $x_0$ 为其中最大的数，并 $x_0\bmod p$ 是偶数。若不满足条件，则重新选取直至满足条件。令私钥 $s_k=p$，公钥 $p_k=\vec{x}=(x_0,x_1,\cdots,x_\tau)$。

(2) Enc′($p_k,m$)：消息为 $m\in\{0,1\}$。随机选择一个整数 $r\in(-2^{\rho'},2^{\rho'})$ 和一个 $\tau+1$ 维的比特向量 $v\in\{0,1\}^{\tau+1}$。计算密文 $c=m+2r+2<x,v>\bmod x_0$。

(3) Dec′($s_k,c$)：输出 $m'=(c\bmod p)\bmod 2$。

(4) Evaluate′($p_k,C,c_1,\cdots,c_t$)：根据输入的公钥 $p_k$、布尔算术电路 $C$ 和 $t$ 个密文 $(c_1,\cdots,c_t)$，执行整数上的加法和乘法运算。输出电路的结果 $c'$。

该方案的同态操作可以分解为两种基本操作：$\mathrm{Add}(c_0,c_1)=c_0+c_1$，$\mathrm{Mult}(c_0,c_1)=c_0c_1$。

2) DGHV 全同态加密方案

为了将 SHE 方案转化为全同态加密方案。Dijk 等采用"稀疏子集和"对方案的解密算法进行了压缩，使得方案满足自举性，从而获得全同态加密方案 FHE=(KeyGen，Enc，Dec，Evaluate)，描述如下。

(1) 参数选取：$k=\gamma\eta/\rho',Q=w(k\log\lambda),\theta=\lambda$。

(2) KeyGen($\lambda$)：运行 SHE 方案的密钥生成算法产生 $s_k=p$，$p_k=x$，设置 $K=\lfloor 2^k/p\rfloor$，随机选取一个汉明重量 $\theta$ 的比特向量 $s\in\{0,1\}^Q$，设其指标集为 $S=\{i\,|\,s_i=1\}$。均匀随机选取 $u_i\in\mathbf{Z}\bigcap[0,2^{k+1})$，其中 $i=0,1,\cdots,Q-1$，使其满足 $K=\sum_{i=0}^{Q-1}s_iu_i\bmod 2^{k+1}$，令 $y_i=u_i/2^k$，其中 $i=0,1,\cdots,Q-1$，令向量 $y=(y_0,y_1,\cdots,y_{Q-1})$。输出私钥 $S_K=S$，公钥 $P_K=(x,y)$。

(3) Enc($P_K,m$)：调用 SHE 方案生成 $c=\mathrm{Enc}'(p_k,m)$。然后计算 $[cy_i]_2$，其中 $i=0,1,\cdots,Q-1$，并对其二进制表达保留小数点后 $n=\lceil\log\theta\rceil+3$ 位的精度，记为 $z_i$。得到新密文 $\tilde{c}=\{c,(z_0,\cdots,z_{\Theta-1})\}$。

(4) Dec($S_K,\tilde{c}$)：输出 $m'=\left(c-\sum_{i=0}^{Q-1}s_iz_i\right)\bmod 2$。

(5) Evaluate($P_K,C,c_1,\cdots,c_t$)：将算术电路 $C$ 中的运算替换成整数上的加法和乘法运算，每个运算门的输入线上加入解密电路，扩展成增强型解密电路。然后，将密文 $c_1,c_2,\cdots,c_t$ 输入电路中，首先进行重加密(同态解密)操作来更新密文，然后将更新后的密文 $c'$ 输入电路门中进行运算，将门输出作为主密文 $c''$，并使用 $P_K$ 中的 $y$ 生成对应的扩展密文 $z''$，由此构成密文 $\tilde{c}'=(c'',z'')$，如此在电路中运算下去，得到最后的输出。

## 7.1.4 应用方向

### 1. 云计算

利用全同态加密技术，用户把数据加密传输给云运营商，然后发起一个服务请求，该

服务对应于函数 $f$, 云运营商根据这些加密数据和请求进行计算, 其计算的结果也是密文。云运营商并不知道这个密文结果代表什么。把该密文返回给用户, 用户解密就能够得到他想要的请求结果。整个过程中, 数据都是加密的, 云运营商无法获取隐私信息。

### 2. 医疗

在医疗领域, 医疗信息(如医学图片、诊断记录等)涉及病人的大量隐私, 医疗健康系统必须在保护敏感信息不被泄露的环境中运行, 但仍需要保证业务的正常运行。计费和报告生成就是两个典型的应用。在这两种情况下, 分析者都需要访问个人病历以对其部分内容进行计算。通过允许特定计算而不会"明文"地揭示这些记录, 可以避免发生违规, 但又不损害日常关键应用。

### 3. 安全数据治理

对来自多个来源的数据进行加密和连接共享, 使得数据拥有者能够完全控制其数据, 从而解决数据丢失和滥用问题。

## 7.2　零知识证明

### 7.2.1　概念及分类

零知识证明(zero-knowledge proof, ZKP), 是由 Goldwasser 等 [3] 在 1985 年提出的, 指的是证明者能够在不向验证者提供任何有用的信息的情况下, 使验证者相信某个论断是正确的。

零知识证明实质上是一种涉及两方或多方的协议, 即两方或多方完成一项任务所需采取的一系列步骤。证明者向验证者证明并使其相信自己知道或拥有某一消息, 但证明过程不能向验证者泄露任何关于被证明消息的信息。

零知识证明具有以下性质。

(1)完整性: 如果陈述的事实是真的, 那么诚实的验证者将被诚实的证明者说服, 相信证明者的陈述。

(2)完备性: 如果陈述的事实是假的, 那么验证者不能够被证明者说服, 即验证者有极大的概率拒绝证明者。

(3)零知识: 如果陈述的是真的, 那么验证者除相信这个陈述外, 不能够得到其他任何有关被证明消息的信息。

按照交互形式可将零知识证明分为两种类型: 交互式零知识证明和非交互式零知识证明。

(1)交互式零知识证明。证明者和验证者之间通过多轮交互形式完成证明过程的零知识证明被称为交互式零知识证明。交互式零知识证明容易使证明者和验证者进行"串通"，因此需要保证证明者和验证者均是诚实可信的。

(2)非交互式零知识证明。非交互式零知识证明无须多轮交互，使用短随机串代替交互过程并实现了零知识证明。相比交互式零知识证明，非交互式零知识证明在效率上有较大提升，其中一个重要应用场合是需要执行大量密码协议的大型网络。

## 7.2.2 发展历程

零知识证明起源于最小泄露证明。设 $P$ 表示掌握了某些信息，并希望证实这一事实的实体，设 $V$ 是证实这一事实的实体。假如某个协议向 $V$ 证明 $P$ 的确掌握了某些信息，但 $V$ 无法推断出这些信息是什么，我们称 $P$ 实现了最小泄露证明。不仅如此，如果 $V$ 除了知道 $P$ 能够证明某一事实外，不能够得到其他任何知识，我们称 $P$ 实现了零知识证明，相应的协议称作零知识协议。

零知识证明是密码学的基础，零知识证明的主要特性是完整性、可靠性、零知识。完整性是指如果证明者有证据证明声明的正确性，则他可以说服验证者相信自己知道信息。可靠性是指恶意的证明者不能使验证者相信他所持有的错误信息。零知识是指验证者除知道声明是正确的之外不会获得任何其他信息。Groth 等构建了实用、高效的具有亚线性复杂性的零知识证明，并且满足完整性、零知识性和计算稳健性。零知识参数的构造依据是双重同态承诺方案(two-tiered homomorphic commitments)。零知识标准定义认为攻击者只能获得诚实参与者算法的黑盒子，但不幸的是，已经出现了很多新的攻击方法，如并发攻击、单信道攻击。为了抵抗单信道攻击，Sanjam Garg 提出了抗泄露零知识（leakage-resilient zero knowledge)证明系统，它允许冒充的验证者在整个协议执行过程中获得任意的泄露信息，这个协议除保证声明的有效性及验证者获得泄露的信息外不会产生任何信息。这是第一个允许敌手在整个协议执行过程执行泄露攻击的密码交互协议，并给出了在多方计算及签名中的应用实例。

密码研究的一个基本问题是理解随机性在密码协议中的作用以及应该达到什么程度的随机性。Goldreich 提出没有随机性的零知识证明是不可能存在的，随机性不能完全消除，那么对随机性的研究就非常重要。在密码协议中反复使用随机性首先是由 Canetti、Goldreich 和 Goldwasser 应用于零知识证明中，提出了可重置零知识证明的概念，它基于标准的密码学假设，在可重置零知识证明中，即使恶意的验证者可以重置证明者回到最初的状态，并使证明者用相同的随机数进行新的交互，其零知识证明的特性也必须满足。可重置零知识在两个模型中得到广泛研究：简单模型(the plain model)和纯公钥模型(the bare public key model)。2009 年，Deng 构造了第一个也是目前唯一一个同时发生的可重置零知识证明(simultaneous resettable zero-knowledge)，即协议双方参与者在协议执行过程中可以使用同一个固定的随机值。Deng 研究了在纯公钥模型中同时发生的可重置零知识的复杂性问题，并提出了在这个环境中基于标准密码假设的常数轮(constant round)协议[1]。

在非交互证明中，最常用和有效的构造是 Fiat-Shamir 启发式算法。在交互证明中，证明者发送一个消息，验证者回复一个随机数，证明者完成证明并做出相应的回应。变换之后的想法是简单且吸引人的，证明者计算验证消息的散列值并发送，如果散列模型是随机预言机，那么通过这种方式计算出来的消息在交互证明中就犹如随机数。根据散列模型的不同，它分为两种形式：wFS（weak Fiat-Shamir transformation）和 sFS（strong Fiat-Shamir transformation）。Bernhard 等提出了在随机预言机模型下具有适应性安全的零知识证明，并证明 sFS 的变形形式能产生安全的非交互证明，并能够用于投票选举中，具有私密性及安全性；确定了 wFS 的弱点，并证明它在实际应用环境中是不安全的。

NP 证明系统就是让不受信任的证明者说服验证者使他相信 $x$ 属于 $L$。其中，$L$ 是 NP 完全语言。NP 证明系统满足零知识证明的特性，证明者可以让验证者相信他确实知道某个私密信息，且不会泄露信息的任何内容。这种证明方式是密码系统的重要组成模块，它广泛应用于安全计算及群签名中。为了解决 NP 计算问题，提出了一个不同以往的密码原型——简洁的非交互零知识证明（zero-knowledge succinct non-interactive argument of knowledge，zk-SNARK），Ben 等提出了基于 PCP 的对应的 SNARK[4]，这个线性的 PCP 是零知识的且效率很高。

在双线性映射中，可以构造非交互零知识证明 NIZK，它可以在标准模型下设计密码协议，以前的 NIZK 证明系统基于电路的特性，在这个系统中，众所周知的 Groth-Sahai NIZKs 方案满足同态特性。Jutla 等提出在准适应性（quasi-adaptive）环境中，对双线性映射群的子群而言，其 NIZK 证明具有更强的计算可靠性，相比标准模型可靠性有显著提高。在这个环境中，考虑一类由参数 $p$ 控制的语言。允许公共参考串 CRS（common reference string）产生器生成基于语言参数 $p$ 的 CRS。然而，CRS 仿真器在零知识环境中要求是简单有效的算法，将参数作为输入信息计算语言的参数及概率分布，将这个特性称作一致性仿真。在标准静态假设下这个技术可以构造安全的基于身份的加密。

随着区块链技术的发展，一些零知识证明方案，如 zk-SNARK[2]、zk-STARK、AC、Bulletproof、Hyrax 和 Ligero 等被相继提出并应用，零知识证明技术也正逐步从理论向大规模应用发展。

### 7.2.3　关键技术方案

零知识证明包括两个参与方：证明者 $P$ 和验证者 $V$。零知识证明模型如下。

（1）系统生成：输出公共参考字符串 CRS。

（2）证明：证明者 $P$ 完成对承诺 $x \in L$ 的证明。

（3）验证：验证者 $V$ 进行验证，若通过验证，则输出 1；否则，输出 0。

当 $P$ 与 $V$ 完成一个协议后，这个协议是否是零知识证明协议，其必须满足以下 3 个条件。

（1）完备性。如果 $P$ 向 $V$ 的声称是真的，则 $V$ 以一个大的概率接受 $P$ 的结论。

（2）可靠性。如果 $P$ 向 $V$ 的声称是假的，则 $V$ 以一个大的概率拒绝 $P$ 的结论。

（3）零知识性。如果 $P$ 向 $V$ 的声称是真的，在 $V$ 不违背协议的前提下，无论 $V$ 采用任何手段，除了接收到 $P$ 给出的结论，$V$ 无法获取有关 $P$ 所声称内容的任何信息。

交互式零知识证明的过程如图 7-1 所示。

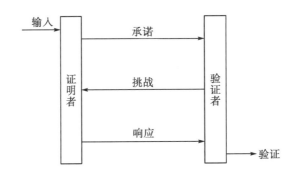

图 7-1　交互式零知识证明的过程

step1：承诺过程，证明者对需要出示的真实值进行承诺，并将其发送给验证者。

step2：挑战过程，验证者选一个挑战值发给证明者。

step3：响应过程，证明者用挑战值和真实值进行计算后，将其值发送给验证者，验证者可以根据该值验证证明是否有效。

典型的 Schnorr 协议属于交互式证明协议，证明者 $P$ 可证明其知道一个秘密值 $x \in \mathbf{Z}_q$，设公共参数为 $h \in \mathbf{Z}_q$，协议过程如下。

(1) 证明者 $P$ 选择随机数 $k \in \mathbf{Z}_q$，并计算 $t = h^k, z = h^x$，然后将 $t$、$z$ 发送给验证者 $V$。

(2) 验证者 $V$ 选择随机数 $c \in \mathbf{Z}_q$ 作为挑战值，并发送给 $P$。

(3) 证明者 $P$ 计算 $r = k + xc \bmod q$，然后将 $r$ 发送给 $V$。

(4) $V$ 验证 $h^r = tz^c$ 是否成立，若等式成立，则秘密值 $x$ 有效；否则，秘密值无效。

上述交互式零知识证明可通过 Fiat-Shamir 启发式转化为非交互式零知识证明，具体方法如下。

(1) 证明者 $P$ 选择随机数 $k \in \mathbf{Z}_q$，并计算 $t = h^k, z = h^x$。

(2) 证明者 $P$ 计算 $c = H(t \| z)$ 作为挑战值，然后计算 $s = k - cx$。

(3) $P$ 将 $z$、$c$、$s$ 发送给验证者 $V$。

(4) 验证者计算 $t' = h^s z^c$，然后计算 $c' = H(t' \| z)$，判断 $c = c'$ 是否成立，若成立，则秘密值 $x$ 有效；否则，秘密值无效。

上述零知识证明应用场景比较局限，仅能证明某个秘密值(整数)，而简洁通用非交互式零知识证明(zk-SNARK)则可证明任意的计算逻辑，应用场景非常广泛，也是目前研究的热点。

zk-SNARK 是一个非交互式知识的零知识证明，它是简洁的，即证明很短并且很容易验证，更准确地说，是让 $L$ 成为一种 NP 语言，让 $C$ 作为一个 $L$ 的给定实例大小为 $n$ 的 $L$ 的非确定性决策电路。zk-SNARK 可以用来证明和验证成员在 $L$ 中，这里给出一个大小为 $n$ 的实例，取 $C$ 作为输入后，可信方执行一个一次性安装阶段，结果有两个公钥：一个是证明密钥 $p_k$，另一个是验证密钥 $v_k$。证明密钥 $p_k$ 使任何(不可信)证明者产生一个证据 $\pi$，证明所选的长度为 $n$ 的 $x$，满足 $x \in L$。非交互式的证据 $\pi$ 是零知识和知识的证明。任何人都可以使用验证密钥 $v_k$ 来验证证据 $\pi$；特别是 zk-SNARK 证据公开可验证：任何人都可

以验证 $\pi$，不用和生成证据 $\pi$ 的证明者进行交互。简洁要求(对于给定的安全级别) $\pi$ 是固定大小的，验证时间是随 $x$ 线性增长的。

### 7.2.4　应用方向

零知识证明具有广泛的应用场景，可应用于区块链数据隐私保护、身份认证、数据共享、匿名交易等领域，用于保护用户的隐私。

(1)区块链数据隐私保护：由于区块链是一个分布式的公开账本，因此区块链中的数据对于所有节点都是公开的，然而多数区块链应用场景中的数据隐私性较高，因此结合零知识证明技术可实现区块链中数据的隐私保护和合法校验。

(2)身份认证：传统认证方法需要提供身份信息，可能暴露用户的隐私，通过结合零知识证明技术，可以使认证方验证用户提供的零知识证明，从而确认用户的身份，保护用户的身份隐私。

(3)数据共享：在数据共享领域，数据提供方往往因为害怕数据共享后敏感数据泄露而不敢共享数据，造成数据孤岛，难以实现数据的流通价值，通过结合零知识证明技术，能够实现安全的数据共享，使数据在共享过程中不会泄露任何有用的信息。

(4)匿名交易：通过结合零知识证明技术，可实现匿名化的交易平台，除交易双方外，交易信息不会被第三方获取，可有效保护用户及交易的隐私安全。

除上述领域外，零知识证明还可应用于端对端加密、分布式存储、跨域认证等领域，随着零知识证明技术的发展，零知识证明的应用场景会越来越广泛。

## 7.3　安全多方计算

### 7.3.1　概念及分类

安全多方计算(secure multi-party computation，SMC)的研究主要是针对在无可信第三方的情况下，如何安全地计算一个约定函数的问题。安全多方计算是保证电子选举、门限签名以及电子拍卖等诸多应用安全的密码学基础。它解决一组互不信任的参与方之间保护隐私的协同计算问题，SMC 要确保输入的独立性、计算的正确性，同时不泄露各输入值给参与计算的其他成员。一个 SMC 模型由 5 个方面组成：参与方、安全性定义、通信网模型、信息论安全与密码学安全。通常讲，一个安全多方计算问题在一个分布网络上计算基于任何输入的任何概率函数，每个输入方在这个分布网络上都拥有一个输入，而这个分布网络要确保输入的独立性、计算的正确性，而且除各自的输入外，不透露其他任何可用于推导其他输入和输出的信息[5]。

安全多方计算中涉及的密码学工具主要包括混淆电路、秘密共享等。其中，安全两方计算由于具有更高效的构造技术和更广泛的应用场景，其研究更具有实用性。目前，关于安全多方计算的研究大致包括两类。

一类是对一般理论的研究，如安全性概念的研究、计算模型的研究、安全性有关的基本定理及协议中的通用工具和设计方法的研究等。

另一类是在实际应用问题中的研究。在现有的研究成果中，安全多方计算已有很多的理论基础和通用方法，但这些并不能满足实际应用问题的多样性的需求。因此必须设计一些其他的安全协议来应用在特定的实际计算问题中[6]。

### 7.3.2　发展历程

安全多方计算的发展可以分为 4 个阶段。第一阶段是理论研究阶段，从 20 世纪 80 年代到 90 年代，安全多方计算的学术研究开始有少量论文发表，主要集中在理论方面，验证不同安全模型下的可行性，所提出的应用场景与实际应用相差甚远，但从理论上证明了技术可行性。第二阶段是实验室阶段，主要是 21 世纪的前 10 年，开始有一些项目与实际问题相结合，如在数据挖掘中为保护隐私而设计的多方安全计算协议，并取得一些研究成果。第三阶段是应用初创阶段，从 2010 年开始，一些行业巨头开始在数据市场等领域尝试用多方安全计算解决多方数据安全交换问题[5,6]。

第四阶段则是近两年开启的规模化发展阶段，由于多个国家和地区发布数据保护法规，导致业界期望用多方安全计算来解决数据使用的合规性问题，相关标准的制定工作也渐次展开，金融、医疗、政务等领域开始关注和尝试多方安全计算的技术。在该阶段，国内外科技巨头也对安全多方计算进行了布局。

国外安全多方计算技术发展现状：目前谷歌推出新型安全多方计算开源库，以隐私安全的方式进行数据协作。Facebook 则开源了其研究的 Secure Machine Learning 框架 CrypTen，基于多方安全计算技术支持机器学习的训练。从 2019 年微软发布的两项专利申请看，其正考虑在拟推出的区块链产品中使用可信执行环境。综合看来，国外的多方安全计算产品形态仍处于较为初级的阶段，未形成产业生态圈，也尚未形成垄断格局。

国内安全多方计算技术发展现状：BAT 等科技巨头企业纷纷布局安全多方计算，中国信息通信研究院建立了国内首个大数据产品的评测体系"大数据产品能力评测"并开展测试工作，该测试已成为国内大数据产品发展的风向标，并在 2019 年下半年首次增加了基于安全多方计算的数据流通产品评测。当前国内较为知名的安全多方计算公司和产品包括蚂蚁区块链科技(上海)有限公司蚂蚁区块链摩斯安全计算平台(MORSE)、腾讯云计算(北京)有限责任公司神盾沙箱、华控清交信息科技(北京)有限公司 PrivPy 多方安全计算系统、北京百度网讯科技有限公司点石平台及上海富数科技有限公司富数安全计算平台等。

安全多方计算在发展中的主要应用技术路线包括基于混淆通信的安全查询、基于全同态的多方计算、基于秘密共享的多方计算、多方计算保护并验证高安全级别的信息等，列举如下。

(1)基于混淆通信实现安全的信息交互和查询，以 DARPA 的"弹性匿名通信项目"(resilient anonymous communication for everyone，RACE)为例，主要利用混淆通信等技术实现对抗网络环境下的安全分布式消息传递，包括：

①通信参与方完全存在于给定的非受控网络环境中(如互联网)，在通信中具有抗分析、抗溯源、抗破译能力。

②保证非受控环境中消息传递的机密性、完整性和可用性。

③保护系统中参与者的隐私。受损的系统数据和关联的网络通信对系统其他部分没有影响。

(2)基于全同态加密的安全多方计算技术。该技术路线用于解决云计算中的数据安全问题，可减少参与方之间的通信开销，最知名的项目是 DARPA 的"密文数据上的编程计算项目"(programming computation on encrypted data，PROCEED)，形成了安全多方计算中著名的 Sharemind 协议簇框架和开发者社区，并探索了若干应用场景。但全同态加密面临着密文扩展问题，使得计算开销快速增长，尚不能大范围部署，因此在全同态加密方面，通过硬件加速提升运算速度也是决定未来基于全同态的多方计算技术能否落地的重要研究点。

(3)基于秘密共享的安全多方计算技术，可以在保护各方数据隐私安全的同时合作计算，发挥大数据价值，以美国的 Brandeis 项目为例，基于安全多方计算技术的组合保护静止和传输中的数据，在物理形式上，使用多个服务器对加密数据执行计算，但这些服务器无法看到解密的数据。该项目目前已形成基于软件的 Jana 平台，并在应急救灾、传染病管理、政府决策分析(大数据)等场景下进行测试，Jana 平台在电子政务领域的原理验证被 DARPA 认为对政府领导人掌握态势、快速决策有重大意义。

(4)除上述主流应用路线外，部分观点将零知识证明列入安全多方计算领域，用于保护高安全级别的信息，并能直接对密文信息进行验证和评估。随着网络空间中安全和应用需求的变化，安全多方计算被认为可以解决更多应用的痛点问题，如利用混淆技术防止攻击者对软件进行逆向工程，在互联网环境中防止第三方发现终端用户通信位置或阻断用户通信等。

### 7.3.3　关键技术方案

下面基于不同技术路线分析重点技术方案。

#### 1. 交互次数和交互方式研究

安全多方计算协议一般包括多个参与方，多个参与方在不同的安全模型中执行协议，不同参与方之间的交互问题会直接影响协议的安全性和通信复杂度。

目前通用的安全两方计算已被提出并在实践中证明可行，但需要在两个参与者之间进行多次交互，具有要求参与方同时在线的局限性，对参与方的较高要求使得应用场景较为局限。

Halevi 等在 2011 年提出了一个能够捕获通信模式的安全多方计算模型，设定参与方之间无须同时在线，参与方之间无须交互而只需与中心服务器交互一次，具有重要实践意义。在 Halevi 的工作基础上，S. Dov Gordon 等提出了新的"一次交互式"的安全多方计算协议，并给出了协议最优化的条件。Arash Afshar 等将两方单轮交互模型定义为非交互安全计算(NISC),并提出 OS-NISC/MS-NISC 协议,实现了近似最优的基于分割选择范例的单轮交互两方计算协议,只需 $t$ 个混淆电路即可实现 $2-t$ 的欺骗概率。

此外,编码技术也会影响 NISC 的通信次数。对编码技术的创新和研究会影响安全多方计算领域的发展。

2. 混淆电路设计

混淆电路最早由姚期智院士提出,其背后的密码学思想为不经意传输,原理如下。

任意函数最后在计算机语言内部都是由加法器、乘法器、移位器、选择器等电路表示,而这些电路最后都可以仅由 AND 和 XOR 两种逻辑门组成。一个门电路其实就是一个真值表,如 AND 门的真值表见表 7-1。

表 7-1　AND 门真值表

| 真值 | 0 | 1 |
|---|---|---|
| 0 | 0 | 0 |
| 1 | 0 | 1 |

例如,其中右下格表示两根输入线(wire)都取 1 时,输出 wire=1,即 1 AND 1=1。假设我们把每个 wire 都使用不同的密钥加密,则把真值表变成表 7-2 的形式。

表 7-2　加密真值表

| 输入 | $a$ | $b$ |
|---|---|---|
| $c$ | $\mathrm{Enc}(a\|c,\ e)$ | $\mathrm{Enc}(b\|c,\ e)$ |
| $d$ | $\mathrm{Enc}(a\|d,\ e)$ | $\mathrm{Enc}(b\|d,\ f)$ |

例如,其中右下格表示如果门的输入是 $b$ 和 $d$,那么输出加密的 $f$(密钥是 $b$ 和 $d$)。这个门从控制流的角度来看还是一样的,只不过输入和输出被加密了,且输出必须使用对应的输入才能解密,解密出的 $f$ 又可以作为后续门的输入。这种加密方式就称为混淆电路(garbled circuit,GC),如图 7-2 所示。

将电路中所有的门都按顺序进行这样的加密,就得到一个 GC 表示的函数。这个函数接收加密的输入,输出加密的结果。

假设有两个参与方 $A$ 和 $B$ 各自提供数据 $x$、$y$,希望安全地计算约定的函数 $f(x,y)$,那么一种基于 GC 的安全两方计算协议过程可以非正式地描述如下。

(1)Alice 先把函数 $f$ 转换成等价的电路 C。

(2)Alice 选标签加密 C 得到加密电路 GC。

(3)Alice 发送 GC 和 $x$ 的相应标签。

(4)Bob 运行 OT(oblivious transfer,不经意传输),获取和 $y$ 相关的标签。

(5)Bob 解密 GC,得到输出结果。

(6)Bob 将结果发送给 Alice。

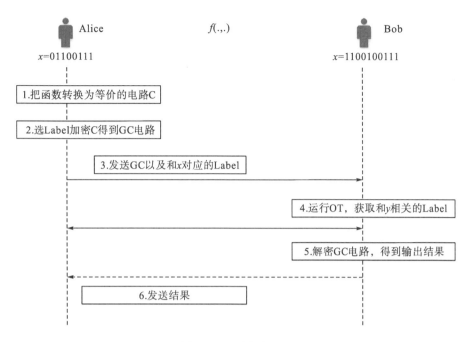

图 7-2　混淆电路原理

在混淆电路的发展中，O. Goldreich 等学者提出了密码学安全的能计算任意函数的安全多方计算协议。Nielsen 等提出将分割选择技术从电路中剥离应用到门限层面。Lindell 等提出了一个新的构造分割选择技术的方法，为了抵抗欺骗，要求所有的计算电路都是不正确的，其欺骗概率为 $2-s$，$s$ 是加密电路的数目。Lu-Ostrovsky 等在姚氏电路的基础上提出了一个模拟电路"混淆随机存取器"并给出了一个基于伪随机函数的构造方法：允许用户直接篡改一个 RAM 程序，而无须额外将其转换为电路。Payman Mohassel 等基于通用的私有函数计算，提出了一个基于半诚实模型下的新的 PFE 总体框架，可以应用于通用多方计算构造中，可获得至今最有效的 PFE 构造。Craig Gentry 等在 Lu-Ostrovsky 的基础上提出了一个精确的循环困难性假设，对 Lu-Ostrovsky 构造的思想进行抽象、简化和推广。

3. 抵抗敌手安全模型

安全多方计算可根据攻击者的计算能力、对参与者的控制程度，以及选择受控参与者的方式设计多种敌手模型。按计算能力可将敌手划分为计算能力受 PPT 限制和非受限两类攻击者。按对参与者的控制程度可将敌手划分为被动攻击者、主动攻击者和拜占庭式攻击者。按对受控参与者的选择方式可将敌手划分可分为静态攻击者和动态攻击者。

在重要成果方面，Ashish Choudhury 等提出了一个门限敌手的安全多方计算协议，相比传统多方计算协议减少了通信量。Rosulek 等对可抵抗半诚实敌手的两方任务进行了完整表征，并指出了抵抗恶意敌手的充分条件(基于自动可约性)。Yuen 等设计了第一个即使攻击者配备了辅助输入也能保证安全性的基于身份的加密(identity-based encryption，IBE)方案并提出了连续辅助泄露(CAL)模型，模型可以同时捕捉内存泄露和连续泄露。

Damgard 等提出了一个可以安全防御在 $n$ 个参与者中有 $n-1$ 个活跃的敌手的通用多方计算协议，其主要思想是在输入时使用随机数据替代加密过的数据，并在协议结束时进行一些验证操作。计算通常分为两步，即预处理（离线计算）过程和在线计算过程。预处理阶段生成一些需要被共享的随机数（一般方式为不经意传输或同态加密），在线计算过程需通过离线阶段产生的随机数计算最终的结果，该协议可以用于任意有限域上的算术电路，并被证明在大域中计算是最优的。Ben-Sasson 等提出了一个新的有 $n$ 个参与者的 MPC 协议，可完全抵抗无限制计算的恶意敌手可适应性地控制 $t < n / 2$ 个参与者。Nielsen 等提出了一个基于 OT 的可以安全抵抗主动敌手的适用于两方计算的新方法，可在随机预言机模型中扩展 OT 以获得更高效率。

### 7.3.4　应用方向

安全多方计算的典型应用方向如下。

(1) 电子选举协议。包括需要满足计票的完整性，计票过程的鲁棒性，选票内容的保密性、不可复用性、可证实性等。

(2) 电子拍卖。电子拍卖是网上电子商务的重要服务，但存在安全和隐私问题，该领域的应用方案多采用可验证秘密共享作为协议的构造基础，以解决安全和隐私问题。

(3) 门限签名。门限签名随着电子商务活动发展，目前已较为成熟，主要解决网络中 CA 作为可信任机构的安全隐患问题。

(4) 数据库安全查询。数据库安全查询定义为能保证用户方仅得到查询结果，但无法得到数据库的其他信息；同时，拥有数据库的一方，不知道用户的查询记录。

安全多方计算问题研究的最终目的在于构建出能够解决实际问题的应用协议。但现有的一般性安全多方计算模型和安全性定义不能很好地反映实际应用特点，效率上参差不齐，并且使得安全性无法保证，缺乏针对特定应用环境的安全模型和定义。需要将理论与实践结合起来，针对特定的问题设计具体的解决方案。

# 7.4　后量子密码

### 7.4.1　概念及分类

量子信息科学技术的发展催生了量子计算、量子通信和量子密码等新兴量子科学门类。量子计算机区别于电子计算机最大的特点是量子计算机是并行计算的，这种天然的并行性使得量子计算机运算能力相对传统电子计算机有指数级提升，能够用于攻击传统的密码，传统的密码面临着巨大的挑战。如果设计的密码不是基于计算的，或者是基于量子计算机不擅长的计算问题，那么这种密码可以抵抗量子计算机攻击，我们称为抗量子计算密码或后量子密码。现有的绝大多数公钥密码算法（RSA、Diffie Hellman、椭圆曲线等）能被足够大和稳定的量子计算机攻破，而可以抵抗这种攻击的密码算法能够在量子计算之后存活下来，所以被称为后量子密码，或者抗量子计算密码。[7]

抗量子计算密码主要有以下 4 种类型。

(1)量子密码。保密性不是基于计算的，而是基于量子力学的。

(2)DNA 密码。保密性不是基于计算的，而是基于生物学中的某种困难问题的。

(3)基于量子计算机不擅长计算的数学问题的密码。它的保密性是基于计算的，但是基于量子计算机不擅长的数学问题。

(4)其他密码。预计将会发现更多的其他抗量子计算密码。

### 7.4.2　发展历程

国际学术界目前公认的有 4 种可以抵抗量子计算的密码。

第一种是认证树签名方案(Merkle)。优点是计算效率很高，缺点是只能签名不能加密，且密钥比较长，签名次数受限。目前没有量子计算机具备对 Hash 函数有效的攻击方法，科研认为认证树签名方案(Merkle)是抗量子计算的。但认证树签名方案(Merkle)还有许多需要进一步研究的问题，包括如何增大签名次数，如何减少它的密钥尺寸，可否设计出既能加密又能签名的方案等。

第二种是基于纠错码的密码。第一个基于纠错码的密码是 McEliece 于 1978 年提出的，基于纠错码的一般译码问题，是 NPC 问题，1986 年，Niederreiter 又提出一种变型的体制称作 N 体制，这两种体制被证明在安全性上是等价的。基于纠错码的这两种密码适用于加密，但是不能用于签名。

第三种是基于格上困难问题的密码。最短向量问题、最近向量问题等都是格上的著名的困难问题。如果能够基于这些困难问题设计出一个安全的单向陷门函数，则就可以设计出格公钥密码。基于格上困难问题设计的密码安全性比较高，并且由于格上大多数的运算属于线性运算，所以在格上设计的密码运算速度都比较快。NTRU 密码是一个较为成功的基于格的密码，加密有效，但不能用于签名。目前对格理论的研究时间相对较短，对于格上的一些困难问题的认识还不够深刻，所以格密码的安全性和实用性有待进一步研究。

第四种是 MQ 密码。MQ 问题是指多变元二次非线性方程组求解问题。MQ 密码的优点是效率比较高，占用资源比较少，所以非常适合像 RFID、智能卡等资源受限的系统，但是只能安全签名不能安全加密，且公钥比较长，应用较困难[8]。

### 7.4.3　应用方向

后量子密码可以被应用于更高层次的协议/应用，与现有的公钥密码算法一样，在 HTTPS、数字证书、SSH、VPN、IPsec、比特币等领域应用。现在用到公钥密码算法的场景，都可以使用后量子密码算法进行替代。此外，后量子密码算法还可以用于基于格问题的同态加密等更高级的密码学应用研究中。

# 7.5　区　　块　　链

## 7.5.1　概念及分类

### 1. 区块链的概念

区块链的概念分为狭义和广义两种[9]。

狭义的区块链技术是一种按照时间顺序将数据区块以链表的方式组合成特定数据结构，并以密码学方式保证的不可篡改和不可伪造的去中心化共享总账，能够安全存储简单的、有先后关系的、在系统内可验证的数据。

广义的区块链技术则是指利用加密技术来验证与存储数据、利用分布式共识算法来新增和更新数据、利用运行在区块链上的代码(即智能合约)来保证业务逻辑自动强制执行的一种全新的多中心化基础架构与分布式计算范式。

### 2. 区块链的分类

区块链可以根据不同原则进行多种划分。按开放程度，可划分为公有链、联盟链和私有链；按应用范围，可划分为基础链、行业链；按原创程度，可划分为原链、分叉链；按独立程度，可划分为主链、侧链；按层级关系，可划分为母链、子链。公有链、联盟链和私有链的划分较为大众，且被大部分人所认可，下面进行详细介绍。

1) 公有链

公有链是指全网公开、无用户授权机制的区块链。公有链对所有人开放，各个节点均可自由加入和退出网络，并参加链上数据的读写。网络中不存在任何中心化的服务端节点。其特点如下。

(1) 用户权益可以得到很好的保护，免受开发者影响。

(2) 基于庞大的用户体系与高度去中心化的特性，数据公开透明且无法篡改。

(3) 所有操作匿名进行，保护用户隐私。

(4) 开放性强，访问门槛低。任何用户都可以在其上开发自己的应用并且产生效应。

同时，由于公有链的以上特点，也造成了其效率低、成本高、数据暴露不符合业务规则和监管要求等问题。

2) 联盟链

联盟链是指允许授权的节点加入网络，可根据权限查看信息的区块链。联盟链由多个机构或组织共同参与管理，每个机构或组织管理一个或多个节点，其数据只允许联盟内的不同组织机构进行读写和发送。相比于公有链，联盟链的优势体现在以下几个方面。

(1) 部分去中心化。联盟链在某种程度上只属于联盟内部的成员所有，且很容易达成共识。

(2) 可控性较强。如果联盟中的大部分机构或组织达成共识，则原则上可对区块数据进行更改。

(3) 数据不默认公开。联盟链的数据只限于联盟里的机构及用户进行访问。

(4) 交易速度较快。由于联盟链节点不多，达成共识容易，交易速度较公有链快很多。

3) 私有链

私有链是指所有网络中的节点都归属于某个组织或者机构的区块链。私有链需要授权才能加入节点，且私有链中各个节点的写入权限被严格控制，读取权限则可根据需求有选择性地对外开放。相较于公有链和联盟链，私有链实质上不具备去中心化。其特点如下。

(1) 交易速度非常快。私有链上只有少量节点，且具有很高的信任度，交易不需要所有网络节点的确认，所以其交易速度比任何其他的区块链都快。

(2) 交易成本低。私有链的交易只需要几个受到普遍认可的高算力节点确认即可，其交易成本与公有链和联盟链相比极低。

(3) 抗恶意攻击能力强。链上成员都是经过审核授权的，所以恶意攻击的可能性相对较小。

## 7.5.2　发展历程

### 1. 区块链的起源

2007 年 8 月，美国次贷危机引发的金融风暴对世界金融市场造成了极大的冲击，促使人们开始反思当前金融监管制度的缺陷与问题，使人们积极去探索新的监管机制和体制。在这种背景下，2008 年，一位化名为"中本聪"的学者在信息加密论坛上发表了一篇论文《比特币：一种点对点的电子现金系统》，奠定了区块链技术和加密数字货币发明的基础。文章提出，希望可以创建一套新型的电子支付系统，这套系统"基于密码学原理而不是基于信用，使得任何达成一致的双方在符合条件的情况下能够直接进行支付，而不需要特定第三方机构的参与"。

2009 年 1 月，以区块链技术为基础的比特币发行交易系统正式开始运行，大量投资者将比特币作为一种投资品买卖，其安全性、可控性及监管问题被多番讨论，各国政府态度不尽相同。作为比特币底层技术的区块链技术，起初因为比特币而被广泛认知，但凭借其自身鲜明的特点及技术优势，逐渐在人们生活的多个领域得以应用，得到了越来越多的关注和研究。

### 2. 区块链的发展阶段

区块链的技术进展可以分为 3 个阶段：从 1.0 时代的数字货币，到 2.0 时代的数字资产与智能合约，再到 3.0 时代实现区块链社会治理的愿景。

1) 区块链 1.0——数字货币

这一阶段是以比特币为代表的加密货币时代，区块链的价值体现主要为分布式，主要具备的是证明交易记录的功能。区块链的发展得到了欧美等国家市场的接受，同时也催生了大量的货币交易平台，实现了货币的部分职能，能够实现货品交易。比特币并没有直接提出"区块链"的概念，但其解决交易记录真实有效并不可篡改的方案就是区块链系统的原型：客户端发起交易并向全网广播待确认，系统中的节点将若干待确认的交易和上一个块的 Hash 值打包放进一个块（Block）中并审查块内交易的真实性以形成一个备选区块；随后试图找到一个随机数使得该候选区块的 Hash 值小于某一特定值（通过"挖矿"），一旦找到该数后系统判定该区块合法，即向全网进行广播，其他节点对该区块进行验证后公认该区块合法，此时该区块就会被添加到链上，区块中的所有交易也自然被判定为有效。后续交易以此类推，从而形成一个历史交易记录不断堆叠的账本链条。对链条上某一块的任何改动将会导致该块 Hash 值变化，进而导致后续块的 Hash 值变化，与原有账本对不上，因此有极强的抗篡改特点[①]。

　　这一阶段是区块链的初始发展阶段，人们对区块链的技术原理并没有深入了解，区块链给人们带来的价值体现十分有限。随着数字货币交易平台暴露出信息安全脆弱性高、价格波动大、交易时间长、政府监管不力等问题，基于区块链的数字货币的热潮逐渐退散。

　　区块链 1.0 是以比特币为代表的虚拟货币的时代，代表了虚拟货币的应用，包括支付、流通等虚拟货币的职能。主要具备的是去中心化的数字货币交易支付功能，目标是实现货币的去中心化与支付手段。比特币的系统架构如图 7-3 所示。

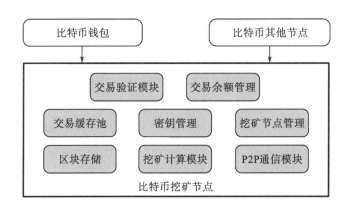

图 7-3　比特币系统架构图

2）区块链 2.0——数字资产与智能合约

　　这一阶段区块链扩展到数字资产与智能合约，突破了 1.0 阶段数字货币的局限，以智能合约为底层基础支撑上层开发，在金融领域展开应用，体现出区块链去中心化与不可篡改的价值。区块链相对于金融场景有强大的天生优势。简单来说，如果银行进行跨国转账，则需要打通各种环境、货币兑换、转账操作、跨行问题等。而区块链实现的点对点的操作，避免了第三方的介入，直接实现点对点的转账。

　　区块链 2.0 的代表是以太坊。以太坊是一个平台，它提供了各种模块让用户用以搭建应用。以太坊提供了一个强大的合约编程环境，通过合约的开发，以太坊实现了各种商业与非商业环境下的复杂逻辑。以太坊的核心与比特币系统本身是没有本质区别的。而以太坊的本质是智能合约的全面实现，提供了更多的商业、非商业的应用场景。以太坊的系统

① 华为区块链白皮书，2018。

架构如图 7-4 所示。

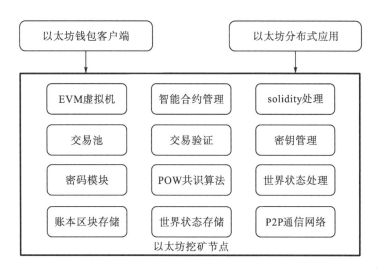

图 7-4　以太坊系统架构图

3) 区块链 3.0——区块链社会治理

区块链 3.0 是指区块链在金融行业之外的各行业的应用场景，能够满足更加复杂的商业逻辑。区块链 3.0 被称为互联网技术之后的新一代技术创新，足以推动更大的产业改革。这一阶段区块链超越金融领域，进入社会公证、智能化领域。应用范围扩展到整个社会，在医疗健康、司法存证、版权交易、可信政务、智能制造、数字身份等领域展开应用，与实体经济、实体产业相结合，实现去中心化自治，发挥区块链价值。目前，区块链 3.0 的主要代表是超级账本(Hyperledger)，其系统架构如图 7-5 所示。

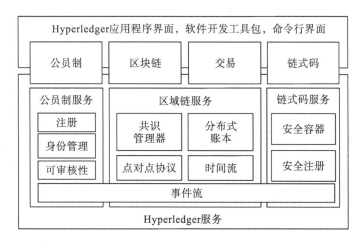

图 7-5　超级账本系统架构图

区块链 3.0 涉及生活的方方面面,所以区块链 3.0 更具有实用性,赋能各行业,不再依赖第三方或某机构获取信任与建立信用,能够通过实现信任的方式提高系统整体的工作效率。

也可以说,区块链 1.0 是区块链技术的萌芽,区块链 2.0 是区块链在金融、智能合约方向的技术落地,而区块链 3.0 是为了解决各行各业的互信问题与数据传递安全性问题的技术落地与实现。

### 7.5.3 关键技术方案

1. 供应链金融

供应链金融是对供应链中上下游的多个企业提供全面的金融服务,以促进供应链核心企业及上下游企业产、供、销链条的稳固和流转畅顺,并通过金融资本与实业经济协作,构筑金融机构、企业和商品供应链互利共存、持续发展、良性互动的产业生态。

区块链技术为供应链金融赋能,主要表现在降低中小企业的资金成本、降低机构间信用协作风险成本、实现多层级信用传递、管控履约风险、减少资金端的风控成本 5 个方面。区块链在供应链金融领域的应用如图 7-6 所示。

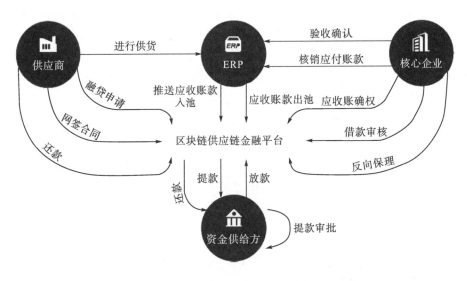

图 7-6  区块链在供应链金融领域的应用

2. 资金监管

资金监管主要在于完善资金分配机制,其基本原则是公正、公开、公平,核心是采用科学方法分配资金。

在资金流通过程中,需要强化扶贫资金监管机制。一是实行阳光操作,全面推行扶贫资金项目公告、公示制,引导广大群众参与扶贫项目的监管;二是进一步发挥基层财政,特别是乡镇财政所就近实施监管的作用,建立健全对扶贫项目的巡查机制;三是积极与纪检监察、审计部门配合开展重点监督检查，强化日常的督查；四是加大惩罚力度，对发现的问题依法依纪严肃处理，发现一起，处理一起，绝不姑息。

区块链扶贫资金监管方案，依托区块链打通资金提供方、使用方和监管方链接，对资金拨付和资金使用信息进行实时上链存证，为监管方提供不可篡改且全程可追溯的数据源，支撑其对资金的分配、转移、支出和使用实施精细化的监管，如图 7-7 所示。

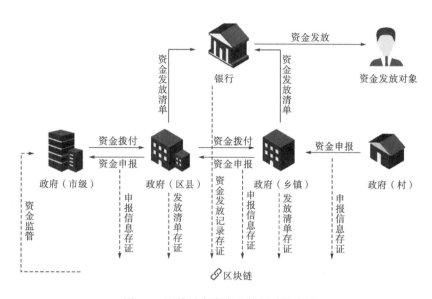

图 7-7 区块链在资金监管领域的应用

### 3. 产品溯源

产品溯源是一种记录产品源头、加工、仓储、物流等流转过程的行为，在产品的生产、加工、流通过程中，利用检测或采集等方式，获得产品的关键数据，并进行记录，如图7-8 所示。之后可通过特定的方式查询对应产品的相关数据。中国农业市场巨大，国家支持力度大，人民关注程度高，因此高品质的农产品溯源与保险相结合具有广阔的市场前景。

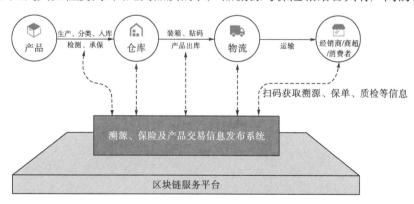

图 7-8 区块链在产品溯源领域的应用

　　区块链技术与产品溯源的结合，可减少消费端和供应端的信息不对称，为消费者提供更高品质、更放心的产品，同时提高产品的价值、增加产品销量，对农产品品质保险起到宣传推广的作用。此外，还可以促进农产品品牌化，增强农产品在市场中的竞争力，从交易记录、质量评价、理赔公示和供销双方的管理等方面构建农产品品牌体系。

4. 版权交易

　　版权交易是版权知识成果转换的一种重要方式，大部分创作者本身缺乏将作品进一步改编成其他艺术形式的资源和能力，通过将权利进行转移，既能让创作者本身获得收益，也有利于整个行业的资源合理分配。

　　为了支持在线版权交易，必须要解决两个问题：作品的版权确认问题与权利转移的确认问题。通过区块链技术将文学内容数字化，对创作者进行身份认证，并进行版权登记，解决版权确认问题；利用区块链不可篡改的特性，对权利转移过程上链存证，解决转移后的权利归属问题，如图7-9所示。

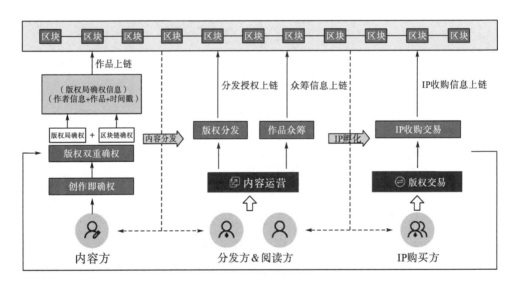

图7-9　区块链在版权交易领域的应用

　　基于区块链技术的知识产权资产联盟链，通过区块链技术无缝链接版权局版权登记，实现国家信任与技术信任的双重保护，并通过引入图书、音乐、影视制作机构提供 IP 转化服务，进行异业资源整合。

5. 司法存证

　　《2018 年中国电子证据应用白皮书》数据显示，全国民事案件超 73%涉及电子证据。与此同时，由于传统电子存证人为因素干扰较大，司法效力不强，采信率极低，有学者对裁判文书网 8095 份裁判文书对电子证据的采信情况进行调研，调研结果显示明确做出采信判断的仅占 7.2%。

针对传统电子存证方式存在的问题，运用区块链技术建立存证联盟，利用区块链的不可篡改、各方共同见证等特性，可以有效地解决传统存证易被篡改、人为干扰大等问题，对提升电子证据采信率有很大的帮助，如图 7-10 所示。

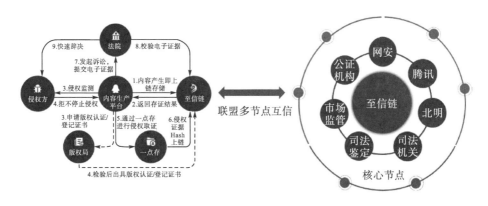

图 7-10　区块链在司法存证领域的应用

#### 6. 数字身份

数字身份是现实世界中的实体在数字世界中的身份映射，代表的是一个外部代理的实体信息，通常情况下该实体可以是人、机、物。数字身份现常用来代表一个实体在线活动所产生的全部属性信息，包括自然属性、社会属性、行为属性等，即通过一系列的属性特征组合用于确认"你是谁"。区块链由于其唯一性、防篡改性、可追溯性，非常适用于数字身份信息的持久保存、管理、共享。

数字身份作为系统的基础数据和必备功能，与区块链结合后可应用于各行各业，典型的应用场景就是用户通过移动终端扫码认证身份，实现网站或 App 的单点认证登录，或在办理酒店住宿、民政业务等场合时，通过手机出示证件二维码，证实个人合法身份和属性信息。

首先，基于区块链构建可信身份认证和管理的身份链，打造"以用户为中心"的身份生态系统，提供统一的可信身份信息管理和信任服务。其次，在身份链的基础上构建其他落地应用，如证照链和学信链，分别支撑用户数字身份在电子政务领域和教育领域的场景应用，如图 7-11 所示。

#### 7. 可信政务

政务数据系统是基于互联网技术的面向政府机关内部和其他政府机构的信息服务以及信息处理系统，利用现代信息技术对政府进行信息化改造，实现政府组织结构和工作流程的优化重组，跨越时间和空间的限制，以提高政府部门依法行政的水平。传统的中心化信息管理系统模式，存在区域限制、信任、服务稳定性以及全面信息归集等问题。

区块链技术可以解决在政务场景下的一些突出问题，包括数据信任、信息安全、监管审计支持、易用性等，从基础层面确保数据的完整性和可信度，帮助政府更好地提升管理与服务质量，积极促进电子政务的建设与发展。例如，通过将电子证照、不动产登记、信用承诺、市场监管等政务数据上链存储流转，建立安全有效的信任机制，实现面对民众的可控、可信、可靠。

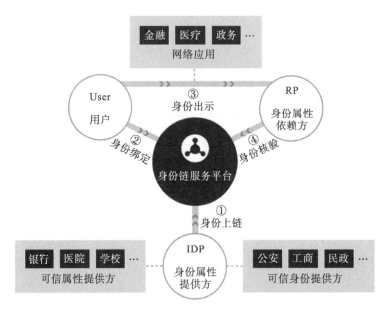

图 7-11　区块链在数字身份领域的应用

政务数据共享平台的数据共享防护体系，基于区块链技术，实现跨部门、跨区域的政务信息资源实时共享，发挥数据价值，同时强化政府内部监管，提升政府治理能力，提高政府公信力，如图 7-12 所示。

图 7-12　区块链在可信政务领域的应用

### 8. 医疗健康

医疗健康是民众关注的重点。当前医疗产业存在不少痛点。患者多、医院少是造成看病难的主要原因之一，其背后是医疗资源过度集中、医院信息孤岛、流程复杂等问题。将区块链技术应用到医疗健康领域，有助于优化资源配置、创新服务模式、提高服务效率、降低服务成本，满足人民群众日益增长的医疗健康服务需求，如图 7-13 所示。

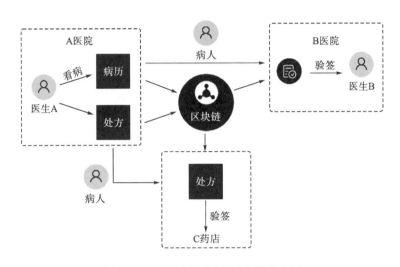

图 7-13　区块链在医疗健康领域的应用

区块链对于医疗行业而言主要有 3 个优点：高冗余度、防止篡改以及多私钥的复杂保管权限。基于区块链技术可使医疗数据安全流通，激活医疗信息的真正价值。总体看来，目前区块链技术在医疗健康领域的应用，尚处于起步和探索阶段。

### 9. 智能制造

制造业在国家层面乃至整个人类社会扮演着至关重要的角色，智能制造已然成为国家级战略课题。当前，互联网创新发展与新工业革命正处于历史交汇期。国家抢抓新一轮工业革命机遇，围绕核心标准、技术、平台加速布局工业互联网，构建数字驱动的工业新生态，如图 7-14 所示。我国工业互联网在框架、标准、测试、安全、国际合作等方面取得了初步进展，成立了汇聚政产学研的工业互联网产业联盟，发布了《工业互联网标准体系2.0》《网络连接白皮书》《工业互联网安全框架》等，涌现出一批典型平台和企业。

智能制造流程繁多，包括制造成本管理系统、SFC 系统生产制造信息化，以及自建标准工艺成本、计划管理和 MES 信息系统等，需要多个平台协同才能高效完成。在目前智能制造领域，各个平台间并未形成高效合作，存在数据孤岛、协同困难、物料难追溯等行业共性难题，亟待构筑一张智能融合网络，实现智慧工业在不同环境下的业务数据共享、互联需求，赋能智能制造。

10. 物联网

物联网是与不同领域的传统行业深度结合，赋能传统行业，并在此基础上形成的一种新生态模式。随着物联网设备数量的急剧上升，服务需求不断增加，传统物联网服务模式面临巨大挑战，主要体现在数据中心基础设施建设与维护投入成本的大幅攀升，以及相关物联网业务平台存在的安全隐患和性能瓶颈等方面。

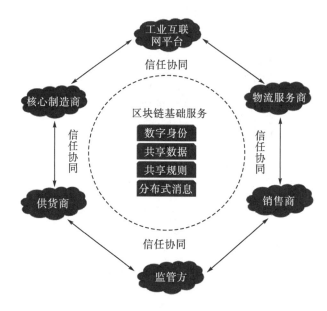

图 7-14　区块链在智能制造领域的应用

区块链凭借主体对等、公开透明、安全通信、难以篡改和多方共识等特性，对物联网将产生重要的影响，其多中心、弱中心化的特质将降低中心化架构的高额运维成本，信息加密、安全通信的特质将有助于保护隐私，身份权限管理和多方共识有助于识别非法节点，及时阻止恶意节点的接入和作恶，依托链式的结构有助于构建可证可溯的电子证据存证，分布式架构和主体对等的特点有助于打破物联网现存的多个信息孤岛桎梏，促进信息的横向流动和多方协作。

在物联网领域，通过多链多通道、共识算法、可监管敏感数据安全保护等底层技术的研究，构建基于区块链的物联网安全基础服务平台，面向设备接入认证与权限管理、设备数据安全共享、设备安全管理等多个物联网安全需求场景，提供基于区块链的物联网安全解决方案，可在供应链金融、医疗、工业互联网等多个物联网领域进行应用实践，如图 7-15 所示。

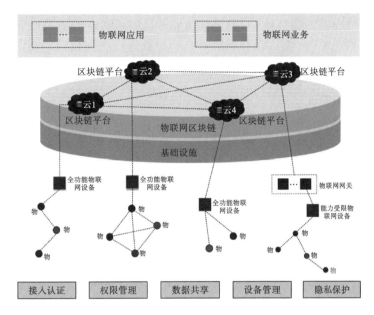

图 7-15　区块链在物联网领域的应用

### 7.5.4　应用方向

**1. 区块链+产业金融**

基于区块链的产业金融解决方案，有助于解决中小企业贷款融资难、银行风控难、部门监管难等问题，区块链具有分布式、共识、不可篡改总账等特点，可以有效降低中小企业的资金成本、降低机构间信用协作风险成本、实现多层级信用传递、管控履约风险、减少资金端的风控成本等。

**2. 区块链+城市治理**

基于区块链的城市治理解决方案，通过构建分布式多方共同参与的公平透明、高效可信、协同激励的社会治理体系，为加快建设高品质和谐宜居生活社区，实现城市有变化、市民有感受、社会有认同的城市治理目标服务。

**3. 区块链+医疗卫生**

基于区块链的医疗卫生数据共享解决方案，为构建以病人为中心的数据安全可信流转提供技术支撑，实现医疗数据的安全可信共享计算以及病历处方的多机构跨域可信流转，探索"区块链+健康医疗"服务新模式、新业态，有助于优化资源配置、创新服务模式、提高服务效率、降低服务成本，满足人民群众日益增长的医疗健康服务需求。

**4. 区块链+产品溯源**

基于区块链的产品溯源解决方案，通过区块链技术实现农户、农企、检测机构、保险机构、物流、销售商多方共同参与，打造优质农产品溯源服务系统，为农产品品牌保值提供助力，为用户提供安全、放心的优质农产品购买体验，为监管机构的监管审计提供可信数据支撑。

### 5. 区块链+工业制造

基于区块链技术构建工业制造协同链，解决制造领域各个平台间并未形成高效合作、存在数据孤岛、协同困难、物料难追溯等行业共性难题，有助于建立全产业链条的工业制造协同信任体系，促进产业成果共享，降低协作成本，为智能制造产业的快速发展赋能。

### 6. 区块链+资金监管

基于区块链的资金监管解决方案，通过内部管理信息上链，实现对资金申报、审批、拨付等信息的监管与治理；通过外部资金拨付、使用等信息上链，实现对资金发放、定向使用情况的监管与治理，资金全过程信息上链，实现基于区块链的一账式管理，有效解决信息漏斗、资金截留，以及资金悬浮于应用场景之外的问题。

### 7. 区块链+知识产权

基于区块链的知识产权保护解决方案，通过构建覆盖法院、公证处、知识产权管理机构、内容生产方等多个机构公平公正的知识产权链，简化知识产权公正确权流程和侵权诉讼流程，打造公平、可信、繁荣的知识产权保护生态。此外，在融媒体知识产权方面，基于区块链技术可以实现内容资源生产流转的有效确权及激励，有助于打造公平、可信、自激励的"区块链+融媒体"产业生态。

## 参 考 文 献

[1] Rivest R L, Adleman L, Dertouzos M L. On data banks and privacy homomorphisms[J]. In Foundations of Secure Computation, 1978:169-177.

[2] Gentry C. A fully homomorphic encryption scheme[D]. Palo Alto: Stanford University, 2009.

[3] Goldwasser S，Micali C，Rackoff. The knowledge complexity of interactive proof-systems[C]. Annual ACM Sym-posium on Theory of Computing, 1985: 291-304.

[4] Ben-Sasson E, Chiesa A, Genkin D, et al. SNARKs for C: Verifying program executions succinctly and in zero knowledge[C]//Annual cryptology Conference. Spring, Berlin, Heidelberg, 2013: 90-108.

[5] 汤剑红. 基于安全多方计算的若干应用问题研究[D]. 金华: 浙江师范大学, 2013.

[6] 耿涛. 安全多方计算若干问题以及应用研究[D]. 北京: 北京邮电大学, 2012.

[7] 罗军舟, 杨明, 凌振, 等. 网络空间安全体系与关键技术[J]. 中国科学: 信息科学, 2016, 46(8): 939-968.

[8] 单宝玉. 非交换结构密码学机制设计及其应用[D]. 昆明: 云南大学, 2012.

[9] 郑子彬. 区块链技术发展现状、趋势与影响[J]. 广东科技, 2020, 29(7): 13-16.

# 第三篇　密码应用服务篇

# 第8章 密码应用基础

## 8.1 密钥管理和证书管理

### 8.1.1 密钥管理概念和作用

密钥管理是密码体制中非常重要的环节,是密码技术的基本要素之一。密钥管理的好坏决定了整个密码体系的安全性。在现代密码体制中,加密算法是可以公开的,整个密码系统的安全性并不取决于对密码算法的保密或者是对加密设备的保护。密码算法可以公开,密码设备可以丢失,但它们都不危及密码体制的安全性,但一旦密钥丢失,密码算法保护的信息则面临较大的窃取风险,因此健全的密钥管理对于保护密钥的安全和机密至关重要。

密钥管理的目的是维持系统中各实体之间的密钥关系,从而保障整个密码体系的安全性。从密钥的生命周期来讲,密钥管理是指根据一定的安全策略对密钥的产生、分发、使用、存储、更新、归档、撤销、备份、恢复和销毁等密钥全生命周期进行管理。

#### 1. 密钥产生

密钥产生是指采用随机秘密参数给密码系统生产需要的密钥的过程。密钥产生的长度应该足够长才能满足密钥的安全性。一般来说,密钥长度越长,对应的密钥空间就越大,攻击者使用穷举猜测密码的难度就越大。选择强密钥、避免弱密钥是密钥生成的重要标准之一。密钥的产生应该有严密的技术与行政管理手段,技术上保证生成的密钥有较强的随机性,管理上要保证密钥在保密环境中产生,具备防泄露与防篡改能力。对密钥的基本要求包括随机性、长周期性、非线性、统计意义上的等概率性及不可预测性等。

#### 2. 密钥分发

在采用对称加密算法进行保密通信时,需要通信双方共享同一密钥才能实现对信息的加解密,从而还原出需要的明文信息。在使用对称加密算法进行保密通信时通常是系统中的一个成员先选择一个密钥,然后将它传送给另一个成员或别的成员进行共享。从密钥分发角度,一般将密钥分为两种:密钥加密密钥和数据密钥。密钥加密密钥用于加密其他需要分发的密钥;而数据密钥只对信息流进行加密。密钥加密密钥一般通过手工分发,以确保密钥加密密钥的隐秘性。为增强保密性,也可以将密钥分成许多个不同的部分,然后用不同的信道发送出去。

### 3. 密钥使用

密钥使用即利用密钥进行正常的密码操作的过程，如加密/解密、签名/验证等，通常情况下，在有效期之内授权的用户都可以使用密钥。密钥安全使用的原则是不允许密钥以明文的形式出现在密钥设备之外，通常基于密码设备来实现。但基于密码设备硬件实现的成本较高，通常还采用其他方式实现，如对密钥进行分割，把密钥分割成许多部分，每一份本身不代表任何意义，但把这些部分放到一块，密钥就可以恢复出来。一个更好的使用密钥的方法是采用秘密共享协议。将密钥 $K$ 分成 $n$ 块，知道任意 $m$ 个或更多的块就能够计算出密钥 $K$，知道任意 $m-1$ 个或更少的块都不能够计算出密钥 $K$，这叫作 $(m, n)$ 门限（阈值）方案。目前，人们基于拉格朗日内插多项式法、射影几何、线性代数、孙子定理等提出了许多秘密共享方案。在使用过程中进行秘密共享解决了两个问题：一是若密钥偶然或有意地被暴露，则整个系统就会受到攻击；二是若密钥丢失或损坏，则系统中的所有信息就存在安全隐患。

### 4. 密钥存储

密钥的安全存储实际上是针对静态密钥的保护，其目的是确保密钥的机密性、真实性以及完整性。密钥安全存储的规定是不让密钥通过明文形式存在于密钥管理设备之外。密钥的安全存储方式有多种实现方式。例如，密钥可以被完整地存储在磁盘、磁带、智能卡、智能设备等安全设备中；也可以把密钥通过分割和掩盖保护后等分成两部分，一份存入本地磁盘，另一份存入安全设备；也可采用类似于密钥加密密钥的方法对密钥进行加密存储。

### 5. 密钥更新

在密钥的使用场景中，以下情况需要进行密钥更新：密钥有效期结束；密钥的安全受到威胁；通信成员提出更新密钥。密钥更新应不影响信息系统的正常使用，密钥注入必须在安全环境下进行并避免泄露。在用密钥和新密钥同时存在时应处于同等的安全保护水平下。更换的旧密钥一般情况下应避免再次使用，除将用于归档的密钥及时采取有效的保护措施以外，应及时进行销毁处理。

### 6. 密钥归档

当密钥不再使用且在有效期内时，需要对其进行存档，以便在某种特殊情况下能够对其进行检索并使用。例如，用来数字签名的密钥，为了后续验证消息签名的需要，就必须把它归档。存档的密钥是离线保存的，处于使用后状态。

### 7. 密钥撤销

密钥撤销是指在密钥使用中，密钥的安全受到威胁或提前中止使用，需要将它从正常使用的集合中删除，密钥将进入存档阶段或销毁阶段。

### 8. 密钥备份

密钥备份是指密钥处于使用状态时的短期存储,为密钥的恢复提供密钥源。密钥备份必须采用安全方式存储密钥,并且具有不低于正在使用的密钥的安全防护水平。针对不同的密钥,其备份的手段和方式差别较大。如果密钥过了使用有效期,则密钥将进入存档阶段或销毁阶段。

### 9. 密钥恢复

从备份或归档中获取密钥的过程称为密钥恢复。在密钥安全未受到威胁的前提下,因为人为的错误操作或设备发生故障,密钥可能发生丢失和损坏,因此密码设备应当具有密钥恢复的措施。可以用安全方式从密钥备份中恢复。密钥恢复措施需要考虑恢复密钥的效率问题,能在故障发生后及时恢复密钥。

### 10. 密钥销毁

如果密钥过了有效期,即处于过期状态,则将清除密钥及与该密钥相关的痕迹。

## 8.1.2　密钥管理的模式与应用

可将密钥管理模式分为对称密钥管理、非对称密钥管理。另外,数字时代各类密码应用系统有更多融合互通的需求,也需要解决好异构密钥管理的互操作问题。

### 1. 对称密钥管理

为保障密钥的安全,防止密钥泄露,对称密钥管理通常按照三级密钥管理体系进行设计,包括主密钥(master key,SMK)、密钥加密密钥(key encryption key,KEK)、数据加密密钥(data encryption key,DEK),如图 8-1 所示。

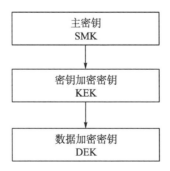

图 8-1　对称密钥体系

主密钥:保护二级密钥的密钥,也称一级密钥(root key,即是对 KEK 进行加密),主密钥是整个对称密钥管理系统的关键。

密钥加密密钥：保护三级的密钥，也称二级密钥，KEK 负责对 DEK 进行加密。

数据加密密钥：用于数据加密的密钥，也称三级密钥(DEK)。

对称密钥管理方面，通常由密钥管理中心(key-management center, KMC)和受通信各方信任的密钥分发中心(key-distribution center，KDC)组成，如图 8-2 所示。

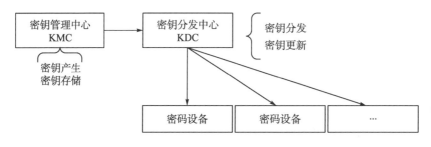

图 8-2    密钥管理系统架构

KMC 主要负责密钥产生、密钥存储等密钥管理工作。在密钥产生方面通常基于噪声源技术，将噪声源产生的高质量随机序列作为密钥。

KDC 同每个通信方共享一个密钥(不同通信方同 KDC 共享不同的密钥，通常用物理方式传递，如 U 盾)，终端用户之间每次会话，都要向 KDC 申请唯一的会话密钥，会话密钥通过与 KDC 共享的主密钥加密来完成传递。这样，通信方之间、通信方与 KDC 之间便可进行安全通信。

2. 非对称密钥管理

目前广泛采用公钥基础设施(public key infrastructure，PKI)技术实现非对称密钥的分发和管理[1]。PKI 采用证书管理公钥，通常包括签名公私钥和加密公私钥，分别通过签名证书和加密证书管理。非对称密钥管理体系的密钥层级如图 8-3 所示。

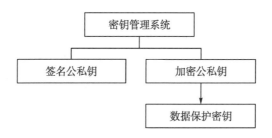

图 8-3    非对称密钥管理体系

签名证书通常用于信息系统之间的身份认证和鉴别。加密公私钥通常用于数据保护密钥的分发保护。

PKI 技术通过第三方的可信任机构——认证中心(certificate authority，CA)，把用户的公钥和用户标识信息(如名称、E-mail、身份证号等)捆绑在一起来验证用户的身份。通用的办法是采用 PKI 技术结合数字证书，通过把要传输的数字信息进行加密，从而保证信息传输的保密性、完整性，通过签名保证身份的真实性，并提供抗抵赖能力。典型 PKI/CA 系统架构如图 8-4 所示。

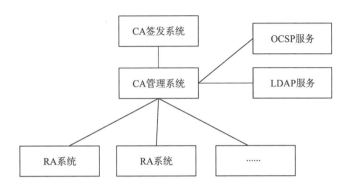

图 8-4　PKI/CA 系统架构

注：RA（registration authority，数字证书注册）；OCSP（online certificate status protocol，在线证书状态协议）；

LDAP（lightweight directory access protocol，轻型目录访问协议）。

### 3. 密钥管理互操作

密钥管理互操作解决的是在安全系统建设过程中不同的应用系统建设的异构密钥管理系统无法互通的问题。结构化信息标准促进组织（Organization for the Advancement of Structured Information Standards，OASIS）提出了 KMIP（key management interoperability protocol）协议，旨在提供一个使用密钥的应用系统或密码系统与管理密钥的密钥管理系统之间的标准化通信方式，支持加密应用系统和密钥管理系统之间的可互操作通信，实现对密码元素进行密钥管理操作。这些元素包括对称密钥和非对称密钥、证书，以及用于创建这些密钥和证书所使用的模板。KMIP 简化了管理密钥的方式，避免了对冗余、不兼容密钥的管理过程，对密钥生命周期管理，包括密钥的生成、提交、更新和删除，都提出了标准化要求。

### 4. 密钥管理的安全原则

一套安全的密钥管理机制通常需要遵循以下基本原则。

（1）全面安全原则：必须对密钥生命周期的各个阶段采取妥善的安全管理措施。

（2）最小权利原则：只分配给用户进行事务处理所需的最小密钥集合。

（3）责任分离原则：一个密钥应当专职一种功能，不要让一个密钥兼任几种功能。

（4）密钥分级原则：对于一个大的系统，所需要的密钥的种类和数量都很多，根据密钥的职责和重要性，把密钥划分为几个级别。

（5）密钥更换原则：密钥必须按时更换。否则，即使采用很强的密码算法，只要攻击者截获足够多的密文，密钥被破译的可能性就非常大。

（6）密钥应有足够的长度：密钥安全的一个必要条件是密钥有足够的长度。

(7)密钥体质不同，密钥管理也不同：由于传统密码体制与公开密码体制是性质不同的两种密码，因此它们在管理方面有很大的不同。

### 8.1.3  数字证书的概念与作用

数字证书是由证书认证机构签名的包含公开密钥拥有者信息、公开密钥、签发者信息、有效期以及一些扩展信息的数字文件。最简单的数字证书包含一个公开密钥、名称以及证书授权中心的数字签名[2]。数字证书采用公钥体制，即利用一对互相匹配的密钥进行加密、解密。每个用户自己设定一把特定的仅为本人所知的私有密钥(私钥)，用它进行解密和签名；同时设定一把公共密钥(公钥)并由本人公开，为一组用户所共享，用于加密和验证签名。

从证书的用途来看，数字证书可分为签名证书和加密证书。签名证书主要用于对用户信息进行签名，以保证信息完整性和行为的不可抵赖；加密证书主要用于对用户传送信息进行加密，以保证信息的机密性。数字证书可以应用于互联网上的电子商务活动和电子政务活动，其应用范围涉及需要身份认证及数据安全的各个行业，包括传统的商业、制造业、流通业的网上交易，以及公共事业、金融服务业、工商税务、海关、政府行政办公、教育科研单位、保险、医疗等网上作业系统。

数字证书的标准规范使用最广泛的是由国际电信联盟(International Telecommunication Union，ITU)和国际标准化组织(International Organization for Standardization，ISO)制定的X.509 规范。很多应用程序都支持 X.509 并将其作为证书生成和交换的标准规范。X.509 证书的结构是用 ASN1(abstract syntax notation one)进行描述的数据结构，并使用 ASN1 语法进行编码。X.509 标准规定了证书可以包含什么信息，并说明了记录信息的方法(数据格式)。X.509 证书里含有公钥、身份信息(如网络主机名、组织的名称或个体名称等)和签名信息(可以是证书签发机构 CA 的签名，也可以是自签名)。对于一份经由可信的证书签发机构签名或者可以通过其他方式验证的证书，证书的拥有者就可以用证书及相应的私钥来创建安全的通信，对文档进行数字签名。另外，除了证书本身的功能，X.509 还附带了证书吊销列表和用于从最终对证书进行签名的证书签发机构直到最终可信点的证书合法性验证算法。

X.509 标准证书(表 8-1)主要包含证书属性、证书签名算法和数字签名 3 部分。证书属性又进一步细分为版本号、序列号、签名算法标识 ID、发行方等必填字段以及发行商唯一 ID、证书 ID、扩展域等选填字段。必填字段在使用 X.509 体制的证书系统认证中需要被识别，选填字段通常具有一定的灵活性，若未能识别，则跳过。

表 8-1  X.509 V3 版证书内容

| 序号 | 字段 | 内容 |
| --- | --- | --- |
| 1 | Version Number | 版本号 |
| 2 | Serial Number | 序列号 |
| 3 | Signature Algorithm ID | 签名算法标识 ID |
| 4 | Issuer Name | 发行方 |

| 序号 | 字段 | 内容 |
|---|---|---|
| 5 | Validity Period | 有效时间 |
| 6 | Subject Name | 证书主体名称(本证书的颁发方) |
| 7 | Subject Public Key Info | 证书主体公钥信息,包含公钥算法和公钥值 |
| 8 | Issuer Unique Identifier (optional) | 发行商唯一 ID |
| 9 | Subject Unique Identifier (可选) | 主体唯一 ID |
| 10 | Extensions (可选) | 扩展域指定额外信息(跨域时标注区块链) |
| 11 | Signature Algorithm | 签名算法的标志 |
| 12 | CA Signature | CA 签名 |

在验证证书内容时,主要应验证:

(1)证书完整性;

(2)证书可信性;

(3)证书有效性;

(4)证书使用策略限制。

其中,证书完整性和证书可信性都可通过逐级验证证书链中每张证书的上级 CA 的数字签名来完成验证。证书有效性则是检查证书是否超过有效日期,是否因其他原因被撤销。完整性、可信性验证也可通过向区块链节点提交证书链,由智能合约代为完成。

证书有效性涉及验证方与外部实体交互,即验证证书链是否有效,用户的证书是否失效或撤销。

证书使用策略限制是检查证书是否适用规定的条款,可通过直接解析明文完成。

## 8.1.4　密码应用基础设施

密码应用基础设施是数字时代密码应用的基础支撑,主要通过密钥管理系统和电子认证系统实现网络空间统一的密钥管理服务和证书管理服务能力。其中,密钥管理系统基于信息系统密码密钥、密码应用、密码设备等方面的管理需求,为网络空间信息系统中的各类密码设备、密码应用系统、应用系统提供密钥管理服务。电子认证系统为网络空间中的各个实体提供数字证书签发服务,并进行数字证书的全生命周期管理,从而实现对各个实体的身份认证,维护各方在网络中的合法权益,为应用系统营造安全的应用环境。

### 1. 密钥管理系统

1)系统组成

密钥管理系统利用密码技术保障密钥全生命周期的安全,通过密钥管理系统为电子认证系统以及信息系统建立完整的密钥管理系统,满足以非对称密钥体系和对称密钥体系为主的密钥管理要求。

密钥管理系统主要包括非对称密钥服务与管理系统、对称密钥服务与管理系统、密码设备管理系统、密码合规性管理系统、密码应用有效性管理系统等，对安全信息系统所需要使用的密码密钥、密码设备和模块等进行管理，如图 8-5 所示。

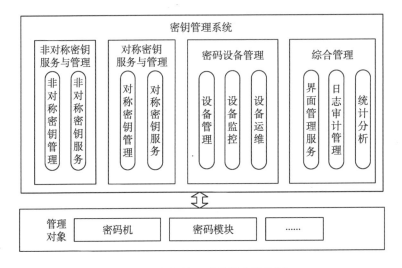

图 8-5  密钥管理系统逻辑结构图

2) 系统功能

(1) 对称密钥服务与管理。提供对称密钥全生命周期的在线和离线管理，包括密钥产生、密钥分发、密钥更新、密钥撤销、密钥恢复、密钥归档等功能。

①具备对称密钥的产生、更新、分发、存储、销毁、备份、恢复、归档等功能。

②需保证提供密钥的物理随机性。

③具备对称密钥信息以及应用情况的查询和统计功能。

(2) 非对称密钥服务与管理。提供非对称密钥全生命周期的在线和离线管理，包括密钥产生、密钥分发、密钥更新、密钥撤销、密钥恢复、密钥归档等功能。

①具备非对称密钥的产生、更新、分发、存储、销毁、备份、恢复、归档等功能。

②具备非对称密钥生产情况、密钥使用情况、密钥生产策略查询和管理功能。

③能够为电子认证系统提供非对称密钥对。

(3) 密码设备管理。密码设备管理提供密码设备/模块的在线管理、设备监控与远程维护等功能。

(4) 综合管理。综合管理提供系统初始化配置、管理员管理、日志审计与统计分析等功能。

3) 密钥管理流程

以非对称密钥管理为例，密钥管理的流程如下。

(1) 密钥生成。综合管理模块提交密钥策略、生成数量等参数，向非对称密钥管理系统提交密钥生成请求，由非对称密钥管理系统调用服务器密码机，完成非对称密钥的生成，并利用会话密钥加密存储在数据库中。密钥生成流程如图 8-6 所示。

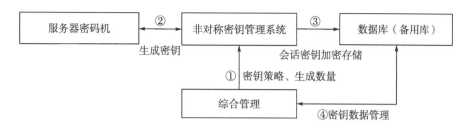

图 8-6　密钥生成流程

(2)密钥分发。CA 向非对称密钥管理系统发起密钥分发请求，系统从备用库中获取新的非对称密钥并返回给 CA，完成密钥分发操作。密钥分发操作，需要将备用库中获取的密钥转存到在用库中，并删除备用库中的原有密钥。密钥分发流程如图 8-7 所示。

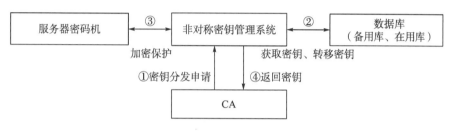

图 8-7　密钥分发流程

(3)密钥撤销。CA 向非对称密钥管理系统发起密钥撤销请求，系统从在用库中将被撤销的非对称密钥转存到历史库中存储,并从在用库中删除原有密钥,完成密钥撤销操作。密钥撤销流程如图 8-8 所示。

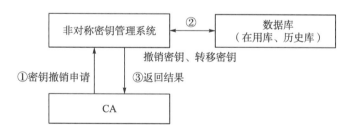

图 8-8　密钥撤销流程

(4)密钥恢复。密钥恢复包括用户密钥恢复和司法密钥恢复两种。用户密钥恢复是用户通过 RA 申请，经审核后，由 CA 向密钥管理系统提出密钥恢复请求，密钥恢复模块恢复用户的密钥并通过 CA 返回 RA，下载于用户证书载体中。密钥恢复流程如图 8-9 所示。

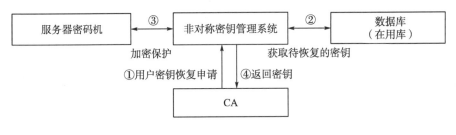

图 8-9　密钥恢复流程

## 2. 电子认证系统

### 1) 系统组成

电子认证系统主要由根证书签发系统、证书签发系统、证书注册审核系统、证书存储发布系统、证书状态查询系统等组成。电子认证系统主要实现对数字证书进行全生命周期管理，是维护相关方在网络中的合法权益、提高网络与信息安全保障能力的重要手段。支持人员证书、设备证书的签发，包括写入智能密码钥匙等硬件密码设备以及移动智能终端软证书等。

电子认证系统逻辑结构如图 8-10 所示。

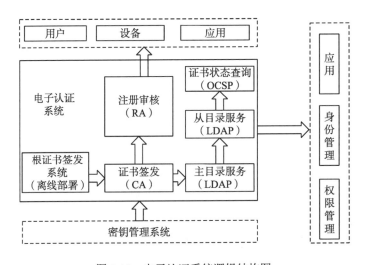

图 8-10　电子认证系统逻辑结构图

### 2) 系统功能

(1) 根证书签发系统(根 CA)。根证书签发系统是整个信任体系的信任源点，其主要功能是产生并管理系统根密钥对、根证书；为 CA 签发机构证书、生成机构撤销列表(authority revocation list，ARL)；制定和发布证书认证系统的证书策略。根证书签发系统不接入网络中，以离线方式工作，主要由根证书签发服务器和管理/审计终端组成。

(2) 证书签发系统(CA)。证书签发系统负责管理下级机构和用户的证书，发布并维护证书撤销列表(certificate revocation list，CRL)。包含下级机构和用户证书的签发、更新、延期、冻结、解冻、撤销、恢复、归档和发布，证书撤销列表的签发和发布，同非对称密钥管理系统、注册审核系统、证书存储发布系统之间进行通信交互，实现证书管理的各个流程。

证书签发系统以在线的方式向 RA 提供证书管理服务，主动向 KMC 申请密钥，主动将证书发布到 LDAP，主要由证书签发服务器和管理/审计终端组成。

（3）注册审核系统。注册审核系统负责代理证书签发系统完成证书的注册、审核以及制证等管理工作。

注册审核系统负责用户注册请求资料的审核，向证书签发系统提交用户证书的申请、更新、延期、冻结、解冻、撤销与恢复请求，以及证书下载、制证等业务。

注册审核系统在线部署，主动向证书签发系统申请证书签发服务，主要由注册审核服务器、管理/审计终端、录入终端、制证终端和审核终端组成。

（4）证书存储发布系统。证书存储发布系统负责系统发布证书及撤销列表的存储和管理维护工作。其管理和维护的证书包含根证书、CA 证书、RA 证书和用户证书；撤销列表包含机构证书撤销列表（ARL）和证书撤销列表（CRL）。证书存储发布系统主要以 LDAP 目录服务为主，向应用和业务系统提供证书查询、下载、浏览等服务。LDAP 采用主、从目录服务结构，主 LDAP 目录服务器直接连接到证书签发系统（CA）中，由证书签发系统将相关发布信息直接发布到主目录服务器中；主目录服务器负责将发布的信息完全同步到从目录服务器上供外部查询和下载。通常，从目录服务器向应用系统或是用户提供查询、下载证书及证书撤销列表等服务。主、从目录服务采用自动同步机制保证数据的实时同步。根据实际需要，系统可提供一主多从模式，保证系统查询、下载证书服务的高性能。

（5）证书状态查询系统。证书状态查询服务负责向应用系统以在线实时服务的方式提供证书状态查验服务。证书状态查询系统通过目录服务器同步证书链、证书撤销列表（CRL）等信息，并在线实时验证证书状态是否合法。

证书状态查询系统保证了各系统对证书状态验证的统一性、实时性和权威性，防止发生各系统自行验证证书状态不全面、时效性差等问题，并降低各系统对证书状态进行验证处理的难度。

3）证书申请流程

证书申请流程如图 8-11 所示。

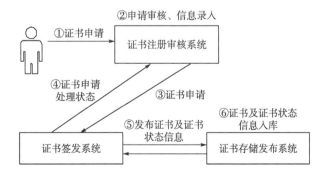

图 8-11　证书申请流程图

证书申请流程如下：

(1)申请者填写证书申请表，提交审核；

(2)证书注册审核系统对申请进行审核，判断申请是否合格，将申请信息录入证书注册审核系统；

(3)审核通过后，证书注册审核系统向证书签发系统提交证书申请；

(4)证书注册审核系统接收证书申请处理状态；

(5)若证书签发成功，则证书签发系统向证书存储发布系统发布证书及证书状态信息；

(6)证书发布子系统将证书及证书状态信息入库。

# 8.2  信 息 保 护

## 8.2.1  信息保护目标和场景

信息保护的核心目标为保障信息在存储、传输等过程中的机密性、完整性、真实性和不可否认性。密码在信息保护中的核心作用为机密性保护和完整性保护。

机密性保护主要应用于信息传输和存储等过程中，防止信息泄露的场景，通常采用信息加密、身份认证、访问控制、安全通信协议等技术实现。其中，信息加密是实现机密性保护的基本手段。

完整性保护主要应用于信息传输、交换、存储和处理过程中，防止信息被破坏、丢失和篡改的场景。主要通过采用杂凑算法、计算摘要、结合数字签名等方式实现。

## 8.2.2  典型的信息保护密码应用

### 1. 传输加密

传输加密是指在不安全的网络通道中通过密码技术构建加密隧道，实现信息传输的机密性、完整性、可用性。通常采用的技术包括 IPSec VPN 和 SSL VPN 等技术[3]。典型应用场景如图 8-12 所示。

图 8-12  传输加密的典型应用

在跨网数据传输场景中，基于传输加密技术实现了数据传输双方的双向身份认证和数据加密，防止数据窃听。基于密钥协商、定期更新等安全协议，实现传输数据的前向安全。

2. 端到端加密

端到端加密是指在网络内任意两个平等的用户终端之间基于密码技术实现加密通信。典型应用场景通常包括即时通信、邮件等。其中，数字信封技术是端到端加密主要采用的密码技术。端到端加密的典型应用如图 8-13 所示。

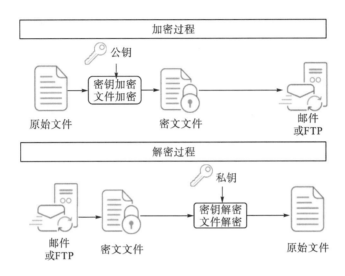

图 8-13　端到端加密的典型应用

数字信封是一种综合利用了对称加密技术和非对称加密技术两者的优点进行信息安全传输的一种技术。数字信封既发挥了对称加密算法速度快、安全性好的优点，又发挥了非对称加密算法密钥管理方便的优点。

3. 存储加密

存储加密是指针对存储在物理介质上的信息和数据进行加密保护的技术。存储加密的典型应用场景主要包括磁盘加密、加密文件系统、数据库加密等。

1）磁盘加密

磁盘加密是在磁盘扇区级采用的加密技术，一般来说，该技术与上层应用无关，只针对特定的磁盘区域进行数据加密或者解密。磁盘加密技术通常有 TrueCrypt、VeraCrypt 等。磁盘加密的典型应用如图 8-14 所示。

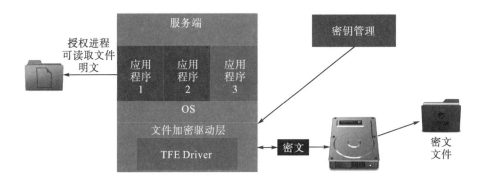

图 8-14　磁盘加密的典型应用

2) 加密文件系统

加密文件系统(encrypting file system,EFS)是 Windows 系统所特有的一个实用功能[4]。加密文件系统提供了用于在新一代文件系统(new technology file system,NTFS)上存储加密文件的核心文件加密技术。由于 EFS 与文件系统相集成,因此管理更方便、系统安全性更强,并且对用户透明,此技术对于保护计算上易被其他用户访问的数据特别有用。EFS 对文件或文件夹加密后,可像使用任何其他文件和文件夹那样,使用加密的文件和文件夹。加密文件系统的典型应用如图 8-15 所示。

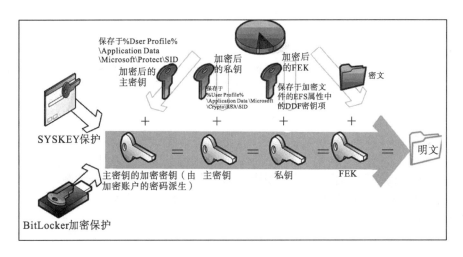

图 8-15　加密文件系统的典型应用

EFS 加密是基于公钥策略的。在使用 EFS 加密一个文件或文件夹时,系统首先会生成一个由伪随机数组成的 FEK(file encryption key,文件加密钥匙),然后将利用 FEK 和数据扩展标准算法创建加密后的文件,并把它存储到硬盘上,同时删除未加密的原始文件。随后系统利用用户的公钥加密 FEK,并把加密后的 FEK 存储在同一个加密文件中。而在访问被加密的文件时,系统首先利用当前用户的私钥解密 FEK,然后利用 FEK 解密出文件。在首次使用 EFS 时,如果用户还没有公钥/私钥对(统称为密钥),则会首先生成密钥,然后加密数据。如果用户登录到了域环境中,则密钥的生成依赖于域控制器,否则依赖于本地机器。

　　EFS 对用户是透明的。也就是说，如果用户加密了一些数据，那么用户对这些数据的访问将是完全允许的，并不会受到任何限制。而当其他非授权用户试图访问加密过的数据时，会被拒绝访问。EFS 加密的用户验证过程与 Windows 登录是集成的，只要登录到 Windows，就可以打开任何一个被授权的加密文件。

　　3）数据库加密

　　数据库是所有信息系统信息存储的核心，数据库加密是指对数据库存储的内容实施加密保护，它通过数据库存储加密等安全方法实现了数据库数据存储保密和完整性要求，使得数据库以密文方式存储并在密态方式下工作，确保了数据安全。典型数据库加密通常采用在应用服务器和数据库服务器之间部署数据库加密网关来实现，如图 8-16 所示。

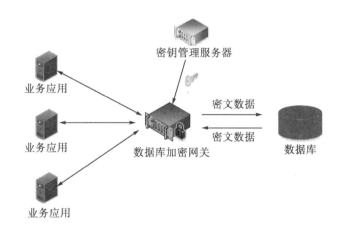

图 8-16　数据库加密的典型应用

## 8.3　认证与鉴别

　　通常现有的认证可以归纳为 3 种，即用户具有的东西（物理 key、私钥等）、用户知道的东西（口令）和用户是什么（一个或多个生物特征）。而身份认证方式可分为静态口令认证、动态口令、key（智能卡）、生物特征、数字证书等，实际应用中会根据安全需求使用一种或几种认证方式的组合[5]。

### 8.3.1　普通口令认证

#### 1. 静态账户名/口令认证

　　账户名/口令是最常见的认证方式，账户公开，静态口令由用户保存，属于三类认证中"用户知道的东西"。

　　静态口令认证是用户在登录系统时提交给认证系统的固定不变的数据，如 PC 的开机口令、UNIX 和 Windows 等系统中用户登录、电话银行查询系统的账户口令等。静态口令可进一步根据是否采用杂凑算法分为口令匹配认证和算法匹配认证。口令匹配认证在认证系统中存放口令明文，用户登录时输入身份 ID 和对应口令，认证系统在口令文件中查找匹配的身份口令记录；算法匹配认证是认证系统存储口令的杂凑值，而非口令本身，用户在登录时输入身份 ID 和口令，后台计算口令的杂凑值，并将 ID 和杂凑值发送给认证系统来查找相应的匹配记录，由于杂凑函数具有单向性特点，攻击者无法通过认证系统的口令文件得到口令明文，该方式比口令匹配的安全性高。

账户/口令认证方式安全性较低，易受到字典攻击、暴力破解。除此之外，由于是单向认证方式，用户难以对提供服务的系统进行认证，易被木马程序记录、窃取，在使用过程中可能会被偷窥。实际应用中系统会要求用户定期更改密码，而密码过多又导致遗忘问题，造成诸多不便。

### 2. 生物特征认证识别

生物特征识别是对每个人独特的行为和身体特征进行采集、验证，常见的有指纹、虹膜、步态等。不同的人有相同生物特征的概率几乎为 0，理论上生物特征几乎是最可靠的认证方式。但生物特征识别的稳定性和准确性尚待提高，如用户身体特征被伤病、污渍等破坏或掩盖，往往无法正确识别，使合法用户不能登录。生物特征识别因为成本高昂，通常在银行、部队等安全需求较高的场合使用。

## 8.3.2　密码类认证

### 1. 动态口令认证

为解决静态口令的安全威胁，有人提出了动态口令(one time password，OTP)，使口令具有时效性，能够实现"一次一密"的认证方式。动态口令认证主要应用于网上银行、社交网站等安全需求较高的领域。

动态口令包含同步和异步两种方式。同步认证方式要求认证服务器和客户端进行时间、事件或密钥同步，在认证时，认证服务器基于先前同步的因素计算并比较。异步认证方式要求客户端和认证服务器进行挑战/应答(challenge/response)交互，即客户端用认证服务器发送的实时随机数和自己已有的口令进行 Hash 运算，将字符串结果返回认证服务器结果，由服务器校验结果判定是否通过。

动态口令"一次一密"的认证方式可以有效防止窃听，增加了破解难度，使字典攻击、暴力破解等方式失效。但动态口令的时间周期长、用户单向认证等特点可能会被敌手利用，对信息不可否认性、完整性造成威胁。

### 2. 电子签名及证书认证

电子签名又称公钥数字签名、电子签章,结合了非对称密钥加密技术和数字摘要技术,用于鉴别数字信息[6]。只有发送者才可产生别人无法伪造的字符串,该字符串也是信息发送者信息真实性的有效证明。电子签名可实现的基本功能包括识别签名人、表明签名人对内容的认可、签名不可抵赖且不可伪造。数字签名的原理如图 8-17 所示。

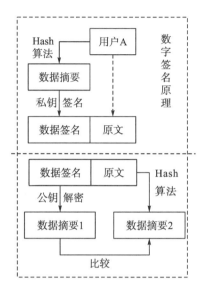

图 8-17 数字签名原理

用户 A 将明文 Hash 转换为摘要后，再用私钥对摘要进行签名，与明文一起发给用户 B；用户 B 收到签名和明文，使用用户 A 的公钥验证签名，用相同 Hash 算法对明文进行处理与签名后，与公钥验证后的摘要对比，若相同，则达成与用户 A 信任。由于用户 A 的公钥所对应的私钥仅由用户 A 掌握，故其他用户无法伪造签名；由于使用私钥对数据内容签名前使用 Hash 算法生成数据指纹，有效保证了数据完整性；签名后的内容可使用用户 A 的公钥验证，因此具有不可抵赖性。

目前主流的数字签名算法有 RSA、Fiat-Shamir、Guillou-Quisquarter、ElGamal、Schnorr、Ong-Schnorr-Shamir 数字签名算法、Des/DSA、椭圆曲线数字签名算法和有限自动机数字签名算法等。特殊数字签名有盲签名、群签名、代理签名、不可否认签名、公平盲签名、门限签名、具有消息恢复功能的签名等，它与具体应用环境密切相关。显然，数字签名的应用涉及法律问题，美国基于有限域的离散对数问题制定了独立的数字签名标准(digital signature standard，DSS)。中国也规定了数字签名具有法律效力，且被普遍使用。我国已在《中华人民共和国合同法》中确认了电子合同、电子签名的法律效力，并实施了《中华人民共和国电子签名法》，与此同时，我国在法律定义电子签名时也考虑了技术中立性，关于电子签名的规定是根据签名的基本功能析取出来的，认为凡是满足签名基本功能的电子技术手段，均可认为是电子签名。由电子签名和数字签名的定义可以看出，两者的差别如下：电子签名从法律角度提出，技术中立，满足签名功能的技术手段，都可称为电子签名；数字签名则从技术角度提出，使用密码技术，目的是确认数据来源和完整性。

1) 电子签名新技术

(1) 环签名/群签名。在数字签名中，验签方必须知道该签名信息对应于哪个公钥，该特点使数字签名的消息能够被跟踪，泄露了签名方的隐私。环签名针对该需求，使用包含自己公钥与其他公钥的密钥组环形签名，第三方可以验证生成的签名是组里的某个密钥签的，但不能判断具体是哪一个。

如图 8-18 所示，用公钥构造环方式隐藏发送方信息，一个计算的输出是下一个计算的输入，知道密钥组中某个公钥所对应的私钥，验证输出 $z$ 与最初的输入 $v$ 相等，则能确认获得了正确签名。

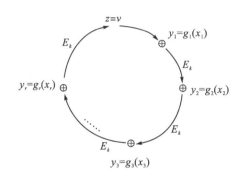

图 8-18　环签名

环签名没有管理者，只有环成员，环成员之间也没有合作，签名方自主选择其他成员的公钥构造自己的集合，集合中的成员甚至不知道自己被包含其中。环签名在保护了发送方隐私的同时，为监管带来了困难，因为无法揭示签名者。比较之下，群签名在群中设置管理员，可以在必要时撤销群签名，揭示签名人，具有更高的实际应用价值。

（2）盲签名。盲签名是为保护签署消息的具体内容而提出的，即消息发送方对一条消息 $m$ 用盲因子 $b$ 盲化处理得到 $\text{blind}(m, b)$，签名方用其私钥 $k$ 对盲化的消息签名得到 $\text{sign}(\text{blind}(m, b))$ 并将该消息返回用户，用户对消息去盲化得到 $\text{sign}(m, b)$，即允许消息被别人签名，但签名方却不能看到明文信息。

盲签名是发送方先将消息盲化，然后让签名者对盲化消息签名，最后消息拥有者对签名除去盲因子，获得签名者签名[7]。由此可见，盲签名就是接收者在不让签名者获取所签署消息具体内容的情况下所采取的一种特殊的数字签名技术，它除满足一般数字签名不可伪造、不可抵赖的特性外，还须满足如下性质：

①签名者对自己签署的消息不可见，即签名者不知道他签署的消息内容；

②签名消息无法追踪，即当签名消息被公布后，签名者无法知道他签署的次序。

盲签名在一定程度上保护了参与者的利益，但其匿名性可能被恶意利用。为了防止被恶意利用，研究人员又引入了一个可信中心，基于可信中心授权，来追踪签名。盲签名在电子商务、电子选举等领域有着广泛的应用。

2）证书认证

PKI 证书用公钥密码学实现认证用户，和上述口令类认证方式不同，口令类认证方式需要在认证端备份数据库，数字证书则借助公钥体制实现索引式认证，公钥密码体制实现数据加解密和签名验签，用户和各级签发机构的公钥证书完全对外开放，各级签发机构及用户只需保证私钥不泄露即可，证书认证的技术原理在电子签名及证书认证章节已有详述。

由于证书认证具有公钥证书可公开验证的特点，因此具有相对成熟的跨域认证方式，其主要跨域认证方式包括交叉认证、信任列表、桥 CA 等。

(1)交叉认证。交叉认证的原理是一个 CA(设 CA1)用私钥对其他 CA(设 CA2)的根证书加密，实现 CA2 域的用户对 CA1 域的跨域认证，需要 CA1 向 CA2 安全传输用于验证签名的公钥，用 CA1 的私钥为对方签发数字证书，从而决定 CAI 域是否信任对方域。在实际应用中，用户(被验证方)需要跨域访问时，需要向依赖方出示证书验证自己的身份，当依赖方不能验证被验证方身份的有效性时，就需要额外的证书验证对方的可信性。从依赖方信任的 CA 证书——公钥到要验证的用户证书的一系列证书集称为证书链或证书路径，验证过程称为交叉认证。

当 CA1 域的 $a$ 用户要与 CA2 域的 $b$ 用户通信时，$a$ 将明文 Hash 转换为摘要后，再用私钥对摘要进行签名，与明文一起发给 $b$ 用户；$b$ 收到签名和明文，先到 CA2 域根 CA 搜索含 $a$ 公钥的交叉证书，用 $a$ 公钥验证签名，用相同 Hash 算法对明文进行处理与签名后，与公钥验证后的摘要对比，若相同，则达成与 $a$ 信任。交叉认证原理如图 8-19 所示。

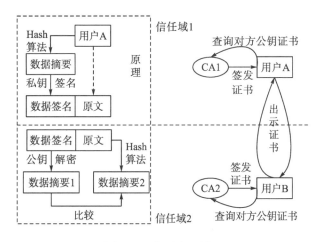

图 8-19　交叉认证原理

交叉证书可以是单向的或双向的，可用于层次关系，也可用于对等关系。

①简单交叉认证是两个 CA 间直接构建信任(图 8-20)，一个 CA 颁发证书给另一个 CA。信任程度取决于这两个 CA 主观依赖对方的条件。双向交叉认证是双方互发交叉证书，按 X.509 格式将成对证书存储在管理名单中。

图 8-20　简单交叉认证原理

②单向交叉认证是一方向另一方签发交叉证书进行认证，反向则不可，单向交叉认证通常存在于严谨的阶层系统中。

（2）信任列表（certificate trust list）。信任列表是一份签署后包含信任认证机构名单的数据结构。一个域用户（依赖方）验证另一个域用户时，检查另一方的锚CA是否在自己的信任域列表中，从而判断对方的身份是否可信。信任列表模型如图8-21所示。

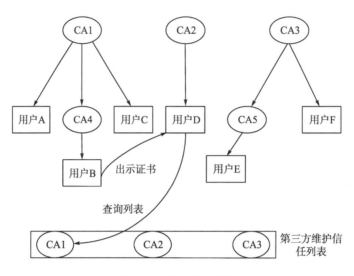

图8-21　信任列表模型

信任列表方式有操作简单、证书路径构建简洁的特点。实际应用中需找到大家都信任的第三方机构，在电子政务领域，部分省（市）之间的跨域认证采用了该方式，但未能推广开，这是因为在统一认证层面，由于参与方过多，实际应用中难以找到各参与方都信任的第三方，因此信任列表具有其局限性。

（3）桥CA。桥CA（bridge CA）不是中心式的树状结构，也不是简单交叉认证的网状CA，不直接面向用户签发证书；没有锚信任根CA，它是一个独立CA，和若干CA信任域建立交叉双向信任关系，桥CA包含了交叉认证、网状结构（多个根CA交叉认证形成）、信任列表、中心式PKI等多种信任结构。桥CA信任模型如图8-22所示。

当收方接到发方消息时，桥CA与其他信任域的首CA（即根CA）执行交叉验证。联邦桥CA的签发证书含有联邦桥CA的安全等级和首CA担保等级的一一映射。按映射关系建立不同域间的信任桥梁。

桥CA为不同信任域的首CA颁发交叉证书，以在各信任域和联邦桥CA之间建立对应关系（担保等级）。

在跨域认证时依赖方（验证方）A1需对B2进行验证，需构造从A1到被验证方B2的证书路径（以图8-23为例），以A1为起始节点，按父节点存在证书列表的第一行，用图的宽度优先算法搜索与A1链接的除父节点本身之外的节点，图中可见只有A域锚CA（PCA1），PCA1为证书路径的下一行，继续按图的宽度优先算法搜索其他节点，最终构建证书的路径为A1→PCA1→BCA→PCA2→B2。其余路径删除（表8-2）。

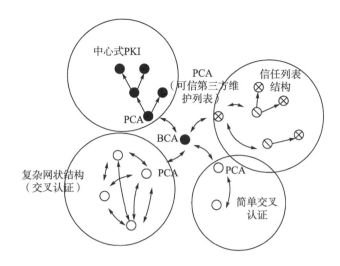

图 8-22　桥 CA 信任模型

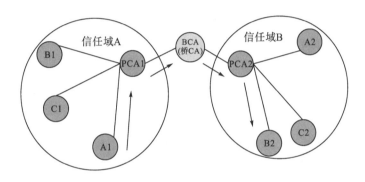

图 8-23　桥 CA 证书路径列举

表 8-2　桥 CA 证书寻路举例

| 级数 | | 节点 | | | |
|------|------|------|------|------|------|
| 第一级 | | A1 | | | |
| 第二级 | | PCA1 | | | |
| 第三级 | B1 | C1 | | BCA | |
| 第四级 | | | | PCA2 | |
| 第五级 | | | A2 | B2 | C2 |

　　在以上 3 类证书跨域认证技术中，简单交叉认证的风险较小，部署灵活但难以有效管理，在参与成员(信任系统)较多时易形成复杂网状结构，不适合大规模 PKI/CA 跨域建设。

　　信任列表需要可信第三方维护，国内政务外网建设中部分机构小范围采用该方式，但在统一信任服务层面，选取的第三方难以得到所有机构的认同，也未能普及。

　　桥 CA(BCA)在信任关系上类似信任列表，需要选择各方信任的第三方(桥)比较困难，目前成功的桥 CA 只有美联邦桥 CA(2001 年)，美联邦桥 CA 的成功是国家意志的体现，在各自为政的互联网、商业领域难以应用。

### 3. 多因子认证

多因子认证是多种认证方式的组合，在身份认证中增加至少一个除口令之外的验证因子到身份认证中，以提高认证安全性。增加的验证因子可以是用户拥有的东西，如令牌；可以是用户具备的东西，如指纹、虹膜；也可以是用户知道的东西，如口令。

以 USB key 为例，USB key 是典型的双/多因子认证方式，原理是在静态口令认证的基础上增加了一个物理因子，并在登录时增加随机数以生成动态变化的验证信息。流程如下：

(1)用户在客户端登录时输入用户身份 ID 和静态口令；

(2)客户端通过专用设备将第二个物理载体的数据读入；

(3)客户端对静态口令和第二个物理载体数据进行处理得到动态的验证口令，然后将动态验证口令发到认证系统进行验证；

(4)认证系统将口令数据包解密后，进行安全认证；

(5)客户端接收认证系统返回的结果，并根据结果决定下一步操作。

常见的物理因子有生物特征和智能卡。智能卡与静态口令结合的认证方式是目前应用最广的双因素动态口令认证方式。

多因子认证主要解决易用性和安全性难以兼得的问题，key 因本身含有微处理器和集成电路，所以能处理信息，用户在插入 key 到验证设备的同时需输入 PIN 码才能打开，即用户需要提供他具有的东西(物理 key)和他知道的东西(PIN 码)。USB key 里可存储口令或证书，可支持使用基于挑战/应答或 PKI 体系的认证模式，具有较高安全性。

## 8.4  身份管理与信任服务

网络应用在方便用户的同时也带来了数据安全、隐私泄露、欺诈等问题。在该背景下，有效的身份管理是网络安全的核心，而身份认证又是其中的关键环节。为保障服务的可持续性，并保护用户的身份和数据安全，各应用在建设中都将身份认证作为安全保障的核心。安全的身份认证能有效提升用户对网络应用的信任度和参与意愿，也可有效支撑各单位将一些原本有安全担忧的服务放到互联网上，从而更好地服务用户。

当前各单位通常在自建系统时根据自己的安全需求选择一种或几种认证方式的组合以提高认证安全性。表 8-3 列举了部分认证方式的安全性比较。

**表 8-3  认证安全等级表**

| 认证方式 | 成本 | 安全性 | 便捷性 |
|---|---|---|---|
| 静态账户/口令 | 低 | 低 | 容易 |
| 动态口令认证 | 较低 | 较差 | 不易 |

续表

| 认证方式 | 成本 | 安全性 | 便捷性 |
|---|---|---|---|
| 生物特征 | 高 | 高 | 容易 |
| key 双因子 | 较高 | 高 | 不易 |
| 数字证书 | 较高 | 高 | 不易 |

## 8.4.1 统一身份管理与跨越信任的需求

从网络应用的宏观层面看,各单位、公司在建设网络应用的过程中已形成了大量区域身份认证平台,不同身份认证平台相互独立,难以互通;从微观用户使用层面看,要获得不同单位、不同业务的应用服务都需要用户首先进行注册和验证,因此,用户往往维护了多个账号,有多种不同的认证方式。缺乏统一的认证方式使用户、企业增加了成本,在人口流动日益频繁的背景下,解决重复注册、重复认证的问题显得日益迫切。

当前各网络应用按各自的想法建设认证中心,采用不同认证方式。在人口流动日益频繁的今天,其现象是一个用户在多个机构的信息系统注册有多个账户,并按业务需求使用多种认证方式,各单位建设的应用系统并不互通,国家信息中心与各省(市)信息系统也无严格隶属关系,在业务交流时造成用户跑腿多、责任推诿等诸多问题,重复建设带来资源浪费,是国家和公众利益的最小化。如何在考虑安全,节约建设成本的基础上打破现有各孤立信任系统的隔阂成为迫切需求。

在跨域认证方面,除上述公钥证书认证相对成熟,在口令类相对成熟的跨域认证技术方面主要包括单点登录、Oauth(开放授权)等。

单点登录是一种用户在第三方认证门户登录后再访问多个依赖该门户认证结果的跨域方式,其效果和统一身份认证大同小异,难以满足各种网络应用已建立的多个独立认证系统的跨域需求。

OAuth(开放授权)可用于跨平台登录,其原理是在客户端和服务提供商之间设置了一个授权层,第三方网站必须在用户授权之后才能访问存储在服务方的信息,用户无须暴露自己的账户和密码,而是以令牌方式传送到第三方 Web。同时用户方设定了该访问令牌的权限范围和有效期。OAuth 体系结构如图 8-24 所示。

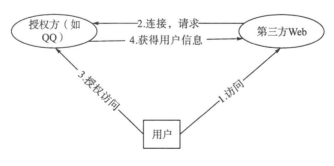

图 8-24　OAuth 体系结构

Oauth(开放授权)目前仅用于账户/口令等安全性较低的信息系统,对安全需求高的网络应用并不适用,各单位、公司独立建设的口令类认证系统在涉及跨域需求时,或由于建设成本较高而被忽视,或简单粗暴地将其他认证系统及数据库直接复制到本地认证服务器,缺乏主观能动性,难以对用户认证数据及机构证书进行动态维护(如撤销、签发),也造成了存储资源的冗余浪费,当环境中参与成员(信任域)众多时,将所有信任域成员的数据资源存储在每个信任域,将会造成巨大的存储开销,成本也是各单位、公司难以承受的。

## 8.4.2　异构身份联盟与跨域信任技术框架

随着互联网应用越来越多地为人们提供服务,各种应用都自建了身份认证系统,用户在使用不同网络服务时面临着重复注册管理多个账户/密码信息、使用不便、易于遗忘等问题。从统一信任服务的角度,各应用身份认证系统林立,导致信任孤岛,也不利于网络治理和监管。

### 1. 典型统一信任服务框架分析

统一身份认证在网络治理和服务方面价值巨大,因此也被各国所重视。

英国数字化改革项目提出的 Gov.UK Verify 信任服务体系建立了中心化信任模型,用户能选用不同认证服务提供商实现身份认证和登录,认证服务提供商则验证用户身份并通过 Verify Hub 将认证结果反馈给政务应用。该方式以应用为中心,集合多个身份认证提供商,保护了民众隐私,但缺乏考虑单点登录和异地认证的问题。

美联邦桥 CA 用于打破众多 CA 域,包括了复杂的树形、网状和信任列表结构,不但囊括各级政府部门,还加入了众多合作商业伙伴。但美联邦桥 CA 是国家意志的体现,相比之下,在国内,国家信息中心和各省的电子政务中心在建设中缺乏统一规划且无严格上下级关系,因此各地形成了众多信任域,在商业、政务外网环境中难以找到一个可信第三方实现桥 CA。

加拿大电子政务 PKI 体系则是典型的中心式树形结构,体系简单,仅被各级政府机构使用。加拿大的中心式 PKI 体系适合人口稀少国家的系统建设,对国内的统一信任服务建设管理参考性较小。

### 2. 国内信任服务发展分析

当前,国内的 CA 域之间的信任传递主要在小范围使用交叉认证和信任列表,难以在统一信任服务层面进行管理和推广。随着电子政务、商务的普及应用,跨域 CA 的信任传递具有迫切需求。

除证书体制的跨域信任技术外,口令类认证的跨域技术也实现了统一身份认证的效果。口令认证技术主要包括单点登录和 OAuth(开放授权)两种。单点登录让用户在第三方平台登录后再访问多个依赖该认证的应用,本质上形成了新的认证中心,其效果和统一身份认证相差无几,不能满足不同网络应用已建立的多个独立认证系统的跨域需求。OAuth(开放授权)目前仅用于账户/口令等安全性较低的信息系统,对于安全要求高的网络应用则不适用。

国内的若干网络应用的身份认证系统在建设中各自独立,在涉及跨域需求时,或因成本建设高昂而被漠视,或简单粗暴地将其他认证系统及数据库直接复制到本地认证服务器,或是将其他认证域的锚 CA 证书直接导入本地认证服务器。本质上未能解决跨域认证和统一身份认证的需求问题。

### 3. 信任服务新技术

比特币作为典型的无中心分布式的系统,已经安全运行了十余年,这为解决中心式统一身份认证困难带来了新思路[8]。西方国家较早尝试了区块链与身份认证的结合。早在2014 年,Bitnation 就发布了"世界公民身份证"应用,该应用首先尝试了以用户为中心且没有从属关系的身份签发方式。其他的概念验证项目,如荷兰的 PKIoverheid、Idensys项目,爱沙尼亚的 e-Residents 等,但这些早期尝试的项目缺点也很明显,大多使用了比特币区块链,比特币每个节点都存有完整且不可篡改的账本,每次验证需要众多节点同步数据库,需花费十几个小时,对用户认证很不友好,且这些项目面向公众开放,缺乏统一的身份和权限管理,存在隐私泄露风险。

这些项目作为先行者,不同层面的限制导致应用范围较小,以荷兰罗本银行(Rabo Bank)的概念验证项目(towards self-sovereign identity using blockchain technology)为例,该系统架构如图 8-25 所示。

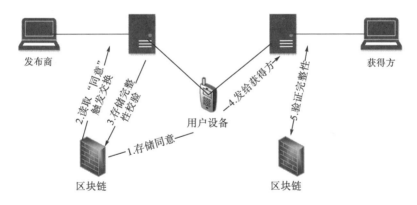

图 8-25 罗本银行身份管理系统架构

该项目基于比特币区块链,以用户设备为中心,将用户属性经过 Issuer(发布商)验证后(验证过程包括出示身份证、驾照等信息),存储在用户终端,并在区块链上对验证的属性进行 Hash 处理,数字签名后将"证明"存储在区块链,系统无中心数据库存在,当用户要获得 Acquirer(获得方)服务时,在用户设备选择要验证的属性同意分享验证(步骤 1),并发送该属性给 Issuer,Issuer 读取用户"同意",触发与区块链信息的交换(步骤 2),对该信息在区块链进行验证(步骤 3)后签名发回用户,用户将验证过的属性数据发给 Acquirer(步骤 4),Acquirer 到区块链查找"证明"信息,对用户分享的属性信息进行 Hash 处理后与"证明"比对,完成认证(步骤 5)。

该项目最大的特点是用户同意自己的属性可分享到别的域时才可以分享，符合KYC（know your customer，了解客户规则）政策。用户完全管理自己的数据，区块链仅用于存储许可和完整性校验，借助 Hash 函数作为单向陷门函数的特点，没有数据明文的情况下第三方在区块链上获得的数据无任何意义。实现了去中心化认证系统，用户完全拥有自己数据的主动权，也不存在中心化系统大量数据泄露的风险。

除上述先行者外，一些公司也开发了自己的区块链统一身份认证应用，包括 ShoCard、Uport、Civic、IDHub、SelfKey、Air 等。ShoCard 项目是首先通过区块链技术实现自主身份认证的应用系统。Uport 项目区块链平台依托于以太坊，最大的创新是用分级的智能合约方式实现以用户为中心的账号管理和依托账号管理实现非区块链应用身份的关联，具有很好的兼容性，并被后来的 IDHub、SelfKey 等方案所借鉴。Civic 项目最大的特点在于引入 token（通证）激励机制。IDHub 项目通过吸取 Uport 和 Civic 等项目的诸多优势开发的身份管理系统，目前在佛山禅城公证处得到落地应用。Self-Key 项目主要是解决跨域证书的统一认证问题。Air 项目是基于联盟链 hyperledger 平台构建的。上述产品方案突出点及其对比见表 8-4。

表 8-4　现有基于区块链的身份管理方案对比

| 对比项 | ShoCard | Uport | Civic | IDHub | SelfKey | Air |
|---|---|---|---|---|---|---|
| ID 发行方 | P | P | P | O | P | P |
| 账号管理以用户为中心 | O | P | O | P | P | O |
| 身份在自身生态系统内使用 | P | O | P | O | P | P |
| 身份数据存储手机 | P | O | P | O | P | P |
| 数字证书 | P | O | P | P | P | P |
| 区块链平台 | 自主研发 | Ethe-reum | Root-Stock/bitcoin | Ethereum、Root-Stock、Qtum | 自主研发 | Hyperledger |
| 通证 | O | O | P | P | P | P |

注：O 代表√；P 代表×。

通过分析身份认证系统各参与方需求以及国内权威机构监管需求，统一身份认证系统的发展不能完全中心化，也不能完全去中心。因此通过联盟链构建基于区块链的统一身份认证系统会成为重要技术手段。此外，从区块链技术特点及上述基于区块链的身份认证系统来看，对于用户可设计以用户为中心的安全、可控、方便的统一身份认证方案，对于身份提供方可提供有效的激励机制，对于依赖方可降低身份认证成本。与此同时，机遇和挑战共存，区块链的发展将会给公司、政府、金融等各行业的中心化身份管理系统带来冲击，只有通过技术方案和产品的改革才能更好地适应技术的发展。

4. 异构身份联盟模型

目前网络空间存在大量各自独立的异构身份认证系统，使用不同的身份认证方式，具有不同的安全等级和需求，但分裂的身份管理系统走向统一的综合管理生态是必然趋势，有助于在提供用户便利的统一身份认证服务的同时提高网络空间的安全性[9]。以下提出一种统一的异构身份认证综合管理模型。统一异构身份认证综合管理模型由联盟区块链、不同的身份管理系统(如电信、电商、公民网络电子身份标识)、基础身份信息库(如提供用户实体身份验证的公安人口库)等组成，如图 8-26 所示。

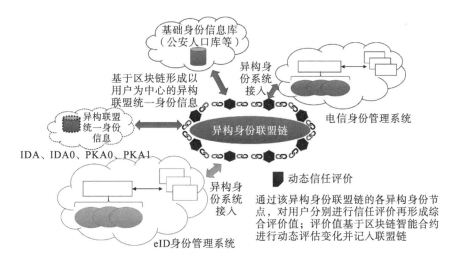

图 8-26　异构身份联盟基础模型

联盟用户标识(identity document of alliance, IDA)和其公/私钥对 PKA1/SKA1 属于 eID(electronic identity，电子身份标识)系统内的身份信息，IDA0 和其公/私钥对 PKA0/SKA0 对应异构联盟层面的身份信息，标识和公钥等都写入联盟链，以用户生成并管理自己身份信息的方式形成以用户为中心，各联盟节点分布式协同管理的异构联盟统一身份信息库，为不同身份管理域用户的信任传递提供支撑。

当 eID 系统和电信身份管理系统接入异构身份联盟链后，就都获得了对联盟统一身份认证的能力，eID 系统的用户 A 通过记录在联盟链的统一身份标识及其对应的公钥 PKA1 跨域访问，电信身份管理系统的跨域认证服务可基于 PKA1(对应于 eID 系统)验证该跨域用户的签名和 eID 系统对 IDA(联盟用户标识)的签名，用户 A 的跨域请求触发 eID 身份管理域和电信身份管理域预先设置的互信智能合约，执行智能合约通过后运行 IDA 访问电信身份系统。此时电信身份管理系统需进一步验证用户及其所属管理域的基本属性字段，将根据联盟共识的推荐值，自主计算用户可信度，以提高跨域认证的安全性。在该认证过程中，信任传递、跨域认证都是基于不同的身份管理系统间的智能合约，联盟区块链统一身份信息库(包括可信评价)和不同层面对应的跨域验证密钥。

5. 异构身份联盟技术架构

由于不同的身份管理系统差异巨大，在应用场景中难以实现统一信任服务层面的信任互通，区块链公开、透明、不可篡改的特点为建立联盟信任提供了技术手段，同时，由于区块链在记链、共识过程中涉及 Hash 算法、验签、通信交互，计算、通信，开销巨大。

因此在工程上构建基于区块链的异构身份联盟时，使用区块链存储实体标识、核验数据，而将主要生成数据存储于传统数据库、大数据存储平台等。本书提出一种基于区块链的异构身份联盟技术架构，如图 8-27 所示。该技术架构主要包括 3 层，由下到上分别为存储层、区块链层和接口层。

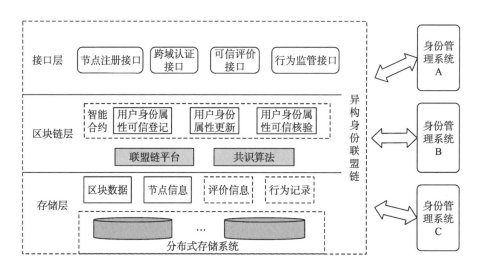

图 8-27    异构身份联盟技术架构

存储层主要用于存储联盟区块链节点信息、区块数据、实体标识及核验数据；存储信息的可扩展部分包括跨域用户身份可信评价信息、认证行为历史记录等。

区块链层负责区块数据的生成、索引、查询操作，通过智能合约执行用户属性信息的登记、更新、核验等。

接口层面向各异构身份管理系统和用户提供信任服务接口，包括节点注册、跨域认证、可信评价和行为监管等接口。

各身份管理系统与异构身份联盟链相对独立，通过注册接口注册于区块链系统，并生成唯一联盟节点标识（Group ID，GID），当原有身份管理系统中的用户申请信任传递相关服务时，会通过区块链获得联盟唯一身份标识（User ID，UID）作为获取联盟信任服务的依据。

基于异构身份联盟技术架构，为统一身份标识、跨域访问、动态信任评价、身份隐私保护和跨域监管等技术的实施奠定基础，实现对异构身份联盟信任服务的技术支持。

### 6. 异构身份联盟信任服务应用场景

为了解决加入异构身份联盟的不同信任域用户之间的信任传递问题，需要基于区块链和智能合约将不同认证机制、不同安全级别的身份管理系统纳入跨域认证协议的考量范畴。在进行不同身份管理域的用户跨域认证时，通过智能合约提供联盟层面的共识评价标准，给各信任域的认证系统参考。基于区块链的异构身份跨域认证模型及其流程如图 8-28 所示。

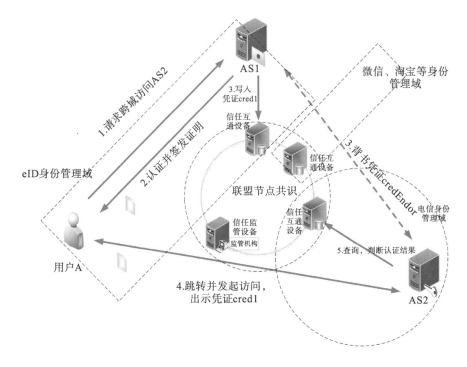

图 8-28　基于区块链的异构身份跨域认证模型

虚线代表异构身份管理域，主要包括区块链联盟管理域和各种异构身份管理域两大类，其中异构身份管理域包含 eID、电信、微信、淘宝等身份管理域，联盟身份管理域则由以上各身份管理域和联盟区块链共同组成。两类管理域的重叠部分为联盟区块链节点，又称信任互通设备，为异构联盟提供基础的区块链和智能合约服务。

(1) eID 身份管理域用户 A 向本域认证系统发起认证请求，该请求中标注了访问目的域(如电信身份管理域)。

(2) eID 系统的认证服务器 AS1 对本域用户 A 执行域内认证。

(3) 在 AS1 对用户 A 的认证通过后，eID 系统将认证成功的结果、访问目的域(电信身份管理域)等相关信息提交智能合约，智能合约在验证签名信息后写入区块链。

(4) 在一些具有较高安全需求的信任域之间，除认证凭证记链以外，在两个传递信任的管理域的认证服务器之间使用凭证背书的方式(随机数凭证 credEndor 用于二次挑战联盟跨域用户)，防止中间人攻击，提高安全性。

(5) 在用户使用层面，当用户 A 通过本域认证服务器 AS1 的认证，且 AS1 将认证凭证记链后，用户界面将跳转至 AS2。

(6) 当用户点击跨域访问请求键时，用户端后台将向 AS2 提交 AS1 签发的身份凭证 cred1，AS2 将用户出示的身份凭证 cred1 和 AS1 的背书随机数 credEndor 输入 Hash 函数，得到联盟记链结果，在区块链节点查询该结果并通过后，用户界面能够跳转到 AS2 所管理的应用获得相应服务。

目前存在的跨域认证中，主要包括 OAuth(开放授权)、信任列表、交叉认证、桥 CA

等方式, 除相同体制基于 PKI 证书的跨域认证可直接验证访客身份外(此时直接验证证书签名, 依赖方 AS2 主观认为跨域用户完全可信), 通常情况, 由于不同信任域认证机制的不同, AS2 无法直接用用户在 AS1 注册的身份(如账户/口令、指纹、虹膜)进行认证, 只能通过其注册的系统 AS1 的背书间接、主观地判断跨域用户是否可信。第(6)步流程详述如下。

对跨域用户的验证包含密钥验证和联盟凭证属性验证, 凭证属性包含以下内容:

①用户 A 所属认证系统的标识;

②用户注册在区块链的身份标识;

③凭证有效期;

④凭证签发机构的标识;

⑤凭证签发机构名称;

⑥持有凭证的用户所采用的认证方式(涉及信任度、安全级别等主观判断);

⑦凭证签发机构的私钥签名。

在用户发起跨域请求, AS2 接收到用户后台出示的凭证 cred1 后, 获得用户联盟标识, 并用该标识向区块链查询用户在其他联盟成员的访问记录, 应用系统(如淘宝、微信注册记录的跨域凭证)所颁发的跨域凭证 cred2、cred3、⋯、credN。从查询到的凭证中判定其中的有效凭证(包括凭证有效期、签发方状态是否有效、安全级别是否满足、签发机构是否处于本域信任列表等), 解析用户跨域历史记录、主观设置权重, 按预设的算法计算综合信任度, 主观判断综合信任度是否满足自己管理域的跨域认证阈值, 满足认证阈值则允许用户访问, 并生成相同格式的访问记录凭证 cred 提交智能合约记录到区块链, 作为该用户以后跨域认证的一个历史记录供其他信任域参考。此外, 若本域认证服务器主观判断跨域用户未能满足本域信任阈值, 则拒绝用户请求, 要求用户重新在本域注册新身份。

## 7. 小结

网络空间中存在众多身份管理平台, 平台之间不互通、跨域认证(统一认证)体验差、可信评估缺失、身份隐私保护不足、行为监管缺失等问题由来已久, 区块链的出现为解决上述问题提供了技术手段, 本节重点阐述了一种可实施的异构身份联盟技术架构, 该架构基于区块链实现各种身份管理系统的接入, 生成统一网络身份标识, 包括系统和系统内用户的链上标识, 支持各系统内用户的安全跨域认证, 支持设计差异化的身份隐私保护技术, 区块链不可篡改、公开透明的特点为行为监管提供支撑。为网络空间中异构身份系统的统一奠定基础。基于以上架构、模型能够设计跨地区、跨管理域、可监管、隐私保护、安全性高的信任服务技术, 满足不同参与方的需求。

# 8.5 访问控制

访问控制技术是信息系统安全的核心技术之一, 是通过某种途径显式地准许或限制主体对客体访问能力及范围的一种方法。它通过限制对关键资源的访问, 防止非法用户的侵入或因为合法用户的不慎操作而造成的破坏，从而保证系统资源受控地、合法地使用。访问控制的目的在于限制系统内用户的行为和操作，包括用户能做什么和系统程序根据用户的行为应该做什么两个方面。

访问控制的核心是授权策略。授权策略是用于确定一个主体是否能对客体拥有访问能力的一套规则。在统一的授权策略下，得到授权的用户就是合法用户，否则就是非法用户。访问控制模型定义了主体、客体、访问是如何表示和操作的，它决定了授权策略的表达能力和灵活性。

根据访问控制策略类型的差异，访问控制分为强制访问控制(mandatory access control，MAC)和自主访问控制(discretionary access control，DAC)两种类型[10]。随着计算机和网络技术的发展，MAC、DAC 已经不能满足实际应用的需求，为此出现了基于上下文的访问控制(context-based access control，CBAC)模型、基于角色的访问控制(role-based access control，RBAC)模型、基于属性的访问控制(attribute-based access Control，ABAC)模型、Bell-LaPadula 保密性模型与 Chinese Wall 模型。

## 8.5.1 强制访问控制与自主访问控制

### 1. 强制访问控制(MAC)

MAC 用来保护系统确定的对象，对此对象用户不能进行更改。也就是说，系统独立于用户行为强制执行访问控制，用户和对象各自具有一组安全属性，用户不能改变他们的安全级别或对象的安全属性，目标是限制主体或发起者访问或对对象或目标执行某种操作的能力。实践中对数据和用户按照安全等级划分标签，访问控制机制通过比较安全标签来确定是授予还是拒绝用户对资源的访问。强制访问控制如图 8-29 所示。

图 8-29　强制访问控制

在强制访问控制系统中，任何主体(用户、进程)对任何客体(文件、数据)的任何操作都将根据一组授权规则(也称策略)进行测试，决定操作是否允许。所有主体和客体都被分配了一个标识安全等级的安全标签；访问控制执行时对主体和客体的安全级别进行比较，只有主体的安全级等于或高于客体安全级别时主体才能访问客体。

用一个例子可以说明强制访问控制规则的应用，如某应用服务以"秘密"的安全级别运行。假如应用服务器被攻击，攻击者在目标系统中以"秘密"的安全级别进行操作，则他将不能访问系统中安全级别为"机密"及"绝密"的数据。

2. 自主访问控制(DAC)

自主访问控制机制允许对象的属主来制定针对该对象的保护策略,由客体的属主对自己的客体进行管理,由属主自己决定是否将自己客体的访问权或部分访问权授予其他主体,这种控制方式是自主的。通常 DAC 通过授权列表(或访问控制列表)来限定哪些主体针对客体可以执行什么操作。这种方式将可以非常灵活地对策略进行调整。由于其易用性与可扩展性,自主访问控制机制经常被用于商业系统。

自主访问控制中,通常假定所有客体都有属主,并且属主能够修改访问该客体的权限,用户可以针对被保护对象制定自己的保护策略。

(1)每个主体拥有一个用户名并属于一个组或具有一个角色。

(2)每个客体都拥有一个限定主体对其访问权限的访问控制列表(ACL)。

(3)每次访问发生时都会基于访问控制列表检查用户标识以实现对其访问权限的控制。

自主访问控制具有易于扩展和理解的优点,大多数商业系统会基于自主访问控制机制来实现访问控制,如主流操作系统、防火墙等。

强制访问控制和自主访问控制有时会结合使用。

## 8.5.2 基于角色的访问控制

1992 年,Ferraiolo 和 Kuhn 基于传统访问控制提出一种新的基于角色授权的思想,是通过对角色的访问所进行的控制,使权限与角色相关联,用户通过成为适当角色的成员而得到其角色的权限。1996 年,R. Sandhu 提出了经典的基于角色的访问控制(RBAC)模型并沿用至今。

RBAC 模型认为授权实际上是 who、what、how 三元组之间的关系,也就是 who 对 what 进行 how 的操作,即"主体"对"客体"的操作。

who:权限的拥有者或主体(如 user、role)。

what:操作或对象(operation、object)。

how:具体的权限(privilege,正向授权与负向授权)。

基于角色的访问控制的基本思想是,对系统操作的各种权限不是直接授予具体的用户,而是在用户集合与权限集合之间建立一个对应一组相应权限的角色集合[11]。一旦用户被分配了适当的角色后,该用户就拥有此角色的所有操作权限。这样做的好处是,只要分配给用户相应的角色即可,不必在每次创建用户时都进行分配权限的操作,而且角色的权限变更比用户的权限变更要少得多,这样将简化用户的权限管理,减少系统的开销。基于角色的访问控制可极大地简化权限管理,是实施面向企业的安全策略的一种有效的访问控制方式。

基于角色的访问控制模型框架如图 8-30 所示。

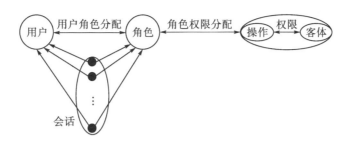

图 8-30　基于角色的访问控制模型框架图

基于角色的访问控制模型包含四类实体和两种关系。四类实体包括用户、角色、权限以及会话。两种关系则分别是用户和角色之间多对多的分配关系以及角色和权限之间多对多的分配关系。RBAC 模型中，系统将权限分配给相应的角色，用户通过成为适当角色的成员而得到这些角色的权限，从而简化了用户和权限的关系，具有易扩展、易维护的优点。当某一用户访问客体时，首先需要建立会话，其次激活所属角色集合中的某一子集，最后使用被激活的角色权限执行一定的操作。

### 8.5.3　基于属性的访问控制

基于属性的访问控制（ABAC）是一种为解决行业分布式应用可信关系的访问控制模型，可以定义表达资源和主体的属性条件的授权，它利用相关实体（如主体、客体、环境）的属性作为授权的基础来研究如何进行访问控制[12]。基于这样的目的，可将实体的属性分为主体属性、客体属性和环境属性。在基于属性的访问控制中，请求者和资源通过特性来标识，访问判定是基于请求者和资源具有的属性，这使得 ABAC 具有足够的灵活性和可扩展性，同时使得安全的匿名访问成为可能。

在 ABAC 中，主体有定义其身份和特性的属性，包括主体的身份、角色、职位、能力、位置、行政关系以及 CA 证书等，如用户这一主体，它可以以所处行业中用户的属性特征为基础，将这些用户的某些属性进行标准化定义，包括某用户所属的部门、职务、主管业务等；主体是对客体（资源）实施访问行为的实体，如用户、服务、通信实体等。

客体属性包括身份、位置（URL）、大小、值，这些属性可从客体的元数据中获取，同样也可以由对其操作的主体来继承。客体是被主体操作的实体，如文件、数据、服务、系统设备等。也就是说，客体属性与主体属性具有一定的相关性。

环境属性是与事务（或业务）处理关联的属性，它通常与身份无关，但适用于授权决策，如时间、日期、系统状态、安全级别等。

基于角色的访问控制（RBAC）通过引入角色中间元素，使得权限先经过角色进行聚合，然后将权限分配给主体，通过这种方式可以简化授权，可将角色信息看成是一种属性，这样 RBAC 就成为 ABAC 的一种单属性特例。在系统运行过程中，基于属性的策略描述方式可以很好地将属性管理和访问判定相分离，因为策略比较稳定，而属性是一个易变量。

### 8.5.4 基于属性基加密的访问控制

1. 基于密码学的访问控制技术

自主访问控制、强制访问控制、基于角色的访问控制和基于属性的访问控制,都属于基于可信引用监控机的访问控制技术。它们的安全性建立在系统具有忠实执行访问控制策略的可信引用监控机的基础上。而在外包存储等很多场景下,数据存储服务是由第三方提供的,较难构建可信的访问控制策略执行机制,所以往往需要采用密码技术来实施访问控制。

在大数据、云计算应用场景下,外包存储是数据的一种重要存储方式。在外包存储方式下,数据所有者与数据存储服务提供者是不同的。这就产生了数据存储需求与安全需求之间的矛盾:一方面,数据所有者有利用数据存储服务满足数据存储和分享的需求;另一方面,数据所有者不具备在数据存储服务中建立自己信任的引用监控机的能力,无法采用访问控制技术来确保数据安全。因此,除采用法律、信誉等手段让数据所有者信任数据存储服务提供者能按照访问控制策略对数据进行保护外,还需要一些技术手段来确保无可信引用监控机场景下的数据安全。密码技术为解决该问题提供了另一条途径,它能够将数据的安全性建立在密钥安全性的基础上。因此,这种基于密码学的访问控制技术将是大数据安全存储研究中的重要方向。

基于密码学的访问控制技术的安全性依赖于密钥的安全性,而无须可信引用监控机的存在,因此能够有效解决大数据分析架构自身缺乏安全性考虑的问题。一方面,由于大数据分布式处理架构的复杂性,很难建立可信引用监控机;另一方面,部分大数据场景下,数据处于所有者控制范围外。因此,不依赖于可信引用监控机的基于密码学的访问控制研究对于大数据的一些特定场景具有重要意义。根据采用的密码技术的不同,访问控制技术可分为两类:基于密钥管理的访问控制和基于属性基加密的访问控制。

基于密钥管理的访问控制技术是通过确保数据的解密密钥只能被授权用户持有来实现对数据的访问控制。通常情况下,可以采用可信的密钥管理服务器来实现,即通过它来完成密钥的生成,并分发给授权用户。然而,与可信引用监控机一样,在大数据环境下可信的密钥管理服务器也很难实现。

2. 基于属性基加密的访问控制技术

ABE(attribute based encryption,基于属性基加密)提供了实现访问控制的新途径。它能够实施基于属性的访问控制(ABAC)的规则,却不需要依赖可信引用监控机来实施ABAC策略,而是用密码学方式限制能够解密数据的用户范围。

ABE是在2005年由Sahai和Waters首次提出的,它将属性集合作为公钥进行数据加密,要求只有满足该属性集合的用户才能解密数据,即将解密数据的策略用属性的方式进行描述。随后,Gioyal等和Bethencourt等对策略的描述能力进行了扩展,使其支持属性的布尔表达式形式。并且Gioyal等将ABE分为基于密钥策略的属性基加密(key policy aitribute-based eneryption，KP-ABE，也称密钥策略 ABE）和基于密文策略的属性基加密（ciphertext policy attribute-based encryption，CP-ABE，也称密文策略 ABE）。其区别在于，KP-ABE 将密钥与访问控制策略关联，而 CP-ABE 将密文与访问控制策略关联。

在基于密钥管理的访问控制技术中，系统通过控制用户持有的密钥集合来区分用户而实施授权和访问控制。因此，数据所有者需要预先知道系统中所有潜在的授权用户，并获得他们的对称加密密钥或公钥。这对于规模较大且用户较多的大数据应用来说是非常不便的，与之相比，基于属性基加密的访问控制技术通过更加灵活的属性管理来实现访问控制，即将属性集合作为公钥进行数据加密，要求只有满足该属性集合的用户才能解密数据。因此数据所有者可以不必预先知道潜在授权用户的身份和相关的密钥集，甚至在某些场景下能够保持授权用户身份的匿名。下面以 CP-ABE 为例对这种访问控制技术进行介绍。

1）访问结构

在基于属性基加密的访问控制中，用户只要拥有特定属性就可获得访问权限，而且能够实现属性的多值分配，能解决复杂网络信息系统中的细粒度访问控制和大规模用户动态扩展问题，是一种更加实用的适用于在开放复杂网络环境中对共享数据进行访问控制的公钥加密方法，为开放网络环境提供了较理想的访问控制方案。在属性基密码系统中，每一种权限都可用一个属性集合表示，一个权威机构通过对所有访问者属性集合进行认证后分发相应的属性密钥，数据所有者的资源被其加密后保存在系统服务器中，数据所有者根据需要可灵活制定加密用的访问策略，如果访问者满足访问策略，则可以通过解密操作获得对数据拥有者加密资源的访问权限。例如，一个数据所有者想要分享一条信息，他自己设定访问策略：既拥有属性 A，也拥有属性 B 或 C，该策略可以表示为布尔表达式 A AND（B OR C），在此策略下加密要分享的信息，则可实现对访问者的有效控制。

在属性基加密中访问策略被抽象为访问结构。访问结构主要分为门限结构、属性值与操作结构、访问树结构、LSSS 矩阵结构等。目前，在访问控制中应用较多的是访问树结构。

**定义 2-1（访问结构，access structure）** $\{P_1, P_2, \cdots, P_n\}$ 是一个参与方集合。令 $A \subseteq 2^{\{P_1,P_2,\cdots,P_n\}}$，若 $\forall B,C$，有 $B \in A$，且 $B \subseteq C$，那么 $C \in A$，则称 $A$ 是单调的。若 $A$ 是单调的，且是非空的，即 $A \subseteq 2^{\{P_1,P_2,\cdots,P_n\}} \setminus \{\varnothing\}$，则称 $A$ 为一个访问结构。$A$ 中的元素被称为授权集，非 $A$ 中的元素被称为未授权集。

访问树结构可以看作对单层 $(t,n)$ 门限结构的扩展，支持与（AND）、或（OR）和 $(t,n)$ 门限 3 种操作。其中，$(t,n)$ 门限是指秘密信息被分为 $n$ 份，要重构秘密信息就必须获得其中至少 $t$ 份。而 AND 操作可以看作 $(n,n)$ 门限，OR 操作可以看作 $(1,n)$ 门限。

**定义 2-2（访问树结构，access tree structure）** $T$ 为一个访问树，树中的每个节点被记为 $x$。该点的子节点数目记为 $n_x$，其对应的门限值记为 $k_x$。每个叶子节点代表一个属性，且门限值 $k_x = 1$，$n_x = 0$。而非叶子节点的门限值和子节点数目的关系则可用来表示叶子节点所代表的属性上的与（AND）、或（OR）、$(t,n)$ 门限关系，即 $k_x = n_x$ 表示 AND 操作，$k_x = 1$ 表示 OR 操作，$0 < k_x < n_x$ 表示 $(t,n)$ 门限。

按照上述定义，一个 CP-ABE 访问结构的示意图如图 8-31 所示。它表示了一条策略

"Place 属性为 Office，或 ID 为 Alice 且 Place 为 Home 的用户能够解密数据"。

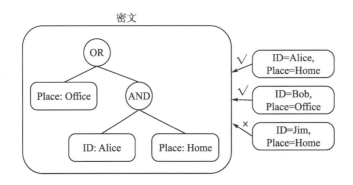

图 8-31　访问控制结构示意图

2) 基于 CP-ABE 的访问控制

(1) CP-ABE 算法概述。通常情况下，CP-ABE 算法包括 4 个组成部分，访问控制如图 8-31 所示。

①Setup：生成主密钥 MK 和公开参数 PK。MK 由算法构建者掌握，不允许被泄露，而 PK 被发送给系统中所有参与者。

②$CT_T$ = Encrypt(PK, T, M)：使用 PK、访问结构 T 将数据明文 M 加密为密文 $CT_T$。

③$SK_S$ = KeyGen(MK, S)：使用 MK、用户属性值 S 生成用户的私钥 $SK_S$。

④M=Decrypt($CT_T$, $SK_S$)：使用私钥 SK 解密密文 $CT_T$ 得到明文 M。只有在 S 满足 T 的条件下，Decrypt() 操作才能成功。

(2) 访问控制方案。在上述算法的基础上，图 8-32 展示了一个基于 CP-ABE 的基本访问控制方案。

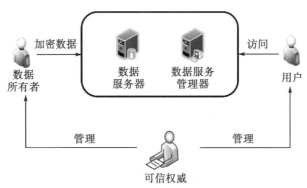

图 8-32　基于 CP-ABE 的访问控制

参与方包括如下 4 个。

①可信权威(trusted authority)。维护了每个用户的属性与密钥的对应关系，即负责执行上述 CP-ABE 算法的第①步，产生系统的公开和秘密参数 PK 和 MK，并且执行 CP-ABE 算法的第②步为用户发布属性密钥。它是整个访问控制系统中唯一需要被其他参与方完全

信任的参与方。

②数据所有者(data owner)。具有数据的所有权,并希望将数据通过服务提供者的数据服务向其他用户分享。数据所有者负责访问策略(访问结构 T)的定义,并执行 CP-ABE 算法的第②步产生与策略绑定的密文数据,然后发送给服务提供者。

③用户(user)。数据的访问者。若该用户具有满足密文数据所绑定策略中要求的属性,即持有可信权威针对相应属性为其发布的属性密钥,那么就可以成功地执行 CP-ABE 算法的第④步解密出数据明文,实现对数据的访问。

④服务提供者(service provider)。负责提供数据的外包存储,不参与 CP-ABE 算法执行。其中,数据服务器(data server)负责存储数据,数据服务管理器(data manager)负责向用户提供对数据的各种操作服务。数据服务管理器是“诚实而好奇”的,即会诚实地执行用户发起的各种操作,但是却希望能够更多地获得加密内容。

# 8.6　隐 私 保 护

## 8.6.1　隐私保护概述

近年来,移动互联网和大数据技术的飞速发展和深度交融催生了各种新型应用,如移动出行、网上购物、社交网络、基因筛查、数据交易等,涉及人们生产生活的各个方面。这些应用通过计算挖掘个人数据所蕴含的价值,在提供个性化服务带给人们便利的同时,所采集的包含姓名、联系方式、家庭住址、兴趣偏好等个人信息也在不同程度上泄露了个人隐私[13]。在维基百科中,隐私的定义是个人或组织将自己或自己的属性隐藏起来的能力,从而能够选择性地表达自己。何为隐私,不同的文化或个体可能有不同的理解,但主要思想是,某些数据对某人(或组织)来说是特殊或敏感的,在某些场景中是不愿被暴露的。例如,病人的患病数据、公司的财务信息都属于隐私。但当针对不同的个体或组织时,隐私的定义也会存在差别。还有些数据现在是隐私,可能几十年后就不是隐私。隐私的类型大致可划分为四大类。

(1)互联网隐私。个人使用互联网各种服务时可能暴露的真实身份信息和行为信息。

(2)财务隐私。与银行和金融机构相关的隐私。

(3)政治隐私。个人在投票或投票表决时的保密权。

(4)医疗隐私。患者患病和治疗信息。

## 8.6.2　大数据环境下的隐私保护

隐私保护技术大体分为 3 类:数据加密、数据失真和限制发布。隐私保护技术往往融合了多种技术,很难简单归为某一类。按照是否采用了密码,隐私保护技术可以分为如下两类。

(1)非密码的隐私保护技术,如数据匿名化技术、差分隐私技术等。

(2)基于密码的隐私保护技术,主要是隐私数据加密技术和面向隐私保护的计算技术。

密码是目前世界公认的解决大数据安全和隐私保护问题的最好的办法。大数据环境下的隐私保护模型如图 8-33 所示。

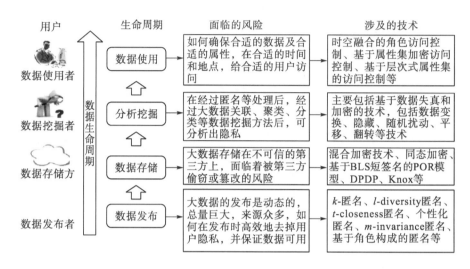

图 8-33　大数据环境下的隐私保护模型

在大数据发布、存储、挖掘和使用的整个生命周期过程中,涉及数据发布者、数据存储方、数据使用者和数据挖掘者等多方参与。各个阶段,大数据隐私保护模型各部分的风险和技术如下所述[14]。

## 1. 数据发布

数据发布者即采集数据和发布数据的实体,包括政府部门、数据公司或者用户等。与传统针对隐私保护进行的数据发布相比,大数据发布面临的风险在于同一用户的数据来源众多,总量巨大,如何保证用户数据发布时,高效、可靠地去掉可能泄露用户隐私的内容。数据的匿名发布技术,包括 k-匿名、t-closeness 匿名、l-diversity 匿名、m-invariance、个性化匿名、基于角色构成的匿名等方法。

## 2. 数据存储

在大数据环境下,数据存储方一般为云存储平台,大数据的存储者和拥有者一般是分离的。云存储服务提供商也不能保证是完全可信赖的。用户的数据面临被不可信的第三方偷窥或者篡改的风险。加密是解决该问题的通常思路。同时,由于大数据的查询、统计、分析和计算也需要在云端进行,为传统加密技术的适应性带来了挑战。同态加密技术、混合加密技术、基于 BLS 短签名的 POR 模型、DPDP、Knox 等方法,是针对数据存储时防止隐私泄露可采取的方法。

### 3. 数据挖掘

数据挖掘者从发布的数据中挖掘知识,往往期望尽可能多地分析挖掘出用户隐私信息等有价值的信息。在大数据环境下,由于数据来源的多样性和动态性等特点,经过匿名处理后的数据,经过大数据关联分析、聚类、分类等数据挖掘处理后,依然可以分析出用户的隐私。应该在尽可能地提高大数据可用性的前提下,研究更加合适的数据隐藏技术,以防范数据挖掘引发的隐私泄露。主要技术包括基于数据失真和加密的方法,如数据变换、隐藏、随机扰动、平移、翻转等技术。

### 4. 数据使用

数据使用者是访问和使用大数据,以及从大数据中挖掘出信息的用户。在大数据环境下,如何确保合适的数据及属性能够在合适的时间和地点,给合适的用户访问和利用是亟待解决的问题。主要技术包括基于属性基加密访问控制(ABE)、时空融合的角色访问控制、基于层次式属性基的访问控制(hierarchical attribute set based encryption, HASBE)、基于密文策略属性基的加密(ciphertext policy attribute set based encryption, CP-ASBE)等技术。

## 8.6.3　大数据环境下的数据匿名技术

数据持有方有时需要公开发布数据,通常会包含一定的用户隐私信息,在数据发布之前需要对数据进行必要的匿名处理。此时,确保用户隐私信息不被恶意的第三方获取是极为重要的,用户希望攻击者无法从数据中识别出自身。Samarati 和 Sweeney 在 1998 年首次提出了匿名化的概念,提出在确保所发布的信息数据公开可用的前提下,隐藏公开数据记录与特定个人之间的对应联系,从而保护个人隐私。最初,服务方仅仅删除数据表中有关用户身份的属性作为匿名实现方案。实践表明,这种匿名处理方案是不充分的。攻击者能从其他渠道获得包含了用户标识符的数据集,并根据准标识符连接多个数据集,重建用户标识符与数据记录的关系。这种攻击被称为链接攻击(linking attack)。

为了防御链接攻击,常用静态匿名技术,包括 $k$-匿名、$l$-diversity 匿名、$t$-closeness 匿名以及以它们的相关变形为代表的匿名策略。这些匿名策略的效果逐步提高。但均以信息损失为代价,不利于数据挖掘与分析。为此,研究者进一步提出了个性化匿名、带权重的匿名等匿名策略,能够给予每条数据记录以不同程度的匿名保护,减少了非必要的信息损失。

### 1. 静态匿名技术

基于静态匿名策略,数据发布方需要对数据中的准标识码进行处理,使得多条记录具有相同的准标识码组合,这些具有相同准标识码组合的记录集合被称为等价组。$k$-匿名技术就是每个等价组中的记录个数 $k$,使大数据的攻击者在进行链接攻击时,对于任意一条记录的攻击都会同时关联到等价组中的其他 $k-1$ 条记录。这样攻击者就无法确定与特定用户相关的记录,从而保护了用户的隐私。

若等价类在敏感属性上取值单一,则攻击者仍然可以获得目标用户的隐私信息。为此,

有人提出了 *l*-diversity 匿名策略。

*l*-diversity 保证每一个等价类的敏感属性至少有 *l* 个不同的值，使得攻击者最多以 1/*l* 的概率确认某个个体的敏感信息，从而使得等价组中敏感属性的取值多样化，避免了 *k*-匿名中的敏感属性值取值单一所带来的缺陷。

若等价类中敏感值的分布与整个数据集中敏感值的分布具有明显的差别，则攻击者可以有一定概率猜测用户的敏感属性值。为此，有人提出了 *t*-closeness 匿名策略，以 EMD（earth mover's distance，搬土距离）衡量敏感属性值之间的距离，并要求等价组内敏感属性值的分布特性与整个数据集中敏感属性值的分布特性之间的差异尽可能大，即在 *l*-diversity 的基础上，*t*-closeness 匿名考虑了敏感属性的分布，要求所有等价类中敏感属性值的分布尽量接近该属性的全局分布。

匿名策略都会造成较多的信息损失，有可能使得数据使用者做出误判。不同的用户对于自身的隐私信息有着不同程度的保护要求。使用统一的匿名标准显然会造成不必要的信息损失。由此人们提出了个性化匿名技术，可根据用户的要求对发布数据中的敏感属性值提供不同程度的隐私保护，从而可显著提高发布数据的可用性。

用户或组织属性与属性之间的重要程度往往并不相同。例如，对于医学研究而言，患者的住址邮编显然不如他的年龄、家族病史信息重要。由此，采用带权重的匿名策略可对记录的属性赋予不同的权重。较为重要的属性具有较大的权重，从而提供较强的隐私保护，其他属性可以以较低的标准进行匿名处理，尽可能减少重要属性的信息损失。

2. 动态匿名技术

数据发布匿名最初只考虑发布后不再变化的静态数据，但数据的动态更新是大数据的重要特点，一旦数据集更新，数据发布者便需要重新发布数据以保证数据可用性。如果攻击者通过对不同版本的发布数据进行联合分析与推理，则基于静态数据的匿名策略将会失效，需要在大数据环境中使用动态匿名技术。

针对大数据的持续更新特性，人们提出基于动态数据集的匿名策略，该策略不但可以保证每一次发布的数据都能满足某种匿名标准，攻击者也将无法联合历史数据进行分析与推理。这些技术包括支持数据重发布匿名技术、基于角色构成的匿名、*m*-invariance 匿名技术等数据动态更新匿名保护的策略。

数据重发布匿名策略，使得数据集即使因为新增数据而发生改变，但多次发布后不同版本的公开数据仍然能满足 *l*-diversity 准则，以保证用户的隐私。在这种策略中，数据发布者需要集中管理不同发布版本中的等价类。若新增的数据集与先前版本的等价类无交集并能满足 *l*-diversity 准则，则可作为新版本发布数据中的新等价类出现；若新增的数据集与先前版本的等价类有交集，则需要插入最为接近的等价类中。

在支持新增操作的同时，为了支持数据重发布对历史数据集的删除，*m*-invariance 匿名策略被提出。对于任意一条记录，只要此记录所在的等价组在前后两个发布版本中具有相同的敏感属性值集合，不同发布版本之间的推理通道就可以被消除。为了保证这种约束，人们在这种匿名策略中引入虚假的用户记录，这些记录不对应任何原始数据记录，只是为了消除不同数据版本间的推理通道。对应于这些虚假的用户记录，还引入了额外的辅助表标识等价类中的虚假记录数目，以保证数据使用的有效性。

在不同版本的数据发布中，敏感属性可分为常量属性与可变属性两种，为此人们提出 HD-composition 匿名策略，能够同时支持数据重发布的新增、删除与修改操作，为由于数据集的改变而发生的重发布操作提供了有效的匿名保护。

## 8.6.4　差分隐私保护技术

差分隐私(differential privacy)保护在 2006 年被 Dwork 等首次提出，并提供了一套差分隐私保护应用框架(privacy integrated queries，PINQ)，便于开发者进行差分隐私保护系统开发[15]。差分隐私保护是基于数据失真的隐私保护技术，采用添加噪声的技术使敏感数据失真但同时可保持某些数据或属性不变，处理后的数据仍然可以保持某些统计方面的性质，便于进行数据挖掘。

采用差分隐私保护时，可保证在数据集中添加或删除一条数据不会影响查询输出结果，因此即使攻击者已知某条记录之外的所有敏感数据，仍可以保证该记录的敏感信息不会被泄露。

差分隐私保护基于数据失真技术，所需加入的噪声量与数据集的大小无关。即使对于大型数据集，也只需添加极少量的噪声，就可以达到高级别的隐私保护。差分隐私保护还定义了一个极为严格的攻击模型，并对隐私披露风险给出了定量化的表示和证明。Cormode 等通过简化步骤、降低敏感度的方式解决了稀疏数据在差分隐私保护过程中噪声添加量过大的问题。Sarathy 等指出了将差分隐私保护应用于数值型数据的一些局限性。针对流数据和连续观测的差分隐私保护问题，Dwork 等提出了隐私保护级别更强的泛隐私(pan-privacy)的概念。泛隐私基于流算法的思想，每个数据一经处理就马上丢弃，即使数据的内部状态已经暴露给入侵者，也可以抵御连续不间断的入侵方式。将差分隐私与 k-匿名算法结合，可解决微数据隐私保护下的数据发布问题。Zhou 等提出了一种应用于超大型数据库的差分隐私压缩算法，在实现差分隐私保护的同时能保持原有数据的统计学特性，Gehrke 等改进了差分隐私保护算法并应用于社交网络的隐私保护建模，Zhang 等提出了应用于分布式数据挖掘下抵御联合攻击的差分隐私保护算法。

## 8.6.5　大数据加密存储技术

对于含有敏感信息的大数据而言，加密后存储在云端必然能够保护用户的隐私。虽然目前的对称算法能保证对存储的大数据隐私信息的高速加解密，但其密钥管理过程较为复杂，难以适用于大量用户的存储系统。数据加密加重了用户和云平台的计算开销，同时限制了数据的使用和共享，造成了高价值数据的浪费。需要开发适用于大数据平台的快速加解密技术，以解决大数据隐私信息的存储保护需求问题。

Lin 等提出了一种针对 HDFS(Hadoop distributed file system，Hadoop 分布式文件系统)的混合加密技术，将对称加密和非对称加密进行了融合。当有新的隐私数据文件需要加密时，先通过非对称加密方法对该文件内容进行快速加密，并分布式存储于每个 HDFS 节点上，再使用对称加密方法对加密该文件内容的密钥进行加密后存储于该数据的头文件中，提供对密钥的有效管理。该方法实现了对大数据隐私信息的存储保护，但是加密后的隐私信息需要先经过解密才能在大数据平台中进行运算，其结果在存储到大数据平台时同样需要重新加密，会造成很大的时间开销。

同态加密算法可以允许人们对密文进行特定的运算，并且运算结果解密后与用明文进行相同运算所得的结果一致。将同态加密算法用于大数据隐私存储保护，可以有效避免存储的加密数据在进行分布式处理时的加解密开销，使得经过全同态加密后的文件可以在不解密的情况下进行 MapReduce 等运算，大大优化存储的大数据隐私信息的运算效率。Wang 等基于代理重签名的思想，设计了一个可以有效地支持用户撤销的云端群组数据的同态解密验证方案，保护群组用户的身份隐私。

### 8.6.6　隐私保护计算技术

如何在不过多地影响用户体验的同时，保护敏感数据在收集、存储和分析等过程中的隐私，其实质是面向隐私保护的计算[16]。

**1. 隐私保护计算的分类**

根据计算场景与模式的不同，面向隐私保护的计算可以分为两类。

1) 两方代理计算

代理计算是一个两方协议，客户端受限于自身有限的计算资源，需要将复杂的计算代理给计算能力强大的服务器来完成。代理计算中的隐私保护分为初级和高级两个级别。初级是仅保护输入隐私，就是在代理计算完成后，服务器仍然无法获知用户数据信息 $x$；高级是既保护输入隐私，也保护输出隐私，就是在代理计算完成后，服务器既无法获知用户信息 $J$，也无法获知计算结果 $f(x)$。两方代理计算如图 8-34 所示。

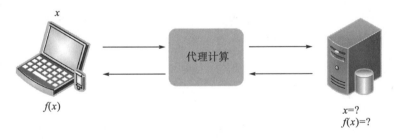

图 8-34　两方代理计算

支持隐私保护代理计算的关键技术是密态计算，因为用户发送给服务器的信息通常是敏感数据的密文。根据计算是否需要用户许可授权，代理计算进一步细分为秘密代理计算和公开代理计算。

(1) 秘密代理计算。服务器需要持有用户颁发的秘密令牌才能够对密态数据进行计算，如可允许服务器持有用户授权的私钥对密文进行任意相应的计算，实现支持隐私保护的数据挖掘。

（2）公开代理计算。在公开代理计算中，服务器无须用户授权就可以对密态数据进行公开计算，且计算结果仍然是密文形态，同时实现输入和输出的隐私保护，如采用全同态加密允许服务器对密文进行任意计算并返回至客户端。

2）协同计算

协同计算是一个多方协议，协议的参与方地位对等，计算能力相当。有 $n$ 个参与方，各参与方 $i$ 持有秘密输入 $x_i$，通过协议的执行共同计算函数 $f(x_1,x_2,\cdots,x_n)=(y_1,y_2,\cdots,y_n)$，如图 8-35 所示。隐私保护的要求是各参与方 $i$ 在协议完成后除得到输入输出 $(x_i,y_i)$ 之外，不获知任何额外信息。

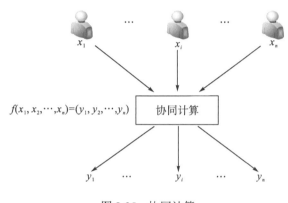

图 8-35　协同计算

为了抵抗恶意敌手（恶意指的是敌手偏离协议约定），在代理计算和协同计算中通常还引入证明协议以强制参与方按照既定协议执行计算。

2. 密码技术在隐私保护中的应用

1）同态加密

同态加密允许用户直接对密文进行特定的代数运算，得到的仍是加密的结果，其解密的结果与对明文进行同样的运算结果一样。好处在于可以对加密数据进行分析和检索，因此第三方可用该技术支持隐私数据保护。同态加密的概念由 Rivest 等在 1978 年首次提出，国外学者相继研究了满足乘法或加法的同态加密算法，还提出了能同时满足有限次乘法与加法的同态密码。到 2009 年，Gentry 构造出了第一个全同态加密方案，被认为是解决云计算安全问题的最好方法。可利用全同态加密方案对用户数据进行加密，再将密文发送到云端。云端在不解密的情况下可进行检索和比较等操作，避免了数据存储方敏感数据泄露的危险。问题在于，目前全同态加密方案计算复杂度较高，应用到实际系统中存在困难。

2）密文搜索

传统加密无法对密文进行直接操作，可搜索加密技术（searchable encryption）弥补了该缺陷。目前可搜索加密技术分为对称可搜索加密（symmetric searchable encryption，SSE）和非对称可搜索加密（asymmetric searchable encryption，ASE）。非对称可搜索加密在实现数据共享方面比对称可搜索加密更有优势，因为对称加密大多适用于单用户场景，而公钥加密可应用于多用户场景。公钥可搜索加密的代表性方案是带关键字搜索公钥加密方案（public key encryption with keyword search, PEKS），随后还扩展支持了关键字的连接词、子集、范围比较等查询，无安全信道的带关键字搜索公钥加密（secure channel free public key encryption with keyword search，SCF-PEKS），带关键字搜索的公钥加密和代理重加密（proxy re-encryption, PRE）结合等方案，以及支持多关键字搜索并对返回结果进行排序的加密搜索方案等。目前的难点在于还不能解决多域环境中高效的多关键字密文检索问题。

# 8.7　密码接口应用

全球很多组织和商业机构都开发了各种密码软硬件，但不同组织的加密接口不尽相同，为应用开发和密码设备无关的加密应用带来不便。为了解决加密接口问题，目前已经形成了多种 API 国际标准和国内标准，其中使用较为广泛的 API 标准主要有OASIS PKCS#11、Microsoft CryptoAPI（CSP），以及我国的商密系列接口标准规范。应用开发人员和密码服务开发人员都能通过这一系列标准接口实现密码服务的统一调用、扩展等功能。

## 8.7.1　国际密码应用接口发展状况

### 1. CSP/CNG

加密服务提供（cryptographic service provider，CSP）程序是微软为 Windows 系列操作系统制定的底层加密接口，它用于屏蔽多种密码软硬件模块的接口差异，对应用提供统一的密码服务接口[17]。应用通过 Crypto API 系列函数调用实现通用的数据加密、解密、数字签名、验证和数据摘要等密码操作。CSP 以容器为操作对象，一个容器内有加密公私钥对、加密证书、签名公私钥对和签名证书，可以通过容器完成加解密、签名验签等操作。Windows 家族中包含多种 CSP，程序开发者还可以使用 Windows 提供的 Crypto SDK 开发自己的 CSP 注册到系统，用来自定义的密码设备。CSP 是 Windows 安全应用的基础，在Windows 操作系统上实现https安全浏览（即 SSL 安全数据通信）和实现安全隧道（如IPSec）功能，都必须有 CSP 参与密码运算。

下一代密码 API（the cryptography API：next generation）CNG 是 CSP 的替代，在Windows Vista 及之后的 Windows 系统中支持 CNG。CNG 被设计为可在多个级别扩展，并且封装底层的密码学运算。CNG 提供了一组执行基本密码操作的功能，如创建 Hash 或加密和解密数据。CNG 实现了许多密码算法。每个算法或算法类别都公开自己的原始 API。可以同时安装给定算法的多种实现。但是，在任何给定时间，只有一个实现是默认算法设置。CNG 保留了 CSP 可扩展的特性，可由用户自行实现 CNG 的接口向系统注册算法、SSL 协议、密钥存储等自定义功能。CNG 不仅可提供应用层的算法注册，也可提供内核级的算法注册，方便驱动程序调用自定义算法或者实现算法的硬件。相对于 CSP，CNG 提供了更灵活和范围更广的密码算法应用方式。

CNG 中的每个算法都由原始动态库表示。使用 CNG 基本功能的应用程序将在调用功能之前以用户模式链接到 CNG 适配库二进制文件 Bcrypt.dll，或以内核模式链接到 Ksecdd.sys。这些适配库管理着系统上安装的每个算法实现，并将每个函数调用路由到适当的原始提供程序模块。

CSP/CNG 是 Windows 下标准的密码接口，所有微软应用程序都是通过调用 CSP 实现密码算法的应用，如 Office/IE/IIS 等。微软的.net 开发语言默认的密码服务也是基于 CSP/CNG 提供的。作为 Windows 系统中默认提供的编程接口，在 Windows 上的所有智能 key、密码硬件等都提供基于 CSP/CNG 的接口实现。得益于 Windows 系统在全球的高占用率，CSP/CNG 是使用量最大的密码应用接口。

### 2. PKCS#11

PKCS#11（public key cryptography standards，公钥加密标准，简称 P11 接口）是 RSA 实验室为促进公钥密码技术应用而制定的一系列标准之一，具有跨平台的特性。从 1995 年 P11 发布 V1.0 版本至今已发展到 V3.0 版本。从 P11 V2.40 后，RSA 将 P11 移交给 OASIS 管理。P11 特指密码设备的编程接口，P11 API 也称为 Cyptoki（cryptographic token interface，密码组件接口），是一个底层的编程接口规范，它通过密码令牌的抽象层，基于对象机制实现了与设备无关的、支持多应用访问的通用密码接口。P11 隔离了应用和密码设备的实现细节，使应用在不同的设备或运行环境中都可以调用相同的接口，并实现了不同厂商密码设备之间的互操作。P11 定义了多种密码类型和机制，并支持添加新的密码算法和密码机制。

P11 主要应用于智能卡和硬件安全模块（hardware security module，HSM），商业证书颁发机构也通过 P11 访问 CA 的签名密钥或注册用户证书。此外，跨平台软件也通常使用 P11 接口访问密码设备，如 Mozilla Firefox 和 OpenSSL 的扩展使用。P11 现已经发展成为一个通用的加密令牌的抽象层。

P11 API（Cyptoki）定义了最常用的加密对象类型（RSA 密钥、X.509 证书、DES、3DES 密钥等）和所有需要使用的功能（对象的创建、生成、修改和删除）。但 PKCS#11 只提供了接口的定义，不包括接口的实现。在接口的实现方面，主要由密码软硬设备提供商提供，如 USB Key 的厂商会提供符合 PKCS#11 接口标准的 API 的实现，这样开发者只要通过 Cyptoki 接口调用即可实现对 USB Key 的操作。

Cryptoki 将密码设备的操作过程抽象为槽、令牌、用户、会话、类、对象、机制、属性、模板、会话句柄、对象句柄、功能函数等概念，其定义的操作类型众多，几乎涵盖了对密码设备操作的所有行为。通常在 Linux 操作系统中，PKCS#11 接口是密码硬件设备实现的标准接口。

### 3. CDSA

通用数据安全体系结构（comment data security architecture，CDSA）是 Intel 于 1996 年

提出的分级密码服务基础框架，它主要用于解决互联网和互联网应用中日益突出的通信和数据安全问题。CDSA 创建了一个安全的、可互操作的、跨平台的安全基础体系，它支持使用和管理包括认证、信任、加密、完整性、鉴定和授权等的基础安全模块，并具有良好的扩展性，支持即插即用的服务模式。其中，CSSM 是 CDSA 的核心部分，它对外提供 API，为应用提供密码服务的调用，而具体的密码功能的实现则由下层完成。下层则通过插件式安全模块，逐级向上提供服务。CDSA 目前由 Open Group 维护。相对于 CSP 和 PKCS#11，CDSA 的应用范围相对狭窄一些。

### 4. OpenSSL

OpenSSL 是使用最广泛的密码接口。主流 Web 服务器，如 Apache、Nginx 等都使用 OpenSSL 提供的加密服务接口进行网络数据的传输保护。此外，OpenSSL 作为密码算法、SSL 协议实现库，已经成为 Linux 平台下密码应用程序开发事实上的标准库。

OpenSSL 接口除为不同类型的密码算法提供特有的调用接口外，还提供 EVP 系列统一的编程接口，OpenSSL 引擎技术的应用使密码算法开发者可以方便地添加自定义算法和算法实现硬件。添加的算法和硬件同样支持 EVP 系列接口的统一调用。OpenSSL 除常规的密码运算服务接口外，还提供建立安全连接（SSL）的协议实现，目前已支持 TLS 1.3 协议，借助 OpenSSL 的 SSL/TLS 协议库，应用能方便地搭建基于安全传输套接字的网络通信服务。最流行的开源网络框架 boost 的 ASIO、Libevent 都提供基于 OpenSSL 的安全传输协议，应用开发方几乎可以无缝地迁移到基于 SSL 保护的网络传输中。

### 5. JCE/JCA

Java 中的加密功能主要由两个库提供，即 Java 密码体系结构（Java cryptography architecture，JCA）和 Java 密码扩展（Java cryptography extension，JCE）。JCA 与核心 Java API 紧密集成，并提供了最基本的加密功能；JCE 提供了各种高级加密操作。过去，JCA 和 JCE 库一直受到美国出口政策的不同对待。但是随着时间的流逝，这些法规变得宽松了，目前它们都作为 Java SE 的一部分提供。JCA 和 JCE 中定义的 API 函数和类允许在 Java 应用程序中执行加密操作。除操作之外，这些类还描述了各种对象和安全性的概念。属于 JCA 和 JCE 的所有类都称为引擎。

所有 JCA 引擎都位于 java.security 包中，而 JCE 类则位于 javax.crypto 包中。JCA 提供的引擎包括随机数生成（SecureRandom），密钥生成和管理（KeyPairGenerator，KeyStore），消息认证（MessageDigest，Signature）以及证书管理（CertificateFactory，CertPathBuilder，CertStore）的引擎。

JCA 包含允许实际加密和解密（Cipher）、秘密密钥生成和协议（KeyGenerator，SecretKeyFactory，KeyAgreement）和消息身份验证操作（Mac）的引擎。

尽管 JCA 和 JCE 定义了所有加密操作和对象，但是功能的实际实现位于单独的类（称为提供程序）中。提供程序实现 JCA 和 JCE 中定义的 API，并且它们负责提供实际的加密算法。因此，整个密码体系结构相对灵活。它将接口和通用类与其实现分开。在大多数情况下，初始化之后，程序员仅需要处理抽象术语，如"密码"或"秘密密钥"。

为了在 Java 应用程序中使用算法提供类，必须使用 Oracle 的证书对所有提供程序进行签名。可以通过配置 Java 运行时来安装提供程序：安装包含提供程序的 JAR，然后通过将其名称添加到 java.security 文件中来启用它。或者，可以在执行期间通过应用程序本身安装提供程序。

每种功能(如 AES 密码算法)可以由多个提供商定义。当调用 JCA 和 JCE API 函数时，该应用程序可以指定应使用哪个提供程序。另外，Java 引擎将根据 java.security 文件中指定的优先顺序选择可用的提供程序。

因此，JCA 和 JCE 类似于 CSP 在 Windows 中的角色，为 Java 开发提供了统一的密码算法接口和算法添加的方式，Java 目前仍然是世界上最流行的编程语言，JCA 和 JCE 也是 Java 应用中使用规模最大的密码应用接口。

### 6. 其他密码服务接口

#### 1) Tink

传统的加解密接口的定义和实现与密码学的背景知识紧密相关，对无密码学基础的开发人员并不友好，极易出现密码算法不合理选用、对密码无保护措施等降低加密强度和攻击门槛的问题，显著增加应用系统的安全隐患。为解决此问题，由 Google 的一些加密工程师和安全工程师开发了一种多语言的、跨平台的加密软件库 Tink，意在帮助开发人员无须成为加密专家就可以正确地实现加密应用的接口。目前已经发展到 1.4 版本，支持 Java、C++、Object-C、Go、Python、Android 等主流开发语言和平台。Tink 已经被广泛应用于保护 Google 自身的产品，如 AdMob、Google Pay、Google Assistant、Firebase 等。

Tink 提供了可控的机制消除潜在的、非安全的密码调用。例如，如果底层加密模式需要 nonce，而重用 nonce 会导致不安全，那么 Tink 就不允许用户传递 nonce。Tink 可以安全抵御选择密文攻击，允许安全审计员和自动化工具快速发现那些与安全要求不匹配的代码。支持密钥管理，包括密钥轮换和密钥更新。支持添加自定义加密方案或外部密钥管理系统。相对于传统的加密接口，如 OpenSSL、PKCS#11、JCE 等，Tink 更易于使用，无须应用开发人员了解更多的密码知识就可实现安全的密码算法调用，对应用开发者更友好。

#### 2) AWS s2n

s2n(signal to noise)是亚马逊(Amazon)为保障 AWS 云服务的安全，基于 C99 标准实现的 TLS/SSL 协议库。s2n 以简单小巧、安全可靠作为优先目标，重点用于改进 TLS 和使用更轻量级的方法。s2n 避免了 OpenSSL 的冗余实现，仅用约 6000 行代码就完成了协议的编写工作，实现了小巧、快速的目标。

## 8.7.2　我国密码应用接口现状

### 1. 国家标准接口应用情况

经过 20 多年的发展，我国商用密码在信息安全领域的应用从无到有，从初创到规范管理乃至成为国家安全保障体系中的关键部分,商用密码已经应用到社会生产生活的各个方面,在网络和信息安全中发挥着越来越重要的基础支撑作用。经国家标准化管理委员会批准,2011 年成立了密码行业标准化技术委员会。已发布的商用密码行业标准覆盖了密码算法、产品、技术、检测、应用指南等方面,标准体系、标准结构不断完善,标准影响力不断增强,在推动金融和重要领域密码应用、规范商用密码管理等方面发挥了重要作用。我国自主设计的椭圆曲线公钥密码算法 SM2、密码杂凑算法 SM3、分组密码算法 SM4、序列密码算法祖冲之(ZUC)、标识密码算法 SM9 等已成为国家标准,ZUC 算法已成为 4G 通信 LTE 国际标准算法,并且正在推进新一代 ZUC 算法成为 5G 通信国际候选标准;SM2 和 SM9 数字签名算法已成为 ISO/IEC 国际标准。

商密标准除定义了一系列算法外,还在 2012 年正式发布了一系列接口规范,包括《智能密码钥匙密码应用接口规范》(GM/T 0016—2012)、《密码设备应用接口规范》(GM/T 0018—2012)、《通用密码服务接口规范》(GM/T 0019—2012)、《证书应用综合服务接口规范》(GM/T 0020—2012)等一系列接口。商用密码服务接口的定义融合了 CSP 和 P11 接口的特性。商密标准推出的一系列接口均与平台实现无关,可在主流的操作系统以及嵌入式系统中实现和使用。

商用密码服务接口的层级关系如图 8-36 所示。

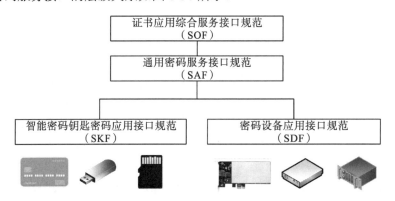

图 8-36　商用密码服务接口层级

### 2. 智能密码钥匙密码应用接口规范

《智能密码钥匙密码应用接口规范》(GM/T 0016—2012)规定了智能 IC 卡、智能密码钥匙等基于 PKI 密码体制的智能密码钥匙密码应用接口,描述了密码应用接口的函数、数据类型、参数的定义和安全要求。

### 3. 密码设备应用接口规范

《密码设备应用接口规范》(GM/T 0018—2012)(SDF)规定了公钥密码基础设施应用体系框架下的服务类密码设备的统一应用接口标准,通过该接口调用密码设备,向上层提供基础密码服务。为该类密码设备的开发、使用及检测提供标准依据和指导,有利于提高该类密码设备的产品化、标准化和系列化水平。

### 4. 通用密码服务接口规范

《通用密码服务接口规范》（GM/T 0019—2012）依托于《密码设备应用接口规范》（GM/T 0018—2012）和《智能密码钥匙应用接口规范》（GM/T 0016—2012），为典型密码服务层和应用层规定了统一的通用密码服务接口。

通用密码服务接口在公钥密码基础设施支撑的前提下，向应用系统和典型密码服务层提供各类通用的密码服务，有利于密码服务接口产品的开发，有利于应用系统在密码服务过程中的集成和实施，有利于实现各应用系统的互联互通。

### 5. 证书应用综合服务接口规范

《证书应用综合服务接口规范》（GM/T 0020—2012）依托于《通用密码服务接口规范》（GM/T 0019—2012），为应用层规定了统一的高级密码服务接口。

SOF 接口为上层的应用系统提供简洁、易用的证书应用接口，屏蔽了各类密码设备（服务器密码机和智能密码钥匙等）的设备差异性，屏蔽了各类密码设备的密码应用接口之间的差异性，实现了应用与密码设备的无关性，可简化应用开发的复杂性。证书应用综合服务接口分成客户端服务接口和服务器端服务接口两类，可满足 B/S 和 C/S 等多种架构的应用系统的调用需求，有利于密码服务接口产品的开发，有利于应用系统在密码服务过程中的集成和实施，有利于实现各应用系统的互联互通。

### 6. 行业用户接口应用情况

国内有众多 PKI 厂商为金融、企事业单位等提供一整套 PKI 解决方案，因商密国标的推行，已出商密标准的逐步完备，国内所有 PKI 厂商都推出支持商密标准的接口规范。例如，腾讯云加密方案除支持它自定义的接口外，同样支持国密《密码设备应用接口规范》、PKCS#11 接口规范、Java JCE 接口规范、国密算法的 PKI 业务应用、通用数据加解密、签名验签、摘要计算、密钥管理等服务功能。

在金融、政企应用中，USB Key 作为通用的身份绑定介质，得到大规模的使用[18]，因操作系统、应用的使用环境限制，国内厂商所有的 USB Key 都提供符合 CSP 规范的接口，如网银转账、IE 使用 HTTPS 做双向认证等操作，都通过调用 CSP 接口实现。在 Linux 系统中，PKCS#11 作为事实上的标准，地位基本等同于 CSP 在 Windows 中的地位，国内厂商的密码硬件在 Linux 中都提供 PKCS#11 接口。

在云计算应用中，传统的加密服务由软件实现或者由专用的密码硬件实现，在实际使用中该实现方案存在以下不足：软件实现的加密服务在工作时会占用大量的计算资源，对其他业务会造成比较大的影响；密码硬件实现的方式需要外设硬件，成本高昂。密码算法的安全核心在于密钥的管理，安全、可靠的密钥管理服务能有效保证数据安全，密钥的滥用甚至无保护地使用则无法有效地保护敏感数据。传统的密码服务接口使用必须要实现密钥保护模块，对应用开发人员的要求较高。目前越来越多的应用采用云环境部署，应用的开发、迭代速度快，传统的加密服务及其部署模式已经不再适应云上的应用。

为帮助用户满足数据安全方面的监管和合规要求，保护云上业务数据和个人隐私的安全性。各大云厂商都对云用户提供支持虚拟化功能的密码服务中间件，借助密码服务中间件，用户能够对密钥进行安全可靠的管理，也能使用多种加密算法来对数据进行可靠的加解密运算。在国内，阿里云提供的云上加密解决方案(Alibaba cloud data encryption service)，华为云提供的数据加密服务(data encryption workshop，DEW)，腾讯云提供的云加密机(cloud hardware security module，CloudHSM)都是在云环境下给应用提供的一整套弹性、高可用、高性能的数据加解密、密钥管理等与传统密码服务相同的加密服务中间件。国内三大云厂商都提供符合国密标准的 SM 系列算法、公开的算法以及符合国家标准的密码服务接口，满足政企、金融等业务领域的数据保护要求。

云加密服务中间件都以网络调用的方式加密数据，典型的部署模式为一个区域配置一套加密服务，不同的区域间不能相互调用。用户租用的云主机与提供加密服务的硬件密码机(虚拟化的硬件密码机)通过 VPN、HTTPS 等安全的网络协议连接，或者是通过私有网络连接加密服务，保护数据不被窃听。阿里云使用的是私有网络，通过授权的代理端由SSL 协议连接到硬件加密机实现数据保护，腾讯云、华为云等使用的模式基本相同。

阿里云加密服务自 2015 年 12 月起开始公测，2016 年正式开始商业化。华为云加密服务自 2016 年起正式发布。云加密服务是部署在云上的应用标准加密接口，但各大厂商提供的接口不尽相同，应用还需要做一些适配，随着国密标准化的推行，未来各厂商提供的密码服务都将统一、标准化，密码技术将得到更广泛的应用。

### 8.7.3　常用密码服务接口技术简介

#### 1. CSP

CSP 使用容器来管理密钥，以 ECC 密钥为例，一个容器中可以存在一对 ECC 加密密钥和一对 ECC 签名密钥。一个智能卡中可以有多个容器。Windows 系统中一般会存在多个 CSP，既有微软自己的软件型 CSP，也可能有多个不同厂商的软硬件 CSP。应用程序可以通过 CryptoAPI 函数来指定 CSP，以及使用该 CSP 中的指定容器。

1) 整体架构

CSP 是微软为不同的加密服务供应商提供的针对应用层的安全服务体系。Windows通过 CSPAPI 接口为用户使用不同的 CSP 提供了一套标准的接口函数，隐藏了封装在底层的安全算法的具体实现，使上层应用程序无须关注具体的加密细节就可以使用 PKI 体系进行数据加密或签名。CryptoAPI 由 5 个部分组成：基本加解密函数、证书编解码函数、证书库管理函数、简单消息函数及底层消息函数。CryptoAPI 的架构如图 8-37 所示。

基本加解密函数用来链接和建立 CSP 操作句柄，选择特定类型的 CSP 模块，生成、保存和管理密钥，设置和提取密钥参数等；证书编解码函数用来解析证书相关的各项信息；证书库管理函数用来管理数字证书集合；简单消息函数用来加解密消息和数据、签名消息和数据，以及验证消息和数据签名的有效性；低级消息函数用来实现简单消息函数，提供对消息操作的更为细致的控制。

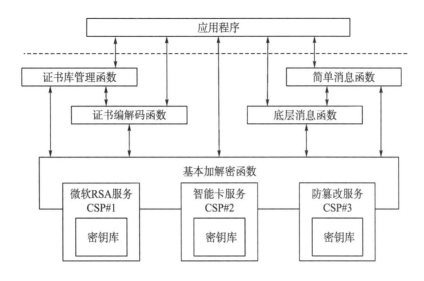

图 8-37　CryptoAPI 架构

2）CSP 分层体系

CSP 分层体系主要分为独立的 3 层：应用层、系统层、服务提供层。通过 CSP 分层体系，应用程序不必关心底层 CSP 的具体实现细节，只需使用统一的应用层 API 接口进行编程，然后由系统层通过统一的 SPI 接口与具体的加密服务提供者进行交互。厂商作为加密服务提供者，需要依据服务编程接口 SPI 实现加密、签名等密码算法的实现。CSP 分层体系如图 8-38 所示。

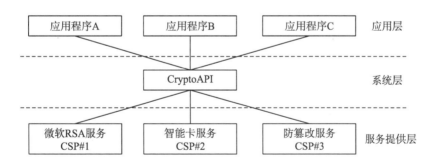

图 8-38　CSP 分层体系

应用层是指调用 CryptoAPI 加密服务的应用程序，如用户进程或线程。

系统层是指具体的 Windows 操作系统。系统层为应用层隔离了底层 CSP 和具体加密功能的实现细节，用户可独立与各个 CSP 进行交互。系统层同时也承担部分管理功能，包括组织与验证下层的 CSP 等。

服务提供层是加密服务提供机构提供的独立模块，实现实际的数据加密功能，包括产生密钥、交换密钥、数据加密、数据摘要、数据签名等。服务提供层通过标准的 SPI 编程接口与系统层进行交互。在工程实践中，CSP 支持结合密码硬件一起实现加密功能，以提示密码服务的安全性。

3）CSP 组成

CSP 物理上通常包括动态链接库（dynamic link library，DLL）和签名文件。签名文件保证服务提供者经过了操作系统认证，可识别 CSP，操作系统可利用签名文件定期验证 CSP，保证其未被篡改。动态链接库为 Windows 平台上加解密运算的核心实现，是真正执行加密工作的模块。每个 CSP 都有一个名字和一个类型，在装载 DLL 之前需要经过操作系统的验证签名。此外，若有硬件实现，则 CSP 还包括硬件设备。

CSP 逻辑上主要由 SPI 接口、算法实现、密钥库、密钥容器几部分组成，如图 8-39 所示。

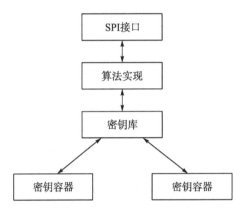

图 8-39  CSP 逻辑组成

（1）SPI 接口。由微软提供的 SPI 接口共有 23 个基本密码系统函数，由应用程序通过 CAPI 调用，密码服务厂商的 CSP 必须支持这些函数。

（2）算法实现。在纯软件的 CSP 中，加密、签名等密码算法主要在 CSP 的 DLL 中实现。由硬件设备实现的 CSP 中，密码算法的核心在硬件模块实现，DLL 主要实现算法函数的框架和非核心功能。

（3）密钥库及密钥容器。密钥库是一个 CSP 内部数据库，它针对每个用户分配一个或多个独立的容器，并采用唯一的标识符进行标记。密钥容器内存放了用户的加密密钥对、签名密钥对和 X.509 数字证书。出于安全性考虑，用户私钥一般不能被导出。在由硬件模块实现的 CSP 中，密钥库及密钥容器存放在硬件存储器中，在纯软件的 CSP 中，密钥库通常存在硬盘上。

第三方密码硬件厂商在扩展实现自己的密码硬件模块时，只需要按照 CSP 标准实现对应的服务，并接入 CSP 体系中，上层应用即可按照标准 CSP 接口实现对密码设备的调用。CSP 扩展实现如图 8-40 所示。

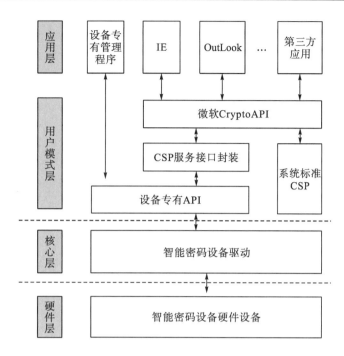

图 8-40　CSP 扩展实现

## 2. CNG

CNG 是 CryptoAPI 的替代物,是 Windows Vista 版本引入的加密体系,其支持一体式用户及内核模式、灵活的加密方法及新的密码套件。通过 CNG 提供了一种可插入的、协议不可知的加密功能,使得开发和使用密码算法更加简单、快捷。此外,CNG 新增了对 National Security Agency (NSA) 引入的 Suite B 系列算法的支持。CNG 算法分类如下:

(1) 随机数生成 (RNG);

(2) Hash 算法,如 SHA1 及 SHA2;

(3) 对称加密算法,如 AES、3DES、RC4;

(4) 非对称加密算法,如 RSA;

(5) 签名算法,如 DSA 及 ECDSA,也可与 RSA 一同使用;

(6) 私密协定算法,如 Diffie Hellman 及椭圆曲线 Diffie Hellman。

CNG 提供一系列的 API 集合,用于执行基本的密码操作。CNG 中每类算法都有对应的原始路由,调用 API 的程序则会链接到路由库(用户模式中为 Bcrypt.dll,内核模式为 Dsecdd.sys),并调用不同的 CNG 原始实现函数。算法的实现由对应的路由组件进行管理,路由组件负责跟踪安装在系统中的算法实现,并把对应算法的路由调用到匹配的算法提供者模块中。算法提供者模块可由第三方厂商根据自身的密码软硬件模块进行实现。CNG 通过算法提供者模块实现了应用程序和具体密码软硬件模块的隔离,实现密码模块的接口适配,对外提供统一的 API。CNG 架构示意如图 8-41 所示。

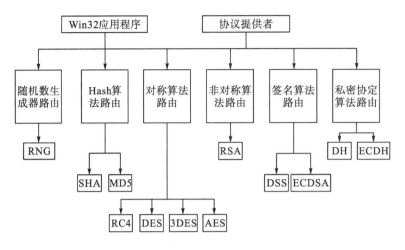

图 8-41　CNG 架构示意图

### 3. PKCS#11

PKCS#11(Cryptoki)模型从应用程序开始，以密码设备结束，它将密码设备抽象为槽、令牌等概念。Cyptoki 的通用模型如图 8-42 所示。

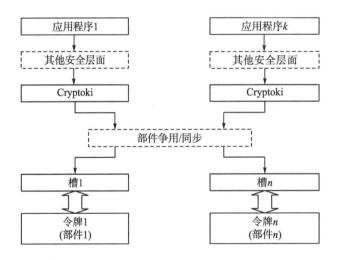

图 8-42　Cryptoki 的通用模型示意图

Cryptoki 为密码设备提供通用的 API 接口，这些设备通过槽在系统中运行。每个槽对应于一个物理读卡器或一个密码设备接口。槽可包含一个令牌，当一个智能卡接入物理读卡器中，相当于一个令牌存在于该槽中。

密码设备厂商根据设备的种类和所支持密码服务的不同，可定义专用的 Cryptoki 库，Cryptoki 只约束统一的接口，不定义库的具体特征。自定义的库不需要实现所有 Cryptoki 中的接口，可根据密码软硬件实际支持的算法实现 Cryptoki 接口的子集。

### 4. SKF 接口

《智能密码钥匙密码应用接口规范》（GM/T 0016—2012）描述了密码应用接口的函数、数据类型、参数的定义和安全要求。智能密码钥匙密码应用接口（SKF）位于智能密码钥匙应用程序与设备之间，如图 8-43 所示。

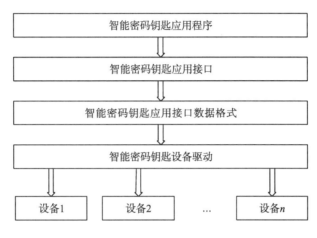

图 8-43　SKF 接口层次

1）设备的应用结构

一个设备中存在设备认证密钥和多个应用，应用之间相互独立。设置的逻辑结构如图 8-44 所示。

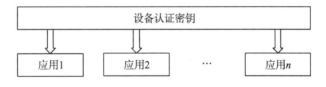

图 8-44　SKF 接口的逻辑结构

应用由管理员 PIN、用户 PIN、文件和容器组成，可以存在多个文件和多个容器中。每个应用维护各自的与管理员 PIN 和用户 PIN 相关的权限状态。一个应用的逻辑结构如图 8-45 所示。

容器用于存放加密密钥对、签名密钥对和会话密钥。其中，加密密钥对用于保护会话密钥，签名密钥对用于数字签名和验证，会话密钥用于数据加解密和 MAC 运算。容器中也可以存放与加密密钥对应的加密数字证书和与签名密钥对对应的签名数字证书。其中，签名密钥对由内部产生，加密密钥对由外部产生并安全导入，会话密钥可由内部产生或者由外部产生并安全导入。

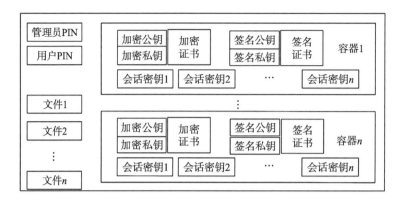

图 8-45　应用的逻辑结构图

《智能密码钥匙密码应用接口规范》(GM/T 0016—2012)从设备管理、访问控制、应用管理、文件管理、密码服务等方面进行了密码应用接口的规范。

2)设备管理

设备管理主要完成设备的插拔事件处理、枚举设备、连接设备、断开连接、获取设备状态、设置设备标签、获取设备信息、锁定设备、解锁设备和设备命令传输等操作。设备管理系列函数见表 8-5。

表 8-5　设备管理类函数

| 函数名称 | 功能 |
| --- | --- |
| SKF_WaitForDevEvent | 等待设备插拔事件 |
| SKF_CancelWaitForDevEvent | 取消等待设备插拔事件 |
| SKF_EnumDev | 枚举设备 |
| SKF_ConnectDev | 连接设备 |
| SKF_DisconnectDev | 断开连接 |
| SKF_GetDevState | 获取设备状态 |
| SKF_SetLabel | 设置设备标签 |
| SKF_GetDevInfo | 获取设备信息 |
| SKF_LockDev | 锁定设备 |
| SKF_UnlockDev | 解锁设备 |
| SKF_Transmit | 设备命令传输 |

3)访问控制

访问控制主要完成设备认证、PIN 码管理和安全状态管理等操作。访问控制类函数见表 8-6。

表 8-6 访问控制类函数

| 函数名称 | 功能 |
|---|---|
| SKF_ChangeDevAuthKey | 修改设备认证密钥 |
| SKF_DevAuth | 设备认证 |
| SKF_ChangePIN | 修改 PIN |
| SKF_GetPINInfo | 获得 PIN 码信息 |
| SKF_VerifyPIN | 校验 PIN |
| SKF_UnblockPIN | 解锁 PIN |
| SKF_ClearSecueState | 清除应用安全状态 |

4）应用管理

应用管理主要完成应用的创建、枚举、删除、打开、关闭等操作。应用管理类函数见表 8-7。

表 8-7 应用管理类函数

| 函数名称 | 功能 |
|---|---|
| SKF_CreateApplication | 创建应用 |
| SKF_EnumApplication | 枚举应用 |
| SKF_DeleteApplication | 删除应用 |
| SKF_OpenApplication | 打开应用 |
| SKF_CloseApplication | 关闭应用 |

5）文件管理

文件管理函数用于满足用户扩展开发的需要，包括创建文件、删除文件、枚举文件、获取文件信息、文件读写等操作。文件管理类函数见表 8-8。

表 8-8 文件管理类函数

| 函数名称 | 功能 |
|---|---|
| SKF_CreateFile | 创建文件 |
| SKF_DeleteFile | 删除文件 |
| SKF_EnumFiles | 枚举文件 |
| SKF_GetFileInfo | 获取文件信息 |
| SKF_ReadFile | 读文件 |
| SKF_WriteFile | 写文件 |

6）容器管理

本规范提供的应用管理用于满足各种不同应用的管理，包括创建、删除、枚举、打开和关闭容器的操作等。容器管理类函数见表 8-9。

表 8-9　容器管理类函数

| 函数名称 | 功能 |
| --- | --- |
| SKF_CreateContainer | 创建容器 |
| SKF_DeleteContainer | 删除容器 |
| SKF_EnumContainer | 枚举容器 |
| SKF_OpenContainer | 打开容器 |
| SKF_CloseContainer | 关闭容器 |
| SKF_GetContainerType | 获得容器类型 |
| SKF_ImportCertificate | 导入数字证书 |
| SKF_ExportCertificate | 导出数字证书 |

7) 密码服务

密码服务函数提供对称算法运算、非对称算法运算、密码杂凑运算、密钥管理、消息鉴别码计算等功能。密码服务类函数见表 8-10。

表 8-10　密码服务类函数

| 函数名称 | 功能 |
| --- | --- |
| SKF_GenRandom | 生成随机数 |
| SKF_GenRSAKeyPair | 生成 RSA 签名密钥对 |
| SKF_ImportRSAKeyPair | 导入 RSA 加密密钥对 |
| SKF_RSASignData | RSA 签名 |
| SKF_RSAVerify | RSA 验签 |
| SKF_RSAExportSessionKey | RSA 生成并导出会话密钥 |
| SKF_GenECCKeyPair | 生成 ECC 签名密钥对 |
| SKF_ImportECCKeyPair | 导入 ECC 加密密钥对 |
| SKF_ECCSignData | ECC 签名 |
| SKF_ECCVerify | ECC 验签 |
| SKF_ECCExportSessionKey | ECC 生成并导出会话密钥 |
| SKF_ExtECCEncrypt | ECC 外来公钥加密 |
| SKF_GenerateAgreementDataWithECC | ECC 生成密钥协商参数并输出 |
| SKF_GenerateKeyWithECC | ECC 计算会话密钥 |
| SKF_GenerateAgreementDataAndKeyWithECC | ECC 产生协商数据并计算会话密钥 |
| SKF_ExportPublicKey | 导出公钥 |
| SKF_ImportSessionKey | 导入会话密钥 |
| SKF_EncryptInit | 加密初始化 |
| SKF_Encrypt | 单组数据加密 |
| SKF_EncryptUpdate | 多组数据加密 |
| SKF_EncryptFinal | 结束加密 |

续表

| 函数名称 | 功能 |
|---|---|
| SKF_DecryptInit | 解密初始化 |
| SKF_Decrypt | 单组数据解密 |
| SKF_DecryptUpdate | 多组数据解密 |
| SKF_DecryptFinal | 结束解密 |
| SKF_DigestInit | 密码杂凑初始化 |
| SKF_Digest | 单组数据密码杂凑 |
| SKF_DigestUpdate | 多组数据密码杂凑 |
| SKF_DigestFinal | 结束密码杂凑 |
| SKF_MacInit | 消息鉴别码运算初始化 |
| SKF_Mac | 单组数据消息鉴别码运算 |
| SKF_MacUpdate | 多组数据消息鉴别码运算 |
| SKF_MacFinal | 结束消息鉴别码运算 |
| SKF_CloseHandle | 关闭密码对象句柄 |

**5. SDF 接口**

密码设备服务层由密码机、密码卡、智能密码终端等设备组成，通过密码设备应用接口向通用密码服务层提供基础密码服务，如图 8-46 所示。

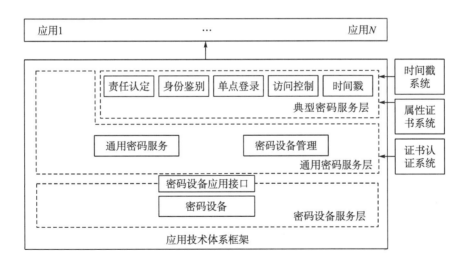

图 8-46　密码设备应用接口的逻辑层次

基础密码服务包括密钥生成、单一的密码运算、文件管理等服务。

1) 设备管理类函数

设备管理类函数见表 8-11。

表 8-11　设备管理类函数

| 函数名称 | 功能 |
| --- | --- |
| SDF_OpenDevice | 打开设备 |
| SDF_CloseDevice | 关闭设备 |
| SDF_OpenSession | 创建会话 |
| SDF_CloseSession | 关闭会话 |
| SDF_GetDeviceInfo | 获取设备信息 |
| SDF_GenerateRandom | 产生随机数 |
| SDF_GetPrivateKeyAccessRight | 获取私钥使用权限 |
| SDF_ReleasePrivateKeyAccessRight | 释放私钥使用权限 |

2）密钥管理类函数

密钥管理类函数见表 8-12。

表 8-12　密钥管理类函数

| 函数名称 | 功能 |
| --- | --- |
| SDF_ExportSignPublicKey_RSA | 导出 RSA 签名公钥 |
| SDF_ExportEncPublicKey_RSA | 导出 RSA 加密公钥 |
| SDF_GenerateKeyPair_RSA | 产生 RSA 非对称密钥对并输出 |
| SDF_GenerateKeyWithIPK_RSA | 生成会话密钥并用内部 RSA 公钥加密输出 |
| SDF_GenerateKeyWithEPK_RSA | 生成会话密钥并用外部 RSA 公钥加密输出 |
| SDF_ImportKeyWithISK_RSA | 导入会话密钥并用内部 RSA 私钥解密 |
| SDF_ExchangeDigitEnvelopeBaseOnRSA | 基于 RSA 算法的数字信封转换 |
| SDF_ExportSignPublicKey_ECC | 导出 ECC 签名公钥 |
| SDF_ExportEncPublicKey_ECC | 导出 ECC 加密公钥 |
| SDF_GenerateKeyPair_ECC | 产生 ECC 非对称密钥对并输出 |
| SDF_GenerateKeyWithIPK_ECC | 生成会话密钥并用内部 ECC 公钥加密输出 |
| SDF_GenerateKeyWithEPK_ECC | 生成会话密钥并用外部 ECC 公钥加密输出 |
| SDF_ImportKeyWithISK_ECC | 导入会话密钥并用内部 ECC 私钥解密 |
| SDF_GenerateAgreementDataWithECC | 生成密钥协商参数并输出 |
| SDF_GenerateKeyWithECC | 计算会话密钥 |
| SDF_GenerateAgreementDataAndKeyWithECC | 产生协商数据并计算会话密钥 |
| SDF_ExchangeDigitEnvelopeBaseOnECC | 基于 ECC 算法的数字信封转换 |
| SDF_GenerateKeyWithKEK | 生成会话密钥并用密钥加密密钥加密输出 |
| SDF_ImportKeyWithKEK | 导入会话密钥并用密钥加密密钥解密 |
| SDF_DestoryKey | 销毁会话密钥 |

3）非对称算法运算类函数

非对称算法运算类函数见表 8-13。

表 8-13　非对称算法运算类函数

| 函数名称 | 功能 |
| --- | --- |
| SDF_ExternalPublicKeyOperation_RSA | 外部公钥 RSA 运算 |
| SDF_InternalPublicKeyOperation_RSA | 内部公钥 RSA 运算 |
| SDF_InternalPrivateKeyOperation_RSA | 内部私钥 RSA 运算 |
| SDF_ExternalVerify_ECC | 外部密钥 ECC 验证 |
| SDF_InternalSign_ECC | 内部密钥 ECC 签名 |
| SDF_InternalVerify_ECC | 内部密钥 ECC 验证 |
| SDF_ExternalEncrytp_ECC | 外部密钥 ECC 加密 |

4）对称算法运算类函数

对称算法运算类函数见表 8-14。

表 8-14　对称算法运算类函数

| 函数名称 | 功能 |
| --- | --- |
| SDF_Encrypt | 对称加密 |
| SDF_Decrypt | 对称解密 |
| SDF_CalculateMAC | 计算 MAC |

5）杂凑运算类函数

杂凑运算类函数见表 8-15。

表 8-15　杂凑运算类函数

| 函数名称 | 功能 |
| --- | --- |
| SDF_HashInit | 杂凑运算初始化 |
| SDF_HashUpdate | 多包杂凑运算 |
| SDF_HashFinal | 杂凑运算结束 |

6）用户文件操作类函数

用户文件操作类函数见表 8-16。

表 8-16  用户文件操作类函数

| 函数名称 | 功能 |
|---|---|
| SDF_CreateFile | 创建文件 |
| SDF_ReadFile | 读取文件 |
| SDF_WriteFile | 写文件 |
| SDF_DeleteFile | 删除文件 |

### 6. SAF 接口

通用密码服务通过统一的密码服务接口,向典型密码服务层和应用层提供证书解析、证书认证、信息的机密性、完整性和不可否认性等通用密码服务,将上层应用的密码服务请求转化为具体的基础密码操作请求,通过统一的密码设备应用接口调用相应的密码设备实现具其体的密码运算和密钥操作。通用密码服务接口的逻辑层次如图 8-47 所示。

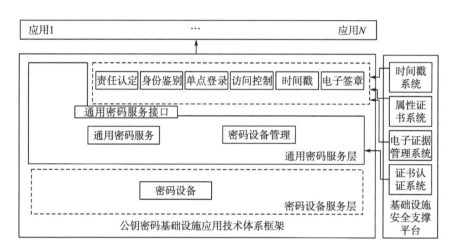

图 8-47  通用密码服务接口的逻辑层次

1)密码服务接口的组成和功能说明

通用密码服务接口由以下部分组成:环境类函数、证书类函数、密码运算类函数、消息类函数。

(1)环境类函数。环境类函数见表 8-17。

表 8-17  环境类函数

| 函数名称 | 功能 |
|---|---|
| SAF_Initialize | 初始化环境 |
| SAF_Finalize | 清除环境 |
| SAF_Get Version | 获取接口版本信息 |
| SAF_Login | 用户登录 |

续表

| 函数名称 | 功能 |
| --- | --- |
| SAF_ChangePin | 修改 PIN |
| SAF_Logout | 注销登录 |

（2）证书类函数。证书类函数见表 8-18。

表 8-18　证书类函数

| 函数名称 | 功能 |
| --- | --- |
| SAF_AddTrustedRootCaCertificate | 添加根 CA 证书 |
| SAF_GetRootCaCertificateCount | 获取根 CA 证书个数 |
| SAF_GetRootCaCertificate | 获取根 CA 证书 |
| SAF_RemoveRootCacertificate | 删除根 CA 证书 |
| SAF_AddCaCertificate | 添加 CA 证书 |
| SAF_GetCaCertificateCount | 获取 CA 证书个数 |
| SAF_GetCaCertificate | 获取 CA 证书 |
| SAF_RemoveCaCertificate | 删除 CA 证书 |
| SAF_AddCrl | 添加 CRL |
| SAF_VerifyCertificate | 验证用户证书 |
| SAF_VerifyCertificateByCrl | 根据 CRL 文件获取用户证书注销状态 |
| SAF_GetCertificateStateByOCSP | 根据 OCSP 获取证书状态 |
| SAF_VerifyCertificate | 验证用户证书 |
| SAF_VerifyCertificateByCrl | 根据 CRL 文件获取用户证书注销状态 |
| SAF_GetCertificateStateByOCSP | 根据 OCSP 获取证书状态 |
| SAF_GetCertificateFromLdap | 通过 LDAP 方式获取证书 |
| SAF_GetCrlFromLdap | 通过 LDAP 方式获取证书对应的 CRL |
| SAF_GetCertificateInfo | 取证书信息 |
| SAF_GetExtTypeInfo | 取证书扩展信息 |
| SAF_EnumCertificates | 列举用户证书 |
| SAF_EnumKeyContainerInfo | 列举用户的密钥容器信息 |
| SAF_EnumCertificatesFree | 释放列举用户证书的内存 |
| SAF_EnumkeyContainerInfoFree | 释放列举密钥容器信息的内存 |

（3）密码运算类函数。密码运算类函数见表 8-19。

表 8-19　密码运算类函数

| 函数名称 | 功能 |
|---|---|
| SAF_Base64_Encode | 单块 Base64 编码 |
| SAF_Base64_Decode | 单块 Base64 解码 |
| SAF_Base64_CreateBase64Obj | 创建 Base64 对象 |
| SAF_Base64_DestroyBase64Obj | 销毁 Base64 对象 |
| SAF_Base64_EncodeUpdate | 通过 Base64 对象继续编码 |
| SAF_Base64_EncodeFinal | 通过 Base64 对象编码结束 |
| SAF_Base64_DecodeUpdate | 通过 Base64 对象继续解码 |
| SAF_Base64_DecodeFinal | 通过 Base64 对象解码结束 |
| SAF_GenRandom | 生成随机数 |
| SAF_Hash | Hash 运算 |
| SAF_CreateHashObj | 创建 Hash 对象 |
| SAF_DestroyHashObj | 删除 Hash 对象 |
| SAF_HashUpdate | 通过对象多块 Hash 运算 |
| SAF_HashFinal | 结束 Hash 运算 |
| SAF_GenRsaKeyPair | 生成 RSA 密钥对 |
| SAF_GetPublicKey | 获取 RSA 公钥 |
| SAF_RsaSign | RSA 签名运算 |
| SAF_RsaSignFile | 对文件进行 RSA 签名运算 |
| SAF_RsaVerifySign | RSA 验证签名运算 |
| SAF_RSaVerifySignFile | 对文件及其签名进行 RSA 验证 |
| SAF_VerifySignByCert | 基于证书的 RSA 公钥验证 |
| SAF_GenEccKeyPair | 生成 ECC 密钥对 |
| SAF_GetEccPublicKey | 获取 ECC 公钥 |
| SAF_EccSign | ECC 签名 |
| SAF_EccVerifySign | ECC 验证 |
| SAF_EccPublicKeyEnc | ECC 公钥加密 |
| SAF_EccPublicKey EncByCert | 基于证书的 ECC 公钥加密 |
| SAF_EccVerifySignByCert | 基于证书的 ECC 公钥验证 |
| SAF_CreateSymmAlgoObj | 创建对称算法对象 |
| SAF_GenerateKeyWithEPK | 生成会话密钥并用外部公钥加密输出 |
| SAF_ImportEncedKey | 导入加密的会话密钥 |
| SAF_GenerateAgreementDataWithECC | 生成密钥协商参数并输出 |
| SAF_GenerateKeyWithECC | 计算会话密钥 |
| SAF_GenerateAgreementDataAndKeyWithECO | 产生协商数据并计算会话密钥 |
| SAF_DestroySymmAlgoObj | 销毁对称算法对象 |
| SAF_DestroyKeyHandle | 销毁会话密钥句柄 |
| SAF_SymmEncrypt | 单块加密运算 |

续表

| 函数名称 | 功能 |
| --- | --- |
| SAF_ SymmEncryptUpdate | 多块加密运算 |
| SAF_SymmEncryptFinal | 结束加密运算 |
| SAF_SymmDecrypt | 单块解密运算 |
| SAF_SymmDecryptUpdate | 多块解密运算 |
| SAF_SymmDecryptFinal | 结束解密运算 |
| SAF_Mac | 单组数据消息鉴别码运算 |
| SAF_ MacUpdate | 多组数据消息鉴别码运算 |
| SAF_MacFinal | 结束消息鉴别码运算 |

(4)消息类函数。消息类函数见表 8-20。

表 8-20　消息类函数

| 函数名称 | 功能 |
| --- | --- |
| SAF_Pkcs7_ EncodeData | 编码 PKCS#7 格式的带签名的数字信封数据 |
| SAF_Pkcs7_DecodeData | 解码 PKCS#7 格式的带签名的数字信封数据 |
| SAF_Pkcs7_EncodeSignedData | 编码 PKCS#7 格式的签名数据 |
| SAF_Pkcs7_DecodeData | 解码 PKCS#7 格式的签名数据 |
| SAF_Pkcs7_EncodeEnvelopedData | 编码 PKCS#7 格式的数字信封数据 |
| SAF_Pkcs7_DecodeEnvelopedData | 解码 PKCS#7 格式的数字信封数据 |
| SAF_Pkcs7_EncodeDigestedData | 编码 PKCS#7 格式的摘要数据 |
| SAF_Pkcs7_DecodeDigestedData | 解码 PKCS#7 格式的摘要数据 |
| SAF_SM2_EncodeSignedAndEnvelopedData | 编码基于 SM2 算法的带签名的数字信封数据 |
| SAF_SM2_DecodeSignedAndEnvelopedData | 解码基于 SM2 算法的带签名的数字信封数据 |
| SAF_SM2_EncodeSignedData | 编码基于 SM2 算法的签名数据 |
| SAF_SM2_DecodeSignedData | 解码基于 SM2 算法的签名数据 |
| SAF_SM2_EncodeEnvelopedData | 编码基于 SM2 算法的数字信封 |
| SAF_SM2_DecodeEnvelopedData | 解码基于 SM2 算法的数字信封 |

### 7. SOF 接口

1)证书应用综合服务接口概述

证书应用综合服务接口位于应用系统和典型密码服务接口之间,向应用层直接提供证书信息解析、基于数字证书身份认证和信息的机密性、完整性、不可否认性等高级密码服务。该接口可直接供应用系统调用,将应用系统的密码服务请求转向通用密码服务接口,通过通用密码服务接口调用相应的密码设备实现具体的密码运算和密钥操作。证书应用综合服务接口包括客户端服务接口和服务器端服务接口两类。其中,服务器端服务接口采用 COM 组件形式和 Java 形式两类描述。

(1)客户端服务接口。《证书应用综合服务接口规范》(GM/T 0020—2012)定义的客户端服务接口采用客户端控件方式。客户端控件适用于客户端程序调用，接口的形态包括DLL 动态库、Active X 控件、Applet 插件等，接口应支持 Windows XP、Windows 2000、Windows 2003、Windows Vista、Windows 7 等终端用户使用的主流操作系统。

客户端控件接口的主要函数功能应包括配置管理、证书解析、签名与验证、加密与解密、数字信封、XML 数据的签名与验证等。

在定义客户端服务接口时，《证书应用综合服务接口规范》(GM/T 0020—2012)以ActiveX 控件为例进行描述，其中 BSTR 代表函数返回值或参数类型为 OLECHAR 字符串类型，不同的开发语言应采取对应的类型定义，如 char*、CString、java.lang. String 等。

(2)服务器端服务接口。服务器端服务接口适用于服务器端程序调用，接口的形态包括 COM 组件、JAR 包、WebService 形态，接口应支持 Windows、Linux、UNIX、AIX、Solaris 等服务器使用的主流操作系统。服务器端服务接口的函数功能与客户端控件接口相对应，主要包括配置管理、数字证书解析、签名与验证、加密与解密、数据信封、XML数据的签名与验证、时间戳等。

2)证书应用综合服务接口函数的定义

(1)客户端控件接口类函数。客户端控件接口类函数见表 8-21。

表 8-21  客户端控件接口类函数

| 函数名称 | 功能 |
| --- | --- |
| SOF_ GetVersion | 获取接口的版本号 |
| SOF_SetSignMethod | 设置签名算法 |
| SOF_ GetSignMethod | 获得当前签名算法 |
| SOF_ SetEncryptMethod | 设置加密算法 |
| SOF_GetEncryptMethod | 获得加密算法 |
| SOF_ GetUserList | 获得证书列表 |
| SOF_ ExportUserCert | 导出用户证书 |
| SOF_ Login | 校验证书口令 |
| SOF_GetPinRetryCount | 获取用户认证口令剩余重试次数 |
| SOF_ChangePassWd | 修改证书口令 |
| SOF_ ExportExChangeUserCert | 导出用户证书 |
| SOF_GetCertInfo | 获得证书信息 |
| SOF_GetCertInfoByOid | 获得证书扩展信息 |
| SOF_GetDeviceInfo | 获得设备信息 |
| SOF_ValidateCert | 验证证书有效性 |
| SOF_ SignData | 数字签名 |
| SOF_VerifySignedData | 验证签名 |
| SOF_SignFile | 文件签名 |
| SOF_VerifySignedFile | 验证文件签名 |

续表

| 函数名称 | 功能 |
| --- | --- |
| SOF_EncryptData | 加密数据 |
| SOF_DecryptData | 解密数据 |
| SOF_EncryptFile | 文件加密 |
| SOF_ DecryptFile | 文件解密 |
| SOF_SignMessage | 消息签名 |
| SOF_VerifySignedMessage | 验证消息签名 |
| SOF_GetInfoFromSignedMessage | 解析消息签名 |
| SOF_SignDataXMl | XML 数字签名 |
| SOF_VerilySignedDataXML | 验证 XML 数字签名 |
| SOF_GetXMLSignatureInfo | 解析 XML 签名数据 |
| SOF_GenRandon | 产生随机数 |
| SOF_GetLastError() | 获取最新的错误代码 |

（2）服务器端服务接口。以 Active X 控件形态为例，下面对接口函数进行定义。

① 服务器端 COM 组件接口类函数见表 8-22。

**表 8-22　服务器端 COM 组件接口类函数**

| 函数名称 | 功能 |
| --- | --- |
| SOF_SetCertTrustList | 设置证书信任列表 |
| SOF_GetCertTrustListAltNames | 查询证书信任列表别名 |
| SOF_GetCertTrustList | 查询证书信任列表 |
| SOF_DelCertTrustList | 删除证书信任列表 |
| SOF_ SetWebAppName | 设置 Web 应用名称 |
| SOF_SetSignMethod | 设置签名算法 |
| SOF_GetSignMethod | 获得当前签名算法 |
| SOF_SetEncryptMethod | 设置加密算法 |
| SOF_GetEncryptMethod | 获得加密算法 |
| SOF_GetServerCertificate | 获得服务器证书 |
| SOF_GenRandom | 产生随机数 |
| SOF_GetCertInfo | 获得证书信息 |
| SOF_GetCertInfoByOid | 获得证书扩展信息 |
| SOF_ValidateCert | 验证证书有效性 |
| SOF_SignData | 数字签名 |
| SOF_VerifySignedData | 验证签名 |
| SOF_SignFile | 文件签名 |
| SOF_VerifySignedFile | 验证文件签名 |
| SOF_EncryptData | 加密数据 |

| 函数名称 | 功能 |
|---|---|
| SOF_DecryptData | 解密数据 |
| SOF_EncryptFile | 文件加密 |
| SOF_DecryptFile | 文件解密 |
| SOF_SignMessage | 消息签名 |
| SOF_VerifySignedMessage | 验证消息签名 |
| SOF_SignMessageDetach | 不带原文的消息签名 |
| SOF_VerifySignedMessageDetach | 验证不带原文的消息签名 |
| SOF_GetInfoFromSignedMessage | 解析消息签名 |
| SOF_SignDataXML | XML 数字签名 |
| SOF_VerifySignedDataXML | 验证 XML 数字签名 |
| SOF_GetXMLSignatureInfo | 解析 XML 签名数据 |
| SOF_CreateTimeStampRequest | 创建时间戳请求 |
| SOF_CreateTimeStampResponse | 创建时间戳响应 |
| SOF_VerifyTimeStamp | 验证时间戳 |
| SOF_GetTimeStampInfo | 解析时间戳 |
| SOF_GetLastError | 获取最新的错误代码 |

②Java 组件接口类函数见表 8-23。

表 8-23    Java 组件接口类函数

| 函数名称 | 功能 |
|---|---|
| SOF_setCertTrustList | 设置证书信任列表 |
| SOF_getCertTrustListAltNames | 查询证书信任列表别名 |
| SOF_getCertTrustList | 根据别名查询证书信任列表 |
| SOF_delCertTrustList | 删除证书信任列表 |
| SOF_getInstance (java.lang.StringAppName) | 获取指定应用的实例 |
| SOF_setSignMethod | 设置签名算法 |
| SOF_getSignMethod | 获得当前签名算法 |
| SOF_setEncryptMethod | 设置加密算法 |
| SOF_getEncryptMethod | 获得加密算法 |
| SOF_getServerCertificate | 获得服务器证书 |
| SOF_getServerCertificateByUsage | 获得指定密钥用途的服务器证书 |
| SOF_genRandom | 产生随机数 |
| SOF_getCertInfo | 获得证书信息 |
| SOF_getCertInfoByOid | 获得证书扩展信息 |
| SOF_validateCert | 验证证书有效性 |
| SOF_SignData | 数字签名 |

续表

| 函数名称 | 功能 |
| --- | --- |
| SOF_verifySignedData | 验证签名 |
| SOF_signFile | 文件签名 |
| SOF_verilySignedFile | 验证文件签名 |
| SOF_encryptData | 加密数据 |
| SOF_decryptData | 解密数据 |
| SOF_encryptFile | 文件加密 |
| SOF_decryptFile | 文件解密 |
| SOF_signMessage | 消息签名 |
| SOF_verifySignedMessage | 验证消息签名 |
| SOF_getInfoFromSignedMessage | 解析消息签名 |
| SOF_signMessageDetach | 不带原文的消息签名 |
| SOF_verifySignedMessageDetach | 验证不带原文的消息签名 |
| SOF_SignDataXMl | XML 数字签名 |
| SOF_verifySignedDataXMI | 验证 XML 数字签名 |
| SOF_getXMlSignatureInfo | 解析 XML 签名数据 |
| SOF_createTimeStampRequest | 创建时间戳请求 |
| SOF_createTimeStampResponse | 创建时间戳响应 |
| SOF_verifyTimeStamp | 验证时间戳 |
| SOF_getTimeStamplnfo | 解析时间戳 |
| SOF_getLastError | 获取最新的错误代码 |

本节函数可以通过两种方式获得错误信息，一种是通过 SOF_getLastError 获取错误代码，另一种是通过 Java 捕获异常方式获取错误信息。规范仅对使用 SOF_ getLastError 方式进行了说明。

## 参 考 文 献

[1] WANGJIE518. PKI/CA [OL]. [2011-03-31]. https://blog.csdn.net/wanjie518/article/details/6290958.

[2] 上海市 CA 中心. 解读数字证书[J]. 计算机与网络, 1999(22): 18.

[3] 柴继贵. 计算机信息系统安全技术的研究及其应用[J]. 价值工程, 2012, 31(3): 160.

[4] ATTILAX. 详解 EFS 加密[OL]. [2006-10-15]. http://blog.sina.com.cn/s/blog_4a99dd2501000641.html.

[5] 张引兵, 刘楠楠, 张力. 身份认证技术综述[J]. 电脑知识与技术, 2011, 7(9): 2014-2016.

[6] 贺元香. 带消息恢复功能的基于身份的代理签名研究 [D]. 兰州: 兰州理工大学, 2013.

[7] 叶琳, 韩建, 洪志全. 盲签名机制的性能分析[J]. 信息技术, 2006(10): 16-9.

[8] 董贵山, 陈宇翔, 李洪伟, 等. 异构环境中基于区块链的跨域认证可信度研究[J]. 通信技术, 2019, 52(6): 1450-1460.

[9] 董贵山, 张兆雷, 李洪伟. 基于区块链的异构身份联盟与监管体系架构和关键机制[J]. 通信技术, 2020, 53(2): 401-413.

[10] AJIAN005. 访问控制安全机制及相关模型(包括：强制访问控制和自主访问控制)[OL].[2013-01-10]. https://blog.csdn.net/ajian005/article/ details/8490082.

[11] 张庆成. 基于角色的网格细粒度授权的研究 [D]. 武汉: 华中科技大学, 2004.

[12] 殷石昌, 徐孟春, 魏峰. 开放环境中基于属性的访问控制模型研究[J]. 信息工程大学学报, 2008, 9(4): 478-481.

[13] 李晓晔, 孙振龙, 邓佳宾. 隐私保护技术研究综述[J]. 计算机科学, 2013, 40(S2): 199-202.

[14] 方滨兴, 贾焰, 李爱平. 大数据隐私保护技术综述[J]. 大数据, 2016, 2(1): 1-18.

[15] 李杨, 温雯, 谢光强. 差分隐私保护研究综述[J]. 计算机应用研究, 2012, 29(9): 3201-3205, 3211.

[16] 李凤华, 李晖, 贾焰. 隐私计算研究范畴及发展趋势[J]. 通信学报, 2016, 37(4): 1-11.

[17] 朱节中. Microsoft CSP 分析与设计[N]. 科技创新导报, 2007(33): 141-142.

[18] 郭传亮. 面向银企互联企业端的密码机服务系统的设计及实现 [D]. 北京: 中国科学院(工程管理与信息技术学院), 2015.

# 第9章 密码技术应用

## 9.1 密码应用基本要求

当前，从标准层面对信息系统及网络提出密码应用要求的主要有《信息安全技术　网络安全等级保护基本要求》(GB/T 22239—2019)(等保2.0)和《信息系统密码应用基本要求》(GM/T 0054—2018)(密码标准0054)。本节主要对这两类标准进行分析梳理，提出针对等级保护三级信息系统的密码技术应用基本要求。

### 9.1.1 密码标准与等保标准的联系

《信息安全技术　网络安全等级保护基本要求》(GB/T 22239—2019)(等保2.0)通过对《信息安全技术　信息系统安全等级保护基本要求》(GB/T 22239—2008)(等保1.0)进行修订，能更好地适应云计算、移动互联、物联网、工业控制和大数据等新技术、新应用情况下网络安全等级保护工作的开展，支撑《中华人民共和国网络安全法》的实施。与等保1.0相比，等保2.0针对共性安全保护需求提出安全通用要求，针对云计算、移动互联、物联网、工业控制和大数据等新技术、新应用领域的个性安全保护需求提出安全扩展要求，形成新的网络安全等级保护基本要求标准。

等级保护对象是指网络安全等级保护工作中的对象，通常是指由计算机或者其他信息终端及相关设备组成的按照一定的规则和程序对信息进行收集、存储、传输、交换、处理的系统，主要包括基础信息网络、云计算平台／系统、大数据应用／平台／资源、物联网(IoT)、工业控制系统和采用移动互联技术的系统等。等级保护对象根据其在国家安全、经济建设、社会生活中的重要程度，遭到破坏后对国家安全、社会秩序、公共利益以及公民、法人和其他组织的合法权益的危害程度等，由低到高被划分为5个安全保护等级。

《信息系统密码应用基本要求》(GM/T 0054—2018)主要从信息系统的物理和环境安全、网络和通信安全、设备和计算安全、应用和数据安全4个层面提出等级保护不同级别的密码技术应用要求，并明确了对应的密钥管理和安全管理要求。

#### 1. 标准之间的联系

等保2.0提出了针对不同安全保护等级的信息系统及网络的安全防护要求，防护措施涵盖了传统的安全防护技术和密码技术，涵盖技术多，内容全，但对密码技术的详细要求没有具体涉及。

密码标准 0054 以等级保护的分级为基础，重点规范了密码技术在不同安全保护等级的信息系统及网络中的应用要求。从密码功能机密性、完整性、真实性、不可否认性 4 个方面具体提出了不同环节的密码应用要求。

2. 标准之间的差异

1）侧重点的差异

等保 2.0 通过对不同环节进行安全防护及管理的规范，针对信息系统及网络提出全局的等级保护基本要求，侧重实现对信息系统及网络全方位的等级保护，保障系统整体安全。

密码标准 0054 从密码应用的角度，提出不同环节的密码保护及管理规范，侧重点更多地表现在具体的密码使用方式和方法上，一方面提出了对信息系统及网络安全进行密码保护的规范要求，另一方面规范了密码的应用，促进密码的更好使用。

2）通用和扩展的差异

等保 2.0 的内容涵盖了安全通用要求和安全扩展要求（主要有云计算、移动互联、物联网、工业控制 4 个方面）。具体为安全通用要求、云计算安全扩展要求、移动互联安全扩展要求、物联网安全扩展要求、工业控制系统安全扩展要求。

密码标准 0054 并没有做具体的针对场景的密码应用要求，只提出了一个通用的密码应用基本要求，可以与等保 2.0 的安全通用要求对应。

3）保护措施分类的差异

等保 2.0 的安全通用要求从技术要求和管理要求两个方面进行等级保护规范。其中，技术要求包括安全物理环境、安全通信网络、安全区域边界、安全计算环境和安全管理中心；管理要求包括安全管理制度、安全管理机构、安全管理人员、安全建设管理和安全运维管理。

密码标准 0054 同样从技术和管理要求方面进行密码应用规范。其中，技术要求包括物理和环境安全、网络和通信安全、设备和计算安全、应用和数据安全 4 个方面的密码技术应用要求；管理要求包括制度、人员、实施、应急 4 个方面的安全管理要求。

密码标准 0054 与等保 2.0 的保护措施分类差异如图 9-1 所示。

## 9.1.2 密码标准 0054 的基本要求

本节主要针对等级保护三级信息系统的对应密码技术应用进行介绍。

1. 物理和环境安全

1）总则
物理和环境安全密码应用总则如下：
（1）采用密码技术实施对重要场所、监控设备等的物理访问控制；
（2）采用密码技术对物理访问控制记录、监控信息等物理和环境的敏感信息数据实施完整性保护；

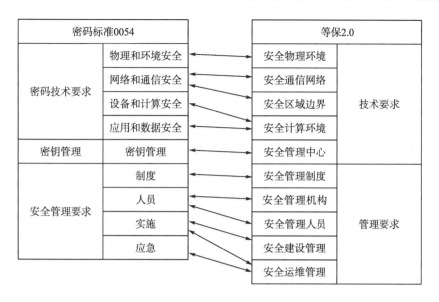

图 9-1　保护措施分类差异图

(3)采用密码技术实现的电子门禁系统应遵循 GM/T 0036。

2)等级保护第三级信息系统

等级保护第三级信息系统要求如下:

(1)应使用密码技术的真实性功能来保护物理访问控制身份鉴别信息,保证重要区域进入人员身份的真实性;

(2)应使用密码技术的完整性功能来保证电子门禁系统进出记录的完整性;

(3)应使用密码技术的完整性功能来保证视频监控音像记录的完整性;

(4)宜采用符合 GM/T 0028 的三级及以上密码模块或通过国家密码管理部门核准的硬件密码产品实现密码运算和密钥管理。

**2. 网络和通信安全**

1)总则

网络和通信安全密码应用总则如下:

(1)采用密码技术对连接到内部网络的设备进行安全认证;

(2)采用密码技术对通信的双方身份进行认证;

(3)采用密码技术保证通信过程中数据的完整性;

(4)采用密码技术保证通信过程中敏感信息数据字段或整个报文的机密性;

(5)采用密码技术保证网络边界访问控制信息、系统资源访问控制信息的完整性;

(6)采用密码技术建立一条安全的信息传输通道,对网络中的安全设备或安全组件进行集中管理。

2)等级保护第三级信息系统

第三级信息系统要求如下:

(1)应在通信前基于密码技术对通信双方进行身份认证,使用密码技术的机密性和真实性功能来防截获、防假冒和防重用，保证传输过程中鉴别信息的机密性和网络设备实体身份的真实性；

(2)应使用密码技术的完整性功能来保证网络边界和系统资源访问控制信息的完整性；

(3)应采用密码技术保证通信过程中数据的完整性；

(4)应采用密码技术保证通信过程中敏感信息数据字段或整个报文的机密性；

(5)应采用密码技术建立一条安全的信息传输通道，对网络中的安全设备或安全组件进行集中管理；

(6)宜采用符合GM/T 0028的三级及以上密码模块或通过国家密码管理部门核准的硬件密码产品实现密码运算和密钥管理。

### 3. 设备和计算安全

1)总则

设备和计算安全密码应用总则如下：

(1)采用密码技术对登录的用户进行身份鉴别；

(2)采用密码技术的完整性功能来保证系统资源访问控制信息的完整性；

(3)采用密码技术的完整性功能来保证重要信息资源敏感标记的完整性；

(4)采用密码技术的完整性功能对重要程序或文件进行完整性保护；

(5)采用密码技术的完整性功能来对日志记录进行完整性保护。

2)等级保护第三级信息系统

等级保护第三级信息系统要求如下：

(1)应使用密码技术对登录的用户进行身份标识和鉴别，身份标识具有唯一性，身份鉴别信息具有复杂度要求并定期更换；

(2)在远程管理时，应使用密码技术的机密性功能来实现鉴别信息的防窃听；

(3)应使用密码技术的完整性功能来保证系统资源访问控制信息的完整性；

(4)应使用密码技术的完整性功能来保证重要信息资源敏感标记的完整性；

(5)应采用可信计算技术建立从系统到应用的信任链，实现系统运行过程中的重要程序或文件完整性保护；

(6)应使用密码技术的完整性功能来对日志记录进行完整性保护；

(7)宜采用符合GM/T 0028的三级及以上密码模块或通过国家密码管理部门核准的硬件密码产品实现密码运算和密钥管理。

### 4. 应用和数据安全

1)总则

应用和数据安全密码应用总则如下：

(1)采用密码技术对登录用户进行身份鉴别；

(2)采用密码技术的完整性功能来保证系统资源访问控制信息的完整性；

(3)采用密码技术的完整性功能来保证重要信息资源敏感标记的完整性；

(4) 采用密码技术保证重要数据在传输过程中的机密性、完整性；

(5) 采用密码技术保证重要数据在存储过程中的机密性、完整性；

(6) 采用密码技术对重要程序的加载和卸载进行安全控制；

(7) 采用密码技术实现实体行为的不可否认性；

(8) 采用密码技术的完整性功能来对日志记录进行完整性保护。

2) 等级保护第三级信息系统

等级保护第三级信息系统要求如下：

(1) 应使用密码技术对登录的用户进行身份标识和鉴别，实现身份鉴别信息的防截获、防假冒和防重用，保证应用系统用户身份的真实性；

(2) 应使用密码技术的完整性功能来保证业务应用系统访问控制策略、数据库表访问控制信息和重要信息资源敏感标记等信息的完整性；

(3) 应采用密码技术保证重要数据在传输过程中的机密性，包括但不限于鉴别数据、重要业务数据和重要用户信息等；

(4) 应采用密码技术保证重要数据在存储过程中的机密性，包括但不限于鉴别数据、重要业务数据和重要用户信息等；

(5) 应采用密码技术保证重要数据在传输过程中的完整性，包括但不限于鉴别数据、重要业务数据、重要审计数据、重要配置数据、重要视频数据和重要用户信息等；

(6) 应采用密码技术保证重要数据在存储过程中的完整性，包括但不限于鉴别数据、重要业务数据、重要审计数据、重要配置数据、重要视频数据和重要用户信息、重要可执行程序等；

(7) 应使用密码技术的完整性功能来实现对日志记录完整性的保护；

(8) 应采用密码技术对重要应用程序的加载和卸载进行安全控制；

(9) 宜采用符合 GM/T 0028 的三级及以上密码模块或通过国家密码管理部门核准的硬件密码产品实现密码运算和密钥管理。

**5. 密钥管理**

1) 总则

信息系统密钥管理应包括对密钥的生成、存储、分发、导入、导出、使用、备份、恢复、归档与销毁等环节进行管理和策略制定的全过程。

2) 等级保护第三级信息系统

等级保护第三级信息系统密钥管理应包括对密钥的生成、存储、分发、导入、导出、使用、备份、恢复、归档、销毁等环境进行管理和策略制定的全过程，并满足以下条件。

(1) 密钥生成。密钥生成使用的随机数应符合 GM/T 0005 要求，密钥应在符合 GM/T 0028 的密码模块中产生；密钥应在密码模块内部产生，不得以明文方式出现在密码模块之外；应具备检查和剔除弱密钥的能力。

(2) 密钥存储。密钥应加密存储，并采取严格的安全防护措施，防止密钥被非法获取；密钥加密密钥应存储在符合 GM/T 0028 的二级及以上密码模块中。

(3) 密钥分发。密钥分发应采取身份鉴别、数据完整性、数据机密性等安全措施，应能够抗截取、假冒、篡改、重放等攻击，保证密钥的安全性。

(4)密钥导入与导出。应采取安全措施，防止密钥导入导出时被非法获取或篡改，并保证密钥的正确性。

(5)密钥使用。密钥应明确用途，并按用途正确使用；对于公钥密码体制，在使用公钥之前应对其进行验证；应有安全措施防止密钥的泄露和替换；密钥泄露时，应停止使用，并启用相应的应急处理和相应措施。应按照密钥更换周期要求更换密钥；应采取有效的安全措施，保证密钥更换时的安全性。

(6)密钥备份与恢复。应制定明确的密钥备份策略，采用安全可靠的密钥备份恢复机制，对密钥进行备份或恢复；密钥备份或恢复应进行记录，并生成审计信息；审计信息包括备份或恢复的主体、备份或恢复的时间等。

(7)密钥归档。应采取有效的安全措施，保证归档密钥的安全性和正确性；归档密钥只能用于解密该密钥加密的历史信息或验证该密钥签名的历史信息；密钥归档应进行记录，并生成审计信息；审计信息包括归档的密钥、归档的时间等；归档密钥应进行数据备份，并采用有效的安全保护措施。

(8)密钥销毁。应具有在紧急情况下销毁密钥的措施。

## 9.1.3 等保标准与密码应用相关要求分析

本节主要针对等级保护三级信息系统对应的安全防护要求进行介绍，并比较密码标准的基本要求，重点介绍与密码技术应用相关的安全防护基本要求。

1. 安全通用要求

1)安全物理环境
(1)物理访问控制。机房出入口应配置电子门禁系统，控制、鉴别和记录进入的人员。
(2)防盗窃和防破坏。应设置机房防盗报警系统或设置有专人值守的视频监控系统。
以上规定与密码标准0054的物理和环境安全第三级信息系统要求相对应。
2)安全通信网络
(1)通信传输。
①应采用校验技术或密码技术保证通信过程中数据的完整性；
②应采用密码技术保证通信过程中数据的保密性。
(2)可信验证。可基于可信根对通信设备的系统引导程序、系统程序、重要配置参数和通信应用程序等进行可信验证，并在应用程序的关键执行环节进行动态可信验证，在检测到其可信性受到破坏后进行报警，并将验证结果形成审计记录送至安全管理中心。
以上规定与密码标准0054的网络与通信安全、设备和计算安全第三级信息系统要求相对应。
3)安全区域边界
(1)边界防护。应能够对非授权设备私自联到内部网络的行为进行检查或限制。
(2)访问控制。应在网络边界或区域之间根据访问控制策略设置访问控制规则，默认情况下除允许通信外受控接口拒绝所有通信。

(3)可信验证。可基于可信根对边界设备的系统引导程序、系统程序、重要配置参数和边界防护应用程序等进行可信验证,并在应用程序的关键执行环节进行动态可信验证,在检测到其可信性受到破坏后进行报警,并将验证结果形成审计记录送至安全管理中心。

以上规定与密码标准 0054 的网络与通信安全、设备和计算安全第三级信息系统要求相对应。

4)安全计算环境

(1)身份鉴别。

①应对登录的用户进行身份标识和鉴别,身份标识具有唯一性,身份鉴别信息具有复杂度要求并定期更换;

②应具有登录失败处理功能,应配置并启用结束会话、限制非法登录次数和当登录连接超时自动退出等相关措施;

③当进行远程管理时,应采取必要措施防止鉴别信息在网络传输过程中被窃听;

④应采用口令、密码技术、生物技术等两种或两种以上组合的鉴别技术对用户进行身份鉴别,且其中一种鉴别技术至少应使用密码技术来实现。

(2)访问控制。

①应对登录的用户分配账户和权限;

②应重命名或删除默认账户,修改默认账户的默认口令;

③应及时删除或停用多余的、过期的账户,避免共享账户的存在;

④应授予管理用户所需的最小权限,实现管理用户的权限分离;

⑤应由授权主体配置访问控制策略,访问控制策略规定主体对客体的访问规则;

⑥访问控制的粒度应达到主体为用户级或进程级,客体为文件、数据库表级;

⑦应对重要主体和客体设置安全标记,并控制主体对有安全标记信息资源的访问。

(3)可信验证备。可基于可信根对计算设备的系统引导程序、系统程序、重要配置参数和应用程序等进行可信验证,并在应用程序的关键执行环节进行动态可信验证,在检测到其可信性受到破坏后进行报警,并将验证结果形成审计记录送至安全管理中心。

(4)数据完整性。

①应采用校验技术或密码技术保证重要数据在传输过程中的完整性,包括但不限于鉴别数据、重要业务数据、重要审计数据、重要配置数据、重要视频数据和重要个人信息等;

②应采用校验技术或密码技术保证重要数据在存储过程中的完整性,包括但不限于鉴别数据、重要业务数据、重要审计数据、重要配置数据、重要视频数据和重要个人信息等。

(5)数据保密性。

①应采用密码技术保证重要数据在传输过程中的保密性,包括但不限于鉴别数据、重要业务数据和重要个人信息等;

②应采用密码技术保证重要数据在存储过程中的保密性,包括但不限于鉴别数据、重要业务数据和重要个人信息等。

(6)个人信息保护。

①应仅采集和保存业务必需的用户个人信息;

②应禁止未授权访问和非法使用用户个人信息。

以上规定与密码标准 0054 的设备和计算安全、应用和数据安全第三级信息系统要求相对应。

5）安全管理中心

（1）系统管理。

①应对系统管理员进行身份鉴别，只允许其通过特定的命令或操作界面进行系统管理操作，并对这些操作进行审计；

②应通过系统管理员对系统的资源和运行进行配置、控制和管理，包括用户身份、系统资源配置、系统加载和启动、系统运行的异常处理、数据和设备的备份与恢复等。

（2）审计管理。

①应对审计管理员进行身份鉴别，只允许其通过特定的命令或操作界面进行安全审计操作，并对这些操作进行审计；

②应通过审计管理员对审计记录进行分析，并根据分析结果进行处理，包括根据安全审计策略对审计记录进行存储、管理和查询等。

（3）安全管理。

①应对安全管理员进行身份鉴别，只允许其通过特定的命令或操作界面进行安全管理操作，并对这些操作进行审计；

②应通过安全管理员对系统中的安全策略进行配置，包括安全参数的设置，主体、客体进行统一安全标记，对主体进行授权，配置可信验证策略等。

以上规定与密码标准 0054 的设备和计算安全、应用和数据安全第三级信息系统要求相对应。

6）安全运维管理

（1）网络和系统安全管理。

①应严格控制变更性运维，经过审批后才可改变连接、安装系统组件或调整配置参数，操作过程中应保留不可更改的审计日志，操作结束后应同步更新配置信息库；

②应严格控制运维工具的使用，经过审批后才可接入进行操作，操作过程中应保留不可更改的审计日志，操作结束后应删除工具中的敏感数据；

③应严格控制远程运维的开通，经过审批后才可开通远程运维接口或通道，操作过程中应保留不可更改的审计日志，操作结束后立即关闭接口或通道。

（2）密码管理。

①应遵循密码相关国家标准和行业标准；

②应使用国家密码管理主管部门认证核准的密码技术和产品。

以上规定与密码标准 0054 的密钥管理第三级信息系统要求相对应。

**2. 云计算安全扩展要求**

1）安全通信网络

网络架构要求：应提供开放接口或开放性安全服务，允许云服务客户接入第三方安全产品或在云计算平台选择第三方安全服务。

2) 安全区域边界

访问控制要求：

(1) 应在虚拟化网络边界部署访问控制机制，并设置访问控制规则；

(2) 应在不同等级的网络区域边界部署访问控制机制，设置访问控制规则。

3) 安全计算环境

(1) 身份鉴别。当远程管理云计算平台中的设备时，管理终端和云计算平台之间应建立双向身份验证机制。

(2) 访问控制。

① 应保证当虚拟机迁移时，访问控制策略随其迁移；

② 应允许云服务客户设置不同虚拟机之间的访问控制策略。

(3) 镜像和快照保护。应采取密码技术或其他技术手段防止虚拟机镜像、快照中可能存在的敏感资源被非法访问。

(4) 数据完整性和保密性。

① 应使用校验码或密码技术确保虚拟机迁移过程中重要数据的完整性，并在检测到完整性受到破坏时采取必要的恢复措施；

② 应支持云服务客户部署密钥管理解决方案，保证云服务客户自行实现数据的加解密过程。

## 3. 移动互联安全扩展要求

1) 安全区域边界

(1) 访问控制。无线接入设备应开启接入认证功能，并支持采用认证服务器认证或国家密码管理机构批准的密码模块进行认证。

(2) 入侵防范。应能够阻断非授权无线接入设备或非授权移动终端。

2) 安全计算环境

(1) 移动终端管控。

① 应保证移动终端安装、注册并运行终端管理客户端软件；

② 移动终端应接受移动终端管理服务端的设备生命周期管理、设备远程控制，如远程锁定、远程擦除等。

(2) 移动应用管控。应只允许指定证书签名的应用软件安装和运行。

3) 安全建设管理

(1) 移动应用软件采购。应保证移动终端安装、运行的应用软件来自可靠分发渠道或使用可靠证书签名。

(2) 移动应用软件开发。应保证开发移动业务应用软件的签名证书合法性。

## 4. 物联网安全扩展要求

1) 安全区域边界

接入控制要求：应保证只有授权的感知节点可以接入。

2) 安全计算环境

(1) 感知节点设备安全。

①应保证只有授权的用户可以对感知节点设备上的软件应用进行配置或变更;

②应具有对其连接的网关节点设备(包括读卡器)进行身份标识和鉴别的能力;

③应具有对其连接的其他感知节点设备(包括路由节点)进行身份标识和鉴别的能力。

(2) 网关节点设备安全。

①应具备对合法连接设备(包括终端节点、路由节点、数据处理中心)进行标识和鉴别的能力;

②授权用户应能够在设备使用过程中对关键密钥进行在线更新。

(3) 抗数据重放。

①能够鉴别数据的新鲜性,避免历史数据的重放攻击;

②应能够鉴别历史数据的非法修改,避免数据的修改重放攻击。

5. 工业控制系统安全扩展要求

1) 安全通信网络

通信传输要求:在工业控制系统内使用广域网进行控制指令或相关数据交换的应采用加密认证技术手段实现身份认证、访问控制和数据加密传输。

2) 安全区域边界

(1) 访问控制。应在工业控制系统与企业其他系统之间部署访问控制设备,配置访问控制策略,禁止任何穿越区域边界的 E-Mail_Web、Telnet、Rlogin、FTP 等通用网络服务。

(2) 拨号使用控制。

①工业控制系统确需使用拨号访问服务的,应限制具有拨号访问权限的用户数量,并采取用户身份鉴别和访问控制等措施;

②拨号服务器和客户端均应使用经安全加固的操作系统,并采取数字证书认证、传输加密和访问控制等措施。

(3) 无线使用控制。

①应对所有参与无线通信的用户(人员、软件进程或者设备)提供唯一性标识和鉴别;

②应对所有参与无线通信的用户(人员、软件进程或者设备)进行授权以及执行使用进行限制;

③应对无线通信采取传输加密的安全措施,实现传输报文的机密性保护;

④对采用无线通信技术进行控制的工业控制系统,应能识别其物理环境中发射的未经授权的无线设备,报告未经授权试图接入或干扰控制系统的行为。

3) 安全计算环境

控制设备安全要求:控制设备自身应实现相应级别安全通用要求提出的身份鉴别、访问控制和安全审计等安全要求,如受条件限制控制设备无法实现上述要求,应由其上位控制或管理设备实现同等功能或通过管理手段控制。

# 9.2 云计算密码应用

云计算作为一种新型的服务计算模式,在具有传统信息系统面临的安全风险与威胁的同时,还引入了新的信息安全问题,增加了计算资源虚拟化、多租户共享物理硬件、计算资源动态调度、虚拟机迁移等新的特征,带来了新的安全风险与威胁,如虚拟机管理器本身是否有安全漏洞,多租户共享物理硬件场景下是否存在用户数据泄露,虚拟机迁移时是否可以从虚拟机释放的内存中获取虚拟机里运行的数据等。云计算的数据安全、资源隔离、个人隐私、数据监管等亟待解决的安全问题对密码提出了新的需求,需要创新思路,不断应用新的密码技术,从密码的角度提出云计算安全保障体系解决方案。

## 9.2.1 研究概况

随着云计算越来越广泛的应用,其高性能、低成本为用户带来便利的同时,由于虚拟化、资源共享、分布式等核心技术特点,决定了它在安全性上面临很多威胁,既包括以病毒、木马、恶意攻击、网络入侵为主的传统安全威胁,又包括以物理和环境、网络和通信、设备和计算、应用和数据为主的新威胁。同时云服务级别协议所具有的动态性及多方参与的特点,对责任认定及安全体系带来了新的冲击;云计算的强大计算与存储能力被非法利用时,将对现有的安全和管理体系产生巨大影响;在云计算环境下,用户不一定再拥有对数据的掌控权,而是由云服务商掌控,对数据的控制权变化也带来了新的安全威胁与风险。这些安全风险,极大地困扰和阻碍着云计算的应用和推广。

密码技术作为信息安全的核心支撑技术,在信息安全领域发挥着不可替代的作用,在以数据安全防护、资源安全防护为主的云计算安全领域,密码技术必然将发挥更大的基础支撑作用。目前,国内外有许多研究组织积极展开云计算安全相关技术研究,如 NIST 从云计算参与者角的度发布了 *Cloud Computing Reference Architecture*[1],CSA(Cloud Security Alliance,云安全联盟)从云安全技术的角度发布了《云计算关键领域安全指南》[2],ENISA(European Network and Information Security Agency,欧洲网络与信息安全局)从云风险评估的角度发布了《云计算安全风险评估》,国内的信标委 SOA 标准组、公安部等国家主管部门也将云计算和云计算安全纳入研究范围,积极推进云计算安全的标准化工作。这些工作从整体架构、部署模式、参与角色等方面对云计算的安全要点、安全域进行了详细阐述。

随着网络空间安全时代的到来,国家相关管理部门高度重视密码技术在网络空间的安全,特别是云计算这一新型应用领域中密码的应用推广,迫切需要密码应用相关标准。为此,在国家密码管理局领导下的云计算密码应用技术体系专项工作组,为加快我国云计算安全体系和安全标准的研究,以及推进密码技术和密码产品在云计算中的应用,在《云计算密码应用技术体系框架》前期工作的基础上,组织开展了云计算密码应用体系、指南与安全体系的系列研究，编制了《云计算密码应用指南》《云计算密码应用指南研究报告》《云计算密码产品技术建议》和《云计算密码标准体系目录建议》等云计算领域的密码标准、规范、指南。本节结合这些基础规范，面向云计算的各参与角色，围绕云计算的各技术要点，进一步提出云计算密码保障技术体系。

### 9.2.2  云计算密码保障技术体系

1. 云计算密码应用技术框架

在云计算安全技术框架的基础上，结合密码技术在云计算安全中的应用，以及云终端、云接入、云平台和云管理中的密码应用技术需求，针对云安全技术框架中的安全要点，归纳、总结其密码应用需求，并且体系化、层次化其密码应用，形成云计算密码应用技术框架，如图 9-2 所示。

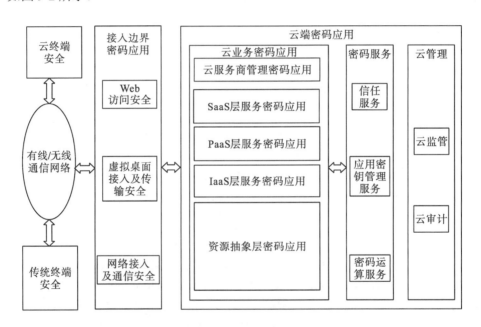

图 9-2  云计算密码应用技术框架

云计算密码应用技术框架从密码技术的角度对云计算密码应用进行了描述，包括终端安全、接入边界密码应用、云端密码应用。终端安全包括云终端安全和传统终端安全。接入边界密码应用包括 Web 访问安全、虚拟桌面接入及传输安全、网络接入及通信安全中的密码技术应用。云端密码应用分为云业务密码应用、密码服务和云管理，云业务密码应用包括资源抽象层密码应用、IaaS 层服务密码应用、PaaS 层服务密码应用、SaaS 层服务密码应用和云服务商管理密码应用，密码服务包括密码运算服务、应用密钥管理服务和信任服务，云管理包括云监管和云审计。

## 2. 云计算密码应用角色框架

在云计算安全应用角色框架的基础上，结合云计算密码应用技术框架，综合提出云计算密码应用角色框架，对云计算的各参与角色在密码应用、安全职责、安全功能以及它们之间的关系进行了详细阐述，具体如图 9-3 所示。

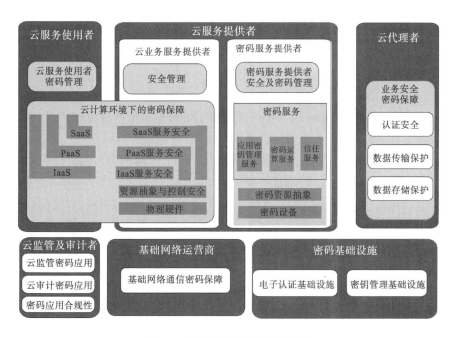

图 9-3　云计算密码应用角色框架

云计算密码应用角色框架是云计算密码应用技术框架在云计算各参与角色中的映射，包括云服务提供者、云服务使用者、云代理者、云监管及审计者、基础网络运营商和密码基础设施。云服务提供者包括云业务服务提供者和密码服务提供者两类角色属性，云业务服务提供者在安全资源抽象与控制层上提供安全的 IaaS 服务、PaaS 服务和 SaaS 服务，同时保障自身安全；密码服务提供者通过密码资源抽象，为云业务服务提供者或云服务使用者等其他云计算参与角色提供密码运算服务、应用密钥管理服务和信任服务，同时实现密码服务自身密码管理和自身平台安全。云服务使用者安全使用云业务服务提供者的 IaaS 服务、PaaS 服务和 SaaS 服务，以及密码服务，并进行自身密码管理。云代理者通过密码技术保障数据存储安全、数据传输安全和认证安全。云监管及审计者通过密码技术保障云监管业务安全和云审计业务安全，同时对密码合规性进行监督检查。基础网络运营商通过密码技术保障基础网络通信安全。密码基础设施包括电子认证基础设施和密钥管理基础设施，提供证书及密钥相关基础服务。

1）云服务提供者

（1）云业务服务提供者。

①资源抽象与控制安全。

a) 物理设备及网络设备安全接入。可基于可信密码模块 (trusted cryptography module, TCM) 的可信启动技术, 结合操作系统加固技术, 确保物理节点自身安全; 可采用网络传输加密、网络访问控制等技术, 结合网络安全技术, 确保物理网络自身安全; 可基于证书、挑战应答等认证技术, 对管理节点、计算节点、存储节点、网络节点等物理节点接入资源层进行认证, 实现物理节点接入资源层安全认证。

b) 云平台管理安全。可通过基于口令或证书的认证技术和基于角色的访问控制技术, 对云平台的管理员、安全员、审计员等进行登录认证和访问控制, 实现云平台登录认证保护, 防止非授权访问; 可通过完整性保护技术、传输加密技术、存储加密技术, 实现对关键指令、关键配置信息的安全传输和保存。

c) 虚拟机监控器安全。可基于可信密码模块 (TCM) 的可信技术, 接收来自宿主机物理 TCM 的信任链, 实现可信启动, 构建安全可信的虚拟机监控器运行环境; 可基于虚拟化技术, 实现 TCM 虚拟化, 为虚拟机提供虚拟可信计算模块 (vTCM); 可采用数字签名技术, 对云平台管理指令进行鉴别, 防止非授权管理指令操作虚拟机监控器。

d) 虚拟机管理安全。虚拟机运行时安全, 可采用内存加密技术, 对宿主机内存中运行的虚拟机进行加密, 提供基于密码的虚拟机资源防护, 实现不同虚拟机之间以及虚拟机和宿主机之间的强隔离; 虚拟机存储时安全, 可采用数据加密技术, 对镜像文件或快照进行加密, 实现虚拟机镜像或快照保护; 虚拟机调度时安全, 可采用数据加密技术和完整性保护技术, 对迁移过程中的数据进行保护, 实现虚拟机迁移过程中重要数据、虚拟机运行环境信息的机密性和完整性保护, 并对迁移后原物理服务器上属于迁移虚拟机的密钥等重要数据进行清除。

e) 虚拟网络资源安全。可采用数字签名技术、完整性保护技术, 对云平台管理指令进行鉴别, 防止非授权管理指令更改虚拟网络设备配置; 可采用基于虚拟机设备证书的认证技术, 对接入虚拟网络设备的虚拟机进行鉴别, 防止非授权虚拟机接入虚拟网络。

f) 数据存储安全。可采用数据加密技术, 在虚拟机监控器层, 或在存储设备边界, 或在存储设备内, 对存储的数据进行加密, 实现数据安全存储。

②IaaS 层密码应用。

a) IaaS 层服务用户接入安全。可采用传输加密技术结合虚拟化映射技术, 提供对虚拟桌面传输协议的保护, 实现用户对该层服务的安全接入; 可采用基于证书、挑战应答等认证技术, 通过认证服务, 实现对使用 IaaS 层服务的用户的登录认证; 可采用资源管理、授权管理, 通过鉴权服务, 实现对 IaaS 层服务用户的访问控制。

b) 虚拟专用网络服务安全。可使用 SSL、IPSec 等传输加密技术, 提供 VPN 传输加密功能, 实现虚拟私有云 (virtual private cloud, VPC) 之间、VPC 与用户局域网之间、VPC 与用户终端之间等的安全隔离和数据传输保护。

c) 虚拟机客户操作环境安全。可使用虚拟可信计算模块 (vTCM), 通过可信启动技术, 接收来自虚拟机监控器传递的信任链, 构建安全的虚拟机运行环境; 可采用基于证书、挑战应答等认证技术, 对登录的使用者进行认证, 实现虚拟机监控器登录认证保护; 可采用完整性技术, 实现虚拟机操作环境中程序的完整性保护; 可采用基于角色、属性访问的控制技术, 提供访问控制功能, 实现对虚拟主机内各种端口、数据等的访问控制。

d)对象/块存储安全服务。安全块存储,可采用加密技术,实现块存储服务中数据的安全存储;安全对象存储,可采用数据存储加密技术,实现对象存储服务中数据的安全存储。

③PaaS 层密码应用。

a)PaaS 层服务实体接入安全。可采用数字签名技术,对程序及组件真实性进行验证,保证程序及组件是由可信发布商发布;可采用基于证书的认证技术,通过认证服务,实现对使用 PaaS 层服务的实体的登录认证;可采用资源管理、授权管理,通过鉴权服务,实现对 PaaS 层服务实体的访问控制。

b)分布式数据库安全。可采用基于证书的身份认证与访问控制技术,保障访问者对数据库的授权访问;可采用数据加密技术和完整性保护技术,保障数据库各节点间的迁移、分发、复制、同步、备份等过程安全;可采用保留格式加密、属性加密等数据加密技术结合数据库技术,在分布式数据库服务边界,或在分布式数据库内,根据安全需求,通过对数据按照表、列、字段等不同粒度加密,实现数据在分布式数据库中的安全存储。

c)中间件安全。可采用数字签名技术对中间件应用进行真实性、完整性验证;可采用身份认证和鉴权服务,实现对中间件的授权访问。

d)云应用开发框架安全。将密码作为开发框架的一部分,为开发框架提供密码服务的应用程序接口(API)。

④SaaS 层密码应用。

a)SaaS 层服务用户接入安全。可采用基于证书或口令的认证技术,通过认证服务,实现对使用 SaaS 层服务的用户的登录认证;可采用资源管理、授权管理,实现对使用 SaaS 层服务的用户的鉴权服务;可采用 SSL、IPSec 等传输加密技术,提供传输加密功能,实现用户和 SaaS 服务商之间的数据传输安全。

b)SaaS 层云存储服务安全。可为用户客户端提供加密接口,用户端加密数据后,上传到云端进行存储;可在用户数据上传到云端后,在云端进行加密存储保护。

c)云应用安全。应用服务安全,可采用可信技术,确保应用程序自身和其使用的组件的安全可信,可采用完整性校验、数字签名/验签等技术,保障应用程序自身和其使用的组件的真实性和合法性,可采用基于角色或属性的访问控制技术,结合资源管理、身份管理,实现应用系统自身的细粒度授权访问,可采用 SSL、IPSec VPN 等传输加密技术,提供传输加密功能,实现用户和应用之间的数据传输保护;用户隐私保护,可采用安全多方计算、同态加密等密码技术,为用户提供隐私保护服务,可根据需要,采用细粒度数据加密机制,实现不同客户群或不同客户的隐私数据保护;应用数据安全,可采用加密技术对应用系统数据进行存储加密保护;跨域/跨平台业务数据安全,通过对跨域交换实体可信验证技术、被交换对象可信验证技术,实现跨不同安全域、不同平台的业务数据安全交换。

⑤云服务商安全管理。

a)计费安全密码应用要求。可采用数字签名技术,保证计费信息的真实性;可采用杂凑运算防止该信息被非法篡改,保证相关计费信息的完整性;可对计费、收费等信息进行加密处理,保证其机密性。

b)平台管理系统的密码应用要求。重要数据保护,可采用加密技术对运维管理平台相关的配置、管理、策略文件等重要数据进行加密，保证其机密性，可采用杂凑运算对运维管理平台相关的配置、管理、策略文件等重要数据进行完整性校验，防止其被非法篡改；日志安全，可采用加密技术对重要日志进行加密，保证其机密性，可采用杂凑运算对重要日志进行完整性效验，保证其完整性，可采用数字签名技术，保证重要日志的真实性。

(2) 密码服务提供者。

① 云计算密码服务模式。云计算密码服务提供者为云业务服务提供者资源抽象层、IaaS 服务层、PaaS 服务层和 SaaS 服务层提供密码运算、应用密钥管理和信任服务等按需密码服务。同时，云计算密码服务提供者也可以为云业务使用者、云代理者、云监管及审计者提供按需密码服务。

② 密码资源抽象层。通过对 PCI 加密卡、服务器密码机等密码设备的虚拟化、集群管理等，实现弹性扩展、按需租用的密码服务。

③ 密码服务层。

a) 信任服务。采用集中管理、分层服务等手段，通过网络提供统一的身份认证、资源管理、授权服务等信任服务，满足资源抽象与控制层中管理节点、计算节点、存储节点、网络节点等物理节点接入资源层的认证需求，虚拟机等虚拟节点接入虚拟网络的认证需求，云平台管理员、安全员、审计员的登录认证和访问控制需求；满足 IaaS 层用户接入服务的登录认证需求，对用户登录虚拟机的登录认证及访问控制需求；满足 PaaS 层实体接入服务的登录认证需求，分布式数据库的访问控制需求；满足 SaaS 层用户接入服务的登录认证需求，用户访问的细粒度权限鉴别需求。

b) 密码运算服务。采用标准化接口，提供数据签名与验签、数据加密与解密、散列与验证等密码运算服务，满足资源抽象与控制层中关键指令、关键配置信息的数据加密与解密、数据签名与验签等运算处理需求，虚拟机监控器调用存储驱动前的数据加密与解密处理需求；满足 PaaS 层分布式数据库各节点间的迁移、分发、复制、同步、备份过程数据的加密与解密处理需求；满足 SaaS 层用户和 SaaS 服务商之间、用户和应用之间通信数据的加密与解密处理需求，服务端存储的用户数据、隐私数据的加密与解密处理需求。

c) 应用密钥管理服务。为用户和云平台提供应用密钥管理服务，满足资源抽象与控制层中的关键指令和配置信息、各层存储数据及网络通信数据加密的系统级应用密钥使用需求；满足与用户直接相关的各层存储数据、网络通信数据加密的用户级应用密钥使用需求；满足用户的客户端或其他应用系统加密的用户级应用密钥需求。

④ 用户密钥管理。

a) 全托管模式。此模式下用户应用密钥管理全部由云计算密码服务提供者提供。

b) 半托管模式。此模式下云计算密码服务提供者为用户提供逻辑独立的云计算密钥管理系统，由用户进行管理。

c) 不托管模式。此模式下用户自建云计算密钥管理系统，由用户进行管理。

⑤ 安全及密码管理。

应采用身份认证、访问授权、密码计算资源隔离、用户密钥隔离等技术手段，实现云计算密码服务自身的安全。

应采用设备监控、密码运算资源调度等技术，实现对云计算密码服务所需密码设备的管理。

2) 云服务使用者

(1) IaaS 服务模式下的密码应用。

①IaaS 层服务终端安全。可基于可信密码模块(TCM)，结合主机安全防护措施，保证云终端及其他接入云服务的设备的安全。

②虚拟机客户操作环境安全。可使用云服务提供者提供的安全虚拟机操作环境服务，如使用者构建虚拟机客户操作环境安全。

③用户数据存储安全。可采用加密技术，对用户拟上传至云端的数据进行加密；可采用加密技术，对用户虚拟机中的磁盘或文件进行加密存储；可使用云服务提供者提供的存储安全服务。

(2) PaaS 服务模式下的密码应用。

①分布式数据库用户数据安全存储。可使用云服务提供者的分布式数据库安全存储服务；可采用保留格式加密、属性加密等数据加密技术，结合数据库技术，在分布式数据库服务边界，或在分布式数据库内，根据安全需求，通过对数据按照表、列、字段等不同粒度进行加密，实现数据在分布式数据库中的安全存储。

②用户开发应用安全。可采用认证服务、鉴权服务，对客户开发的应用系统进行用户管理、资源管理和授权管理，实现应用的授权访问控制。

(3) SaaS 服务模式下的密码应用。

①SaaS 层服务终端接入安全。可基于可信密码模块(TCM)，结合主机安全防护措施，保证云终端、移动终端安全接入 SaaS 服务。

②SaaS 层数据用户个人隐私保护。可使用云服务提供者提供的个人隐私保护服务；可在用户端加密数据后，上传到云端进行存储；可在用户数据上传到云端后，在云端利用存储加密进行加密存储保护。

3) 云代理者

(1) 认证安全。可采用基于证书的认证技术，通过信任服务，实现对云代理者与云平台之间的双向身份认证。

(2) 数据传输安全。可采用 SSL 加密技术保护数据传输过程中的敏感数据，保证云代理者与云平台之间数据传输的机密性。

(3) 业务系统存储数据安全。可采用数据加密技术和完整性保护技术，实现云代理者服务平台数据存储的完整性和机密性，保障数据安全存储。

4) 云监管及审计者

(1) 认证安全。可采用基于证书的认证技术，通过信任服务，实现云监管及审计者与云平台之间的双向身份认证。

(2) 数据传输安全。可采用 SSL 加密技术保护数据传输过程中的敏感数据，保证云监管及审计者与云平台之间数据传输的机密性。

(3) 业务系统存储数据安全。可采用数据加密技术和完整性保护技术，实现云监管及审计者服务平台数据存储的完整性和机密性，保障数据安全存储。

(4) 密码应用合规性。可采用技术和管理相结合的方式，对云计算中密码使用的合规性进行监督检查。

5)基础网络运营商

基础网络运营商承担云服务基础网络通信数据的传输任务。云基础网络运营者应对云服务提供者或云代理者的云服务提供安全传输支持,需要保证云服务基础网络通信数据的传输安全。

针对安全性要求高的云服务应用场景,基础网络运营商可以配置网络加密机或链路加密机等传统网络密码设备,用以保证云服务基础骨干网络的通信安全。

6)密码基础设施

(1)密钥管理基础设施。密钥管理基础设施现行管理方式和功能不变,对密码服务提供者部署的密码设备提供密码管理服务,不承担对云计算中应用密钥的管理功能。

(2)电子认证基础设施。电子认证基础设施现行管理方式和功能不变,对云计算中使用的证书进行管理。

### 3. 典型云计算密码应用系统

1)逻辑结构

典型的云计算密码应用系统由终端、云端、接入边界和密码基础设施组成,其逻辑结构图如图 9-4 所示。

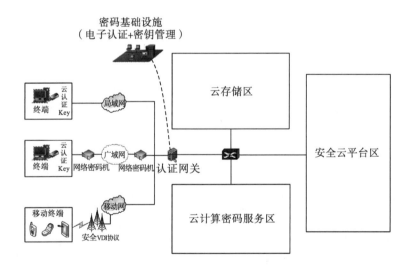

图 9-4    云计算密码应用系统逻辑结构图

终端主要包括安全云终端、普通终端和移动终端等,各类终端通过接入边界接入云平台并使用云服务。通过在终端部署云认证 Key、对象存储加密客户端、加密网盘客户端等密码产品和系统,实现终端用户身份认证、终端主机安全以及用户数据加密保护等。

广域网、局域网和移动网是终端接入云端的 3 种典型场景,根据用户实际安全需求,采用安全 VDI(desktop virtualization infrastructure,虚拟桌面基础架构)技术实现应用层数据保护,采用 SSL 密码技术实现传输层数据保护,采用网络层加密技术实现网络层数据保护。

云端主要包括安全云平台区、云存储区和云计算密码服务区。其中，安全云平台区分为云平台管理和云平台业务两部分。云平台管理实现对云平台的用户管理、安全审计管理和态势管理。云平台业务将计算设备、网络设备、存储设备等物理设备虚拟化后，通过部署云加密卡、可信密码模块等，形成安全的资源与抽象，构建基于密码的安全虚拟网络，实现对各类虚拟资源在运行、存储、调度时的全生命周期安全，结合用户虚拟认证 Key、对象存储加密客户端等，提供安全的 IaaS 服务。在此基础上，通过部署各类安全应用，提供安全的 PaaS 和 SaaS 服务。云存储区中部署各种数据库相关密码产品和存储阵列相关密码产品，并结合对象存储和块存储等服务方式为云平台和用户提供安全的数据存储保护。云计算密码服务区提供密码运算服务、应用密钥管理服务和信任服务，这些密码服务既可以用于云平台自身的安全保障，也可以作为定制化密码服务提供给用户。

密码基础设施由密钥管理基础设施和电子认证基础设施组成。密钥管理基础设施提供对各类密码设备的密钥管理服务。电子认证基础设施实现对证书的全生命周期管理，并对信任服务提供支撑。

2）安全云平台区

安全云平台区由云平台管理和云平台业务两大部分组成，如图 9-5 所示。

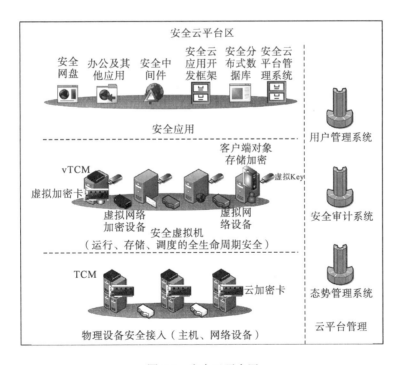

图 9-5　安全云平台区

云平台业务：典型云平台业务区底层是物理设备，基于物理设备虚拟化提供各类虚拟机、虚拟网络和各类业务应用，按照实际建设部署和提供的功能可以分为物理设备安全接入、安全虚拟机和各类安全应用。物理设备安全接入是指物理主机设备、物理网络设备、物理存储设备等，通过在其上部署的云加密卡、TCM 等密码模块，结合可信启动和认证技术，实现物理设备自身的安全，同时保障物理设备可信接入云平台。云加密卡、TCM利用虚拟化技术，可虚拟出虚拟加密卡、vTCM 等，供各类虚拟机调度使用。安全虚拟机通过底层物理设备虚拟出的密码模块，结合操作系统提供的安全机制，可以保障虚拟机在运行时各虚拟机之间、虚拟机和宿主机之间的安全隔离，保障虚拟机中数据的安全访问和存储，保障虚拟机迁移时镜像或快照等数据的安全。各类安全应用系统通过使用底层提供的密码技术支撑，为用户提供各种 SaaS 安全应用(如安全网盘、安全办公套件等)和各种 PaaS 安全应用(如安全中间件、安全分布式数据库等)。

云平台管理：云平台管理由用户管理系统、安全审计系统和态势管理系统组成。用户管理系统可使用云计算密码服务中的信任服务，对云平台的用户进行身份认证和操作授权等管理；安全审计系统对云平台的各种管理操作和业务行为等进行审计和监控，可对第三方云监管和审计系统提供审计接口和数据；态势管理系统实时监控云平台内各种资源的运行状态，可对第三方云监管系统提供态势信息。

3) 云存储安全

云存储区实现云平台数据的存储和保护，其存储方式包含块存储、文件存储、对象存储等，如图 9-6 所示。可应用于云存储的密码产品包括阵列类密码产品、数据库类密码产品和对象存储系统类密码产品等，可以为云服务提供者和云服务使用者提供各个层面的数据安全服务。

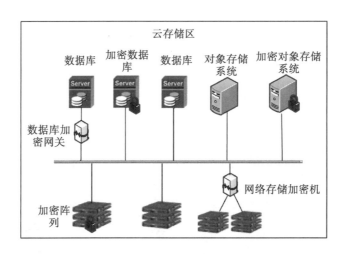

图 9-6　云存储区

数据库：使用数据库和数据库加密网关结合的方式，实现对数据库的隔离和安全访问；通过加密数据库，或者数据库和底层安全存储系统结合的方式，实现对数据库中敏感数据的加密存储、访问控制等安全防护。其防护技术包含数据脱敏、加解密及加密数据检索等。

对象存储系统：对象存储系统的存储数据以对象为单位，通过对象存储加密客户端，结合云平台中的对象存储系统，为用户提供安全的对象存储服务，也可以通过加密对象存储系统为云平台或者用户提供安全的对象存储服务。

存储阵列：云计算平台存储通过加密阵列实现对存储阵列的数据存储安全及高速读写安全。网络存储加密机为云存储阵列和安全云平台之间提供透明的安全存储服务，实现数据传输加密、可信验证等安全防护。

4）云计算密码服务

云计算密码服务区包括密码运算、应用密钥管理、信任服务等密码服务，如图 9-7 所示。根据云上用户的各种密码应用场景，密码服务既可以用于云平台自身的安全保障，也可以作为各种定制化密码服务提供给用户或租户。

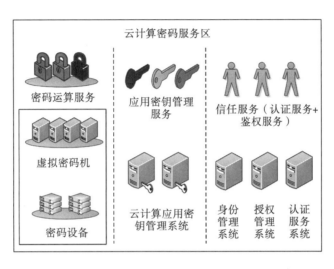

图 9-7　云密码服务区

密码运算服务：采用云密码机、云加密卡等作为密码运算单元，为云平台和用户提供相互隔离的弹性、按需、可动态扩展的各类密码运算服务。相关密码设备的密钥管理由密码基础设施提供，租户或用户的应用密钥管理由应用密钥管理系统提供。

应用密钥管理服务：云密钥管理系统针对云环境下多租户的应用提供相互隔离的密钥管理服务，包括密钥的产生、存储、分发、使用、更新、废除、归档、销毁、备份和恢复等。采取硬件密码设备、密钥管理安全策略、密钥存储访问控制、密钥管理操作审计、密钥安全分发等措施保障应用密钥安全。

信任服务：信任服务基于数字证书系统，为云平台上各类业务应用提供统一的资源管理、身份认证、单点登录、访问控制、授权管理、鉴权服务、责任认定、电子印章、电子签名和验签、可信时间、时间戳签发/验证等全网全程的信任服务。

5）终端及接入安全

终端安全：当前接入云平台的终端主要有安全云终端、普通终端和移动终端，各类终端通过接入边界和云平台完成通信和数据传输。安全云终端实现了一体化安全防护，应用在安全等级较高的云环境中；基于现有 PC 机改造的终端和普通终端可部署云认证 Key、加密网盘客户端、对象存储加密客户端等客户端密码产品，以保障终端自身启动、系统、数据安全，同时为用户提供客户端密码应用。

接入边界安全：各类终端通过接入边界接入云平台，按照私有云、公有云、混合云等典型云模式，接入边界主要包括广域网、局域网和移动网 3 种接入方式。根据实际安全需求，采用 SSL 传输加密、网络传输加密保障终端和云端之间的传输安全，同时通过身份认证网关实现接入云平台身份的可信认证。

6) 应用密钥管理

(1)全托管模式。在图 9-8 所示的全托管模式应用密钥管理中，用户使用云密码服务提供者的应用密钥管理服务，云密码服务提供者负责云计算密钥管理系统的运维和应用密钥管理服务的管理。

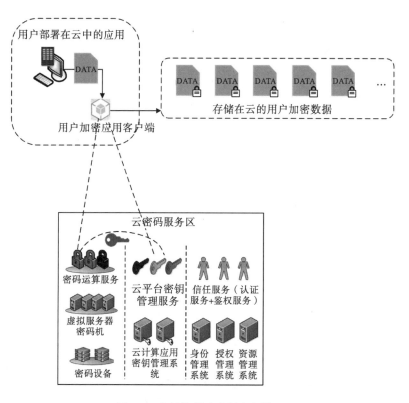

图 9-8　全托管模式应用密钥管理

(2)半托管模式。在图 9-9 所示的云计算密钥半托管模式应用密钥管理中，用户租用云密码服务提供者提供的应用密钥管理服务；云密码服务提供者负责云计算密钥管理系统的运维，用户负责其租用的应用密钥管理服务的管理。

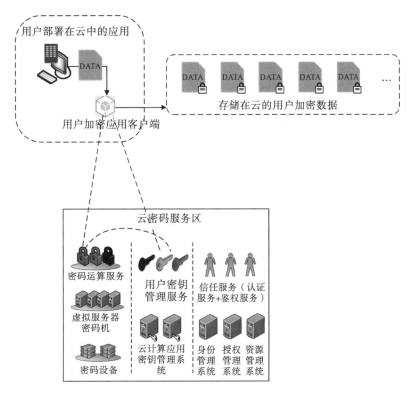

图 9-9　半托管模式应用密钥管理

（3）不托管模式。在图 9-10 所示的不托管模式中应用密钥管理，用户自建云计算密钥管理系统并部署在自己的局域网中，由用户自己负责云计算密钥管理系统的运维。

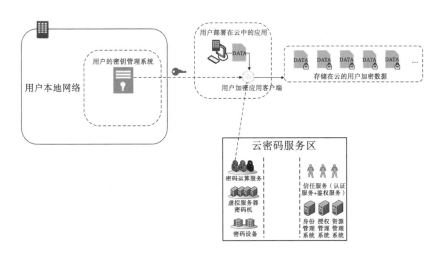

图 9-10　不托管模式应用密钥管理

7) 其他云计算场景密码应用案例

（1）虚拟桌面。在图 9-11 所示的虚拟桌面应用场景中，终端为瘦客户端，用户持有身份认证 Key，用户密钥管理为全托管模式，由云计算密码服务区中的应用密钥管理系统进行管理，密码运算服务于安全桌面云平台之间的传输通道安全。

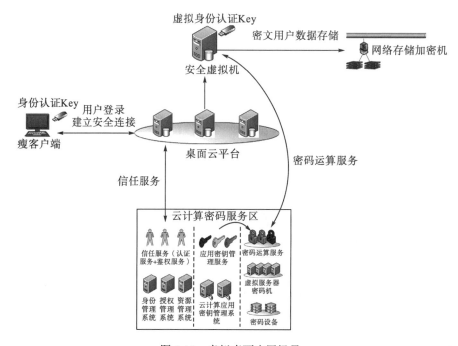

图 9-11　虚拟桌面应用场景

主要的密码保障措施如下。

用户身份认证：用户基于身份认证 Key，向云平台提交登录请求及相关验证信息，并建立客户终端与云平台间的安全通道。

信任服务：云平台向云计算密码服务区的信任服务系统提交相关验证信息，信任服务系统对用户身份进行认证，将结果返回给云平台。

密码运算服务：对虚拟机中的用户数据进行加密时，将明文发送给云计算密码服务区的密码运算服务系统，申请密码运算服务，密码运算服务系统从应用密钥管理服务系统中获取用户密钥进行加密运算，并将密文数据返回给虚拟机。

用户数据存储：用户操作虚拟机将密文用户数据进行保存。

统一数据存储：为保证整个虚拟机系统的安全性，存储阵列通过网络存储加密机对所有数据进行统一加密存储。

（2）网盘。在图 9-12 所示的网盘应用场景中，用户密钥管理为全托管模式，由云计算密码服务区中的应用密钥管理系统进行管理，密码运算服务与网盘系统之间的传输通道安全。

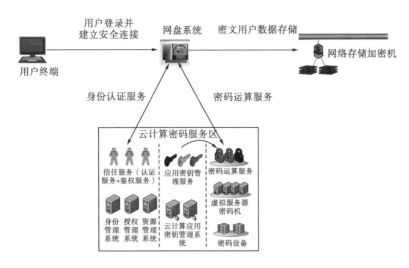

图 9-12　网盘应用场景

主要的密码保障措施如下。

用户登录并建立安全连接：用户基于身份认证 Key，向网盘系统提交登录请求及相关验证信息，并建立安全通道。

身份认证服务：网盘系统向云计算密码服务区的信任服务系统提交相关验证信息，信任服务对用户身份进行认证，将结果返回给网盘系统。

密码运算服务：对网盘中的用户数据进行加密时，网盘系统将明文发送给云计算密码服务区的密码运算服务系统，申请密码运算服务，密码运算服务系统从应用密钥管理服务系统中获取用户密钥进行加密运算，并将密文数据返回给网盘系统。

用户数据存储：网盘系统将密文用户数据进行保存。

统一数据存储：为保证网盘所有业务数据的安全性，存储阵列通过网络存储加密机对所有业务数据进行统一加密存储。

(3) 边缘计算。在图 9-13 所示的边缘计算应用场景中，从边缘基础设施安全、边缘网络安全、边缘数据安全、边缘应用安全、边缘安全生命周期管理、边云协同安全几个层面进行边缘计算的安全设计。

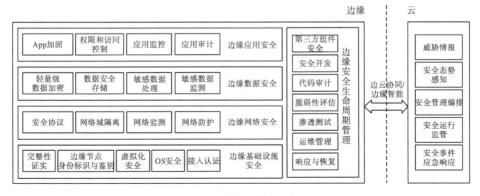

图 9-13　边缘计算应用场景

主要的密码保障措施如下。

边缘节点的身份标识与鉴别：边缘节点身份标识与鉴别是指标识、区分和鉴别每一个边缘节点的过程，是边缘节点管理、任务分配以及安全策略差异化管理的基础。在边缘计算场景中，边缘节点具有海量、异构和分布式等特点，大量差异性的边缘节点以及动态变化的网络结构可能会导致边缘节点的标识和识别反复进行，因此，能够自动化、透明化和轻量级地完成标识和识别工作是其核心能力。

接入认证：接入认证是指对接入网络的终端、边缘计算节点进行身份识别，并根据事先确定的策略确定是否允许接入的过程。边缘计算架构中存在海量的异构终端，这些终端采用多样化的通信协议，且计算能力、架构都存在很大的差异性，连接状态也有可能发生变化。因此，如何实现对这些设备的有效管理，根据安全策略允许特定的设备接入网络、拒绝非法设备的接入，是维护边缘计算网络安全的基础和保证。

网络防护：网络防护是指对于明确的有害网络流量进行阻断、缓解和分流的措施。与网络监测不同的是，网络监测是通过流量分析发现可疑行为，并对网络管理员发出警报，而网络防护是根据流量分析和规则匹配，直接阻断有害流量，并生成日志。边缘侧安全需要考虑与云端对接的安全及与控制端对接的安全。与云端要建立起有效的加密通信认证机制，保证通信过程的可控。同时，要加强对边缘侧的安全监测，对边缘侧的流量进行检测，有效发现隐蔽在流量中的攻击行为。此外，需要在边缘侧与控制端之间建立有效的安全隔离与防护机制，通过严格限制进入控制网络的数据内容保证确定性的数据可以进入控制网络中。

轻量级数据加密：数据加密目前仍是对信息进行保护的一种最可靠的办法。对于边缘计算架构而言，分布在不同区域的边缘节点虽然具有一定的通信、存储和计算能力，但是在这些设备上直接采用传统的密码算法对数据进行加密具有极大的挑战性。因此，针对资源受限的边缘设备，需要提供经过定制或裁剪产生的密码解决方案。可考虑采用将边缘网关与商用保密机相结合的思路来实现集中式的轻量级加密，通过集成了多种成熟的密码算法的商用密码机提供快速、高效的密码运算服务，满足不同用户或者应用场景下的轻量级需求。

数据安全存储：边缘计算环境中的数据安全存储主要是指保证存储在边缘节点上的数据的安全性，包括存储在边缘网关、边缘控制器、边缘服务器等节点上的静态数据的安全性。考虑到边缘计算系统的分布性、边缘节点的资源受限性、边缘数据的异构性等特点，安全措施需要考虑到数据存储方式(如分布式数据存储，兼顾安全和效率)，数据存储时的安全保护措施(如加密存储和存储数据访问控制，用来保证数据的保密性)，数据备份(用来保证数据的可用性)。

敏感数据处理：敏感数据处理是指对敏感数据进行识别、使用和保护的一系列活动。为保证边缘计算环境中数据的私密性，需要对大量敏感边缘数据进行有效的处理和管控。边缘敏感数据异构性强、存储位置分散、流动路径多样、业务应用关系复杂，为敏感数据处理带来一系列安全问题，这包括如何从复杂异构的关联数据集中识别出敏感的数据，如何在不影响边缘计算中应用业务的前提下对敏感数据进行脱敏混淆，如何在各边缘计算实体间安全地共享敏感数据等。通过对以上问题的解决，可以对边缘环境中的敏感数据的流动和分发使用进行统一的管控，在保证安全保密性的前提下最大限度地发挥数据的价值。

权限和访问控制：权限与访问控制定义和管理用户的访问权限，通过某种控制方式明确地准许或限制用户访问系统资源或获取操作权限的能力及范围，控制用户对系统的功能使用和数据访问权限。由于边缘节点通常是海量异构、分布式松耦合、低时延以及高度动态性的低端设备，因此，需要提供轻量级的最小授权安全模型(如白名单技术)，去中心化、分布式的多域访问控制策略，支持快速认证和动态授权的机制等关键技术，从而保证合法用户安全可靠地访问系统资源并获取相应的操作权限，同时限制非法用户的访问。

## 9.2.3 关键技术和产品

1. 密码资源池化技术

传统的信源加密服务是将密码卡内置在应用主机内或将密码机部署在应用主机后端的网络中，其密码计算能力在部署时已经固定，无法实现空闲时分配给其他任务或繁忙时动态增加资源。

云计算密码服务由云密码资源池和云计算密码资源管理系统组成，为云上的各类密码应用提供按需高效、弹性可扩展的密码服务。

1)云密码资源池

云密码资源池主要通过对云服务器密码机等物理密码设备以集群的方式进行密码资源统一调度，为上层系统及应用提供按需高效、弹性可扩展的密码服务。部署在云平台上的各类业务应用，通过调用云密码资源池提供的密码服务，为海量业务数据提供传输加密、存储加密、身份认证、签名验签等功能，筑牢平台业务安全底线，确保业务数据安全。

云密码机采用软件定义密码设备技术，可将一台硬件服务密码设备分割成多个虚拟密码机，也可将多台云密码机抽象为一台云密码机，在云环境中，将云密码机抽象为密码资源池中的资源，顶层统一通过软件编程的方式进行智能化、自动化的业务编排和管理，以完成相应的密码应用功能，从而实现灵活的密码服务。云密码机将平台具有的密码运算资源虚拟化为按单元分配、动态调度的密码服务资源，将密码服务按需分配给云平台的一个或多个用户，实现为云环境下集中配置、管理密码硬件设备。云密码机根据应用的领域可配用不同算法的 USB Key。云密码资源池为云环境下存在的大量业务系统，提供动态、弹性、可伸缩的随机数产生、加密/解密、签名/验签等基础密码运算服务，并能够进一步构建文件加密服务、网络存储加密服务等应用加密服务，具备高可靠性、高安全性、易扩展能力的软硬件密码系统。云密码机采用虚拟化技术，在一台硬件密码设备上实现同时运行多个虚拟化的密码机(VSM)，可与云计算密码资源管理系统无缝对接，实现对 VSM 的独立管理。通过隔离技术，实现 VSM 之间的密钥安全隔离，切实保证云端用户秘密信息的安全。通过弹性调度技术，实现 VSM 密码服务性能的弹性扩展。支持虚拟化多种密码体系的 VSM，用户使用 VSM 与使用传统密码机一致。

2)云计算密码资源管理

云计算密码资源管理系统对云密码资源池进行管理，密码资源池管理软件提供用户管理，对外提供统一的密码服务接口，接受云密码机的注册、注销、密码运算资源分配、任务调度，对云密码机进行状态监控；云密码机是执行密码运算的实体，根据管理软件的命令创建密码服务单元，并执行管理系统分配的密码运算任务；密码资源池管理软件要能支持负载均衡，以增强系统的稳定性和可靠性；在密码资源池管理软件的调度下，云密码机可实现高可用性。

可将多台密码机或密码卡组成集群，由密码服务代理对多个密码设备进行负载均衡，形成密码资源池，为业务系统提供高性能、高可靠性、动态伸缩的密码服务。密码资源池管理软件可将原本静态分配的密码机抽象为可管理、易于调度、按需分配的密码资源，作为一个对外的云密码资源池，实现资源池中虚拟化密码机的集中管理和统一调度，为运维人员提供密码资源监控、部署、回收等云密码资源池运维功能，降低运营成本，提高管理效率，具有通用性和可复制性，支持第三方厂商云密码机密码资源池管理。

### 2. 云环境下的密码设备虚拟化技术

云环境下的密码设备虚拟化技术包括 SR-IOV、VirtIO、vTCM、SDC（软件定义密码设备）。

#### 1）基于 SR-IOV 的 PCI-E 密码设备虚拟化

SR-IOV（single-root I/O virtualization，单根 I/O 虚拟化）允许 Windows 操作系统和微软的 Hyper-V 或 VMware 的 ESXi 等 hypervisor 对服务器的磁盘 I/O 设备、PCI-E 设备；把具有 SR-IOV 功能的设备定义成为一种外围设备物理功能模块（PF）并且使之能与主机 hypervisor 系统直接交互信息。PF 主要用于在服务器中告诉 hypervisor 系统关于物理 PCI 设备运行的状态是否可用。SR-IOV 在操作系统层，现在能在所有的外围物理设备 PF 下，创建不止一个虚拟功能设备（VFs）。VFs 能共享外围设备的物理资源（像网卡端口或网卡缓存空间）并且与 SR-IOV 服务器上的虚拟机系统进行关联。SR-IOV 能允许一个物理 PCIe 设备把自身虚拟为多个虚拟 PCIe 设备。SR-IOV 可应用于 PCI-E 密码卡的虚拟化。

#### 2）软件虚拟化技术 VirtIO

VirtIO 是半虚拟化 hypervisor 中位于设备之上的抽象层，是对半虚拟化 hypervisor 中的一组通用模拟设备的抽象。该设置还允许 hypervisor 导出一组通用的模拟设备，并通过一个通用的应用编程接口（API）让它们变得可用。有了半虚拟化 hypervisor 之后，来宾操作系统能够实现一组通用的接口，在一组后端驱动程序之后采用特定的设备模拟。后端驱动程序不需要是通用的，因为它们只实现前端所需的行为。VirtIO 也可应用于密码设备的虚拟化。

#### 3）可信密码模块虚拟化

vTCM 是 TCM 虚拟化解决方案之一，通过在 IaaS 平台上引入可信计算技术，在硬件可信根的基础上，构建并扩展信任链，建立从基础硬件到操作系统再到虚拟机的可信运算环境，使得在虚拟化环境里每一个虚拟机都能获得完整的可信计算功能。

#### 4）软件定义密码设备

SDC（software defined，软件定义）密码设备的原理是基于特定的物理资源按需分配资源并加载不同的软件功能模块实现为不同的密码设备提供不同的密码服务，这种方式将物理机虚拟的密码设备与其接入模式、部署方式、实现功能进行解耦，底层抽象为密码计算资源池中的资源，顶层统一通过软件编程的方式进行智能化、自动化的业务编排和管理，以实现相应的密码应用功能，从而得到多种特定功能、能适应云计算环境的密码设备。

### 3. 云环境密钥管理

密钥管理的主要考虑因素是性能、可访问性、延迟和安全性。需要将正确的密钥在正确的时间放在合适的位置，同时满足安全和合规要求。

处理密钥管理有 4 个潜在的选择。

(1)HSM/设备：使用传统的硬件安全模块(HSM)或基于设备的密钥管理器，这种HSM/设备通常部署在用户本地网络，并通过专用的安全链接将密钥提供给云。

(2)虚拟设备/软件：在云中部署虚拟设备或基于软件的密钥管理器。

(3)云提供商服务：这是云提供商提供的关键管理服务。在选择云提供商的密钥管理服务时，要确保了解其安全模型和服务器级别协议(service level agreement，SLA)。

(4)混合：还可以使用组合各种密钥管理的方式，如使用 HSM 作为密钥的信任根，然后将特定于应用程序的密钥提供给位于云中的虚拟设备，并仅管理其特定上下文的密钥。

客户管理的密钥允许云客户在提供商管理加密引擎时管理自己的加密密钥。使用自己的密钥来加密 SaaS 平台中的 SaaS 数据。

### 4. 虚拟机镜像加密技术

#### 1)虚拟机镜像的格式、管理方式

(1)RAW。RAW 是原始的，它直接将文件系统的存储单元分配给虚拟机使用，采取直读直写的策略。在 RAW 格式的文件中，虚拟出来的磁盘数据块号的大小决定了该数据块在 RAW 文件中的偏移量，也就是说虚拟磁盘存放数据的顺序和 RAW 文件中存放数据的顺序是一致的。由于这个特性，VBA 到 IBA 的转换比较简单，而 IBA 实际上就是 PBA。在很多实际应用中，模板镜像采用 RAW 格式，以提高模板镜像的读性能，而增量镜像则采用其他格式，方便支持辅助特性。

RAW 格式的优点如下：一是寻址简单，访问效率较高；二是可以通过格式转换工具方便地转换为其他格式；三是可以方便地被宿主机挂载，可以在不启动虚拟机的情况下和宿主机进行数据传输。但是，RAW 格式实现简单，不支持压缩、快照、加密和 CoW 等特性。另外，RAW 格式文件创建时制定大小之后，就占用了宿主机指定大小的空间，而不像 Qcow2 等稀疏模式的镜像格式可以从很小的文件按需地增长。

(2)Qcow2 和 Qed。Qcow2 是对 Qcow 的一种改进，是 Qemu 实现的一种虚拟机镜像格式。Qcow2 文件存储数据的基本单元是 cluster，每一个 cluster 由若干个数据扇区组成，每个数据扇区的大小是 512 字节。在 Qcow2 中，要定位镜像文件的 cluster，需要经过两次地址查询操作，类似于主存二级页表转换机制。

Qed 的实现是对 Qcow2 的一种改型，存储定位查询方式和数据库大小与 Qcow2 一样。不同的是，在 Cow 时，Qed 将 Qcow2 的引用技术标识用另一个重写标识(Dirty Flag)来代替。

(3) Vmdk。Vmdk 是 VMware 实现的虚拟机镜像格式,与 Qcow2 类似,Vmdk 也可以支持 Cow、快照、压缩等特性,镜像文件的大小也随着数据写入操作的增长而增长,数据块的寻址也要通过两次查询。在 Vmdk 镜像文件的头部,会有一个文本描述符(Text Descriptor),该文本描述了数据在虚拟镜像文件中数据的布局方式。文本描述符在 Vmdk 镜像文件中可以以单独的文件形式存在,也可以作为文件头包含在镜像文件中。Vmdk 通常由一个 base disk、若干个 link 和 extent 组成,link 指示的是 base disk 和 extent 的关系,extent 是一个物理上的存储区域,通常是一个文件。Vmdk 数据存储的单位被叫作 grain,每个 garin 也由若干个 512 字节大小的 sector 组成。在支持稀疏存储的 Vmdk 中,通过二级的元数据查询机制进行数据块的定位。

2) 虚拟机镜像面临的安全风险

大多数云计算平台采用镜像服务器管理、存储镜像文件。为了保证镜像文件的安全,镜像服务器对上传的镜像文件进行了读写权限管理,仅开发读取权限,禁止写权限。但仅仅是读写权限的限制还不足以限制黑客对镜像文件的篡改、种植木马等。

在云计算平台上创建虚拟机时,大多数云平台采用从镜像服务器复制一个特定的镜像文件到目标节点的物理机上,然后创建出新的虚拟机。如果云用户选择云平台的共享镜像文件作为新创建的虚拟机镜像文件,那么新创建的虚拟机可能包含恶意代码。运行一个包含恶意代码的虚拟机会降低虚拟机所在的云平台的虚拟网络的整体安全水平。另外,运行一个包含恶意代码虚拟机就相当于让攻击者的机器绕过任何防火墙或网络入侵检测系统而直接进入网络。

镜像库管理员上传包含恶意或非法内容的镜像文件也可造成风险。休眠镜像的安全属性是不确定的。通常,一个休眠虚拟机镜像的安全级别会随着时间的推移逐渐降低,因为当虚拟机镜像最初公布时,一个漏洞可能是未知的,但后来这一漏洞却成为可以了解和利用的,有证据表明,如果休眠虚拟机镜像不被管理(如扫描病毒),则一个虚拟的环境可能永远不会回到稳定状态,因为携带蠕虫的虚拟机镜像可以偶尔运行,并感染其他机器,直到其被查杀才会消失。这种风险随着虚拟机镜像数量的增长,风险和维护成本也在不增长。

3) 虚拟机镜像的安全增强方法

(1) 虚拟机镜像防篡改。采用数据签名和验签是防篡改数据常常采用的一种有效的方式。这种方式对于虚拟机镜像能有效检测出虚拟机镜像的改变,但也影响用户体验,因为虚拟机镜像文件本身通常有几百兆甚至更大,对虚拟机镜像文件进行校验值计算(如用 MD5 计算校验码),再对计算结果进行签名/验签的方式将使得虚拟机耗费更长的启动时间。

对这种方法进行的改进方案如下:在创建虚拟机镜像时对虚拟机镜像的每个扇区进行校验,并将校验值记录到一个独立的校验值表文件中。在启动虚拟机时,虚拟机管理器每读取一个扇区时计算该扇区的校验值,同时也读取该扇区在校验值表的原始校验值进行比对,如果校验值相同,则表明该扇区没有被篡改。这种方式将虚拟机镜像的整体校验变成按扇区校验、启动前校验检查变成虚拟机运行过程中的校验检查,减少了虚拟机启动前的校验等待时间,改善了用户体验。

(2) 虚拟机镜像加密。采用加密技术防止虚拟机镜像被篡改是另外一种方法,同时该方法也能够在一定程度上为虚拟机提供机密性保护，防止非授权用户获取、使用该镜像。

虚拟机镜像加密通常在虚拟机管理器中进行。对于 KVM+Qemu 技术路线的云计算平台，则在 Qemu 中进行虚拟机镜像透明加解密。对于虚拟机的快照可采用同样的方式进行加密，同时还需要注意快照合并时需要采用目标快照文件的加密密钥对要合并的快照文件进行重新加密存储。对于虚拟机的数据盘，也可以采用同样的方式在虚拟机管理器中进行加密处理。

## 9.3　大数据密码应用

### 9.3.1　研究概况

1. 开源大数据平台密码应用现状

早期的开源大数据平台安全机制较薄弱，随着数据安全法律法规的制定和实施，用户对大数据安全的要求也越来越高，最新的 Hadoop 开源版本也增加了数据加密、身份认证和访问控制等安全机制[3]。

1) 身份认证方面

Hadoop 支持的身份认证目前包括 3 种方式：简单机制、Kerberos 机制和令牌机制。简单机制是默认设置，能避免内部人员的错误操作。基于 Kerberos 认证对系统外部的访问可实现强安全认证，但这种机制基于用户粒度进行认证，无法有效支持系统内部各组件之间的身份认证。

Hadoop 大数据平台是以 Kerberos 为核心来进行身份认证。Kerberos 为可靠的身份验证提供支持，但由于 Kerberos 对身份赋予唯一短名称进行标识，所以它对细粒度身份认证(如用户组或角色)几乎没有任何支持。在大数据系统的身份认证中，一般会结合 LDAP 等信息进行用户/角色身份认证。

Kerberos 并不是唯一的 Hadoop 大数据平台的身份认证机制，在 Hadoop 中还采用了令牌形式的认证机制，作为认证体系的补充，减少为了完成工作流所必需的 Kerberos 认证路径的数量，从而减轻 KDC(密钥分发中心)的压力。

(1) Kerberos。Hadoop 安全小组在 Hadoop 1.0.0 版本中加入 Kerberos，以解决实体之间身份认证的问题。Kerberos 协议中引入 KDC，完成对用户客户端的认证，以及客户端和服务端之间的认证。

Kerberos 协议流程包括票据请求和服务请求两个阶段。前者是向 KDC 申请 TGT (ticket-granting ticket)的过程，后者是客户端与服务端之间的身份认证过程。

(2) 令牌。在分布式系统中，以用户名义执行的所有行为都有必要验证该用户身份，仅仅验证服务的归属者是不够的，验证必须覆盖交互过程中参与的各类角色，包括组件、用户、设备等。Hadoop 的单个作业(如查询)会被分解为若干个子任务，为了保证各任务的顺利执行，每个任务必须通过管理节点的身份认证。如果都依靠 Kerberos 认证机制，则用户的 TGT 需要分派到每一个任务。在海量数据处理的情况下，会出现 KDC 负载过大的问题。Hadoop 通过签发能分派给每个任务，但被限制在某个特定服务内的认证令牌来解决该问题。

Hadoop 环境中有多种类型的不同令牌，包括委托令牌、块访问令牌以及作业令牌等，用于在没有 TGT 或 Kerberos 服务票据的情况下进行认证后的访问。

2）访问控制方面

在 Kerberos 身份认证的基础上，Hadoop 通过访问控制列表（access control list，ACL）完成操作权限的定义和控制。对 HDFS 实现了类似 Linux 操作系统下文件和目录的读、写、执行 3 种访问权限控制；对 MapReduce 实现了基于用户和组列表的操作权限控制。

3）数据加密方面

Hadoop 中数据加密主要有两种类型：静态数据（data in rest）和动态数据（data in transit）。静态数据通常存储在硬盘、闪存中，动态数据是在信道中传输的数据。

（1）静态数据加密。从 Hadoop 2.6 版本开始，HDFS 支持原生数据加密。这项功能并非在磁盘或文件系统中加密，而是应用层加密方式。数据被发送和到达存储位置之前，在应用层加密，加密运行在操作系统层上。

HDFS 中，需要加密的目录被分解成若干加密区，加密区中的每个文件都被使用唯一的数据加密密钥进行加密，对加密密钥进行加密形成 EDEK，EDEK 作为指定文件管理节点元数据的扩展属性永久存在。HDFS 加密有两种方式，可以将加密密钥和文件元数据组合，还可以使用外部的密钥管理加密密钥。

支持通过 AES128 或 AES256 加密算法对 MR2 缓存文件（Yarn 环境下）、Impala 磁盘溢出数据进行加密。

（2）动态数据加密。Hadoop 有多种网络通信方式，包括 RPC、TCP/IP 和 HTTP。MapReduce、JobTracker、TaskTracker、管理节点和数据节点的 API 客户端均使用响应速度更快的 RPC 调用。HDFS 客户端使用 TCP/IP 协议进行数据传输。Web 应用使用 HTTP 协议获取查询分析数据。

RPC 支持 SASL 协议，SASL 协议除支持身份认证之外，还提供了信息完整性和信息加密的保护。HDFS 数据节点的传输通过基于 TCP/IP 协议封装的 HDFS 数据传输协议直连，当数据加密选项开启后，采用 RPC 协议来交换数据传输协议中使用的加密密钥。通过 HTTPS 加密协议加密 HTTP 传输的数据。

Hadoop 系统的加密机制见表 9-1。

表 9-1  Hadoop 系统的加密机制

| 流程 | 组件/对象 | 安全机制 | 保护对象 | 作用 | 备注 |
|------|-----------|----------|----------|------|------|
| 采集 | ETL 工具 | 字符串加密 | 数据库重要参数 | 防止数据库用户名和密码泄露 | |
| | Sqoop | 完整性：往返验证表，从数据库到表，再返回数据库 机密性：JDBC 调用，缺乏原生加密支持，配置连接数据库启用 SSL 加密 | 敏感关系型数据库 | 防止原始的关系型数据库数据被恶意用户篡改；数据在网络传输（关系型数据库到 Hadoop 的双向传输） | 需要对全表进行完整性扫描，校验开销很大 |

续表

| 流程 | 组件/对象 | 安全机制 | 保护对象 | 作用 | 备注 |
|---|---|---|---|---|---|
| | Flume | 完整性: 在内存中内建通道, 保持代理运行, 假定事件不被篡改, 不计算或验证事件的校验和机密性; SSL 加密 | 敏感日志数据 | 防止日志数据被恶意用户篡改; 日志数据在网络传输(文件到 HDFS 的传输)过程中的非授权访问 | |
| 存储 | HDFS | 应用层加密 | 大数据文件系统 | 保护数据不被恶意用户和系统上运行的进程窃取 | |
| | MapReduce | 缓存数据加密 | MR 作业数据 | 保护敏感数据的临时、中间版本 | |
| | Impala | 磁盘溢出加密 | MPP 中敏感数据 | 保护 impala 内存溢出时, 敏感数据写回磁盘 | |
| | 全盘加密 | Linux 系统下的 LUKS 组件 | Linux 文件系统 | 硬盘丢失导致的敏感数据泄露 | 有风险, 错误将导致数据永久丢失 |
| | HBase | 加密 | HFile、WAL 内容 | 防止非授权用户访问敏感数据 | 结构化数据存储 |
| | MongoDB | 全库加密、字段加密 (4.2 版本的新特性) | MongoDB 数据库敏感内容 | 防止非授权用户访问敏感数据 | 非结构化数据存储 |
| 传输 | Hadoop RPC 加密 | RPC 加密 | RPC 通信的保护 | 保护 RPC 通信的数据安全 | Kerberos 验证使用的通信协议 |
| | HDFS 数据传输协议 | TCP/IP 加密 | DataNode 节点数据保护 | 保护 DataNode 之间的数据传输, DataNode 和客户端之间传输的安全 | |
| | Hadoop HTTP 加密 | HTTP 加密 | HTTPS 传输保护 | 保护 HTTP 协议的数据传输安全 | 应用访问数据传输保护 |

高效的加密离不开可靠的密钥管理, 当前在开源大数据平台下并没有完善的密钥管理和分发机制, 需要借助商业产品完成密钥管理和分发功能。

**2. 商业大数据平台现状**

商业大数据平台是在开源大数据平台的基础上发布的付费版本, 代表产品包括 Cloudera 公司的 CDH、Hortonworks 公司的 HDP、阿里的飞天大数据平台以及华为的 FusionInsight。近年来, 由于 Hadoop 体系日趋复杂的运维操作, 制约了商业大数据平台的需求, 商业大数据厂商发展并不顺利。大型商业大数据公司之间并购不断, 2018 年 10 月, 两大行业巨头公司 Cloudera 和 Hortonworks 宣布合并, 产品转型为企业数据云平台服务。2019 年 8 月, HP 收购知名大数据公司 MapR 的业务资产。从市场情况看, 用户需求从采购以 Hadoop 商业版本平台, 逐步转向购买云化、智能计算的大数据服务。

相对开源大数据平台, 商业大数据平台产品在管理、身份认证等方面上做了优化。具体如下。

1)安全管理方面

提供了集中的大数据平台总体安全管理视图, 实现了统一运维、统一策略、统一审计, 解决了开源大数据平台存在的运维管理烦琐、安全策略配置复杂、组件审计日志分散等问题。

2）身份认证方面

提供边界防护措施，保证 Hadoop 集群入口的安全性，并结合集中身份管理和 SSO，简化了认证方式。提供了用户友好的配置管理页面，方便管理和启用 Kerberos 认证。

3）访问控制方面

通过基于角色或标签的访问控制策略，实现数据资源的细粒度管理。

4）加密和密钥管理方面

提供灵活的加密策略，保障静态数据和动态数据以加密的形式存在，同时基本都提供了与硬件安全模块 HSM 集成的密钥管理解决方案。

### 3. 大数据安全技术现状

数据是信息系统的核心资产。大数据安全产品一般由第三方安全厂商提供。目前较多采用的数据安全技术包括设置数据分级分类的动态防护技术，降低了对业务数据流动的安全风险。针对结构化数据安全，采取了数据脱敏、数据库防火墙等数据库安全防护技术。采用同态加密和安全多方计算等密文计算技术，在多源数据计算场景下，在保证数据机密性的基础上实现对数据的分析处理。数据防泄露技术，基于身份认证管理、日志分析和审计等手段，防止用户数据和信息资产流出。数据血缘技术，记录数据处理的整个流程，包括数据的起源和处理的所有过程，获取数据在数据流中的演化过程。

### 4. 法律法规和标准规范现状

数据保护是大数据安全的主要目标，与大数据安全相关的法规、政策环境是大数据行业发展的基础和保障，是大数据安全标准制定的重要依据，我国及世界各国充分重视大数据相关法律法规的建设与制定，为大数据发展营造了健康的发展环境，本节将介绍国内外大数据密码应用相关安全法规的发展及政策环境。

1）国外数据安全法律法规和政策

各国数据保护法律法规的宗旨就是围绕数据提供者、数据基础设施提供者、数据服务提供者、数据消费者、数据监管者等参与方，力图将数据保护范围、各参与方对应的权利和义务、相关行为准则等要点界定清晰，见表 9-2。

表 9-2　主要国家和组织的数据保护法律法规

| 序号 | 法律法规和部门规章 | 发布/生效时间 | 国家和组织 |
|---|---|---|---|
| 1 | 《隐私盾协议》（替代《安全港协议》） | 2016 年发布 | 美国 |
| 2 | 《联邦隐私法案》 | 2014 年发布 | 美国 |
| 3 | 《数字政府战略》 | 2012 年发布 | 美国 |
| 4 | 《开放政府指令》 | 2009 年发布 | 美国 |
| 5 | 《通用数据保护规则》（GDPR） | 2016 年发布 | 欧盟 |
| 6 | 《隐私与电子通信指令》 | 2002 年发布 | 欧盟 |
| 7 | 《欧盟数据保护指令》 | 1995 年发布 | 欧盟 |

| 序号 | 法律法规和部门规章 | 发布/生效时间 | 国家和组织 |
|---|---|---|---|
| 8 | 俄罗斯联邦法律第 152-FZ 条中 2006 年个人数据相关内容（*Personal Data Protection Act*，个人数据保护法案） | 2015 年发布 | 俄罗斯 |
| 9 | 俄罗斯联邦法律第 149–FZ 条中 2006 年信息、信息技术和数据保护相关内容（*Data Protection Act*，数据保护法案） | 2006 年发布 | 俄罗斯 |
| 10 | 《个人数据保护法令》 | 2012 年发布 | 新加坡 |

2) 国内数据安全法律法规和政策

我国在推进大数据产业发展的过程中，越来越重视数据安全问题，不断完善数据开放共享、数据跨境流动和用户个人信息保护等方面的法律法规和政策，为大数据产业健康发展保驾护航，见表 9-3。

**表 9-3 国内数据安全法律法规**

| 序与 | 法律法规政策 | 制定部门 |
|---|---|---|
| 1 | 《中华人民共和国数据安全法(草案)》 | 全国人大 |
| 2 | 《中华人民共和国密码法》 | 全国人大 |
| 3 | 《中华人民共和国网络安全法》 | 全国人大 |
| 4 | 《电信和互联网用户个人信息保护规定》 | 工业和信息化部 |

3) 大数据安全标准规范

目前，世界范围内有多个标准化组织正在开展大数据和大数据安全相关标准化工作。按照数据的全生命周期，大数据安全标准规范见表 9-4。

**表 9-4 大数据安全标准规范**

| 序号 | 标准类型 | 标准编号 | 标准名称 |
|---|---|---|---|
| | | 基础标准 | |
| 1 | 国际标准 | ISO/IEC 9579:2000 | 信息技术具有安全增强的 SQL 远程数据库访问 |
| 2 | 国家标准 | GB/T 18391—2009 | 信息技术元数据注册系统(MDR) |
| 3 | 国家标准 | GB/T 17859—1999 | 计算机信息系统安全保护等级划分准则 |
| 4 | 国家标准 | GB/T 22239—2008 | 信息安全技术信息系统安全等级保护基本要求 |
| 5 | 国家标准 | GB/T 31503—2015 | 信息安全技术电子文档加密与签名消息语法 |
| 6 | 国家标准 | GB/T 32918—2016 | 信息安全技术 SM2 椭圆曲线公钥密码算法 |
| 7 | 国家标准 | GB/T 32905—2016 | 信息安全技术 SM3 密码杂凑算法 |
| 8 | 国家标准 | GB/T 32907—2016 | 信息安全技术 SM4 分组密码算法 |
| | | 数据收集阶段 | |
| 9 | 国家标准 | GB/T 14258—2003 | 信息技术自动识别与数据采集技术条码符号印制质量的检验 |
| 10 | 国家标准 | GB/T 28788—2012 | 公路地理信息数据采集与质量控制 |

| 序号 | 标准类型 | 标准编号 | 标准名称 |
|---|---|---|---|
| 11 | 国家标准 | GB/T 26237—2010 | 信息技术生物特征识别数据交换格式 |
| 12 | 国家标准 | GB/T 27912—2011 | 金融服务生物特征识别安全框架 |
| 数据存储阶段 | | | |
| 13 | 国家标准 | GB/T 20273—2006 | 信息安全技术数据库管理系统安全技术要求 |
| 14 | 国家标准 | GB/T 20009—2005 | 信息安全技术数据库管理系统安全评估准则 |
| 15 | 通信行标 | YD/T 2390—2011 | 通信存储介质(SSD)加密安全技术要求 |
| 16 | 通信行标 | YD/T 2665—2013 | 通信存储介质(SSD)加密安全测试方法 |
| 数据传输阶段 | | | |
| 17 | 国家标准 | GB/T 17963—2000 | 信息技术开放系统互连网络层安全协议 |
| 18 | 国家标准 | GB/T 28456—2012 | IPSec 协议应用测试规范 |
| 19 | 国家标准 | GB/T 28457—2012 | SSL 协议应用测试规范 |
| 20 | 电子行标 | SJ 20951—2005 | 通用数据加密模块接口要求 |
| 21 | 通信行标 | YD/T 1466—2006 | IP 安全协议(IPSec)技术要求 |
| 22 | 通信行标 | YD/T 1467—2006 | IP 安全协议(IPSec)测试方法 |
| 23 | 通信行标 | YD/T 1468—2006 | IP 安全协议(IPSec)穿越网络地址翻译(NAT)技术要求 |
| 24 | 通信行标 | YD/T 2908—2015 | 基于域名系统(DNS)的 IP 安全协议(IPSec)认证密钥存储技术要求 |
| 25 | 国家标准/ 国际标准 | GB/T 18794—2002 (ISO 10181:1996, IDT) | 信息技术开放系统互连开放系统安全框架 |
| 数据使用阶段 | | | |
| 26 | 国家标准 | GB/T 32908—2016 | 非结构化数据访问接口规范 |
| 27 | 国家标准 | GB/T 25000.12—2017 | 系统与软件工程系统与软件质量要求和评价(SQuaRE)第 12 部分: 数据质量模型 |
| 28 | 国家标准 | GB/T 31594—2015 | 社会保险核心业务数据质量规范 |
| 29 | 国家标准 | GB/T 18784—2002 | CAD-CAM 数据质量 |
| 30 | 国家标准 | GB/T 28441—2012 | 车载导航电子地图数据质量规范 |
| 数据共享阶段 | | | |
| 31 | 国家标准 | GB/T 7408—2005 | 数据元和交换格式信息交换日期和时间表示法 |
| 32 | 国家标准 | GB/T 21062—2007 | 政务信息资源交换体系 |
| 数据销毁阶段 | | | |
| 33 | 公安行标 | GA/T 1143—2014 | 信息安全技术数据销毁软件产品安全技术要求 |

4)个人信息安全标准

个人信息安全相关国际标准见表 9-5。

表 9-5　个人信息安全相关国际标准

| 序号 | 标准类型 | 标准编号 | 标准名称 |
|---|---|---|---|
| 1 | 国际标准 | ISO/IEC 29100:2011 | 信息技术　安全技术　隐私保护框架 |
| 2 | 国际标准 | ISO/IEC 29101:2013 | 信息技术　安全技术　隐私保护体系结构框架 |
| 3 | 国际标准 | ISO/IEC 29190:2015 | 信息技术　安全技术　隐私保护能力评估模型 |
| 4 | 国际标准 | ISO/IEC 29191:2012 | 信息技术　安全技术要求　部分匿名、部分不可链接鉴别 |
| 5 | 国际标准 | ISO/IEC 27018:2014 | 信息技术　安全技术　可识别个人信息(PII)处理者在公有云中保护 PII 的实践指南 |
| 6 | 国际标准 | ISO/IEC 29134 | 信息技术　安全技术　隐私影响评估指南 |
| 7 | 国际标准 | ISO/IEC 29151 | 信息技术　安全技术　可识别个人信息(PII)保护实践指南 |
| 8 | 国际标准 | ISO/IEC 27550 | 信息技术　安全技术　隐私保护工程 |
| 9 | 国际标准 | ISO/IEC FDIS 27551 | 信息安全　网络安全与隐私保护　基本属性的不可链接实体认证要求 |
| 10 | 国际标准 | ISO/IEC 29184 | 信息技术　安全技术　在线隐私通知和准许指南 |
| 11 | 英国标准 | BS 10012:2009 | 数据保护　个人信息管理系统规范 |

5) 其他大数据安全标准

大数据安全相关国际标准及美国标准见表 9-6。

表 9-6　大数据安全相关国际标准

| 序号 | 标准类型 | 标准编号 | 标准名称 |
|---|---|---|---|
| 1 | 国际标准 | ISO/IEC 20547-4 | 信息技术　大数据参考架构第 4 部分：安全与隐私保护 |
| 2 | 国际标准 | ISO/IEC 19086-4 | 云计算　服务水平协议(SLA)框架第 4 部分：安全与隐私保护 |
| 3 | 国际标准 | ITU-T Y.3600 | 大数据　基于云计算的要求和能力 |
| 4 | 美国标准 | NIST 1500-4 | NIST　大数据互操作框架第 4 册：安全与隐私 |

截至 2020 年，我国大数据安全标准特别工作组已启动和完成的大数据安全国家标准制定项目见表 9-7。

表 9-7　已启动和完成的大数据安全国家标准

| 序号 | 标准编号 | 标准名称 |
|---|---|---|
| 1 | GB/T 35273—2020 | 信息安全技术　个人信息安全规范 |
| 2 | GB/T 35274—2017 | 信息安全技术　大数据服务安全能力要求 |
| 3 | GB/T 37973—2019 | 信息安全技术　大数据安全管理指南 |
| 4 | 征求意见 | 信息安全技术　个人信息安全影响评估指南 |
| 5 | GB/T 37964—2019 | 信息安全技术　个人信息去标识化指南 |
| 6 | GB/T 37988—2019 | 信息安全技术　数据安全能力成熟度模型 |
| 7 | GB/T 37932—2019 | 信息安全技术　数据交易服务安全要求 |
| 8 | 征求意见 | 信息安全技术　数据出境安全评估指南 |

### 9.3.2 大数据密码保障技术体系

大数据密码保障重点是落实国家信息系统等级保护技术有关要求,从基础安全、平台安全、数据安全和应用安全等方面进行大数据密码保障体系建设。

1. 密码保障体系数据视图

大数据系统密码保障体系数据视图从大数据生态环境中各角色和大数据生命周期出发,分析大数据领域的各角色在不同阶段所需要的密码保障,如图 9-14 所示。两个维度的具体描述如下。

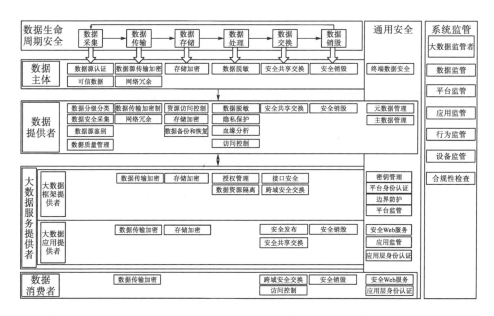

图 9-14　大数据系统密码保障体系——数据视图

大数据生命周期包括 6 个阶段:数据采集、数据传输、数据存储、数据处理、数据交换和数据销毁。

大数据中的角色包括数据主体、数据提供者、大数据服务提供者、大数据监管者和数据消费者。其中,大数据服务提供者又包含大数据框架提供者和大数据应用提供者两类。

数据从数据主体和大数据应用提供者两个角色中产生,通过数据采集设备进入大数据平台,存储于数据主体、数据提供者或大数据服务提供者中,数据提供者对数据进行存储、处理、基础分析后,提供给大数据应用提供者进行数据挖掘利用,或由数据主体直接对数据进行分析利用,同时通过追踪溯源手段防止数据滥用或数据泄露。数据消费者利用大数据应用提供者发布的数据,支撑数据共享利用和辅助决策分析等业务活动的开展。大数据监管者全面监管大数据全生命周期的流转过程,综合考虑大数据分析技术的当前发展水平、组织所在行业的特殊性等,综合评估数据安全风险,制定数据安全的基本要求,建立相应的数据安全管理和监控机制,监督数据安全管理机制的有效性;审计数据的各种处理活动,确保数据处理过程符合相关要求。

**2. 密码保障体系系统视图**

大数据密码保障体系系统视图突出密码技术在安全大数据应用系统中的核心作用,支撑大数据系统的建设部署和效能发挥。大数据密码保障技术框架如图9-15所示。

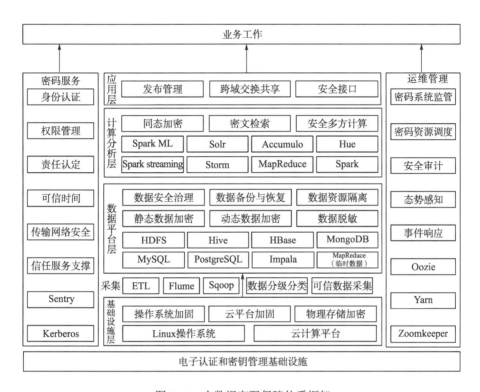

图9-15 大数据密码保障体系框架

电子认证体系和密钥管理是大数据系统的安全支撑,为大数据系统提供CA和密钥分发服务。

(1)在基础设施层,进行操作系统加固、云平台加固以及物理存储加密。

(2)在数据平台层,进行数据安全治理、数据备份恢复、数据资源隔离、静态动态数据加密以及数据脱敏。

(3)在计算分析层,进行同态加密、密文检索、安全多方计算。

(4)在应用层,进行安全发布管理、跨域交换共享以及接口安全管理。

(5)密码服务方面,重点为大数据系统资源利用和行为可信提供密码服务,主要包括身份认证、权限管理、责任认定、可信时间、传输网络安全、信任服务支撑以及安全共享服务,基于密码技术改造大数据系统安全服务部件,包括Sentry(组件授权)和Kerberos(身份验证)。

(6)运维管理方面,重点是对网络接入和应用实施监控、安全审计、密码监管、密码策略配置以及密码资源调度机制,同时需要加强大数据运维组件的授权机制。

3. 密码保障技术组成

基于大数据典型的采集、存储、分析、应用的计算架构,从网络通信、计算环境、应用与数据、信任服务、运维管理等几个层次提出大数据密码保障技术组成,构建完整的大数据密码保障技术体系,如图 9-16 所示。

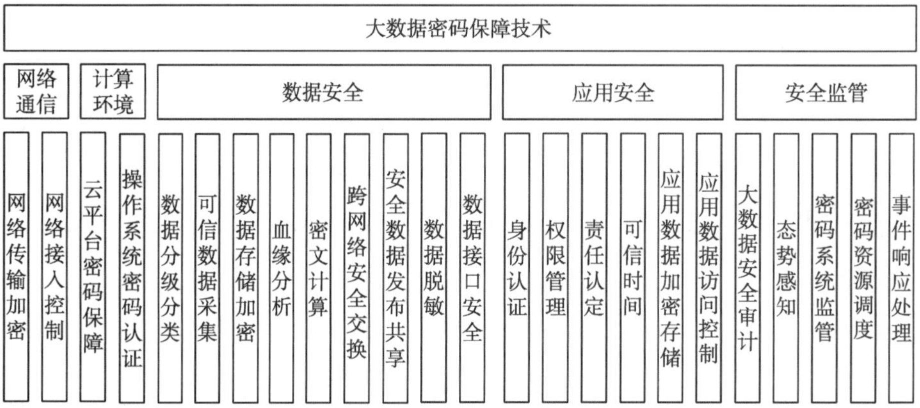

图 9-16　大数据应用密码保障技术体系

在网络通信方面,采用网络传输加密保障不同终端和大数据系统之间传输通路的安全;采用网络接入控制保障大数据系统边界的安全。

在计算环境方面,参考云密码保障体系对云平台进行防护。采用操作系统密码认证技术保证用户访问 Linux 操作系统的身份可信。

在数据安全方面,采用分级分类技术保证对机密级、秘密级和内部级数据分别配用相应密码保护,对源数据自动打标,明确重要和敏感数据的分布情况;采用可信数据采集技术保障 ETL、Flume、Sqoop 等组件对各类异构数据类型汇聚交换的安全;采用文件系统加密技术对大数据的 HDFS 文件系统进行加密;采用临时文件加密技术对 MR2、Impala 临时文件进行加密;采用数据库加密技术对 MySQL、PostgreSQL、HBase、MongoDB 等大数据系统中常用数据库进行加密;采用血缘分析技术对敏感数据进行追踪溯源和管控;采用同态加密技术对大数据存储数据进行密文计算;采用密文检索技术对大数据加密数据进行检索;采用跨网跨域交换技术保证数据在跨网跨域环境中不同部门、人员中的安全数据交换;采用数据安全发布共享技术保证对外数据发布共享的安全性;采用数据接口安全技术保证数据接口被安全调用。

在应用安全方面,采用统一信任服务提供统一的责任认定、可信时间服务、资源/授权管理服务等信任相关服务;采用属性加密技术实现一对多的加解密,支持细粒度访问;在应用层防护方面,采用应用程序数据加密存储技术保障应用层数据存储安全,保护用户隐私;采用应用程序数据访问控制技术保障应用层数据的保密性和完整性。

在运维管理方面,采用大数据安全审计技术对安全保密的合规性进行审计;采用态势感知技术对大数据密码资源进行监管；采用密码系统监管技术对大数据密码设备进行监管；采用密码资源调度技术合理高效地调度密码资源。采用事件响应处理技术实现安全事件响应的协调管理。

### 9.3.3　关键技术和产品

大数据密码保障覆盖基础设施安全、网络通信安全、计算环境安全、数据安全、应用安全和安全监管等几个层面的密码保障。其中，基础设施安全、网络通信安全、计算环境安全在文中其他章节均已详细描述，在此不再重复阐述。本节重点介绍大数据安全密码保障、大数据应用安全密码保障和大数据安全监管保障。

#### 1. 大数据安全密码保障

数据生命周期密码保障包括数据采集、数据传输、数据存储、数据处理、数据交换和数据销毁等阶段[4]，各阶段的数据安全密码保障技术组成如图 9-17 所示。

| 数据采集安全 | 数据传输安全 | 数据存储安全 | 数据处理安全 | 数据交换安全 | 数据销毁安全 |
|---|---|---|---|---|---|
| ·数据分级分类<br>·数据源可信认证<br>·可信数据采集<br>·数据质量管理 | ·数据传输加密 | ·存储介质加密<br>·逻辑存储加密<br>·数据备份与恢复 | ·细粒度访问控制<br>·数据脱敏<br>·血缘分析<br>·密文计算 | ·跨网跨域安全交换<br>·数据共享安全<br>·数据发布安全<br>·数据接口安全 | ·存储介质销毁<br>·数据销毁处理 |

图 9-17　大数据应用密码保障技术体系

1) 数据采集安全

(1) 数据分级分类。数据分级分类是为了确保国家秘密、敏感数据、关键数据和隐私数据得到保护，对不同业务部门访问数据权限实施分级访问控制，防止数据泄露或信息知悉范围违规。数据分类的目的是划定涉及的各类数据源的范围，明确主管部门的监管范畴，落实数据安全的主体责任，确定数据安全的防护边界。数据分级的目的是确定责任主体的防护措施力度和实施细粒度、差异化分级安全保护。

数据安全分级分类技术主要对结构化、半结构化、非结构化的数据按照数据属性、安全属性、签名属性等不同视角进行标记，标记的方法包括基于元数据的标注技术、数据内容的标记技术、数据属性的标注等，为数据分级分类、数据的检索、数据隐私保护提供依据。

大数据系统中数据产生时，运用数据分类分级标记工具对其进行标识，数据标识伴随数据全生命周期。从多个维度构造数据标识，包括主体、形式、时间、地点、行为、描述、数据生命周期阶段以及安全等信息。针对不同类型数据，打标粒度有所不同，对于结构化数据，根据业务需求选择表或字段粒度，对于非结构化数据，以单个文档为粒度。从而为数据安全和数据合规提供基础支撑。

(2) 数据源可信认证。数据源可信认证保证采集数据的外部数据源是安全可信的，确保采集对象是可靠的，没有假冒对象。

各信息系统向大数据平台提供的数据可分为两大类：一类是由互联网、传感器产生的；另一类是对本系统及关联系统产生的数据进行挖掘、分析、应用得到的结果。挖掘、分析、应用得到的结果数据相对来说比较真实可靠，但由互联网、传感器采集的数据，存在数据源头众多、数据形态多样、增长速度快等特点，其采集数据的可信性是一个重要安全点。需要通过可信认证或生物认证技术，对用户身份、接口、设备进行认证，确保数据源的可信。

(3) 可信数据采集。可信数据采集保证采集的外部数据源的完整性。通过对采集的数据进行校验，保证采集数据的完整性。

可信数据采集技术是对采集的数据源进行安全评估、去伪存真，提高非法源识别的技术能力，确保数据来源安全可信。

在采集终端部署网络防护密码产品和终端密码产品，通过网络防护密码产品和终端密码产品筛选的数据进入大数据平台，有效防止恶意数据入侵。

(4) 数据质量管理。数据质量管理主要是对数据采集过程中收集/产生的数据进行质量一致性检查，确保采集的数据的完整性、准确性和一致性。

通过对采集的数据进行质量管理和监控，并在出现异常数据时及时报警或更正，同时可以对不同级别和类型的数据进行清洗、转换等预处理工作。

源数据经常含有噪声、不完整，甚至不一致的数据，为了保证数据分析的正确性，在数据采集时需要对源数据进行清洗以确保数据质量。常见的数据清洗主要包括缺失值、异常值或超出阈值范围的数据处理。对异常数据不能简单地进行舍弃，应分析异常数据产生的原因，采用数据补齐算法进行处理，保证数据的完整性和准确性。

数据转换是根据应用需要将源数据进行转换或归并，从而构成一个适合不同数据共享交换的统一格式。数据转换包括平滑处理、统计处理以及标准化处理等。平滑处理主要是去除数据的噪声，统计处理是对数据进行合并操作，如每天的数据经过统计可以获得每月或每年的数据。标准化处理是统一数据源的不同单位，如统一采用"米"描述长度。

内容安全检测针对结构化、半结构化、非结构化数据的内容进行安全性检测，确保数据中不携带病毒或其他非法的数据内容。常用的安全检测技术包括基于规则的检测、基于机器学习的安全检测、有限状态机安全检测等。

2) 数据传输安全

数据传输加密主要是防止数据在传输链路上被截获、篡改、监听等造成数据泄露。针对大数据场景下数据流量大、传输速度快等特点，需要在数据动态流动过程中，从机密性、完整性方面保障数据传输的安全。

数据传输加密技术主要研究数据传输的高速加解密技术、传输协议安全技术、数字签名等技术，包括针对不同传输通道的加密，确保在不同网络中数据传输的安全可靠，有效防止数据泄露，达到安全传输的目的。

在大数据应用系统的数据中心与外部系统通信之间，采用高速网络密码机保护边界传输安全；基于数字签名，对数据进行完整性验证，验证数据是否被篡改；研究安全传输协议，保证在采集、平台处理和用户访问业务应用等过程中的数据传输。

3) 数据存储安全

(1) 存储介质加密。存储介质加密是硬件层面的加密方式，通过对磁盘、固态硬盘进行加密，防止硬件丢失造成信息泄露。

保证存储磁盘的安全是保证大数据存储安全的一个重要组成部分。针对传统磁盘存储数据的安全性主要集中在数据防篡改、数据防泄露等方面。在数据防篡改方面，基于密码技术，在数据存储时，根据关键数据计算校验码，当检验时，根据关键数据重新计算校验码；将计算出的校验码与存储校验码进行对比，依据对比结果确定关键数据是否被篡改。由于攻击者不能获得密钥，不能伪造与关键数据一致的校验码，能够从根本上保障数据的准确性。

除此之外，可信固态硬盘技术通过安全存储接口和协议，保证数据的机密性。针对存储的数据提供细粒度用户访问控制机制，使得数据存储和数据访问是可信任的，从而保护了数据的存储安全性和机密性。因此，对于数据密集型应用的安全存储需求，可信固态硬盘是保障大数据平台存储安全的有效手段。

(2) 逻辑存储加密。逻辑存储加密针对大数据环境下的海量异构数据的特点和常用数据库系统，构建分布式文件系统、临时文件、缓存文件、各类数据库、对象存储系统等加密系统，为大数据应用提供基于云存储架构的加密存储服务，实现数据自底层文件系统到上层应用数据的多层存储加密体系，为大数据应用提供数据机密性和完整性保护。

数据加密是大数据安全体系的核心功能，数据加密主要包括两种类型：静态数据加密和动态数据加密。静态数据指持久化后的数据，存储于硬盘、闪存，机器关闭后依旧可以存储。动态数据是流动的数据，指传输中的数据。

静态数据主要包括 Linux 文件系统，HDFS 文件系统，MR2 中间数据，Impala 溢出回写磁盘数据，MySQL、PostgreSQL 等关系型数据库，以及 Hbase、MongoDB 等非关系型数据库。动态数据主要包括传输层、RPC、TCP/IP、HTTP 等。

数据库加密是保障大数据存储安全的主流方法之一，业内一般做法是对数据源进行加密处理后再存储到相应的数据库中。然而对于海量数据来说，由于加解密操作会带来额外的开销，限制了数据加密计算在大数据安全存储中的应用范围。为了保证大数据的处理效率，可采用数据分级加密机制，对重要和敏感数据进行加密保护，对于非密数据根据实际情况评估是否加密。同时根据数据分级分类情况，划分不同的逻辑存储域，将不同等级的数据存储到对应的存储域中。

(3) 数据备份与恢复。数据备份与恢复主要为防止操作失误或系统故障导致数据丢失。数据容灾备份通常针对应用场景对数据采用不同的备份手段，对访问实时性要求较强的数据采用热备份，无实时性要求的数据可采用冷备份。此外，对重要数据还应采用异地备份方式，防止在出现火灾、水灾、地震等突发事件时造成数据丢失。

4) 数据处理安全

(1) 细粒度访问控制技术。大数据平台通常集中了大量的高价值数据，在大数据平台对外服务工作中，通常存在数据越权访问等安全风险，导致数据泄露、恶意传播。因此需要采用必要的访问控制手段。然而传统的访问控制技术，如自主访问控制、强制访问控制、基于角色的访问控制等访问控制技术难以应对大数据环境下层出不穷的、灵活创新的业务模式。需要针对大数据环境下基于业务场景和数据流的安全管控需求，采用基于任务的访问控制和基于属性的访问控制，通过针对不同业务场景灵活设定用户对数据的使用权限，从而实现细粒度的数据安全管控。

(2)数据脱敏。数据脱敏技术主要针对海量、多源、异构数据在汇聚过程中存在的敏感及隐私数据泄露问题，采用技术手段，保障隐私数据不被泄露，同时保留数据特征，不影响数据的可用性。

数据脱敏技术的核心是通过对敏感数据进行变性处理以降低其敏感程度。涉及脱敏算法的选择、脱敏规则的制定以及脱敏策略的实施。脱敏算法是脱敏处理过程中使用的特定数据变形方式，脱敏规则是将一种或多种脱敏算法组合应用在一种特定的敏感数据上，脱敏策略是根据不同业务场景选择特定的一系列脱敏规则。

数据脱敏算法是数据脱敏的核心能力，常见的基础脱敏算法包括加密、掩码、替换以及模糊等。为了实现更高程度的敏感信息保护能力，需要运用针对数据集进行整体脱敏的算法。例如，在个人信息保护场景中的匿名化要求下，需要使用 $k$ 匿名化、$i$ 多样化、$t$ 贴近法等匿名化方法。

实现层面，按照应用环境、实现原理不同，数据脱敏主要可以划分为静态数据脱敏和动态数据脱敏。静态数据脱敏一般用在非生产环境中，主要用于将敏感数据抽离生产环境并进行分发和共享的数据使用场景，代表使用场景包括数据分析、培训等。动态数据脱敏一般用在生产环境，主要用于直接访问生产数据的数据使用场景，代表使用场景包括运维管理、应用访问等。

静态数据脱敏技术通过 Hash、保形加密、变形、替换、屏蔽等算法，将生产数据导出至目标存储介质，导出后的脱敏数据，实际已经改变了源数据的内容。

动态数据脱敏技术通过服务的方式，在线接收脱敏服务请求，实时对数据进行脱敏处理，及时返回处理结果。与静态脱敏不同，动态脱敏一般不改变源数据的内容。

在大数据环境下，由于数据的高度敏感，不能完全依赖自动化脱敏操作，数据脱敏应该视作辅助手段，脱敏后的数据还是需要首先通过人工确认，然后进行处理或发布等流程。

(3)血缘分析。血缘分析技术通过分析表、字段从数据源到当前表的处理路径，以及字段之间存在的关系是否满足，关注数据一致性以及表设计的合理性。血缘分析可以用于对数据进行溯源，当数据发送出现异常情况时，可以追踪异常发生的原因，同时还可以了解数据如何使用，为权限管理提供依据，配合数据标签安全属性，进行全域的安全管控。

数据血缘信息收集的主要方法是自动解析，通过对 SQL 语句、存储过程、ETL(extract-transform-load，抽取、转换、加载)过程文件的解析，获取数据的归属性、多源性、可追溯性以及层次关系。

(4)密文计算。密文计算技术针对大数据环境中密文数据应用困难的问题，提高以密文状态存储的敏感数据的计算效率和安全性。主要研究内容包括同态加密技术、安全多方计算技术、密文检索等技术。

同态加密(homomorphic encryption，HE)分为有限同态加密和全同态加密两大类。全同态加密可以用于云和大数据环境下的隐私保护、机器学习和联邦学习等场景。但目前全同态加密在生产环境中的执行效率仍然较低，存在性能瓶颈，亟待进一步突破。

安全多方计算自姚期智院士在 1986 年提出后，已朝零知识证明、可验证计算、门限密码等多个分支发展。目前，在安全多方计算领域，高扩展性协议、区块链隐私智能合约、形式化证明等是当前研究的热点。

联邦学习(federated learning，FL)最早由谷歌于 2016 年提出，在保障安卓终端个人隐私数据安全的同时，实现在多个安卓终端之间开展机器学习。按照数据集的维度，联邦学习可分为横向联邦学习、纵向联邦学习和联邦迁移学习。在跨领域数据共享、大数据分析计算、人工智能等应用场景下，联邦学习通过数据安全隔离、模型参数的加密计算和更新，在保持各参与方独立性的情况下，满足用户隐私保护和数据计算的需求，是目前研究的热点。

密文检索技术可在保证数据机密性的情况下，实现数据高效检索和精确检索，在大数据环境下具有重要的应用价值。密文检索主要关注基于密文数据的多关键词查询、模糊查询、语义查询等多检索技术的研究和实现。

5) 数据交换安全

(1)跨网跨域安全交换。跨网跨域安全交换技术针对不同网络、不同安全域之间的数据交换，提供跨网跨域的数据安全交换功能。因此满足互联网和内部网之间、内部网内各不同等级安全域之间普遍存在信息交换的需求。跨网跨域安全交换技术主要包括跨网跨域身份认证技术、数据提供方的交换信息管控技术、数据请求方的数据防泄露技术等。

跨网跨域数据交换的数据在网、域之间进行交换，需要对数据交换内容、交换行为、交换过程做到可管、可控、可视。跨网跨域交换技术利用信息加密、可信计算、身份认证、签名和摘要、内容识别等技术为数据提供跨地域、跨领域、跨部门的多源异构海量数据安全交换能力，确保数据在交换过程中的安全。

(2)数据共享安全。数据共享安全技术确保在对外提供数据时，对共享数据进行安全风险控制和数据溯源，降低数据在共享场景下的安全风险。数据共享安全技术包括数据共享审查技术、数据水印技术和区块链技术。

数据共享审查技术是数据在共享过程中需要对重要、敏感等数据进行内容审查和处理，采用的方法包括敏感信息审查、敏感数据检测、数据脱敏等。数据在进行共享前，需进行内容审查，确认共享信息的等级与申请获取数据的等级一致合规；敏感数据检测采用与敏感规则库自动匹配，自动发现数据库及文件中的敏感字段与敏感数据的方法。

数据水印技术是在数据进行共享前，对数据添加数据水印，水印信息包含：数据在什么时间，被共享给了谁，使用范围是什么等，当数据发生超范围不合法不合规使用时，可以通过水印信息进行溯源追踪。

区块链技术。基于区块链的分布式共识、不可篡改账簿和智能合约机制，在数据共享过程中通过多个区块链节点共同参与，相互验证共享信息和共享行为的有效性，可实现数据信息的防伪、防篡改，提供数据流转的可追踪，实现共享数据的确权溯源。此外，基于区块链技术的分布式特性和节点共识机制，在单一节点遭受攻击时，不会影响区块链系统的整体运行，可有效降低集中管理的风险，在一定程度上提高数据共享的安全性。

(3)数据发布安全。数据发布安全技术通过对发布数据的格式、适用范围、发布者与使用者权利和义务执行的必要控制，确保在对外进行数据发布的过程中，实现数据的安全可控与合规。数据发布安全技术包括数据发布审查技术、数据发布管控技术。

数据发布审查是数据在发布过程中需要对重要、敏感数据进行内容审查和处理，数据发布管控是在发布过程中通过数据发布台账管理、数据分级权限控制、数据发布审计等方法实现发布的合规管控和溯源追责。数据发布安全技术采用的方法与数据共享安全技术基本类似。

(4)数据接口安全。数据接口安全是大数据系统通过建立对外数据接口的安全管理机制，防范数据在接口调用过程中的安全风险。数据接口安全技术包括接口参数检查技术、数据接口访问审查技术、数据接口安全调用技术。

接口参数检查技术对 Web service、HTTP、RPC 等接口不安全输入参数进行限制或过滤，为接口提供异常处理能力，防止发生 SQL 注入攻击等通过接口参数攻击数据库系统安全事件。

数据接口访问审查技术对数据接口访问提供审计能力，为数据安全审计提供可配置的数据服务接口。

数据接口安全调用技术对跨安全域之间的数据接口调用提供安全通道、加密传输、时间戳等安全措施，保护跨域数据传输的机密性和完整性。

6) 数据销毁安全

(1)存储介质销毁。存储介质销毁技术对存储介质实施安全销毁，防止因存储介质丢失、被窃而产生数据泄露的安全风险。针对重要、敏感数据存储介质存储，一般采取物理销毁的方式，通过完全破坏存储介质的方式，设备不能重复使用，保证数据的安全。

(2)数据销毁处理。数据销毁处理技术针对数据的删除、净化机制，实现对数据的有效销毁，防止因对存储介质中的数据进行恢复而产生数据泄露风险。

数据销毁处理通过软件的方式销毁数据，通过采用特定的覆写规则和覆写序列，多次反复覆盖存储介质上的原有数据，数据销毁对象包括数据以及数据的关联信息，如元数据、数据标签、异地备份数据等，防止数据被非法恢复。

## 2. 大数据应用安全密码保障

信任服务提供身份认证、权限管理、责任认定以及可信时间等服务，支撑大数据应用系统的跨域安全互信互认，信息资源安全共享，保障各部门的业务安全协同。

应用系统在开发过程中遵循安全的软件开发方法和成熟度模型，充分依托网络信任管理服务系统，具备以下特点：一是与密码技术深度融合，实现系统信源加密、信息完整性保护、存储加密；二是与信任服务结合，充分利用其提供的身份认证、权限管理、责任认定、可信时间等信任服务，三是通过系统代码安全审查、系统安全与压力测试，功能符合性验证等开发步骤。

## 3. 大数据安全监管保障

针对大数据在流转过程中的流转过程、正确使用、权属关系，从基础设施、数据资源、数据交易方面进行全面的监管，解决大数据系统和大数据资源在流传过程中的合规正确使用问题，确保数据流转可管和可控，同时需要对大数据进行防篡改监管、权属管控、泄露溯源、风险评估等。

大数据安全监管系统依托大数据平台为大数据管理机构提供决策支持，对各类设备进行全程安全管控，对全网数据资源进行统一动态管理，是信息化条件下构建大数据密码保障体系的关键支撑，是保障各类大数据应用系统安全可靠运行的重要基础，是大数据密码保障体系的重要组成部分。

1）设备安全监管

大数据设备安全监管的主要目标如下。

（1）实现对设备的基本信息管理、远程维护/控制、状态监视，具有对设备和系统的部署应用、使用状态、基本属性等信息的注册、收集、汇总、变更、归档等功能。

（2）为用户、设备、应用、数据提供身份注册、身份审核、身份注销、属性管理等全生命周期的身份管理功能，并为用户生物特征提供隐私保护。为大数据系统提供统一身份标识、唯一属性管理等联合身份管理支撑，支持网络空间各种身份标识的关联映射和互认，支持网络空间身份标识到物理空间实名身份的有效映射，支持信任身份按需安全互认。

（3）具有设备在线管控功能，在线状态监控、远程诊断维护和远程销毁等功能。

（4）具有全网统一的设备黑名单功能，能够快速协调并对设备实施在线销毁。

（5）建立大数据分级授权模型；制定合理的授权策略进行访问控制，构建大数据身份认证服务器、主机身份标识组件，实现大数据集群主机身份认证、集群访问控制和大数据应用服务平台统一访问控制。

（6）运营过程管控。数据运营安全台账管理、数据分级权限配置、数据运营审计。

（7）运维管控。收集各管理服务器、管理业务系统的运行数据，综合处理分析后推送到界面呈现给管理人员。

（8）审计管理。实现系统安全审计、运维操作审计、审计日志管理、上报。

2）数据资源安全监管

为了提高数据资源的可管、可控、可追溯等能力，数据安全监管主要研究大数据全生命周期流转过程中的统一监管，包括流转过程中的数据权属关系、使用行为、数据流向等，实现数据资源全生命周期流转过程的可管、可控、可视。面对目前和未来复杂的数据业务场景和各种创新数据使用场景，数据安全监管是保证数据被合法使用、正确流转和共享交换的关键。在大数据使用中，汇聚各政府部门原有平台的数据信息，建立全网统一的数据中心，用以统一管理全网数据。

# 9.4　移动互联网密码应用

## 9.4.1　研究概况

在国内的等保 2.0 标准、国际上的 3GPP 标准等的研究过程中，为实现移动互联网络的安全，均提出了合理合规使用密码技术的要求。

例如，在等保 2.0 标准 8.1 中，明确提出了"应采用校验技术或密码技术保证通信过程中数据的完整性""应采用密码技术保证通信过程中数据的保密性""应采用口令、密码技术、生物技术等两种或两种以上组合的鉴别技术对用户进行身份鉴别，且其中一种鉴别技术至少应使用密码技术来实现""无线接入设备应开启接入认证功能，并支持采用认

证服务器认证或国家密码管理机构批准的密码模块进行认证""应只允许指定证书签名
的应用软件安装和运行"等密码技术的应用要求。

在 3GPP 安全标准中，也提出了"5G 规范中需要引入基于公钥基础设施(PKI)的安全
体系结构，允许验证和鉴别源自 5GC 的控制面消息(control plane messages)"要求。在
NGMN(next generation mobile network)2015 年 3 月发布的 5G 白皮书中[5,6]，在安全方面也
提出了"需要继续强化运营商在身份认证、数据安全、隐私保护、网络可靠性等方面的优
势，特别是用户身份信息和相关鉴权数据要安全地存储在运营商可管控的物理实体上"的
观点[7]。

但是，密码技术在移动互联网络中的应用仍然是零散的。如何规范和推进密码技术在
移动互联网络中的应用，是学术界、产业界共同努力的方向。

### 9.4.2　移动互联网密码保障技术体系

综合国内国外各个技术和标准组织对移动互联网安全的研究，以及编者对密码技术
及其应用的研究和经验，学习并整理了移动互联网中的密码保障技术体系，主要包括移
动通信 4G、5G 移动通信网络密码保障技术和卫星互联网密码保障技术 3 部分，如图 9-18
所示。

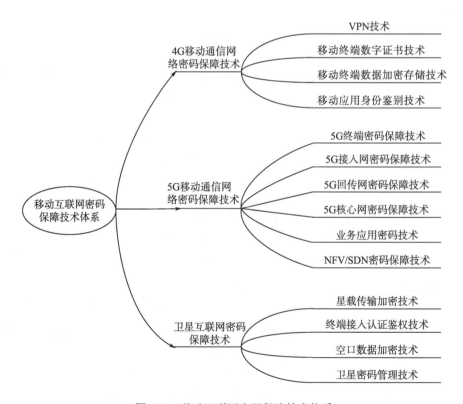

图 9-18　移动互联网密码保障技术体系

其中，在 4G、5G 移动通信网络中，对密码技术已开展了相关应用。4G 移动通信网络密码技术应用框架如图 9-19 所示。框架中核心的密码应用技术包括终端密码技术(终端可信计算(操作系统和应用可信)、终端数据安全(存储和沙箱)、终端密码服务技术(TF 卡、软卡、密码中间件)、虚拟桌面技术(密码模块虚拟化)、信道安全密码技术(VPN)、接入安全技术(网络访问控制)、应用安全技术(身份管理和认证、安全审计技术)和基础设施技术(密钥管理、密码虚拟化服务平台)。

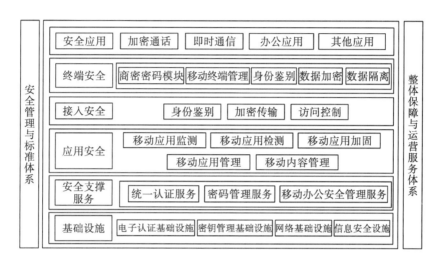

图 9-19　4G 移动通信网络密码应用技术框架

5G 移动通信技术，尤其是安全和密码技术方面，还在持续演进，密码相关技术和产品的应用框架如图 9-20 所示。

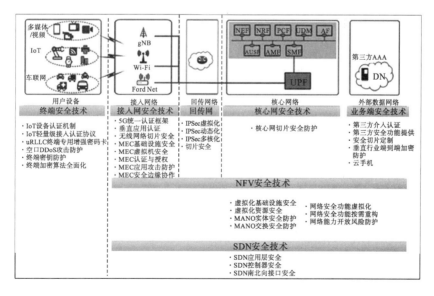

图 9-20　5G 移动通信网络中密码技术应用框架

### 9.4.3 关键技术和产品

1. 传统密码技术在 4G 移动通信网络中的应用

在 4G 移动通信网络中，传统密码技术能够持续发挥重要作用，主要包括 VPN 技术、数字证书认证技术和应用层加密保护技术。

移动通信网络 VPN 技术实现了移动终端和办公网络接入设备之间的身份认证和传输保护，认证过程中，基于杂凑算法计算 MAC 实现认证消息的完整性，使用对称算法实现认证数据的机密性。通过密钥协商协议生成传输加密密钥，构建 VPN 通道，实现对网络传输数据的完整性和机密性保护。

数字证书认证技术在用户使用移动终端访问应用时，为用户提供可信的身份标识和认证支撑。

同时，对在移动终端和在应用系统中存储处理的数据，尤其是公文、批示等重要数据，以及个人敏感数据，通过服务器密码设备、硬件密码模块或密码软卡等应用层密码技术，实现数据的存储加密和信源加密。

通过密钥管理系统和数字证书认证系统，实现对移动通信网络中各类密钥和证书的管理。

2. 5G 移动通信网络密码保障技术

5G 移动通信网络密码保障技术体系主要包括终端、接入网、回传网、核心网和 NFV/SDN 等方面的密码保障技术。

1) 5G 终端密码保障技术

5G 终端密码保障技术主要包括 IoT 设备认证前置机制、IoT 轻量级接入认证协议、终端专用增强密码卡、终端多样化密码算法、终端密钥本地保护、mMTC 终端密码协议防 DDoS 攻击技术。

IoT 设备前置认证机制主要针对 mMTC 终端数据量巨大，容易导致认证信令风暴的问题，通过将 IoT 认证网关虚拟化，并分布式部署在边缘层，实现海量终端快速的接入认证。

IoT 轻量级接入认证协议针对 mMTC 终端计算能力弱的特点，通过制定轻量级认证算法和协议，实现低功耗、低成本的认证要求。

同时，5G 终端多样化、应用多样化的要求，需要为终端提供多样化的密码算法和专用的增强密码卡，满足各种应用对密码算法的要求，满足轻量级密码算法的实现要求。

终端上会存储应用所需的关键密钥，这些密钥需要采用专门的设计进行本地保护，包括并不限于密钥加密存储、密钥库更新等技术。

2) 5G 接入网密码保障技术

5G 接入网密码保障技术包括 5G 统一认证框架技术、无线网络切片密码隔离技术、MEC 虚拟机安全及认证技术等。

5G 统一认证框架技术主要针对非 3GPP 协议终端接入，用户难以灵活地使用不同的接入技术或接入终端，也难以在不同接入之间无缝地切换的问题，研究兼容不同接入技术、不同密码体制和不同认证协议的统一接入安全技术，提出 5G 无线接入统一认证框架，为用户提供无感知的、连续的、可靠的、统一的安全接入方法。

无线网络切片密码隔离技术主要面向网络切片的安全问题，基于密码技术实现切片之间的空口和 RAN 安全隔离。

MEC 虚拟机安全及认证技术主要在 MEC 场景中，为边缘云上的虚拟机提供密码基础服务和基础认证服务，实现虚拟机和云平台的安全防护。

3) 5G 回传网络密码保障技术

5G 回传网络密码保障技术主要包括 IPSec 的虚拟化、动态化和多核化实现技术。

IPSec 是保护回传网络中数据传输安全的主要技术手段，为适应 5G 回传网络切片化、动态化和高性能的特点，回传网络上使用的 IPSec 技术需要具备虚拟化能力，以适应云平台虚拟化要求，需要具备动态化能力，以满足网络动态调整要求，需要具备多核化能力，以满足海量用户高性能传输保护要求。

4) 5G 核心网密码保障技术

5G 核心网与 4G 核心网对密码保障的最大不同在于，核心网的网络切片需要的密码隔离防护能力，在 5G 核心网中，主要通过虚拟化密码技术实现网络切片间的物理隔离效果。

5) NFV 密码保障技术

NFV 密码保障技术主要包括虚拟化基础设施可信技术、虚拟化资源完整性保护技术、MANO 交互安全防护技术。

虚拟化基础设施可信技术主要通过基于密码的可信计算技术，实现对虚拟化 VM 的镜像文件防护、虚拟机滥用/逃逸/嗅探防护，企鹅包系统的安全加固、系统访问控制、安全策略的动态调整。

虚拟化资源完整性保护技术主要面向 Hypervisor 的攻击威胁，利用密码技术，实现对虚拟机内存、存储中的数据资源的完整性保护，确保虚拟机资源的真实性。

MANO 交互安全防护技术，针对 MANO 实体间交互过程中所面临的通信内容被篡改、窃听或拦截、重放、中间人攻击问题，通过密码技术，提供传输信息的机密性、完整性保护，以及实体的抗重放保护、实体间双向认证。

6) SDN 密码保障技术

SDN 密码保障技术主要包括 SDN 应用层安全防护、SDN 控制器安全防护和 SDN 南北向接口安全防护技术。

SDN 密码保障技术主要利用应用层密码技术，为 App 和 SDN 控制器、控制器和转发设备之间提供身份认证、通信数据完整性保护和机密性保护。

3. 卫星互联网密码保障技术

1) 星载传输加密技术

卫星与地面站之间、卫星与卫星之间进行敏感数据传输时，通过密码技术进行传输数据的加密。在卫星上进行加密依赖星载密码模块来实现。星载密码模块在技术实现上既要满足一般 VPN 加密要求，又要适应卫星上的特殊环境，包括空间限制、能源限制、低温和高辐射等。该模块实现时要进行充分的低功耗、小体系、高可靠、防低温设计，确保加密保护功能正常运行。

2）终端接入认证鉴权技术

用户终端设备通过卫星链接信息中心时，可以基于预共享的安全凭据信息进行双向认证。在用户终端接入时，用户终端经卫星向接入和移动管理服务器发送认证请求，接入和移动管理服务器收到该请求时，生成接入认证向量请求并发送给地面鉴权中心，地面鉴权中心根据终端 IMSI 等标识信息对终端进行认证。认证时采用基于数字证书、数字签名技术的认证协议。

3）空口数据加密技术

为适应卫星互联网提供高带宽接入的应用需求，在空口处提供数据密码保护时，需要满足高性能要求，必须要突破空口高性能加解密技术。

空口数据高性能加解密技术需要支持主流加解密算法的百千兆级服务速率，支持千万级用户并发，支持亿级密钥管理，同时支持双机热备。

4）卫星密码管理技术

卫星密码管理技术用于解决卫星互联网系统中星上、地面、终端、后台等位置中部署的所有密码设备的密钥管理问题。

该技术要具备密码资源保护能力、密钥配用管理能力、密钥更新能力、证书密钥管理能力，能够实现对密码模块、密码卡、密码机、密码软件等不同形式的密码装置的管理和服务。

## 9.5    物联网密码应用

### 9.5.1    研究概况

针对物联网的安全，国内外组织机构开展了广泛的研究，其中也包含密码技术的应用研究。在物联网安全标准研究方面，国内外标准组织近年来不断推进物联网安全标准的制定。国际主要标准化组织中，现有物联网安全标准聚焦在安全体系框架、网络安全、隐私保护、设备安全等方面，侧重于基础框架和技术。产业联盟［如 5G 汽车联盟（5G Automotive Association，5GAA）、工业互联网联盟（Industrial Internet Consortium，IIC）］也在重点应用领域开展了具体场景下的安全标准研制。我国重视物联网安全技术保障，目前的物联网安全标准研究工作已在安全参考模型、感知及无线安全技术、重点行业应用等多个领域开展[8]。

1. 国际物联网密码相关标准情况

1）ISO/IEC JTC1

ISO/IEC  JTC1/SC41（物联网及相关技术分委员会）主要开展物联网相关技术标准化

工作。此外，SC25（信息技术设备互联分委员会）对智能家居系统、家庭网关等安全也制定了相关标准。在物联网安全方面，目前的安全标准主要集中在体系架构、安全技术方面，具体包括加密轻量化、认证、隐私控制等方面。其中，已发布及在研的标准项目有《信息技术　家庭网络安全》（ISO/IEC 24767）、《信息技术　安全技术　轻量级加密》（ISO/IEC 29192）、《信息技术　安全技术　物联网安全与隐私保护指南》（ISO/IEC 27030）、《信息技术　安全技术　移动设备使用生物特征识别身份认证安全要求》（ISO/IEC 27553）等。

2) ITU-T

ITU-T 的 SG17（安全研究组）和 SG20［物联网（IoT）和智慧城市与社区（SC&C）研究组］Q6（IoT 和 SC&C 的安全、隐私保护、信任和识别课题组）负责安全标准的制定，SG20 Q6 聚焦于 IoT 和智慧城市的安全标准。SG20 Q6 目前已发布了《物联网应用的通用要求》（ITU-T Y.4103）、《物联网设备能力开放的参考架构》（ITU-T Y.4115）、《基于物联网的自动应急响应系统的要求和能力框架》（ITU-T Y.4119）；SG17 规划了物联网安全系列标准 ITU-T X.1360～X.1369，已发布及在研的标准项目有《基于网关模型的物联网安全框架》（ITU-T X.1361）、《物联网环境的简单加密规程》（ITU-T X.1362）、《物联网环境中个人可识别信息处理系统的技术框架》（ITU-T X.1363）、《窄带物联网（NBIoT）的安全要求和框架》（ITU-T X.1364）、《电信网络上利用基于身份的密码技术支持物联网服务的安全方法》（ITU-T X.1365）、《面向物联网环境的具有组鉴别能力的聚合消息鉴别方案》（ITU-T X.amas-iot）、《物联网设备和网关的安全要求》（ITU-T X.iotsec-4）、《物联网系统的安全控制措施》（ITU-T X.sc-iot）、《物联网设备的安全软件更新》（ITU-T X.secupiot）、《物联网服务平台的安全要求和框架》（ITU-T X.nb-iot）等。

与此同时，ITU-T 积极开展车联网安全标准化工作，由 SG17 Q13 负责，已发布《智能交通系统通信设备的安全软件更新能力》（ITU-T X.1373）标准，在研的标准项目集中在车联网安全指导原则、车辆外部接入设备安全需求、车内系统入侵检测方法、基于大数据的异常行为检测、数据分类及安全需求、网联车安全需求等方面。

2. 产业联盟的物联网密码相关标准情况

1) 5GAA

5GAA 在 2018 年新成立了 ESP 工作组（efficient security provisioning task force），专门讨论基于蜂窝网络的车联网（CV2X）安全相关问题。

5GAA ESP 主要围绕 4 个方向展开项目研究，分别是地区性隐私和安全法规及其需求研究、安全凭据管理系统（SCMS）简化机制研究、SCMS 对 CV2X 的影响分析研究，以及适用于各地区的车联网简化安全架构研究。其中，前 3 个项目旨在研究全球各地区的隐私及安全法规政策，在 SCMS 的基础上针对 CV2X 场景研究简化的车联网安全假设及安全机制，最终成为第 4 个项目的输入，形成能够满足全球各地区隐私及安全法规要求的简化的安全架构方案。

2) IIC

IIC 通过建立开放式互通性标准来促进物理世界和数字世界的融合，推动工业互联网落地。

在工业物联网安全方面，IIC 于 2016 年发布了《工业物联网安全参考框架》，旨在推动产业界对于如何保障工业物联网(IIoT)安全达成共识，提供了自身安全性(security)、隐私权(privacy)、弹性(resilience)、可靠性(reliability)、安全性(safety)五大特性的细节，有助于定义风险、评估、威胁、评量与性能指标。在此安全框架的基础上，IIC 开发了一种物联网安全成熟度模型，帮助企业利用现有的安全框架达到其定义的物联网安全成熟度目标级别。

3) GSMA

全球移动通信系统协会(GSMA)代表全球运营商的共同权益，就运营商在物联网领域的安全实践进行了积极的探索和研究，目前已经发布了物联网安全指南文档集，为物联网技术和服务提供者在构建安全产品时提供一系列安全指南，包括《物联网安全指南概述》《物联网终端生态系统安全指南》《运营商物联网安全指南》《物联网服务生态系统安全指南》《物联网安全评估流程》《物联网安全评估检查表》等，以确保整个服务周期实施最佳安全实践。

3. 国内物联网安全密码相关标准情况

1) TC260

在通用网络安全领域，截至 2019 年 8 月，全国信息安全标准化技术委员会(TC260)已发布 268 项国家信息安全标准，其中部分通用的安全标准，如密码算法、密钥管理、PKI、通信协议(IPSec、SSL 等)、等级保护相关的安全及密码标准同样适用于广义的物联网安全。

在专门的物联网安全领域，当前 TC260 制定了《信息安全技术  物联网安全参考模型及通用要求》(GB/T 37044—2018)、《信息安全技术  射频识别系统密码应用技术要求》(GB/T 37033—2018)、《信息安全技术  物联网感知终端应用安全技术要求》(GB/T 36951—2018)、《信息安全技术  物联网感知层网关安全技术要求》(GB/T 37024—2018)、《信息安全技术  物联网数据传输安全技术要求》(GB/T 37025—2018)、《信息安全技术物联网感知层接入通信网的安全要求》(GB/T 37093—2018)、《信息安全技术  工业控制系统安全管理基本要求》(GB/T 36323—2018)等国家标准，并启动了医疗行业安全指南、工业互联网平台安全、智慧城市安全体系框架、汽车网络安全技术要求等标准的研究，总体呈现多点开花的形势。

从完整性上看，现有安全标准还未能满足全方位安全保障的需求。例如，对企业生产的物联网感控设备还需要建立相应的安全评估标准，以确定其安全风险的大小，从而明确其可以应用的行业和场景范围。

2) CCSA

中国通信标准化协会(China Communications Standards Association，CCSA)的物联网安全标准化工作侧重于通信网络和系统，CCSA 中安全领域标准工作主要由 TC5(无线通信技术委员会)的 WG5(无线安全与加密工作组)，TC8(网络与信息安全技术委员会)的 WG1(有线网络安全工作组)、WG2(无线网络安全工作组)、WG3(安全管理工作组)和

WG4(安全基础工作组)来负责制定。目前已完成了《面向物联网的蜂窝窄带接入安全技术要求和测试方法》(YD/T 3339—2018)、《物联网感知层协议安全技术要求》(YDB 171—2017)、《物联网终端嵌入式操作系统安全技术要求》(YDB 173—2017)、《物联网感知通信系统安全等级保护基本要求》(YDB 172—2017)等标准。

### 9.5.2　物联网密码保障技术体系

物联网的诞生为人们的生产、生活带来了很大的方便,但是物联网的深度发展也产生了一系列的问题,这些问题有待解决。在物联网中,急需解决的问题是如何基于密码解决物联网中云端、物联网设备端、用户移动端的安全问题,如何为物联网用户提供一套更便捷、更可靠、更安全、更有保障的密码及安全服务。

围绕物联网密码保障需求,参考物联网安全和密码相关标准规范要求,本节提出基于公有云服务的典型物联网密码保障技术体系,能够为物联网应用提供安全云资源和定制化的安全服务、密码服务,支撑关键数据资源保护能力,参照物联网的"云-管-端"的架构,分别提供平台端、设备端和用户移动端的密码及安全服务,保障平台端传感数据汇聚处理的安全、设备端传感数据生产和上报的安全、用户移动端对数据使用的安全,密码保障技术体系示意图如图 9-21 所示。

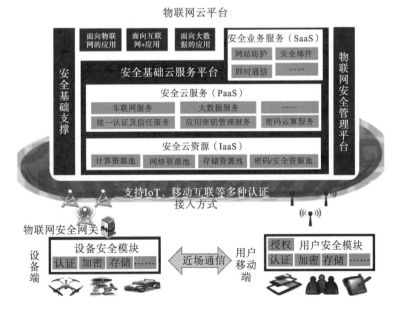

图 9-21　物联网密码保障技术体系

物联网密码保障的主体涵盖了物联网中的三部分:物联网云平台、物联网设备端、用户移动端。在物联网云平台、物联网设备端、用户移动端自身安全的基础上,通过身份认证、网络准入、数据加密等密码保障措施实现"物联网云平台-用户移动端-设备端"三者之间的连接认证安全和数据互通安全，并将物联网及移动设备纳入统一的安全管理。

物联网云平台以密码技术构建的云安全防护体系为核心，依托安全基础云服务平台，以安全云资源为基础(IaaS)，以统一身份认证、密码服务、安全服务等特色安全服务为抓手(PaaS)，以即时通信、安全邮件等安全应用为支撑(SaaS)，以综合运维管理、安全基础支撑为保障，服务能力覆盖云和大数据端、移动端、物联网端，面向物联网、车联网、移动互联网等应用场景，为用户提供包含 IaaS、PaaS、SaaS、行业解决方案 4 个层面的安全云服务。

设备端安全模块及安全网关采用电子认证、可信准入、轻量级密码、密码设备管理等密码技术，提供物联网设备与业务系统的接入认证，数据的安全传输，本地数据的加密存储等服务。

用户移动端以用户证书为基础，提供用户移动端与业务系统的接入认证、用户权限管理、数据的安全传输、本地数据的加密存储等服务。

### 9.5.3 关键技术和产品

#### 1. 物联网低功耗安全模块

物联网低功耗安全模块为物联网设备提供安全存储、安全认证、数据加密、固件更新、完整性校验以及生命周期管理相关的服务，与多传感器融合安全网关搭配使用，为物联网设备提供身份认证和端到端安全传输。

物联网低功耗安全模块可采用低功耗 MCU、FLASH、噪声源等硬件组件搭建。物联网低功耗安全模块硬件组成如图 9-22 所示。

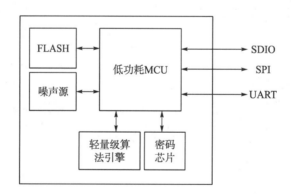

图 9-22　低功耗安全模块组成框图

安全模块主要硬件组件如下。

(1)低功耗 MCU：采用具有高安全性的低功耗 MCU，主要用于运行安全核心处理程序、管理程序和用户程序，并实现内部资源的管理调度。

(2)MCU 内部 FLASH：存储容量不少于 128KB，主要用于存储系统引导程序、安全核心处理程序以及应用程序等。

(3)外部 FLASH：主要用于存储安全参数、文件等。

（4）轻量级算法引擎：利用 FPGA 实现的轻量级密码算法。

（5）密码芯片：集成低功耗商用密码芯片，支持 SM2、SM3、SM4 国密算法；支持 DES、AES、RSA、SHA、ECC 算法。

（6）噪声源：该模块可提供质量高的真随机数，随机数质量满足相关随机性检验标准。

（7）SPI（serial peripheral interface，串行外设接口）接口：对外提供 1 路 SPI 接口，可配置成主机接口或从机接口。当使用主机接口时，系统只能与外部的从 SPI 器件或处理器的从机接口进行通信。当使用从机接口时，可以使用外部处理器的主机接口与之通信。

（8）SDIO 接口：对外提供 1 路 SDIO（secure digital input and output card，安全数字输入输出）接口，可配置成主机接口或从机接口。

（9）UART（universal asynchronous receiver/transmitter，通用异步收发传输器）接口。

## 2. 多传感器融合安全网关

多传感器融合安全网关主要完成物联网场景下各类不同协议传感器节点的安全接入、协议转换，以及消息汇总上报等功能。多传感器融合安全网关具备广泛的接入能力、协议转换能力、可管理能力和安全防护能力。同时，多传感器融合安全网关能够与内嵌有低功耗安全模块的物联网终端设备搭配使用，实现对物联网终端的身份认证与终端安全接入，并支持端到端安全通道的构建，实现物联网数据的安全传输。

（1）广泛的接入能力：实现各类有线（RS485、RS232、I2C、CAN 等）或无线（Lora、ZigBee、Wifi、Bluetooth 等）传感器的广泛接入。

（2）协议转换能力：从不同的感知网络到接入网络的协议转换、将下层的标准格式的数据统一封装、保证不同的感知网络的协议能够变成统一的数据和信令；将上层下发的数据包解析成感知层协议可以识别的信令和控制指令。

（3）可管理能力：包括网关自身管理和传感器节点管理。网关自身管理主要指注册管理、权限管理、状态监管等。传感器管理主要是采用统一的管理接口技术对感知节点进行统一管理。例如，获取节点的标识、状态、属性、能量等，以及远程实现唤醒、控制、诊断、升级和维护等。

（4）安全防护能力：采用轻量级的安全接入技术，实现对集成安全通信模组的传感器节点进行安全访问控制、通信链路加密等功能，同时基于常态化的业务模型进行分析处理，实现阻断疑似业务等功能，有效降低来自感知层的攻击风险。

## 3. 物联网安全管理平台

物联网安全管理平台以物联网系统中的各类安全防护模块、设备为管理对象，为被管模块、设备提供运维管理、故障管理、安全事件分析管理、安全策略配置管理、安全策略和安全运维质量监察等云端安全管理服务。安全管理平台还为各类安全防护模块、设备中的密码防护功能提供必要的密钥管理与分发、密码参数管理、加密策略管理等密码管理服务；提供针对物联网系统中的数据库日志、终端日志、网络日志等多种日志数据的安全审计服务。同时，运用自主知识产权的物联网、大数据及人工智能安全感知技术，通过 AI 分析方法精准感知网络安全威胁，全面提升新一代信息基础设施网络安全风险评估、态势感知、监测预警及应急处置能力。

安全管理平台采用构件化架构，由策略配置管理构件、安全管理评估构件、安全监察构件、安全事件处理构件、运行维护构件、密码管理构件等组成，能够针对不同场合、不同对象的安全管理监察需求，灵活编组、快速构建系统，完成各项安全管理功能。平台提供的安全管理服务功能主要包括如下几项。

(1)运行维护服务：完成各类安全防护模块/设备管理、用户管理、审计管理、安全通告管理、值班管理以及状态监控等功能。

(2)故障管理服务：实现故障信息的采集、查询、统计和告警功能。

(3)安全事件分析管理服务：实现对安全事件的采集、查询、统计、分析和告警等功能。

(4)安全策略管理服务：实现针对物联网终端安全模块、安全网关、跨网安全隔离交换模块中的各种身份认证与鉴权、访问控制、流量过滤、数据管控等安全策略的集中配置与管理功能。

(5)安全监察服务：实现对本级以及下级安全策略和安全运维质量进行监察。

(6)密码管理服务：实现针对物联网终端安全模块、安全网关中的密码防护功能的密钥管理与分发、密码参数管理、加密策略管理等多种密码管理功能。

(7)安全数据审计服务：实现针对数据库日志、终端日志、网络日志的安全审计功能，以及对审计数据的综合关联分析功能。

# 9.6 工业控制系统密码应用

## 9.6.1 研究概况

工业控制系统(industrial control system，ICS，以下简称"工控系统")是指由各种自动化控制组件以及对实时数据进行采集、监测的过程控制组件，共同构成的确保工业基础设施自动化运行、过程控制与监控的业务流程管控系统[9]。智能联网工控系统是指工控系统智能化和联网化后，成为集采集、计算、控制、联网于一体的现代工控系统。随着工业化和信息化的融合，工控系统逐渐向智能网联化方向发展(以下所指工控系统均为智能网联工控系统)。工控应用分散、产品类别复杂，各种技术体系融合发展，可以从多个维度对工控系统的构成进行划分。从工控系统的体系结构来划分，工控系统主要由现场设备层、现场控制层、过程监控层、生产管理层以及各层级之间和内部的通信网络构成。对于大规模的控制系统，还包括安全分区和安全管道。安全分区是为保护特定属性资产组群而配置有独立安全策略的逻辑区域。安全管道是连接多个安全分区的逻辑通道。从工控系统的功能结构来划分，基本的工控系统包括分布式控制系统(distributed control system，DCS)、数据采集与监控(supervisory control & data acquisition，SCADA)系统、远程测控(remote terminal unit，RTU)系统、可编程逻辑控制(programmable logic controller，PLC)系统、数据控制系统(networked control system，NCS)、安全联锁系统(safety instrumentation system，SIS)等；除此以外，各行业还形成了行业特定的控制系统。

遵循《企业控制系统集成》ISO/IEC 62264 提出了工控系统的分层体系框架，该框架已经被工业界广泛认可和接受。我国 2010 年将该标准等同采标为我国的国家标准《企业控制系统集成第 3 部分：制造运行管理的活动模型》（GB/T 20720.3—2010）。该框架下典型的工控系统分层结构如图 9-23 所示。

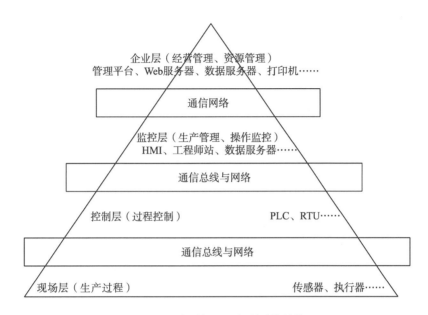

图 9-23　典型的工业控制系统结构

随着工业控制系统日益向数字化、网络化、智能化、服务化方向加速发展，在两化深度融合、工业转型升级的同时，工业控制生产环境从封闭走向开放，生产过程从自动化走向智能化。工业控制系统由单机走向互联，联网工控设备和系统有增无减、中高危工控安全漏洞持续增长，工业信息安全事件频发。由于工控系统固有安全漏洞和联网后的开放性，使其面临的信息安全威胁持续扩大，工业信息安全形势尤为复杂严峻。

针对目前面临的工控安全严峻形势，国外有关科研机构及安全厂商开始开展工控系统网络安全的研究。工控系统总体上缺乏整体化的安全防护技术体系，携带信息系统中普遍存在的安全风险，如缺乏强身份认证、访问控制手段弱、信息缺乏防篡改和保护措施等，特别是工控系统使用的专用通信协议缺乏可靠的认证、加密机制，以及消息完整性验证机制。而密码是保障网络与信息安全的最有效、最可靠、最经济的手段，密码技术应用能为上述问题的解决提供很好的技术支撑。

## 9.6.2　工控系统密码保障技术体系

### 1. 工控系统风险分析

工控系统是生产运行系统，其系统结构功能相对固定，实时性强。与传统的信息系统安全需求不同，工控系统设计需要兼顾应用场景与控制管理等多方面的因素，以优先确保系统的高可用性和业务连续性。在这种设计理念的影响下，缺乏有效的工业安全防御和数据通信保密措施是很多工业控制系统所面临的通病。

目前，工控系统是我国重要基础设施自动化生产的基础组件，安全的重要性可见一斑，然而受到核心技术限制、系统机构复杂、缺乏安全与管理标准等诸多因素影响，运行在工控系统中的数据及操作指令随时可能遭受来自敌对势力、商业间谍、网络犯罪团伙的破坏。工控系统一旦遭到破坏，不仅影响产业经济的持续发展，更会对国家安全造成巨大的损害。

造成工控系统安全风险加剧的主要原因，首先归咎于传统工控系统的出现时间要早于互联网，它需要采用专用的硬件、软件和通信协议，设计上以物理安全为主，基本上没有考虑互联互通所必须考虑的通信安全问题；其次互联网技术的出现，导致工控网络中大量采用通用 TCP/IP 技术，工控系统与各种业务系统的协作成为可能，越来越智能的工控网络中各种应用、工控设备以及办公 PC 系统逐渐形成一张复杂的网络拓扑。随着工业互联网智能制造、协同制造、个性化定制、服务化延伸的落地，工控系统较之过去变得越来越开放，随之带来的安全性挑战也越来越严峻。

结合自身特性工控系统与传统信息技术系统对信息安全的要求也存在诸多不同，两种系统的对比见表 9-8。

表 9-8    工控系统与信息技术系统对比

| 工控系统 | 信息技术系统 |
|---|---|
| 严格保证可用性 | 可用性缺陷往往可以容忍 |
| 实时系统 | 非实时 |
| 保护边缘客户端和中央服务器 | 保护 IT 资产及存储或传输的信息 |
| 15～20 年生产期 | 3～5 年生存期 |
| 系统设计为支持预期工业过程，无足够资源支持附加功能 | 系统设计拥有足够的资源支持附加功能 |
| 部件升级需要严格进行彻底测试 | 部件升级方便 |

1）工控系统固有脆弱性及面临的风险

（1）终端的脆弱性。终端的脆弱性包括配置、硬件和软件 3 个方面，见表 9-9。

表 9-9    终端的脆弱性

| 项目 | 具体体现 |
|---|---|
| 终端配置的脆弱性 | 数据未受保护地存储在工控设备中；<br>缺乏充分的口令策略，没有采用口令，口令泄露或口令易猜测；<br>采用了不充分的访问控制 |
| 终端硬件的脆弱性 | 未授权的人员能够物理访问工控设备；<br>对工业控制系统组件不安全的远程访问 |
| 终端软件 | 采用不安全的 ICS 协议；<br>采用明文传输敏感信息；<br>针对配置与组态软件缺乏有效的认证与访问控制 |

由于以上种种原因, 工业控制系统终端的安全防护技术措施十分薄弱, 病毒、木马、黑客等攻击行为都可能利用这些安全弱点, 在终端上发生、发起, 并通过网络感染或破坏其他系统。更为严重的是, 对合法的用户没有进行严格的访问控制, 可能导致越权访问。

(2) 网络的脆弱性。网络的脆弱性主要包括网络配置的脆弱性、网络通信的脆弱性和无线连接的脆弱性 3 个方面, 见表 9-10。

表 9-10 网络的脆弱性

| 项目 | 具体体现 |
| --- | --- |
| 网络配置的脆弱性 | 口令在传输过程中未加密; <br>网络设备采用永久性的口令; <br>采用的访问控制不充分 |
| 网络通信的脆弱性 | 以明文方式采用标准的或文档公开的通信协议; <br>用户、数据与设备的认证是非标准的或不存在的; <br>通信缺乏完整性检查 |
| 无线连接的脆弱性 | 客户端与认证端(AP)之间的认证不充分; <br>客户端与认证端(AP)之间的数据缺乏保护 |

(3) 面临的风险。由于存在以上固有脆弱性, 加之近年工业控制系统和信息技术系统的融合趋势, 工控系统面临如下几个方面的风险。

① 传统的安全风险依然存在。工控系统存在 IT 中普遍存在的安全风险, 如缺乏强身份认证、访问控制手段弱、信息缺乏防篡改和保护措施等。

② 特有的安全风险无法消除。工控系统中缺乏安全日志监控、审计; 普遍存在未设置口令、默认口令、弱口令、共享口令; 普遍使用的专用通信协议, 安全性脆弱(大多是以明文方式采用标准的或文档公开的通信协议), 缺乏可靠的认证、加密机制, 以及消息完整性验证机制。

2) 工控系统风险评估

目前, 以风险为核心的工控系统信息安全管理和控制已成为业界的共识。工业控制系统的安全风险需运用科学的分析方法和手段, 系统地分析系统和业务所面临的人为的和自然的威胁及其存在的脆弱性, 评估安全事件一旦发生可能造成的危害程度, 提出有针对性的抵御威胁的防护对策和整改措施, 以防范和化解风险, 或者将残余风险控制在可接受的水平, 从而最大限度地保障工业控制系统信息安全。

目前已有的风险评估模型有层次分析法、模糊综合评判算法、故障树、贝叶斯网络、神经网络、攻击树、事件树、马尔可夫分析等。

2. 工控系统密码需求

1) 身份认证需求

为了确保工控系统执行的控制命令或者数据传输的请求来自合法用户, 必须对使用系统的用户进行身份认证, 未经认证的用户所发出的命令或请求不被执行。传统采用口令的身份认证技术因其简单和低成本而得到了广泛的使用, 但这种方式存在严重的安全问题, 安全性仅依赖口令, 口令一旦泄露, 用户就可能被假冒。简单的口令很容易遭受到字典攻击、穷举攻击甚至暴力计算破解。另外，这种不科学的实现方式也存在口令在传输过程中被截获的安全隐患。随着网络应用的深入化和网络攻击手段的多样化，能进行可靠安全的身份认证的技术方法主要是密码学方法，包括使用对称加密算法、公开密钥密码算法、数字签名算法等。在工控系统这种需要高度信息安全控制的应用场景中，更加需要实现和应用可靠的加密算法。

2）消息认证需求

过程控制和生产现场层次中和层次之间存在大量的通信需求，包括各资源受限子系统和设备间的各种信息流向；身份认证用于确保信息流双方身份的合法性，而消息认证则确保双方通信的完整性，即通信过程中不会发生消息内容修改、顺序修改和计时修改。

3）对数据加密存储的需求

工控系统的关键工艺参数、用户信息等敏感工业数据的存储安全关乎企业的核心竞争力，一旦丢失或被篡改可能导致企业核心竞争力下降、用户隐私泄露，甚至造成重大人员伤亡、环境污染、停业停产等严重后果，危及经济发展、社会稳定、人民生命财产安全甚至国家安全。对工控系统的离线组态程序进行加密存储，可保证控制工艺的正确性；对工控系统的用户名、密码进行加密存储，可防止工控设备被非法操控；对工控系统的关键参数、历史数据等进行加密存储，能有效降低系统敏感数据被非法窃取和修改的风险，提升工控系统的整体安全性。

4）对数据安全传输的需求

大多数工控设备的通信协议在设计之初，主要关注点是系统通信的实时性、精确性、通信效率和可靠性等，忽略了传输数据的加密、校验等安全性要求，用户名、密码、控制命令、工艺参数等敏感数据明文传输普遍存在。在这种情况下，潜在的攻击、数据注入等恶意行为在没有防范的情况下随时可能发生。在保证系统稳定、可靠运行的前提下，最大限度地提升工控系统通信安全，深化工控系统信息安全密码应用，实现数据完整性校验和机密性保护成为迫切的需要。

3. 工控系统密码技术框架

以《企业控制系统集成》（GB/T 20720）作为工控技术框架的基础，在此基础上结合ISO 62443 工控信息安全标准，形成工控系统抽象技术框架定义，如图 9-24 所示。

工控系统由三种状态、五个层次、两个抽象组件、两个特定设备构成。

1）三种状态

编程态：编程态是指工控系统的设备处于开发调试状态。编程态具有一个特定的设备，即工程师站。工控系统开发工程师通过工程师站进行设计、建模、仿真、编码来实现控制功能，并下载到工控设备进行调试。

配置态：配置态是指工控系统的设备处于可配置状态。配置态具有一个特定的设备配置管理服务器。工控系统管理人员将工控设备设置为配置状态，然后利用配置服务器下载并安装控制程序。如果工控设备不处于配置状态，则无法装载控制程序。为了保证安全性，一般要求控制设备使用机械开关（如按钮、拨卡）来切换设备状态，不允许完全使用逻辑开关来切换状态。

运行态：运行态是指工控系统的设备处于执行控制流的状态。运行态会加载配置态下安装的程序，并按该控制程序执行控制操作。

2) 五个层次

第 0 层：现场设备层。该层包括基础感知和原子控制功能，由各种传感器、专用执行器构成。该层功能单一，实现物理或化学处理，具有极其严格的时序性和可靠性要求。

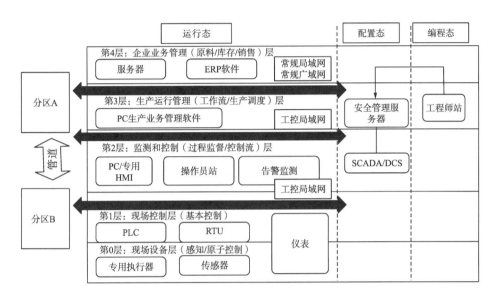

图 9-24 工控系统抽象技术框架定义

第 1 层：现场控制层。该层包括各种基本专用控制器，控制器和执行器间通过 485 等现场总线或工业局域网互联。该层设备功能特定、资源受限，并且具有极其严格的时序性和可靠性要求。

第 2 层：监测与流程控制层。该层包括过程监测、流程控制功能，由各种嵌入式设备构成，设备之间通过工业局域网互联。该层设备具有一定的人机交互能力、计算资源和时序要求。

第 3 层：生产运行管理层。该层包括工作流管理、生产调度等功能，由通用计算设备安装业务软件构成，设备间通过 TCP/IP 网络互连。该层设备使用通用的计算机技术，具有丰富的人机交互能力、计算资源；时序要求宽松。

第 4 层：企业业务管理层。该层包括原料、产品的进销存管理等功能，由通用计算设备安装企业管理软件 ERP 构成，设备间通过 TCP/IP 网络互联。该层设备使用通用的计算机技术，具有丰富的人机交互能力、计算资源；时序要求宽松。

3) 两个抽象组件

分区：分区是跨越多个层次、包含多个设备的逻辑区域。分区具有统一的安全管理策略。

管道：管道是连接两个分区的逻辑安全通道。管道具备统一且可信任的安全机制。

4）两个特定设备

两个特定设备是工程师站（操作员站）和安全管理服务器。这两个设备使用了通用的计算机和网络技术，但由于业务上与工控系统的开发、工控设备的安全管理关系紧密，在此单独列出。

4. 工控产品密码应用技术框架

在工控系统抽象技术框架上制定相应工控产品密码应用技术框架，如图 9-25 所示。

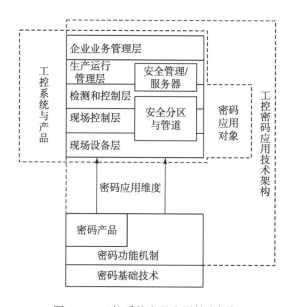

图 9-25　工控系统密码应用技术框架

1）密码应用对象

根据工控系统的技术框架可知，工控系统中，第 1 层和第 2 层具有明显的工控特点；第 3 层和第 4 层主要是传统信息网络技术在工控环境下的应用。所以工控系统和产品密码应用范围和对象包括：第 1 层、第 2 层中的设备、网络系统的密码算法、密码功能、安全性等要求；工控分区和管道的密码算法、密码功能、安全性等要求；工程师站/操作员站、安全管理服务器的密码算法、密码功能、安全性等要求。

2）密码应用维度

根据 ISO 62443 标准建议，工控系统和设备需要依据 3 种工作状态和 7 个应用维度来考虑密码应用。

3 种工作状态：编程态、配置态、运行态。

7 个应用维度：标识与鉴别控制（identification authentication control，IAC）、用户控制（user control，UC）、数据完整性（data integrity，DI）、数据保密性（data confidentiality，DC）、受限制的数据流（restricted data flow，RDF）、事件实时响应（real time responses of event，TRE）、资源可用性（resource availability，RA）。

3) 密码应用产品和机制

工控系统使用的密码产品包括软件、芯片、模块、板卡、整机、系统。密码机制包括认证加解密等传统机制，以及可信安全机制。

### 9.6.3　关键技术和产品

1. 关键技术

1) 基于工控系统的密钥管理技术

传统信息技术系统的密钥管理包括从密钥的产生到密钥的销毁的各个方面，主要表现在管理密钥的产生、分配、更换、注入、销毁等流程中。

许多基础工业的工业控制系统在近些年国家针对工控安全颁发相关行业规范与一系列安全检查后，加强了加密认证的防护措施，但由于相关单位使用加密措施时间较短，加密防护不健全、密钥管理技术在工业控制系统中的应用十分有限，随着信息化与制造业的深度融合，工控系统体量越来越庞大，加密认证的场合更加多样化，针对工控系统的密钥管理技术进行需求分析和技术路径研究成为热点。

工控系统网络具有低延迟、高可靠性、带宽受限、部分设备计算能力受限、部分设备存储受限的特点。针对这些特点，采用以下工控系统的密钥管理技术。

(1) 带宽受限的密码协议技术。带宽受限情形下密码协议的轮数越低越好或者每轮通信量越少越好。因此采用低交互的高效认证、密钥协商协议和低通信量的认证、密钥协商协议。

(2) 计算资源受限的密码管理技术：计算能力受限或者出现严重的不均衡状态。采用简单低计算量的认证、密钥协商协议和低存储量的认证、密钥协商协议。

2) 密码与工控系统的一体化嵌入技术

工控系统自身复杂度较高，要求具备较高的运行可靠性，密码密钥管理业务与工控系统业务无缝融合的技术，工控设备密码算法一体化嵌入的技术，在工控系统中部署应用密码时尽量不影响既有的业务流程，不影响系统的可靠性。

密码技术在有限的软件和硬件资源支撑的情况下，一体化嵌入到工控系统和设备中的技术途径，将形成低功耗和精简式的操作系统能力，以及密码算法在工控设备身份认证、数据传输和存储安全加密环节的深度应用。

3) 工业环境下密码算法的轻量级应用技术

工控系统的复杂性决定了其不同环节的实时性要求是不一样的，现场控制层实时性要求最高，企业管理层与工厂管理层中的 SCADA 系统时间敏感性相对较低，这就意味着需要针对性采取不同的加密技术来适应其实时性要求，加密成本也是不一样的。首先需要根据不同的应用场景采用合适的密码算法适应不同控制系统环节中的具体要求，倾向于在标准商密算法中研究如何轻量级应用密码算法，进而针对性研究专用轻量级密码算法的技术必要性和具体要求。

就工业控制领域使用的密码技术而言，由于现场控制系统设备(如 PLC 控制器)的计算能力有限，控制网络的传输速率也参差不齐，生产控制功能上还要确保实时性的硬性指标，所以无法照搬传统的 IT 密码技术，应研究适合工控现场的安全性高、运算速度高的轻量级密码应用技术，尽可能地减少复杂的密码算法对工控系统实时性的影响。从工艺和设备等方面全方位地研究适用于相应环节的密码算法和协议，才能在对工控系统影响最小的情况下，实现密码技术与控制系统的无缝衔接。

2. 产品

基于密码应用的工控安全产品可分为加固式和嵌入式两种，对于存量工控系统的防护可采用加固式密码应用安全防护产品，对于增量工控系统的防护采用嵌入式密码应用安全防护产品。

1) 加固式密码应用安全防护产品

(1) 工业装备安全网关。工业装备安全网关基于密码算法的身份认证与数据加密，根据用户组划分权限，通过应用密码算法实现身份认证，通过在安全网关之间建立 VPN 加密隧道，使用密码算法对工控网络数据进行数据加密，有效保护工控系统的通信与数据安全。同时阻止异常数据流入工控系统，并阻断利用工控系统进行的一切网络攻击和非法数据窃取行为，保证工控系统与工控网络的正常安全运转。

同时，工业装备安全网关提供系统存储加密、开机自检、商用密码算法自检，以实现安全防护设备本体安全。安全防护设备上电开机后，引导程序先对操作进行验证、解密然后再启动操作系统。操作系统启动后进行系统自检，包括对 CPU、内存、网口、电源等物理部件进行常规检查，以及对内核映像文件和 RAMDISK(虚拟内存盘)文件的完整性检查等，确保系统正常工作。系统自检完成后，进行密码卡自检、密码算法自检和随机数自检等工作，以确保提供各项安全服务时正确、可靠。

(2) 工业主机安全防护系统。基于密码的增强身份鉴别功能，采用 USB Key 的 PIN 码和证书的双因子登录方式实现增强型的操作系统登录安全，解决操作系统用户身份认证安全性不足的问题。通过外设管控，强化对终端计算机的管理和控制，提供日志供查询、统计分析，实时发现安全问题，防范终端计算机构成的安全威胁，做到安全管控、管理。设备接入时识别外部设备类型，禁用违规外设并记录违规行为；对设备拔出进行实时记录，保障外部设备使用的安全性。实时监视主机外设状态，对非法启用/停用受控设备的行为进行阻断，并记录审计日志和告警。根据文件 Hash 值对重要文件进行监视，发现其内容变化时记录审计日志。

2) 嵌入式密码应用安全防护产品

(1) 一体化安全PLC。一体化安全PLC将密码安全防护技术与工业控制技术深度融合，将安全防护功能内置于 PLC 控制器中，使信息安全防护功能成为 PLC 控制器的一种固有属性，能有效提升工控系统关键核心部件抵御网络威胁的能力。相比传统的外在增加安全防护设备的方式，部署具有内置安全防护功能的一体化安全工控系统核心部件产品降低了系统复杂度，具有更有针对性的防护措施，可增加整个系统的稳定性和可靠性。

(2) 安全可信 DCS。安全可信 DCS 集成包括复杂权限控制、全生命周期身份鉴别管理、高实时通信加解密等安全设计，具备基于指纹的双因子身份鉴别机制、安全组态控制、高实时性通信加解密、抗重放攻击和网络风暴、日志集中管控、基于实时控制行为和业务流程作业的安全审计等网络安全能力。

# 9.7　人工智能密码应用思考

## 9.7.1　研究概况

国际上高度重视人工智能技术对国家经济的促进作用,致力于占领未来科技创新战略制高点。美国全面规划 AI("第三次抵消"战略),英国考虑 AI 对新技术的作用,日本侧重 AI 结合机器人,如图 9-26 所示。在制定了人工智能发展战略的同时,也高度重视人工智能的安全问题,并积极促进"人工智能+网络安全"的发展,保持网络空间安全的技术优势。

| 美国人工智能规划 | 英国人工智能规划 | 日本人工智能规划 |
| --- | --- | --- |
| 《国家人工智能研究与发展策略规划》<br>《为人工智能的未来做好准备》<br>《美国国家创新战略》<br>《国防2045：为国防政策制定者评估未来的安全环境及影响》<br>《人工智能、自动化和经济》 | 《人工智能：未来决策制定的机遇与影响》<br>《2016年版国家赛博安全战略》<br>《英国机器人及自主系统发展图景》 | 《机器人新战略》<br>《中长期技术评估报表》<br>《第五期科学技术基础计划》<br>《至2020年人工智能技术路线图》<br>《2030年研究战略》 |

图 9-26　美国、英国和日本的人工智能规划

人工智能也是我国高度重视的技术和产业领域,将其列入"科技 2030"重大项目,分为新一代人工智能基础理论、面向重大需求的关键共性技术、新型感知与智能芯片三大专项,国家在政策、规划层面大力支持其发展。可以说人工智能是赢得全球科技竞争主动权的战略抓手,是推进我国跨域发展的战略资源,要确保人工智能安全、可靠、可控。

人们对人工智能失控可能造成的安全风险和危害一直都有种种疑虑和担忧,如电影《速度与激情》中失控的汽车,《终结者》中要灭绝人类的天网等。

而在现实生活中,也有因为人工智能出现问题,而带来严重后果,如因智能控制系统失控所造成的埃塞俄比亚航空客机坠毁,以及因扫地机器人等家用智能设备的漏洞,而产生的音频、视频等隐私信息的泄露,如图 9-27 所示。

我们沉痛地看到，智能控制系统失控、埃塞俄比亚航空客机机组与飞机发生"人机大战"，客机反复爬升下降，返航未成功，最终坠毁。

家用扫地机器人、玩具机器人等设备被攻击后，个人隐私信息、声音被截取，这些设备甚至被恶意远程控制以偷窃隐私。

远程控制指令                      偷窥到的图像

现实生活中不能像电影中用扔酒瓶、回到过去等方式获取AI的控制权

图 9-27    安全威胁示例

## 9.7.2    人工智能安全和密码保障

人工智能诞生伊始，就对数据具有强依赖性。从信息化的本质来看，由数据汇聚后，通过对各个领域数据的分析计算及共享处理，形成信息情报，在此之上，构建人工智能能力，对智慧城市、智能制造等各领域进行支撑。人工智能的维度如图 9-28 所示。

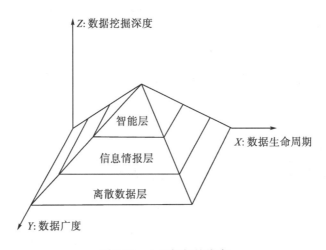

图 9-28    人工智能的维度

人工智能的安全，可以归结为计算承载平面、管理控制平面和数据平面 3 个方面的安全，如图 9-29 所示。要做到"人工智能自身安全、人工智能安全应用"，具体如下。

(1) 身份可管。人类对未来人工智能社会的设备、机器、人等实体能够精准识别并进行管理。

(2) 设备可控。人类对人工智能相关设备具有绝对的控制权。

(3) 数据可信。人工智能使用的数据是安全可信的，并且能保证正确使用。

(4) 平台安全。人工智能所依托的计算、存储等平台是安全的。

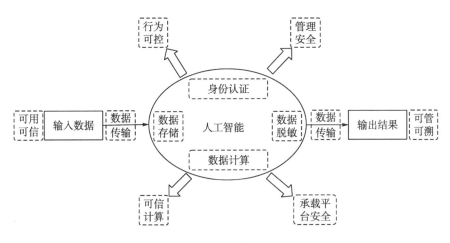

图 9-29　人工智能安全体系

(5)隐私保护。人工智能不能非授权获取、计算、推理出人类的隐私数据。

为满足人工智能安全总需求，需要从如下方面考虑人工智能密码应用体系的构建[10]。

(1)人工智能数据源安全、数据分析处理平台安全、控制指令安全。

(2)人工智能应用安全算法安全、安全开展人工智能应用。

(3)建立密码和安全基础支撑；为数字空间海量智能实体提供密码和安全的服务与监管。

人工智能密码保障体系如图 9-30 所示。

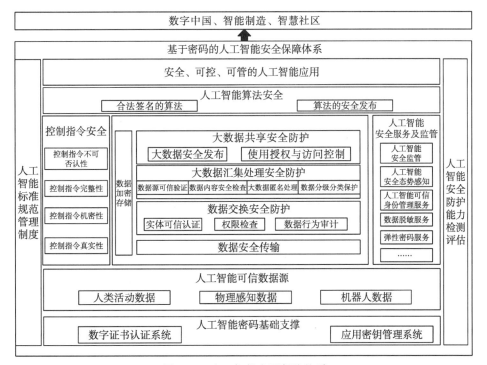

图 9-30　人工智能密码保障体系

人工智能密码基础支撑：面向数字空间各类智能实体，提供数字证书等异构统一身份管理、以实体为中心的应用密钥管理系统，为人工智能领域的身份管理及数据安全提供基础支撑。

人工智能可信数据源：人工智能所采用的大数据样本，包括人类活动数据、物理感知数据、机器人数据等，作为人工智能数据分析处理的对象，需要保证其来源可信。

人工智能数据分析处理及平台安全：采集到可信的数据后，人工智能需要进行数据分析处理，在分析处理平台中，需要考虑数据安全传输、数据交换、大数据汇集处理、大数据共享使用等各个环节的安全防护。在数据交换安全防护中，需要做到实体可信认证、权限检查、数据行为审计；在大数据汇集处理安全防护中，需要实现数据源可信验证、数据内容安全检查、大数据匿名处理、数据分级分类保护；在大数据共享使用安全防护中，需要实现大数据安全发布和使用授权与访问控制。

人工智能安全服务及监管：通过人工智能安全监管、人工智能安全态势感知、人工智能可信身份管理服务、弹性密码服务、数据脱敏服务等，为人工智能的数据、算法、应用等提供安全服务保障。

控制指令安全：作为人对人工智能使用管理的关键步骤，控制指令的安全是人工智能安全的重点之一，需要基于密码"四性"，来实现控制指令的不可否认性、控制指令完整性、控制指令机密性以及控制指令真实性。

人工智能算法安全：算法作为在人工智能中将数据转化为对人们有用的信息的方法，需要使用合法签名的算法，以及保证算法的安全发布。

最后，在结合人工智能标准规范管理制度和人工智能安全防护能力检测评估的基础上，提供安全、可控、可管的人工智能应用。

### 9.7.3  发展展望

密码保障人工智能的安全，人工智能的发展也为密码技术及基于密码的安全防护提供了全新思路。

#### 1. 人工智能辅助密码算法与协议设计和安全分析

采用人工智能技术，能够改善计算复杂度问题求解、密钥参数空间更优路径搜索等，提升密码算法与协议设计和优化应用能力。人工智能技术能够有效应对密码的模型攻击，促进基于机器学习的侧信道密码分析、密文数据智能解析等关键技术突破，提升密码算法与协议智能化辅助分析水平。

#### 2. 人工智能创新密码产品研发应用

人工智能技术能够辅助密码产品软硬件设计与测试，提升密码产品的智能化防护能力。智能感知技术能够实现密码产品应用中的策略调整和智能适配。通过密码产品与人工智能技术的融合创新应用，提升密码产品的智能化水平。

### 3. 人工智能促进密码管理智能化

利用人工智能态势感知能够发现密码应用中的潜在风险和管理盲区，采用人工智能技术对密码测评案例、攻击案例等知识库进行深度分析，能够推动密码监督管理精细化和密码测评智能化，提升密码管理智能化水平。

数字时代，密码需要从前沿理论研究、技术创新等环节与人工智能融合发展。

（1）前沿理论研究：推动面向人工智能技术的密码算法与应用理论前沿研究，包括人工智能安全计算的实用化密码算法设计、支持物联感知等海量异构分布式数据的安全获取相关算法协议设计等。

（2）技术创新：利用人工智能技术促进密码技术创新，推动密码产品系统升级，包括利用人工智能辅助密码算法、协议设计与实现安全性分析评估自动化、密码应用策略自动化适配、密码监管智能化等。

## 参 考 文 献

[1] Bohn R B, Messina J, Liu F, et al. NIST cloncl computmg reference architecture[C]//2011 IEEE World Congress on Services.IEEE, 2011:594-596.

[2] Cloud Security Alliance. Security guidance for critical areas of focus in cloud computing V4[S]. 2017.

[3] 中国信息通信研究院. 大数据安全白皮书（2018 年）[R]. 2018.

[4] 张锋军，杨永刚. 大数据安全研究综述[J]. 通信技术，2020, 53（3）: 1063-1076.

[5] The NGMN Alliance. MGMN 5G WHITE PAPER[R]. 2015.

[6] The NGMN Alliance. MGMN 5G WHITE PAPER 2[R]. 2020.

[7] 陈晓贝，魏克军. 全球 5G 研究动态和标准进展[J]. 电信科学，2015, 31（5）：16-19.

[8] 全国信息安全标准化技术委员会通信安全标准工作组. 物联网安全标准化白皮书（2019 版）[S]. 2019.

[9] 张帅. 工业控制系统安全现状与风险分析——ICS 工业控制系统安全风险分析之一[J]. 计算机安全，2012（1）: 15-44.

[10] 魏薇，景慧昀，牛金行. 人工智能数据安全风险及治理[J]. 中国信息安全，2020(3): 82-85.

# 第10章 密码管理与运营服务

## 10.1 密码管理服务概况

### 10.1.1 密码即服务

2012年，CAS(Cloud Security Alliance，云安全联盟)组建了安全即服务工作组[Security as a Service (SaaS) Working Group][①]，旨在研究如何使用云计算技术来保护各类计算过程的安全，并发布了实施指南(SaaS implementation guidance)，包含了身份与访问管理(IAM)、数据丢失预防(data loss prevention)、Web安全、入侵防御管理、电子邮件安全、加密、业务连续性和灾难恢复、网络安全和安全评估。在第八个类别——SaaS Implementation Guidance Category 8: Encryption[②]中，从数据加解密和密钥管理两个方面进行分析，对数据可用性、完整性、密钥管理与互操作、云端数据安全和终端防护，以及合规性等方面的密码应用进行了分析和阐述。

2013年的美国RSA大会上提出了"cryptography as a service"(CaaS，密码即服务)的概念，探索了密码功能以服务方式来交付的可能性，并设想了相关的应用场景。随后，学术界对这一概念进行了不断的丰富和拓展，并发展出了加密即服务、密钥管理即服务等新的概念。产业界也进行了更多密码产品和功能的服务化探索，出现了 Amazon Cloud HSM、DocuSign 电子签名服务等云密码服务。

我国从2014年开始，不少密码厂商就开始以服务方式提供密码功能的产品的研发工作，出现了云密码机、云签名系统、云密钥管理等产品，同时一些企业开始推出电子认证服务、云密钥管理服务、云数据加密服务、云身份认证服务、云电子签名服务等。

2019年9月，北京商用密码行业协会在北京市密码管理局的指导下，联合15家编写单位，发布了《云密码服务技术白皮书(2019)》[1]，白皮书对云密码服务的发展现状和应用需求进行了调研和分析，总结出云密码服务的技术体系框架，从基础设施、服务模式和管理运营等方面阐述了云密码服务的内容和特点。白皮书将云密码服务分为3类。

(1)CRaaS：云密码资源服务(cryptography resource as a service)，包括密码算法服务、证书管理服务、密钥管理服务、随机数服务等。

(2)CFaaS：云密码功能服务(cryptography function as a service)，包括签名验签、时间戳、安全认证、安全通信、随机数、用户身份密钥管理、数据密钥管理。

---

① https://cloudsecurityalliance.org/research/working-groups/security-as-a-service/ Cloud Security Alliance[OL]. 2020-10-25.
② https://cloudsecurityalliance.org/artifacts/secaas-category-8-encryption-implementation-guidance/ Cloud Security Alliance[OL]. 2020-10-25.

（3）CBaaS：云密码业务服务（cryptography business as a service），包括电子合同服务、安全文档共享服务、云安全访问代理（CASB）服务、云加密存储服务。

各类云密码服务通过密码服务平台为本地应用及第三方云上应用提供接入和访问能力。访问云密码服务的方式有 3 种。

（1）协议方式：如 KMIP（密钥管理互操作协议）、OAuth，通常以 HTTP 或 HTTPS 协议为基础，采用 XML 或 Json 等数据封装形式。

（2）接口库方式：密码服务向业务请求或应用程序，以客户端 SDK 的方式封装了客户端和密码服务之间的交互协议、通信协议，提供 API 接口。

（3）代理方式：代理通常是一个单独的密码产品，可以表现为一个单独的硬件产品，也可以表现为一个软件系统。

白皮书对国内典型的密码服务进行了描述，见表 10-1。

表 10-1　国内典型的云密码服务

| 服务名称 | 内容描述 | 服务类别 |
|---|---|---|
| 云密码资源池服务 | 密码资源池服务提供者构建密码资源池，分为密码设施层、密码服务层和密码管理层，可根据负载动态调整云密码机的规模，实现密码运算资源的动态调整和灵活调度。密码资源池服务为用户提供按需高效、弹性可扩展的密码服务 | CRaaS |
| CA 云服务 | CA 是 PKI 密码应用体系中的核心基础设施，是对生命周期内的数字证书进行全过程管理的安全系统 | CRaaS |
| 云密钥管理服务 | 云密钥管理服务是指基于密码资源池基础设施，为平台服务商、密码租用单位/个人等用户提供密钥托管相关的支持活动，如密钥托管服务、密钥安全隔离和存储服务、密钥安全访问服务、密钥的策略控制服务、基于托管密钥的简单加解密服务、密钥使用的日志记录服务、密钥高可用服务等 | CRaaS |
| 云电子签名服务 | 云电子签名服务是指基于密码基础设施，为平台服务商、密码租用单位/个人等用户开展电子印章、电子证据、时间戳、电子文件、应用程序等数据电文所需的可靠电子签名功能，如签章服务、安全日志审计服务、安全电子文件验证服务、可信时间戳服务、安全电子证据管理服务等，包括客户端签名模式、协同签名模式和服务端签名模式等 | CFaaS |
| 云身份鉴别服务 | 云身份认证服务是构建在 SaaS 层的云服务，为不同计算模式的云服务提供身份鉴别 | CFaaS |
| 云加密存储服务 | 数据加密服务是指基于云密码资源池和云密钥管理服务基础设施，为平台服务商、密码租用单位/个人等用户提供基于场景的数据加密支持活动，如敏感字段加解密服务、文件/对象加解密服务、数据库加密服务、文件系统加密服务、磁盘加密服务、大数据加密服务等 | CBaaS |
| 云电子合同服务 | 利用互联网和移动终端的特性，通过引入电子合同签署服务，实现电子合同签署全流程电子化，同时保证电子化签署后的电子合同具备与纸质合同同样的法律效力，提高业务效率，提升用户体验 | CBaaS |
| CASB 数据加密服务 | CASB 全称是 cloud access security broker，云访问安全代理，可以提供数据加密服务 | CBaaS |

云密码服务是一种全新的密码功能交付模式，是密码技术与云计算技术的深度融合。密码服务提供商按照云计算技术架构的要求整合密码产品、密码使用策略、密码服务接口和服务流程，将密码系统设计、部署、运维、管理、计费等组合成一种服务，来解决用户的密码应用需求。用户不再"购买"密码硬件或密码系统等密码产品，而是以"租用"的方式使用云上提供的各种密码功能。

### 10.1.2  公有云密码服务概况

云密码服务的发展是伴随着云计算应用的不断推进而不断发展的,在公有云发展和逐步成熟的进程中,公有云运营商首先提供了密钥管理、数据加密、证书(SSL 证书)等云密码服务。随着 SaaS 服务的兴起,一些面向公众的以密码技术为安全基础的 SaaS 安全应用服务被推出,如云身份认证服务、电子签名服务、电子签章、安全邮件、安全即时通信、安全移动办公等。另外,传统的密码产品厂商也顺应产品云服务化的需要,推出了一些适合云中部署的产品和服务,为云运营商或云用户提供密码技术解决方案,如密码资源池、证书服务、云安全访问代理(CASB)服务、VPN 网关服务、数据库加密安全服务等。

#### 1. AWS

AWS(Amazon web services)是亚马逊 2006 年推出的云服务,经过十几年的发展,现已成为全球领先的云计算 IaaS 和 PaaS 服务平台,为用户提供包括弹性计算、存储、数据库、应用程序在内的一整套云计算服务。针对云安全问题,AWS 也推出了很多的密码安全服务产品,主要集中于身份和访问权限管理及数据保护两个方面,如图 10-1 所示。

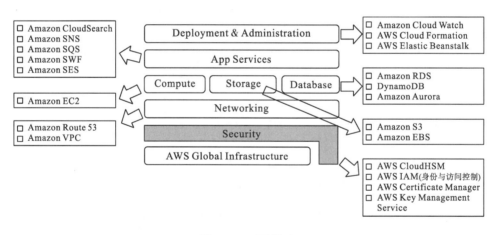

图 10-1  亚马逊云

AWS 提供的身份和访问权限管理类服务支持安全批量地管理身份、资源和权限。对于在 AWS 上运行的应用程序,可以在轻松部署的控制防护机制中使用细粒度访问控制,为员工、应用程序和设备授予他们需要的 AWS 服务和资源访问权限,主要包括以下密码服务。

(1)AWS Identity and Access Management(管理用户权限和加密密钥,IAM)。该服务可帮助用户对 AWS 及资源的访问和权限进行控制,管理用户和应用程序的权限,使用联合身份来管理用户对 AWS 账户的访问,并分析用户对资源和服务的访问。例如,用户可使用 AWS KMS 密钥、Amazon SQS 队列、IAM 角色和 AWS Lambda 函数的策略等验证所分配的公共和跨账户权限。

（2）AWS Secrets Manager（轮换、管理和检索凭据）。AWS Secrets Manager 可保护访问应用程序、服务和 IT 资源所需的凭据。该服务使得用户跨全生命周期轮换、管理和检索数据库凭证、API 密钥和其他密钥；还可以扩展到其他类型的密钥，包括 API 密钥和 OAuth 令牌。此外，Secrets Manager 帮助用户能够使用精细权限来访问机密信息，并集中审核对 AWS 云、第三方服务和本地资源的凭据轮换。现支持更大的密钥（最高可达 64 kB），从而更加方便客户管理具有长信任链的证书之类的密钥，支持更高的 GetSecretValue API 操作请求速率，最高可达每秒 2000 个请求。

在数据保护方面，首先，数据在 AWS、客户和数据中心间的传输，以及云平台之间的传输都是经过物理层自动加密的。其次，存在所有 VPC 跨区域对等流量，以及客户或服务到服务的 TLS 连接等加密层。另外，AWS 提供数据保护类服务可帮助用户保护数据、账户和工作负载免受未经授权的访问，可提供加密、密钥管理等功能，可以持续监控和保护用户的账户和工作负载，主要包括以下密码服务。

（1）AWS Key Management Service（密钥管理服务，KMS）。服务可以对密钥的生命周期和权限进行集中控制。该服务与其他 AWS 服务集成，可帮用户加密这些服务中存储的数据，并控制对用于解密此数据的密钥的访问。AWS KMS 与 AWS CloudTrail 集成，则向 AWS KMS 发出的每个请求都会记录在日志文件中，供用户查询。AWS KMS 让开发人员能够直接或通过使用 AWS SDK 轻松地在其应用程序代码中添加加密功能或数字签名功能。AWS KMS 支持用户在可使用 AWS KMS 的所有区域中创建非对称客户主密钥（CMK）并生成数据密钥对，使用此功能，AWS 用户和第三方可以在 AWS KMS 之外使用 RSA 公共密钥执行未经过身份验证的加密，但可以使用相应的私有密钥在 AWS KMS 内实施经过身份验证的解密。同样地，用户可以使用 ECC 或 RSA 私有密钥生成数字签名，且第三方可以在 AWS KMS 之外使用公共密钥执行验证。

（2）AWS CloudHSM（基于云的硬件安全模块）。AWS CloudHSM 是基于云的硬件安全模块（HSM），支持在云上生成和使用加密密钥，并支持使用经过 FIPS 140-2 第 3 级验证的 HSM 管理用户的加密密钥，可以满足用户的合规性要求。CloudHSM 可选择使用行业标准的 API 与应用程序集成，这些 API 包括 PKCS#11、Java 加密扩展（JCE）和 Microsoft CryptoNG（CNG）库等。

（3）AWS Certificate Manager（证书预置、管理和部署）。AWS Certificate Manager 是一项可预置、管理和部署公有和私有安全套接字层/传输层安全性（SSL/TLS）证书的服务，以便用于 AWS 服务和用户的内部互联资源。该服务可快速请求证书，在与 ACM 集成的 AWS 资源（如 Elastic Load Balancer、Amazon CloudFront 分配和 API Gateway 上的 API）上部署该证书，并让 AWS Certificate Manager 处理证书续订事宜。它还能够为内部资源创建私有证书并集中管理证书生命周期。

2. Microsoft Azure

Microsoft Azure 是微软推出的一个灵活的企业级公有云平台，提供数据库、云服务、云存储、人工智能互联网、CDN 等高效、稳定、可扩展的云端服务。微软采用服务于全球的 Azure 技术，为客户提供全球一致的服务质量保障。随着信息技术的不断发展，数据与隐私的安全性越发凸显，面临基于云安全场景的挑战，Azure 相继推出了一系列云密码服务产品。

1）Key Vault（密钥保管库）

Key Vault 是保护云应用程序和服务使用的加密密钥及其他密文密码的密钥管理服务，主要提供机密管理、密钥管理、证书管理、存储由硬件安全模块提供支持的机密等功能。Key Vault 可以用来安全地存储令牌、密码、证书、API 密钥和其他机密，并对其访问进行严格控制；也可用作密钥管理解决方案，可通过 Azure Key Vault 轻松创建和控制用于加密数据的加密密钥；还可用来轻松预配、管理和部署公用和专用传输层安全性/安全套接字层（TLS/SSL）证书，以用于 Azure 以及内部连接资源；数据机密和密钥可以通过软件或 FIPS 140-2 级别 2 验证的 HSM 进行保护。

2）VPN 网关服务

Azure VPN 网关是行业标准的站点到站点 IPsec VPN，该网关服务可随处进行站点到站点的 VPN 访问，为 VPN 网关提供 99.9%运行时间 SLA 保证。它将本地网络与 Azure 连接时使用行业标准协议 Internet 协议安全性（IPsec）和 Internet 密钥交换（IKE），可从任何位置连接到 Azure 虚拟网络上的虚拟机，具有安全、高度可用、易于管理的优势。

### 3. IBM

IBM 云平台提供密码运算服务、密钥管理服务、SSL 证书服务、应用标识服务等密码相关服务。

1）硬件安全模块（IBM Cloud HSM）

IBM Cloud HSM 来自 Gemalto，实现密钥保护，并为广泛的应用提供加密、解密、认证和数字签名服务，包括公共密钥基础设施（PKI）、数据库加密和针对 Web 服务的 SSL/TLS。

2）SSL 证书服务

快速高效地加密客户机应用和服务器应用之间的数据。

3）证书管理器

在安全存储库中安全存储并集中管理证书。

4）IAM 服务

提供用户配置、访问管理、单点登录、多因子认证、用户活动合规性、身份验证以及安全管理服务。

（1）特权访问管理：IBM Security Secret Server 和 IBM Security Privilege Manager 利用企业级密码安全性和特权访问管理来保护和管理对特权账户的访问。发现、保护和管理特权账户密码，以防止滥用和误用。执行最低权限策略，并使用最低权限管理、威胁情报以及应用白名单、灰名单和黑名单来控制应用。

（2）访问管理：使用单点登录（single sign on，SSO）在一个访问管理平台下统一全部的应用。支持最新行业标准，包括 OIDC、SAML 和 OAuth。利用数千个预构建的连接器来联合访问 Office365 和 Salesforce 等云应用，并使用模板集成原有应用和内部应用。

（3）身份治理：使用 IBM Security Identity Governance and Intelligence 在本地部署身份

治理，或通过 IBM Cloud Identity 从云端部署身份治理。对用户访问权和活动进行配置、审计和报告。提高访问权限利用方式的可视性，借助基于风险的洞察确定合规措施的优先级，并通过切实可行的情报做出更完善的决策。

（4）身份验证：为本地、Web、移动和云应用提供无缝、安全的用户身份验证。支持生物识别、FIDO2 U2F、FaceID、Touch ID、电子邮件/短信一次性密码和软令牌等用户认证方法。提供开发人员工具包，将用户身份验证构建到本地、移动、物联网和 Web 应用中。

5）Guardium 数据库安全产品

Guardium Data Encryption 和 IBM Multi-Cloud Data Encryption 的数据保护功能与 IBM Security Guardium 的发现、分类及授权报告功能进行配对，进而更高效地实施加密。

（1）IBM Guardium for Application Encryption：支持对数据库、大数据平台、PaaS 以及其他类型的应用实施字段级别的加密。它提供 SDK，支持用户将他们的应用与加密代理进程直接集成起来，它还提供通常用于加密和加密密钥管理的标准 API 库。该软件可实现必要的控制，阻止恶意 DBA、云管理员、黑客以及其他有关部门获取对重要数据未经授权的访问权限。所有策略和密钥管理都可以通过 Data Security Manager 来完成。

（2）IBM Guardium for Teradata Encryption：保护 Teradata 数据库和大数据环境中的数据不被滥用，避免安全风险，支持快速高效地对 Teradata 环境应用静态数据安全策略。Guardium for Teradata Encryption 可提供必要的细粒度的全面控制，并提供集中的密钥和策略管理。IBM Guardium for Teradata Encryption 具有卓越的可扩展性，仅会对性能产生最小的影响。

（3）IBM Security Secret Server：抵御利用特权账户发起的网络攻击。通过使用安全加密的保险库来存储和轮换敏感账户，确保特权账户的安全。支持特权用户发现，支持特权凭证安全存储，支持密码自动轮换，支持特权会话活动的记录及监控。

6）Hyper Protect 服务

为内存中的数据、传输中的数据和静态数据提供大型机级别的保护。

4. Google

Google 一直是软件定义边界（software defined perimeter，SDP）的倡导者，提供多种安全服务保障数据和身份安全。

1）Google KMS

Google KMS 允许创建、使用、旋转和销毁对称加密密钥，并通过 API 使用密钥加密和解密数据。Google KMS 可以处理百万级的加密密钥，并提供对密钥的低延迟访问。Google KMS 加密数据时要将数据分割为子文件数据块，每个数据块的加密使用独立的数据加密密钥（data encryption key，DEK）。DEK 紧邻被加密的数据块而存储，并受到加密密钥的密钥（key encrypted key，KEK）保护，这里使用的密钥就是管理在云 KMS 中的密钥。另外，Google 的加密密钥（CSEK）功能也整合了金雅拓的 SafeNet Luna 硬件安全模块（hardware security module，HSM）和 SafeNet 密钥保护功能，用户可自行生成、管理和使用自己的密钥，用于保护 Google 云存储和计算引擎的数据。

2）Google IAM

Google IAM（identity and access management，身份与访问管理）可提供账号管理、细粒度访问控制、多因子身份验证（含 Google 自有的硬件令牌）、单点登录等。

3）数据安全服务

Google 云上的所有数据默认都要加密，可采用 GCP 的云加密功能，或者基于客户的密钥管理服务。以云为中心的应用可以在应用层加密以获取最佳数据安全，Google 还开放了数据丢失防护应用程序编程接口（DLP API）供客户发现、分类并保护敏感数据。

5. 阿里云

阿里云作为阿里巴巴旗下的云计算品牌公司，致力于基于互联网打造公有云服务模式，提供安全、可靠的计算和数据处理能力。阿里云是国内首批推出云数据加密服务的企业，阿里云以保护数据的保密性、完整性、可用性为目标，形成了从传输加密、存储加密到计算加密的全链路数据加密体系以及内部一套严格的数据安全审计机制。典型的密码服务产品如下。

1）密钥管理服务

阿里云密钥管理服务（KMS）提供安全合规的密钥托管和密码服务，支持内部生成或外部导入密钥，用户可对密钥生命周期进行管理，支持认证、授权和审计。托管密码机对密钥提供了高安全等级的保护机制，帮助用户轻松使用密钥来加密保护敏感的数据资产，控制云上的分布式计算和存储环境。KMS 抽象了密码技术的概念，提供极简的密码计算接口，包括信封加密技术、可认证加密技术（AEAD）及数字签名验签技术等。用户可以追踪密钥的使用情况，配置密钥的自动轮转策略，以及利用托管密码机所具备的国家密码管理局或者 FIPS 认证资质，来满足用户的监管合规需求。另外，KMS 和阿里云产品广泛集成以提供原生的加密体验和进阶式安全能力。KMS 发布最新版本可支持非对称密钥（RSA、椭圆曲线 ECC）的托管和相应的密码运算，帮助用户实现数字签名、非对称数据加密业务场景。

密钥管理服务（KMS）的计费方式分为普通密钥管理费、服务密钥管理费和 API 调用费用。前两种按天计费，API 调用费按调用次数计费。

2）加密服务

加密服务基于国家密码局认证的硬件加密机，提供了云上数据加解密解决方案。设备管理和密钥管理权限分离，用户能够对密钥进行安全可靠的管理，也能使用多种加密算法来对云上业务的数据进行可靠的加解密运算。此款服务使用了江南天安的云密码机，并根据部署地区和采购时限进行收费。

3）SSL 证书

SSL 证书（SSL certificates）为网站和移动应用（App）提供 HTTPS 保护，对流量加密，防止数据被窃取。使用阿里云证书的三大优势：统一运维管理云上+云下所有证书；与云产品深度集成，可一键部署证书到 CDN、SLB 等产品；提供一键式 HTTPS 服务，实现证书自动续签，无须手动安装更新。

4) VPN 网关

VPN 网关是一款基于互联网的，通过加密通道将企业数据中心、企业办公网络或互联网终端和阿里云专有网络(VPC)安全可靠地连接起来的服务。该服务使用 IKE(秘钥交换协议)和 IPsec 或者 SSL 对传输数据或进行加密，保证数据安全可靠；采用双机热备架构，故障时秒级切换，保证会话不中断，业务无感知；阿里云 VPN 网关在国家相关政策法规下提供服务，不提供访问互联网功能。

5) 智能接入网关

智能接入网关(smart access gateway)是阿里云提供的一站式快速上云解决方案。企业可通过智能接入网关实现互联网就近加密接入，获得更加智能、更加可靠、更加安全的上云体验。该方案中，使用 IKE(秘钥交换协议)和 IPsec 对传输数据进行内网传输加密，保证数据传输过程中的安全性；提供灵活的接入方式(如物理专线、互联网宽带、4G 网卡接入等)，根据不同的网络情况灵活选择，并提供全方位多维度可靠性保障，消除任意节点单点故障。

6. 腾讯云

腾讯构建了云数据安全能力中台，中台集成了加密软硬件服务(云密码机、软件加密库 SDK)、统一密钥管理、凭证管理安全、数据透明加解密等安全能力，并提供统一的密码服务接口，为上层应用统一输出数据安全能力[2]。总体架构如图 10-2 所示。

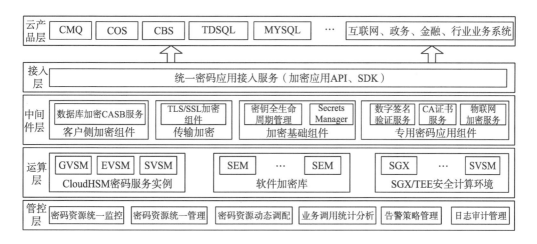

图 10-2　腾讯云密码服务

1) 云密钥管理服务

基于经过第三方认证的硬件安全模块(HSM)来生成和保护密钥，保护密钥的保密性、完整性和可用性，满足用户多应用多业务的密钥管理需求，符合监管和合规要求。

2) 云密码机

腾讯云基于云密码机(CloudHSM)，利用虚拟化技术，提供弹性、高可用、高性能的数据加解密、密钥管理等云上数据安全服务，并提供基于国密的 SDK 套件服务。

3) 凭据管理服务

为用户提供凭据(密码、令牌、证书、SSH 密钥或 API 密钥等各种类型机密信息,通常情况下用明文直接嵌入在应用程序的配置文件之中显示)的创建、检索、更新、删除等全生命周期的管理服务,结合资源级角色授权实现对敏感凭据的统一管理。用户或应用程序通过调用 Secrets Manager API 来检索凭据,有效避免程序硬编码和明文配置等导致的敏感信息泄密以及权限失控带来的业务风险。

4) SSL 证书服务

腾讯云提供证书的一站式服务,包括免费、付费证书的申请、管理及部署功能。通过与数字证书授权(CA)机构合作,为 Web 应用、移动应用提供 HTTPS 解决方案,加密保护浏览器/App 与服务器之间的数据传输安全。

5) 物联网设备身份认证(IoT TID)服务

腾讯云提供多安全等级、跨平台、资源占用少的物联网设备身份认证服务。针对物联网设备计算能力、联网能力碎片化的特点,产品提供涵盖硬件、软件等不同安全等级的解决方案,支持从无操作系统、RTOS 到 Linux 等不同计算平台,支持国密算法。通过控制台全流程可视化配置,帮助客户快速对接 TID 设备身份认证服务,全面提升各种物联网设备接入认证与数据的安全性。支持 SE、TEE、软加固等多种安全载体,其中 SE 安全芯片可提供高等级的安全性,TEE 可兼顾安全与成本的平衡,软加固在成本与资源占用量方面达到最优。支持跨平台的设备端 SDK,Android、Windows、Linux、RTOS,甚至无操作系统,均可调用设备端 SDK 实现设备身份认证与密钥协商功能,充分保障物联网设备的接入安全。

6) 数据安全治理服务

通过数据资产感知与风险识别,对企业云上敏感数据进行定位与分类分级,并针对风险问题来设置数据安全策略,提高防护措施有效性。

7) 敏感数据处理服务

提供敏感数据脱敏与水印标记服务,可为数据系统中的敏感信息进行脱敏处理并在泄露时提供追溯依据,为企业核心数据提供有效的安全保护措施。

7. 卫士云

卫士云[①]是卫士通信息产业股份有限公司依托 20 余年安全及密码领域的经验积累建设的商用密码技术的高安全云平台,首创了第三方密钥管理服务模式,为主流即时通信服务厂商提供了密码服务能力,保障互联网上政企用户在使用即时通信软件过程中的数据流转的传输、存储安全。同时能够开展安全移动办公服务,为政府用户提供按需购买的安全接入服务。密码服务体系架构如图 10-3 所示。

1) 密钥管理服务

依据国家相关标准规范,建立统一的密钥管理体系、接入规范和标准管理协议,利用密码技术保障密钥管理生命周期中各环节的安全,满足对称密钥体系和非对称密钥体系的

① 卫士云官网[OL]. https://www.westonecloud.com/卫士通. 2020-11-11.

密钥管理要求，实现密钥统一管理，支持第三方密钥管理服务模式。

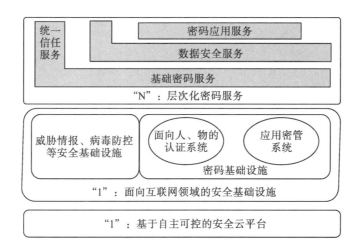

图 10-3　卫士云密码服务架构

2）密码运算服务

面向云上密码应用多样化场景，基于云密码机打造密码资源池，构建弹性密码资源服务能力，为云计算应用按需提供加解密、签名验签、散列运算等基础密码运算能力，满足云平台密码运算需求。

3）数据存储安全服务

提供结构化数据和非结构化数据的安全存储能力，提供数据在处理、使用和存储过程中的加密解密、数据脱敏和日志审计等功能，保障用户云上数据安全。

4）统一信任服务

通过身份认证、电子印章等信任服务组件对网络实体的身份、行为等进行验证，在网络实体与业务应用之间构建信任关系，保障业务的安全性，通过一站式、一体化功能和服务体系，满足用户"即需即用、按需使用"的需求，提高服务质量。

5）密码应用服务

卫士云提供了基于商用密码的安全即时通信软件——橙讯 IM 和安全邮件系统——橙讯安全邮，满足政企用户在日常工作过程中的安全协同需求，实现全过程加密和可控，提供用户数据从产生、发送、处理到存储的信息全生命周期的安全防护。

### 10.1.3　线上密码服务概况

#### 1. 密钥管理服务

密钥管理是密码应用体系中最为核心的密码应用之一，具备以下几个特点：首先，密钥管理是企业的安全成本支出，企业希望能够有效降低密钥管理的成本；其次，密钥管理有较高的技术门槛，相关设备较为昂贵；再次，密钥对安全至关重要，其合规性要求相对更为苛刻；最后，密钥管理对本地性要求不高。因此，企业对密钥管理服务化需求旺盛，而厂商又有足够的技术实力实现，因此大量安全厂商都推出了自己的"密钥管理即服务"的商业模式，市场上大多数落地的"密码即服务"实际上指的就是"密钥管理即服务"。

根据 Research 和 Markets 的报告 *Key Management as a Service Market by Component* (*Solution and Services*)，*Application*(*Disk Encryption*，*File/Folder Encryption*，*Database Encryption*，*and Cloud Encryption*)，*Organization Size*，*Vertical*，*and Region - Global Forecast to 2023*(以下简称《报告》)的预测，2023 年 KMaaS 市场规模将从 2018 年的 3.7 亿美元增加到 12.8 亿美元，平均每年增长 28.4%。《报告》预测，亚太地区将成为 KMaaS 成长最快的地区，《报告》认为企业将数据迁移到云上、政府实施严格的监管、企业追求操作的最大便捷是促成 KMaaS 市场繁荣发展的三大动力。

国际上多家厂商推出了密钥管理即服务解决方案，相关信息见表 10-2。

表 10-2    国际密钥管理即服务解决方案及产品列表

| 厂商 | 解决方案或产品 |
| --- | --- |
| Gemalto | SafeNet Data Protection On Demand<br>SafeNet Crypto Command Center |
| Amazon/Gemalto | AWS Key Management Service AWS Cloud HSM |
| Fortanix/Equinix | Fortanix SDKMS<br>Equinix SmartKey |
| Sepior | Sepior Threshold KMaaS |
| KeyNexus | KeyNexus Unified Key Management |

一般情况下，KMaaS 产品都是以云服务的方式提供密钥管理、数据加解密、HSM、数据脱敏等密码功能，并为用户提供 BYOK 支持多云环境下的密钥管理服务(AWS 产品除外)，上述这些共同之处除特殊说明外，默认所有的产品都具备。各个公司推出的 KMaaS 在商务模式、部署情况、技术路线、产品优势等方面有较大的不同，本节针对表 10-2 中的案例围绕如下几个方面进行简要的分析。

1) Gemalto KMaaS 方案

2014 年，欧洲安全公司 Gemalto 收购美国著名安全厂商 SafeNet，因此 SafeNet 品牌逐渐并入 Gemalto 之中。SafeNet 早些年的两款密码硬件产品 SafeNet HSM 和 SafeNet KeySecure 在市场上已具备较强的竞争力，它们和 SafeNet 其他云上数据保护软件产品串联使用为企业客户提供一整套云上数据安全解决方案。

Gemalto 近年来推出云端安全服务平台 SafeNet Data Protection On Demand[3]，它是一个在线市场，用户通过该平台可以选择多款云端硬件安全模块服务和密钥管理服务，企业或管理者可以在其官网上注册账号并购买 HSM on Demand for CyberArk 这类云端密码服务，购买完成后，非专业人士通过几分钟即可完成部署。图 10-4 总结了该产品的服务全景。

Gemalto 公司的传统优势在于 HSM 及密钥管理和硬件设备，云时代来临后，Gemalto 充分利用了这一优势，一方面，将这些硬件产品和云数据保护产品串联使用，建立了一整套数据安全体系，提升了用户的使用体验；另一方面，搭建了按需数据保护在线市场，将

HSM 虚拟化、云服务化，并与一些云端业务工具进行适配，从而实现了密钥管理服务化，用户可以根据自己的业务工具及企业规模按需选购服务。

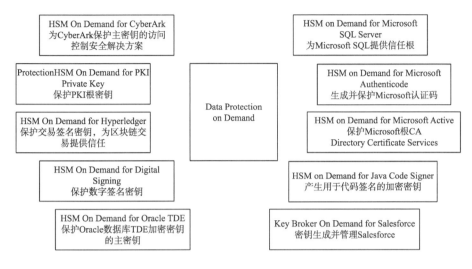

图 10-4　Gemalto 云端安全服务平台

### 2) AWS KMS 和 AWS Cloud HSM

云上数据的安全能力也是云服务的一项重要竞争力，为保障 AWS 的数据安全，亚马逊公司推出了 AWS KMS，AWS KMS 为数据保护提供密钥管理和加密的网络接口。

根据亚马逊公司给出的官方《AWS KMS 加密操作详解》，描述了 AWS KMS 的设计方式和保密技术。根据《AWS KMS 加密操作详解》，AWS KMS 的内部结构如图 10-5 所示。其中，①是一条 TLS 线路，②则由 AWS KMS 内置的协议实现。

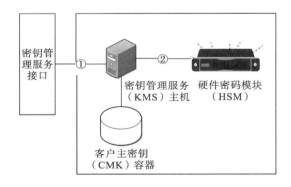

图 10-5　AWS 密钥管理服务概要

AWS KMS 的密钥层级中，最高级为客户主密钥(customer master key, CMK)，CMK 依据客户的初始化请求，通过 HSM 备份密钥(HSM backing key)生成并保存在 CMK 容器中以供用户使用。用户既可以用主密钥直接保护数据，也可以用主密钥加密数据密钥以保护数据。如果开发人员或 IT 管理员想要对某一数据进行加密，需要经过下述 3 个步骤，

320　　　　　　　　　　　　　　　　　　　　数字时代密码技术与应用

首先，向主密钥请求数据密钥返回数据密钥的明文和密文两个版本；然后，使用 AWS 加密 SDK 加密数据，删除内存中的明文密钥；最后，将密文密钥和密文数据比特链接。

与其他同类产品相比，AWS KMS 主要的独特优势在于其可以和 AWS 生态中其他产品集成，因此，AWS KMS 在同类产品中具备较高的影响力。

Gemalto 和亚马逊公司合作推出了 AWS Cloud HSM 解决方案，AWS Cloud HSM 使用多个 Gemalto SafeNet HSM 作为硬件支撑以单租户模式提供硬件安全模块的租用服务，用户可以借助该服务生成并使用自己的加密密钥。其内部结构如图 10-6 所示。

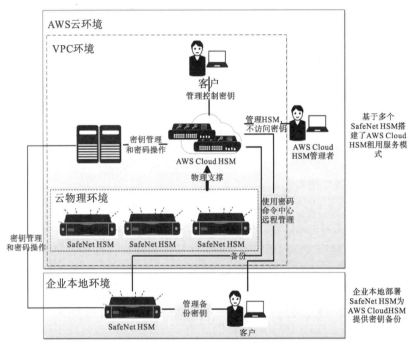

AWS Cloud HSM和SafeNet HSM的混合部署包含了各类重要的密码操作，
如认证验证和签名、文件签名、事务处理。

图 10-6　AWS 云上加密服务概要

AWS Cloud HSM 部署在虚拟私有云(VPC)中，并在用户所要保护的应用程序附近，其后台由多台 SafeNet HSM 硬件支撑，用户可在 AWS 上创建并管理密钥而 AWS Cloud HSM 管理者只能管理 AWS Cloud HSM 的运行和网络状态，以保证 HSM 的可用性。

购买了 SafeNet HSM 的用户还可以将本地 SafeNet HSM 作为 AWS Cloud HSM 的备份机使用，以提高安全性。客户还可以购买 Gemalto 的 Crypto Command Center 对 AWS Cloud HSM 进行远程管理。

这两款密钥管理即服务产品的独有优势在于它们都是 AWS 产品生态中的一环，该优势一方面可以让它们和其他 AWS 产品集成使用，如 AWS KMS 和 AWS 加密 SDK 集成对数据加密，AWS KMS 和 AWS trail 集成对密钥的使用情况进行审计；另一方面可以让它们和需要保护的对象处于同一环境中，以降低网络宽带成本。

　　Sepior 发布的白皮书指出了 AWS KMS 和 AWS Cloud HSM 的若干缺陷，首先是价格昂贵，AWS cloud HSM 的首年租金高达 2000 美元，其次是现实情况中，用户普遍采取多云部署，AWS 的产品无法为其他云的数据加密提供服务。

　　3）Fortanix SDKMS 和 Equinix SmartKey

　　Fortanix 是一家美国的安全公司，专注于加密数据和应用，其最主要的产品是它的运行时加密技术，Fortanix 将这项技术整合到其密钥管理即服务产品中，提出了 Fortanix SDKMS，Equinix SmartKey 是 Fortanix SDKMS 在 Platform Equinix 上以 SaaS 服务提供的版本。

　　Fortanix 认为加密密钥保护需要注意以下 4 点：程序和密钥管理之间的通信安全、硬盘存储中的密钥安全、计算机内存中的存储安全、在 CPU 中的密钥和加密任务的安全。Fortanix 在其宣传文件中指出，传统的数据加密方案只能解决前两者的加密问题，Fortanix 的运行时加密技术可以实现后两者的安全性，这是 Fortanix 的独有优势。因此，Fortanix 将这项先进技术融入其 Fortanix SDKMS 中。

　　Fortanix 大体上提供两种商务模式：一种是用户购买服务器软件；另一种是提供 SaaS 服务。国际龙头 IDC 厂商 Equinix 和 Fortanix 合作推出的 Equinix SmartKey 就是 Fortanix SDKMS 的 SaaS 服务版本。

　　Equinix SmartKey 既具备 SaaS 服务的便捷性，又具备基于硬件的高安全性，其运行在 Platform Equinix 上，除网络接入和安全接口接入外，Equinix SmartKey 还支持通过 Equinix Cloud Exchange Fabric 私有接入。

　　购买了 Platform Equinix 的企业用户需要在 Platform Equinix 上部署一个"三集群架构"，各个集群相互独立并各由数十个独立硬件节点组成，以减少密钥管理器和应用程序之间的通信延迟，密钥在 3 个集群架构中复制，以抵御单点故障。

　　由于 Equinix 是全球最大的 IDC 厂商，它将硬件节点部署在数据中心的物理环境中，并充分利用其拥有大量云厂商数据中心的优势地位，构建了云中立性的 Platform Equinix 数据中心互联平台，该平台大幅降低了 Equinix SmartKey 网络接入和支持多云环境的技术难度。Equinix SmartKey 的另一个竞争优势是运行时加密技术，由于我国合规性的差异，借鉴价值较低。

　　4）Sepior Threshold KMaaS

　　Sepior 推出了一款名为 Sepior Threshold KMaaS 的密钥管理即服务产品[4]，该产品和市场上其他产品的原理和结构有较大不同。Sepior Threshold KMaaS 的主要思想是采用多方计算技术将加密密钥分割备份在不同的服务器上，加密时将这些备份聚集成密钥使用，平时则将这些备份存储在不同地理区域中的多个分布式服务器中，其逻辑结构如图 10-7 所示。

　　企业将加密数据上传到多云环境中，Sepior 密钥管理集群为数据加密密钥提供安全支撑，集群由多个处于不同地理空间中的密钥服务器组成，密钥分割保存在这些服务器中，根据设计，只有 $t$ 个或以上的服务器才可以恢复出数据加密密钥，这样做既可以保证高安全性，又可以抵御单点故障。Sepior 将上述服务器集群称为门限安全模块(threshold security module，TSM)，它具备弹性、分布式的特性，门限安全模块可以部署在包含在 Sepior 云和服务商云的多个相互独立的云中。

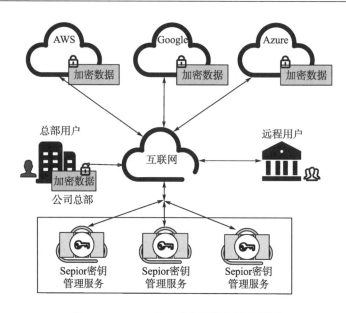

图 10-7　Sepior 分布式密钥管理服务概要

## 2. 电子认证服务

我国电子认证行业起步于 1998 年，早期的市场主要以数字证书认证服务系统建设为主，市场规模较小。2005 年，国家正式颁布实施了《中华人民共和国电子签名法》，对电子认证行业的发展起到重要的作用。《中华人民共和国电子签名法》为电子认证行业的发展奠定了法律基础，从法理上确定了可靠的电子签名与手写签名或者盖章具有同等的法律效力，明确了网络主体行为和物理世界中个体行为、相关电子数据与纸质文件之间在法律上的"功能等同"，并规定了电子签名需要由第三方认证的，且依法设立的电子认证服务机构提供服务。此后，工业和信息化部、国家密码管理局等国家相关部门相继发布了《电子认证服务管理办法》《电子认证服务密码管理办法》和《电子政务电子认证服务管理办法》等配套的法律法规，规范电子认证行业的发展。

《电子认证服务管理办法》规定电子认证服务是为电子签名相关各方提供真实性、可靠性验证的活动，包括签名人身份的真实性认证、电子签名过程的可靠性认证和数据电文的完整性认证 3 个部分，涉及数据电文从生成、传递、接收到保存、提取、鉴定的各环节，涵盖电子认证专有设备提供版、基础设施运营、技术产品研发、系统检测评估、专业权队伍建设等方面，是综合性高技术服务。《电子政务电子认证服务管理办法》规定了政务领域的电子政务电子认证服务是指电子认证服务机构采用密码技术，通过数字证书，为各级政务部门开展社会管理、公共服务等政务活动提供的电子认证服务。

2005 年以来电子认证行业开始逐步规范，《电子认证服务机构运营管理规范》、《电子认证服务机构服务规范》(试行)、《电子认证服务机构从业人员岗位技能规范》(试行)等 7 项电子认证服务管理类规范已颁布实施，市场规模逐步扩大，提供电子认证服务、电子认证产品的企业数量不断增长，监管体制也日益完善，电子认证行业整体从无序发展进入规范化、快速发展的阶段。[5]

随着网络化、信息化的发展和技术的普及使用，网络安全问题日益受到广大用户的重视，电子认证服务作为保障网络空间安全的密码基础支撑，其需求日益迫切，我国电子认证服务业产业链初步形成，包括电子认证软硬件提供商、电子认证服务机构、电子签名应用产品等产业链上下游厂商。电子认证服务产业总体规模近年来保持高速增长态势，截至2019 年 11 月，51 家电子认证服务机构完成了基于 SM2 的公钥基础设施升级改造并接入国家根 CA，作为互联网领域认证服务的运营机构，同时，国家密码管理局针对电子政务领域的证书服务需求批复了 43 家 A 级电子政务电子认证服务机构和 8 家 B 级电子政务电子认证服务机构。电子认证服务行业接受主管部门的严格监管，CA 机构利用数字签名技术为用户签发与真实身份绑定的数字证书，具有较高的安全性和法律效力，该基于数字证书的网络身份服务方案被广泛应用于网上税务、网上招投标、网上银行、电子支付、企业供应链管理等领域。截至 2016 年底，全国有效数字证书总量约达 3.39 亿张，其中个人证书约 2.91 亿张，机构证书约 4431 万张，设备证书约 309 万张。数字证书广泛应用于六大领域，即移动互联网、金融、电子政务、医疗卫生、电子商务、教育等。

随着网络化和信息化的快速发展，网络安全问题日渐突出，电子认证服务作为网络安全保障的基础，其需求日益升温，电子认证服务产业总体规模近年来保持高速增长态势，2014 年产业总体规模实现 129.9 亿元，同比增长 38.0%。其中，电子认证软硬件市场规模为 98 亿元，电子认证服务机构营业额为 30 亿元，电子签名应用产品和服务市场规模为1.9 亿元。

1) 国家电子政务外网电子认证服务

2010 年国家发展和改革委员会人事司批准成立"国家电子政务外网管理中心电子认证办公室"，主要职责是负责电子政务外网数字证书认证业务的相关管理、运行和服务工作，电子政务外网电子认证服务工作由国家电子政务外网数字证书中心承担[6]。2010 年 6月 4 日，国家密码管理局发文同意国家电子政务外网数字证书中心开展电子政务电子认证服务。2011 年 3 月 30 日，国家密码管理局为国家电子政务外网数字证书中心颁发"电子政务电子认证服务机构"服务资质。国家电子政务外网数字证书中心(政务 CA)为部署在国家电子政务外网和互联网上的业务应用提供跨部门、跨区域的电子认证服务，目前已为国家数据共享交换平台、公共资源交易服务平台一期工程、国家法人单位信息资源库(一期)等国家项目提供身份认证系统建设，为国务院应急工作办公室全国应急信息平台、国家人口基础信息库、国家自然资源和地理空间基础信息库等中央部委提供数字证书属地化服务任务。

政务外网电子认证服务体系的组织结构采用树状。其中，国家政务外网数字证书中心配置 CA 系统，承担政务外网电子认证管理和具体服务工作；省注册服务中心是经国家电子政务外网管理中心电子认证办公室批准，为省级和以下政务部门提供电子认证服务和管理的省级机构，配置 RA 系统；市注册服务分中心是经省注册服务中心批准，为市级以下政务部门提供电子认证服务的市级机构，配置 LRA 系统；注册服务点是经省注册服务中心批准，为当地政务部门或特定业务对象提供数字证书服务的受理点，配置 LRA 系统。

截至 2018 年底，政务 CA 已经在云南、四川、贵州等 29 个省份的省会城市和地级城市设立电子认证服务机构，22 个地市级设立注册服务分中心(LRA)，以及审计署、环保部(现生态环境部)、全国人大等9个部委级设立认证注册服务系统,已有33个中央部委、29个省(市)的400多个业务应用使用了数字证书,服务内容包括证书服务、密码服务、业务网络接入服务、单点登录服务、数字签名验签服务等。

(1)证书服务。通过电子认证基础设施为电子政务业务系统提供签发、注销、更新等基础证书服务;能够提供机构证书、个人证书、设备证书和代码签名证书等服务。

(2)密码服务。密码服务能够为电子政务业务系统提供不同种类的密码服务,包括对称密码管理服务、非对称密码管理服务、密码应用合规性检查和密码应用有效性检查服务。

(3)业务网络接入服务。对于业务应用系统部署在国家电子政务外网或者用户单位的内部业务网络的情况,可以在互联网和业务网络的边界部署VPN网关,用户使用数字证书通过VPN网关从互联网访问内部业务系统,用户终端和VPN网关之间实现安全加密传输,数字证书实现了接入用户身份的强身份认证。

(4)单点登录服务。单点登录服务通过整合现有的应用系统登录入口,实现多应用间的安全单点登录。实现基于数字证书的用户只需一次登录,即可在多个信息系统中自由、安全切换。通过边界接入安全网关实现与应用系统(B/S或C/S架构)的无缝接入,达到最小化改动现有的应用系统,为用户提供"一点登录、多点漫游"的一站式服务。

(5)数字签名验证服务。数字签名验证服务器(sign & verify server,SVS)专门提供数字签名服务以及验证数据报文的数字签名的真实性和有效性,用于验证用户身份、检验交易凭证。

2)中国金融认证中心电子认证服务

中国金融认证中心(China Financial Certification Authority,CFCA)是经中国人民银行和国家信息安全管理机构批准成立的国家级权威安全认证机构,是国家重要的金融信息安全基础设施之一。在《中华人民共和国电子签名法》颁布后,CFCA成为首批获得电子认证服务许可的电子认证服务机构。自2000年挂牌成立以来,CFCA一直致力于全方位网络信任体系的构建,历经十多年的发展,已经成为国内最大的电子认证服务机构之一。在电子认证领域CFCA对外提供数字证书服务和全球信任证书服务两类服务。[7]

(1)数字证书服务。CFCA发放数字证书作为各类实体(持卡人/个人、商户/企业、网关/银行等)在网上进行信息交流及商务活动的身份证明,在电子交易的各个环节,交易的各方都需验证对方证书的有效性,从而解决相互间的信任问题,包括个人证书、企业证书、服务器证书、设备证书和代码签名证书。

(2)全球信任证书服务。CFCA发放的全球信任证书服务是指发放给全球范围网站的数字证书。证书相当于Web站点的"网络身份证",提供身份鉴定并保证Web站点具有高强度的加密安全。根据安全级别和服务范围的不同,分为CFCA标准SSL证书、EV全球服务器证书(SSL证书)、OV全球服务器证书(单域名和多域名SSL证书)、CFCA OV全球服务器证书[泛域名(通配符)]等类型。

3)电子签名服务

第三方电子签名服务实现了在安全和合规的前提下,签名人不需要任何额外的硬件介质也能进行可靠电子签名,有效抵御签名过程中的各种攻击风险,而且能够与移动终端的简单易用性相结合,实现随时随地随签的可靠电子签名。随着基于云服务的电子签名技术的兴起，衍生出电子签章、电子合同、司法存证等服务。目前国内外签名、印章等相关厂商纷纷构建第三方电子签名平台，统一提供电子签名、电子印章、电子合同等服务，部分运营 CA 服务机构也在开展第三方电子签名服务业务。

国内主流的云签名服务基于可信第三方 CA 颁发的数字证书，使用移动终端为个人及企业用户提供身份认证、电子签名、电子签章、文档签署等服务，满足业务移动化、在线化场景下的电子签名需求。提供全生命周期智能管理服务合同，在合同起草沟通、决策支持、审批、管理、存档、续签、司法鉴定、仲裁、担保等复杂场景下可以高效运作，帮助企业实现降本增效、实名认证、合同管理、实时公证及证据链保存等。该平台完美适应各种终端，无论是 PC 端、手机端，还是内置的系统，电子签约都能做到合同秒发秒签，帮助企业提高业务效率。

(1) 服务内容。

①证书服务。提供个人及企业证书下载、冻结/解冻、注销、更换手机号码、更换移动设备等证书全生命周期管理服务。

②个人签名服务。为个人用户提供基于个人协同证书、托管证书及离线证书的认证登录、数据签名、网页签章、文档签署及个人印章管理功能。

③企业签章服务。为企业用户提供基于企业协同证书、托管证书的认证登录、数据签名、网页签章、文档签章及企业印章管理功能。

④电子合同服务。提供电子合同签署服务，高强度严格加密，按合同类别自动归档多状态、多标签检索、查看、下载合同在线验签，随时检验合同真实性、有效性；通过短信、邮件、App 等方式快速完成签署，实时追踪合同状态，掌握当前签署进度；支持合同模板定制，一键生成多份合同，支持合同批量审批、发送、签署、撤销等操作。

⑤时间戳服务。提供时间戳签名、时间戳签名验证服务。

⑥身份核实服务。提供基于个人身份证信息、银行卡信息、运营商信息等的个人身份核实服务；提供基于企业工商信息、企业对公账号打款信息等的企业信息核实服务。

⑦司法鉴定服务。联合权威司法机构进行合作，实现电子合同多方存证和全证据链溯源，保护客户数据安全和隐私，让合同签署更安全，更具有公信力。

(2) 服务特色。

①全程电子化。电子签名服务产品使得原有盖章审批流程全部电子化，便于企业规范流程及后续档案管理。电子签名服务可结合业务系统定制印章审批使用流程，解决以往印章使用监管难的问题，规范印章使用。

②安全性高。电子签名服务产品遵照国密安全电子印章标准，具有国密产品型号证书，并采用密码技术进一步加强密钥安全使用，保障电子签名服务的合规和安全。

③便捷高效。与传统签约模式相比，电子签名服务产品突破了传统模式的印章实体单一、异地邮寄耗时、纸质材料存档等限制，使得签约便捷，存档管理高效。

④功能丰富。电子签名服务产品为用户提供符合国家相关标准的印章申请、印章使用、印章查验等全流程电子印章服务，同时为便于用户系统集成，为用户提供签章流程所需的第三方证书服务、短信服务、证照查验服务，实现用户的一站式集成使用。

⑤接入便捷。为适应云计算服务场景，多数电子签名服务产品提供了云服务方式，为

用户系统提供电子印章 API 服务,用户仅需购买服务、系统集成即可,无须采购服务器、客户端等硬件。

## 10.2　密码服务泛在特征

密码服务泛在化是密码深度融合、广泛应用、能力聚合形成的一种存在形态,可为管理者、使用者、运营者提供全时、全域、全维的密码服务。对于密码管理者来说,泛在意味着密码管理安全可靠;对于使用者来说,泛在意味着密码服务优质高效;对于运营者来说,泛在意味着密码能力全面覆盖。[8]密码泛在化服务是以密码发展融合化为支撑,实现密码管理统一化、密码接入标准化、密码建设平台化、密码服务运营化,如图 10-8 所示。

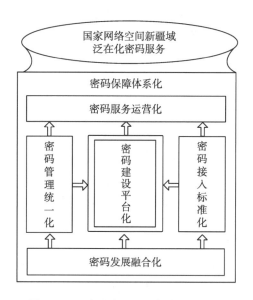

图 10-8　泛在化密码运营服务体系特征

密码服务泛在化是密码发展融合化、密码建设平台化、密码管理统一化、密码服务运营化和密码接入标准化的综合能力体现,是密码服务广泛覆盖、深度应用、随遇接入、可靠运行的集中表现。

密码发展融合化体现在两个方面:一是密码技术与信息技术的深度融合,为信息技术提供"基因化"的密码能力;二是密码服务与行业应用的深度融合,为行业各类应用提供精准化、专业化的密码服务。

密码建设平台化体现在两个方面:一是统一密钥管理、统一电子认证等密码基础设施的建设,为信息系统提供统一密码密钥管理和电子认证服务;二是网络信任服务平台、密码管理服务平台等密码系统的建设,为信息系统提供标准化、平台化密码服务,促进各类应用与密码快速集成与对接融合。

密码管理统一化体现在两个方面:一是密钥和密码资源的统一管理,提升密码管理的安全性和可靠性；二是密码设备、密码系统和密码服务等的集中监管，确保密码管理和使用的合规性、正确性，以及密码服务状态监控的实时性等。

密码接入标准化体现在两个方面：一是密码服务接口标准化，通过类似 API 网关等措施为业务应用提供统一、标准化的密码服务接口，作为密码服务请求接受的唯一入口，屏蔽不同密码服务的差异性；二是密码服务数据规范化，依据密码相关标准，采用规范化的数据模型设计，规范数据格式、数据操作、数据约束等，以保证数据的正确性、有效性和安全性。

密码服务运营化体现在三个方面：一是密码服务的连续性，需要在不间断的模式下运行；二是密码服务的可用性，需要保证用户可以按需、按时获取高质量的密码服务；三是密码服务的安全性，需要保证用户在使用密码服务的过程中信息数据的机密性、完整性和不可抵赖性等。

## 10.3　密码运营服务原则

密码服务在泛在化运营服务过程中，应遵循生态开放性、技术先进性、服务易用性、能力扩展性、系统安全性和管理合规性六大原则。其中，生态开放性是要确保优势的密码产业生态能力能够高效融入和集成；技术先进性是要确保密码技术先进适用，可满足云计算、大数据、移动互联网、物联网、人工智能、工业互联网等新技术的密码需求；服务易用性是要确保密码服务易对接、易获取、易使用和易管理，满足大规模、复杂环境下的密码服务调用和接入需求；能力扩展性原则是要确保密码服务功能和性能可弹性扩展，确保密码运营服务 SLA 服务质量；系统安全性原则是要确保密码服务软硬件系统的可靠性，运营服务数据受保护、受控制的能力和安全性等；管理合规性原则是要确保密码运营服务管理依法合规和安全可靠，在密码管理、使用、服务和测评等方面应满足国家密码主管部门相关要求。

## 10.4　密码运营服务体系

密码运营服务体系主要是以密码产业生态能力[9]为基础，以密码运营服务工具为主体，以密码运营服务人才和密码运营服务保障为支撑，为国家网络空间新疆域提供接入、混合、托管等模式的泛在化密码运营服务。其中，国家网络空间新疆域包括政务信息系统、数字经济新基建、重要行业(金融、能源、交通等)。密码运营服务体系如图 10-9 所示。

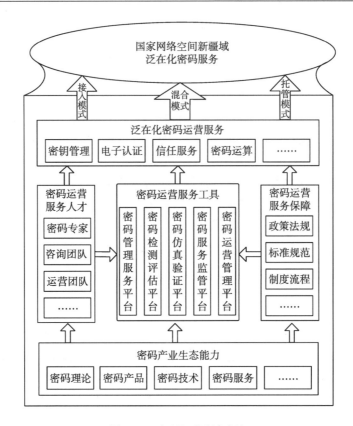

图 10-9 密码运营服务框架

# 10.5 密码运营服务平台

## 10.5.1 系统架构

密码运营服务平台是密码运营服务体系的重要组成部分。结合业内的研究成果，以及密码服务的发展趋势，在这里提出了前台服务、中台管理、后台支撑的三层密码运营服务平台架构。以密码基础设施、各类密码设备产品以及密码应用系统构建密码支撑系统作为后台；通过微服务化设计将各类密码功能转化为可便捷调用、弹性伸缩的密码服务能力，同时结合密码设备与服务管理平台提供服务管理、订单管理以及租户管理等管理配置能力，作为提供密码服务和密码管理的中台；通过密码服务中间件、API 接口等多样化的服务接入方式为终端、服务器端提供密码的按需接入能力，形成面向应用和用户的服务前台。密码运营服务平台架构如图 10-10 所示。

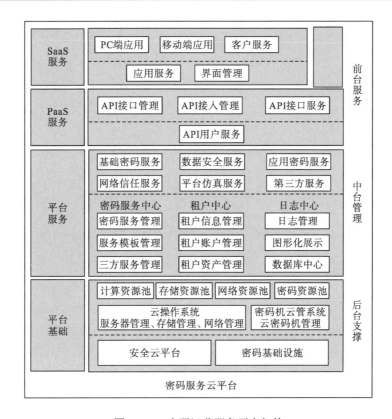

图 10-10　密码运营服务平台架构

密码运营服务平台主要由平台基础层、平台服务层、PaaS 服务层和 SaaS 服务层 4 部分组成,在互联网领域的政务活动、市场活动和社会活动领域中,面向企业用户、互联网用户和政务人员提供密码应用 SaaS 服务;面向各政务应用服务、市场应用服务和社会应用服务提供密码应用 PaaS 接口服务;平台所需各类资源信息及第三方服务可通过平台服务层接入;平台基础层整合硬件设备厂商和基础网络运营商服务为平台提供基础支撑。

平台按照前中后三台划分,分别为后台支撑层、中台管理层和前台服务层,其中前台服务层包括 PaaS 前台和 SaaS 前台。由后台支撑层为中台管理层提供各类虚拟机资源并根据服务策略保障虚拟机资源充足,性能可靠;中台管理层根据业务需求将虚拟机密码运算能力整合成平台密码服务及平台业务所需共性服务;前台服务层将中台服务打包成用户所需 PaaS 接口或 SaaS 应用供用户系统使用。各层具体描述如图 10-11 所示。

### 1. 后台支撑层运维

后台支撑层运维主要为后台管理,主要操作对象由云操作系统及密码机云管系统构成。云操作系统通过服务器管理、存储管理、网络管理等计算虚拟技术将通用云服务器整合成平台计算资源池、存储资源池和网络资源池;密码机云管系统将云密码机通过计算虚拟技术整合成密码资源池。平台基础层通过计算资源池、存储资源池、网络资源池和密码资源池为上层提供服务。

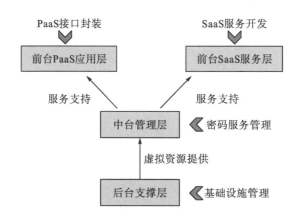

图 10-11 平台运营服务逻辑关系图

2. 中台管理层管理

中台管理层运营主要为中台管理,中台管理包含密码服务中心、租户中心和日志中心,其中密码服务中心通过密码服务管理对各项平台基础密码服务进行服务监测、资源配置、版本控制、服务上下架管理等,通过服务模板管理将各类密码服务小版本打包整合成平台所能支持的组合服务,通过第三方服务管理对平台所需的外部 CA 服务、时间源服务进行统一的计入管理和资源配置;租户中心通过租户信息管理对平台的 PaaS 服务租户和 SaaS 服务租户的各类租户信息、租户标识、租户应用标识(APIKey)、租户密码(secret)、租户管理员、租户审计员、租户操作员等进行管理,通过租户账户管理对租户所用服务、服务用量、服务费用进行账户管理,通过租户资产管理对租户所能使用的服务应用权限、服务操作权限、数据使用权限进行管理。日志中心通过日志管理、数据图形化展示和数据库中心为密码服务云平台及平台租户提供各类日志服务统计、数据图形化展示等服务。

3. 前台 PaaS 服务层运营

前台 PaaS 服务层运营主要为 PaaS 接口管理,包括 API 接口管理、API 接入管理、API 用户服务、API 接口服务,其中 API 接口服务为平台租户应用提供各类密码应用 API 接口调用服务,API 接口管理对 PaaS 封装的各类应用接口进行版本管理和上下架管理,API 接入管理对租户的应用接入、API 调用权限、API 调用合法性进行管理控制,API 用户服务为租户提供租户管理员控制台服务和日志服务。

4. 前台 SaaS 服务层运营

前台 SaaS 服务层运营主要为 SaaS 应用管理,包括 PC 端应用、移动端应用、客户服务。应用服务为各类 SaaS 应用的后台服务,界面管理为 SaaS 应用的界面管理服务,PC 端应用和移动端应用为各类 SaaS 应用提供 PC 客户端、移动客户端的版本发布管理和下载服务,客户服务为 SaaS 应用租户提供租户管理员控制台服务和日志服务,为租户终端用户提供应用设置服务。

## 10.5.2　逻辑架构

密码运营服务平台依托密码基础设施，整合密钥管理系统、密码运算系统、电子认证系统、信任服务系统、数据安全系统等各类密码资源和系统，通过密码服务中间件及 API 网关为应用提供基础密码、数据安全、应用密码、网络信任、密钥管理等各类密码服务，建立基于商用密码的密码服务体系，为云平台业务应用提供统一的密码应用和密码服务能力。其逻辑架构如图 10-12 所示。

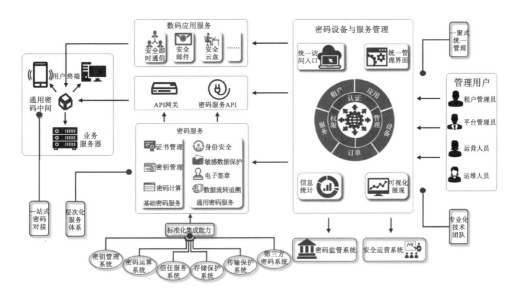

图 10-12　密码运营服务平台逻辑架构

密码设备与服务管理平台整合密钥管理系统、密码运算系统、电子认证系统、信任服务系统、数据安全系统等密码支撑系统，为上层应用提供统一的密码服务能力。密码设备与服务管理系统能够结合业务需求整合其他密码支撑系统，提供泛在的、开放的、可扩展的密码服务能力；通过与外部密码监管系统的对接，实现密码设备和资源的集中运行监管；通过与外部安全运营平台的对接，形成菜单化、流程化密码服务可持续运营能力。

# 10.6　密码运营服务模式

密码运营服务平台可以根据不同的业务场景按需提供服务模式，密码服务平台的应用模式包括接入模式、托管模式和混合模式，密码服务模式的选择应充分考虑业务应用场景的需要和密码管理服务的合规性要求。

### 10.6.1　接入模式

在接入模式下，密码运营服务平台支持应用的 PaaS 接入并提供 SaaS 服务，政企应用系统可通过密码管理服务平台统一提供的密码服务 API 获取应用所需密码服务，密码运营服务平台通过 API 网关对密码服务调用进行认证和管控。接入模式如图 10-13 所示。

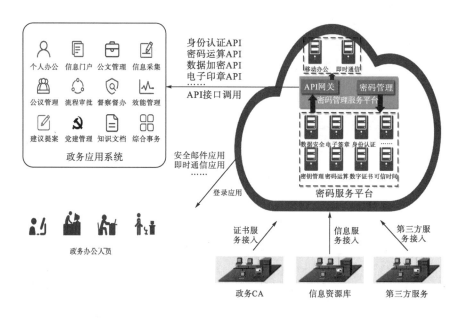

图 10-13　接入模式云密码服务应用

在这种服务模式下，各应用系统不再需要进行密码基础设施建设，无须应用迁移，通过集成密码服务 API 调用云密码服务平台资源获取服务；同时对通用应用服务(如安全邮件)应用和即时通信应用等，密码服务平台可直接提供 SaaS 应用，用户只需下载注册即可使用。接入模式适合原有业务系统已建成，安全服务需升级换代的应用需求，但由于商用使用规定的限制，对于本地密码运算无法进行全面的支持，需使用托管模式或混合模式。

### 10.6.2　托管模式

在密码服务托管模式下，密码运营服务平台托管在云平台上，业务应用系统通过密码服务 API 调用获取本地化虚拟密码资源和密码服务。托管模式如图 10-14 所示。

密码运营服务平台提供密码服务和密码管理能力，应用系统对接密码运营服务平台获取虚拟密码资源和密码服务来构建应用安全能力，办公人员通过安全接入的方式进行应用管理及业务操作。此种模式下各类应用系统基于密码服务平台进行云上密码应用建设，托管模式适合安全运维要求高的应用需求，能够满足商密需求并且能更好地适应政务云、行业云、私有云的建设现状。

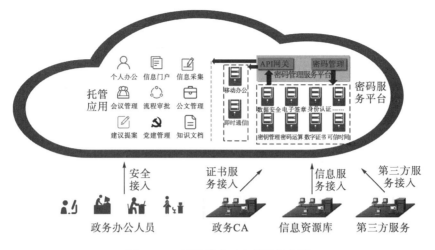

图 10-14　托管模式云密码服务应用

## 10.6.3　混合模式

在密码服务混合模式下，业务应用系统即可通过集成密码服务 API 调用密码运营服务平台资源获取其所需密码服务，也可通过调用密码服务 API 获取本地化虚拟密码资源和密码服务，是密码接入模式和托管模式的有效结合。混合模式如图 10-15 所示。

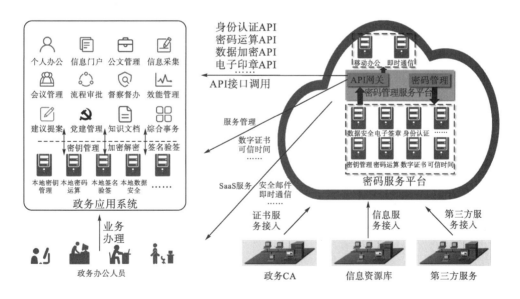

图 10-15　混合模式云密码服务应用

在混合模式下，密码运营服务平台仅为应用提供业务密码运算外的依赖服务，如数字证书申请、可信时间戳服务及电子印章申请服务等，旨在补充用户云上的服务内容，满足云上的密码服务需求。混合模式适合数据需要本地化处理的应用服务场景，能够很好地整合已有的用户建设基础，但混合部署模式尚需要通过项目进行进一步细化。

# 10.7　密码运营服务内容

密码运营服务内容包括基础密码服务、通用密码服务和密码应用服务等层面,如图 10-16 所示。

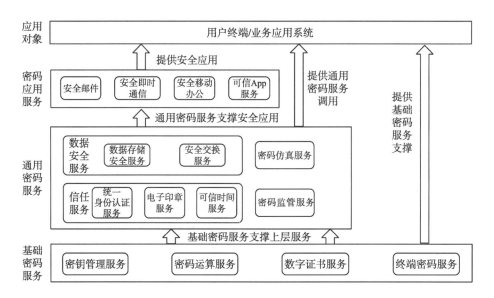

图 10-16　密码服务体系层次化视图

## 10.7.1　基础密码服务

### 1. 密钥管理服务

密钥管理服务包含对称密钥管理和非对称密钥管理,非对称密钥管理可根据合规性需求选取行业 CA 或运营 CA 系统提供,也可通过平台的电子认证系统提供,对称密钥管理依托密钥管理系统对外提供。

### 2. 数字证书服务

数字证书服务由电子认证系统或行业 CA、运营 CA 提供,对不同类型的用户平台提供数字证书的全生命周期管理,同时可考虑提供数字证书交叉验证服务,数字证书服务可以通过自建的 CA 系统提供基础的证书服务,也可以主要对接各 CA 系统提供,以满足不同用户的合规性需求。数字证书服务包括证书申请、审核、在线签发、更新、撤销、冻结、解冻、查询、验证、解析和格式转换等服务。

### 3. 密码运算服务

密码运算服务可以为云上用户部署在云上的业务数据提供加解密、签名验签和摘要计算等密码运算，满足云计算环境中的数据加密和签名保护的安全需求。

### 4. 终端密码服务

终端密码服务是指基于软件密码模块以 SDK 方式集成到移动应用中，并为其提供加解密、签名验签、密钥管理、证书管理、身份认证、敏感信息安全访问、传输和存储等服务。当用户在银行、证券、第三方支付、电子商务、电子政务、企业移动办公上进行登录、支付、转账、文件发送等操作时，可使用密码软卡对数据进行加密、解密、签名、验签等密码运算。依托密码服务平台为密码软卡实现密钥全生命周期的管理及证书服务。

## 10.7.2　通用密码服务

### 1. 统一身份认证服务

为网络内的各类网络实体提供统一身份认证服务，为不同租户的应用系统提供用户管理和身份认证服务，包括安全的资源管理服务（account）、可定制的多因素认证机制（authentication）、灵活的策略配置与授权管理（authorization）、标准化应用开发接口和应用管理配置能力（application）、审计能力（audit）。

### 2. 电子印章服务

电子印章服务是指以 API 方式为用户提供电子签章功能及签章业务流程中所需配套服务，服务内容主要有证书管理、印章管理、签章验章、数据统计、短信等第三方服务、时间戳服务、区块链存证等。

### 3. 可信时间服务

可信时间服务基于数字证书认证系统提供的数字签名服务实现，符合可信时间同步规范和时间戳服务规范等相关标准。通过配置基准时间系统、可信时间服务代理、时间戳服务系统、监管服务系统和客户端组件，借助应用层密码设备提供的数字签名等密码运算服务，可为网络中的业务系统、服务器、应用终端提供时间同步以及时间戳服务，满足时间可信和时间一致性、抗抵赖需求。

### 4. 数据存储安全服务

数据存储安全服务包括结构化/非结构化数据的安全防护、数据细粒度访问控制、敏感数据发现、防篡改的安全审计等，保护政企用户及密码服务的租户单位的数据安全，保护核心资产安全。

### 5. 安全交换服务

安全交换服务通过对共享交换数据自身属性信息的抽取，并利用数据自动化分类分级技术进行数据分类分级配置，同时针对不同等级不同类别的数据提供数据安全策略配置，将数据属性、数据级别类别及数据的安全防护策略结合起来共同构建针对数据的数据安全标签，利用数据安全标签实现对共享数据提取、发布、交换、使用、存储、销毁等各个阶段的安全防护。

### 6. 密码监管服务

随着密码行业的不断发展，逐渐呈现出密码泛在化的趋势，密码应用的监管工作逐渐引起人们的重视，为了规范密码应用，充分发挥密码的安全功效，加强密码应用的事中事后监管，卫士通推出了云平台密码监管服务。密码监管服务以平台密码应用合规监管和平台密码应用态势感知为主要服务内容。

### 7. 密码仿真服务

为了保障业务应用系统在生产环境中能够安全稳定地使用密码服务，提供密码仿真环境供业务应用在联调对接过程中的研发支持。在云平台划分密码仿真服务区，业务应用系统购买密码服务后，可在仿真服务区进行与密码服务的集成工作，并执行业务应用系统上线前的仿真测试工作。同时，为应用系统提供各类密码设备仿真测试接口用于应用集成开发调试。

## 10.7.3 密码应用服务

密码应用服务基于密码服务平台提供的密码运营服务能力，结合业务应用系统，打造密码应用系统，面向各类应用场景提供安全可靠的应用服务，如以密码为核心技术手段打造的安全即时通信服务、安全邮件服务、安全移动办公服务以及安全可信 App 服务等。

### 1. 安全即时通信服务

政务微信、企业微信、钉钉等政务领域专用即时通信软件由于其便捷性和易用性日益成为政务部门和企业协同办公的重要工具，由于政务活动的敏感性，部分核心数据安全性至关重要，因此相关数据需要采用国密算法进行加密保护，安全即时通信服务可有效满足政务微信、钉钉等政企即时通信工具的密码应用需求。

安全即时通信服务可为即时通信软件提供按需弹性、应用场景全覆盖的高安全 SaaS 密码应用服务。移动终端部署了与 App 全平台紧密结合的 SDK 密码中间件，后台依托密码管理服务平台部署协同运算服务和密码模块管理服务。整个过程中，政企用户无须再独立部署其他服务器或平台，只需在手机上安装最新版本的即时通信软件即可。

### 2. 安全邮件服务

电子邮件是政企日常办公过程中最常用的协同和交流工具之一。邮件收发经常存在政府、企业的敏感信息的流转和存储，因此需要提供面向电子邮件的密码服务能力，保证电子邮件系统在邮件客户端、邮局以及传输过程中的身份和数据安全。

安全邮件密码服务通过终端和服务器端集成相应的密码服务中间件，通过端到端加密、强身份认证、存储加密保护等服务能力，确保邮件数据传输安全。

### 3. 安全移动办公服务

针对移动办公中需要保护的对象，从移动办公系统所面临的安全风险出发，结合移动办公的业务应用需求，参照相关等级保护安全防护标准，通过移动办公系列软硬件产品的有机组合，打造安全移动办公身份认证和接入控制、加密传输、隔离交换的三道防线，实现办公移动化、安全平台化、体验个性化的目标，保障移动办公业务的整体安全。

安全移动办公服务以等级保护标准的基本技术要求为指导，结合移动办公业务系统，从移动终端、移动通信网络、移动办公应用等多个方面进行整体保护，实现办公移动化、安全平台化，提高办公效率，保障移动办公系统的安全，提供移动终端安全、信道安全、接入安全、服务端安全 4 个层面的移动办公安全服务。

### 4. 安全可信 App 服务

移动 App 通过各种方式获取用户记录和敏感信息的行为屡禁不止，并有愈演愈烈的趋势，需要有效解决手机 App 数据的滥用、混用、盗用、乱用问题，重点在于实现对使用人员手机 App 敏感数据的全程有效管控，确保这些数据规范、无害地使用。

通过打造可信 App 运营服务，适配移动终端安全采集组件、安全检测组件和安全保护组件，打造可信 App 运营平台，实现对 App 敏感数据的安全防护。其中，移动安全保护组件主要对 App 运行环境进行保护，阻止第三方软件和底层软硬件对用户数据的共享获取，采用密码技术确保数据本次存储的机密性、完整性。利用密码技术，实现移动终端 App 与可信 App 运营平台之前的数据传输加密保护。

## 10.8　密码运营服务保障

密码服务是一类专业性较强的云服务内容，基于密码服务的运营工作需要参考目前主流云服务和传统线上密码服务的运营工作，结合密码服务的特性和要求，从运营团队、运维机制、运营制度和安全保障等方面设计密码运营服务体系，指导密码运营服务工作高效、有序开展，让密码服务像云服务一样为用户提供泛在接入、弹性伸缩、按需接入、按量付费、即接即用的服务模式。

云密码服务平台要制定严格的安全及运维管理规章制度，安全及运维管理应由专门的部门负责，安排专人进行运行维护和日常管理，明确其职责和分工，并对相关人员进行必要的培训。运维团队主要负责密码管理服务平台、密码监管服务平台、密码运营管理平台等的日常运行维护,涵盖系统管理、配置管理、任务处置、应急响应等工作云密码服务平台涉及的安全及运维管理工作主要涉及以下两部分内容。

(1)运维工作。云密码服务平台运维工作的主要工作内容是保障平台硬件基础设施的稳定运行及各平台资源的按需调配,包含设备状态监控维护、网络状态监控维护、服务版本管理、平台服务状态监控维护、第三方服务状态监控维护、数据备份管理等。

(2)运行管理。运行管理工作主要包含对物理环境的管理和维护,人员安全管理,网络基础设施、数据基础设施、系统平台、应用系统等的管理,安全操作和日常操作的管理。

# 10.9    密码服务关键产品

## 10.9.1    密码服务系统

### 1. 系统组成

密码服务系统主要由通用密码服务子系统、密码服务安全支撑系统、密码设备与服务管理子系统 3 部分组成,通过对底层密码应用系统的统一管理和对接,对外提供统一的密码服务接口,为应用系统提供接入认证、权限控制、负载均衡、日志统计和使用情况展示等功能,实现密码服务的弹性、便捷、可扩展和管理可视化。密码服务系统组成如图 10-17 所示。

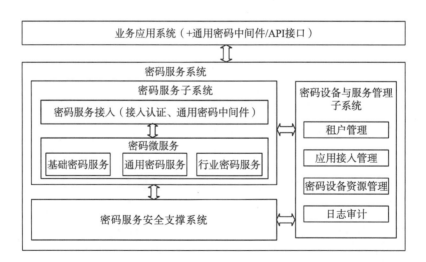

图 10-17    密码服务系统组成图

密码服务子系统在密码设备管理与服务平台的统一管控下,实现对平台的安全接入、租户管理、应用接入管理,密码资源、资产的管理,同时为密码服务提供管控支撑;密码服务是采用微服务架构对密码服务基础支撑设备、系统的能力进行抽象封装,形成密码运算服务、密钥管理服务、密码设备管理服务、身份认证服务等，在这些服务的基础上，结合应用的需求进一步贴近应用进行抽象封装，形成签章服务、文件安全服务、数据库安全服务等。通用密码中间件将密码服务的能力采用标准统一的接口，以 API 的形式或 SDK 的形式向安全应用提供。密码服务系统采用松耦合的方式为包括密码监管平台、安全运营平台等外部管控系统提供统一的管理和监控接口，支持其密码监管、服务的开通、暂停等服务管理。

### 2. 系统功能

1）通用密码中间件

通用密码中间件是为了让安全应用系统更容易使用密码服务，将密码服务中的密钥管理、密码设备管理、身份认证等接口封装成支持各种操作系统、各种常用语言的 SDK。通用密码中间件提供两种接入方式：API 接口和 SDK 封装。API 提供标准的 REST（representational state transfer）接口，包含灵活、丰富的密钥管理接口、密码设备管理接口以及其他密码服务接口。中间件 SDK 是将服务接口封装成支持各种平台和语言的 SDK，安全应用只用集成 SDK 提供的业务接口，对业务数据进行常规的操作即可。例如，即时通信 SDK，安全应用只需调用密码服务 SDK 提供的收发即时消息接口，不再关心如何管理加密密钥、调用哪种加密算法、如何保护数据完整性等。

通用密码中间件分为终端密码中间件与服务端密码中间件，终端侧密码中间件适配安全应用用户终端平台，包括移动智能终端系统 Android、iOS 和桌面操作系统 Windows、MacOS、Linux 等，服务端 SDK 适配安全应用服务端，以 Linux 系统为主。

2）密码设备与服务管理子系统

密码设备与服务管理子系统是密码服务系统的管理平台，承担密码服务的接入控制、权限管理、租户管理、日志管理等功能。

安全接入网关是密码服务系统中为密码服务提供管控能力的组件，具备身份认证、权限判别、负载均衡、缓存、监控等职责。通过身份认证和权限判别对接入平台的 API 请求的合法性和访问权限进行判定。请求路由和负载均衡是根据密码服务具体负载情况，将服务请求转至对应的密码中台服务处理，并将处理结果返回发送安全应用系统。数据缓存是对频繁使用的信息进行数据缓存处理以减少信息查询操作及缩短响应时间，如用户标识信息、用户权限信息等。流量管控是对安全应用系统的接入流量进行管控，对异常超标流量进行限流操作防止因个别安全应用系统故障导致平台服务阻塞，同时对服务状况进行监控及异常预警，避免个别服务故障影响平台整体服务。

管理平台是为保障密码服务系统正常运行提供管理能力的组件，包括租户管理、应用接入管理、用户管理、密码资源管理、密码资产管理、日志审计、系统监控等。租户管理是对使用密码服务系统的租户进行账户管理、角色管理、授权管理、租用内容管理等。应用接入管理是提供应用使用密码管理平台的注册、授权等权限的配置能力；用户管理是对密码服务系统管理用户/安全应用用户的注册/注销、密码服务使用授权管理等；密码资源管理对密码服务系统的密码资源（服务）的申请、按需分配、弹性扩容、定制使用、安全回收等进行管控；日志审计是对系统所有用户的操作的时间、事件、结果等信息进行记录，并确保日志的完整性,给审计人员进行审计;系统监控是对密码服务系统密码资源的使用情况、安全基础设施的工作状态、系统运行的状态等进行监控,并由标准接口向可视化界面、密码监管平台、业务运营平台上报状态数据。

密码服务是采用微服务架构,将密码运算、密码设备管理、密钥服务等密码功能抽象、封装成微服务,并对这些微服务进行封装和组合形成密码服务中台,通过安全接入网关为安全应用提供各种密码服务。

3)密码服务

密码支撑服务集成了底层的密码基础设施、密码设备和密码应用系统,是密码服务系统的基础支撑,对密码服务基础支撑设备和系统的能力进行抽象和封装,形成接口统一的密码服务。平台提供统一的异构密码基础设施集成框架,异构的密码设备及系统基于标准接口进行适配和集成,以第三方密码服务的形式集成到密码服务系统中,对已有的密码服务能力形成补充完善,从而实现密码功能的服务化,通过通用密码中间件统一对外提供基础密码服务、典型密码服务以及行业密码服务。

基础类密码功能包括密码运算、密钥服务、密码设备管理、数据加密等,对外提供较为底层的基础密码服务。

通用密码服务根据常用的安全需求分类,对密码功能进行封装,对外提供典型密码服务能力,包括身份认证、通道安全、文件安全、数据库安全、签章等密码服务功能。

密码应用服务归纳行业应用,提炼共同安全需求,形成行业针对性更强、可用性更强的密码服务,包括即时通信类密码服务、邮件类密码服务、车联网类密码服务、移动办公类密码服务、金融支付类密码服务等。

同时平台支持第三方密码产品的接入,按照统一的接入标准集成第三方密码产品,并将其密码功能整合、封装,实现密码服务化,对外提供统一的密码服务能力。

## 10.9.2　信任服务系统

### 1. 系统组成

信任服务系统主要由统一身份管理、授权管理、身份认证、访问控制、单点登录服务、电子印章、责任认定、可信时间服务等系统组成,向下依托密码基础设施及密码运算系统,向上支撑密码服务系统提供信任服务相关能力。

信任服务系统逻辑结构如图 10-18 所示。

### 2. 系统功能

1)统一身份管理系统

统一身份管理系统构建网络空间统一身份标识,提供应用信息管理、用户信息管理、组织架构管理、授权信息管理、信息发布服务、系统策略管理、行为审计等功能。通过用户信息采集、信息注册,结合实名认证信息,在确保隐私保护的条件下提供多模式身份凭证管理,实现多个原始身份认证域用户信息的数据聚合和数据整理,建立多原始域用户身份标识映射，建立全网一致的用户注册、审核、变更和注销全流程管理，进行统一的用户信息管理、维护和发布，为全网应用提供统一的用户信息服务，实现"一次注册、全网通用"。

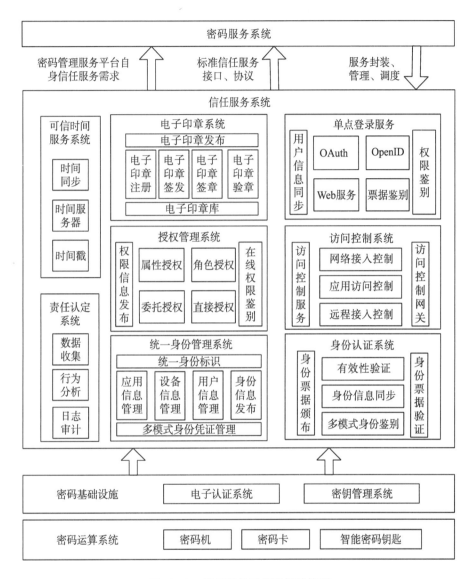

图 10-18　信任服务系统逻辑结构图

2) 授权管理系统

授权管理系统根据所需资源对应用访问或网络接入等请求生成权限信息，访问控制系统基于策略下载权限信息进行访问控制，系统发布鉴权服务为访问控制系统提供在线鉴权鉴别功能。系统支持属性授权、角色授权等授权模型，按照应用场景需求，提供直接授权、委托授权等需求功能。

3) 身份认证系统

身份认证系统提供用户身份认证服务、用户实名验证服务、应用身份认证服务，确保用户访问应用系统时用户身份、应用身份的真实性。身份认证服务支持数字证书,生物特征、电子凭证等多模式身份鉴别,结合统一身份管理系统的身份信息同步,对用户、应用进行有效性验证及身份鉴别。构建统一身份认证服务,并颁发身份票据,实现基于身份票据的全网统一认证、跨域条件下的信任传递、统一门户的单点登录,以及应用系统通过简单改造实现应用认证和应用层访问控制,解决用户身份的互信互认。

4)访问控制系统

访问控制系统提供网络接入控制、应用访问控制、远程接入控制等功能,在传输层实现用户安全接入和应用访问控制;权限鉴别服务根据所需资源对应用访问或网络接入等请求生成权限信息,访问控制系统基于策略下载权限信息进行访问控制,系统发布鉴权服务为访问控制系统提供在线鉴权鉴别功能,实现"一次认证,按权访问"。

5)单点登录服务

单点登录服务系统提供支持 Web 应用、C/S 应用、App 应用等多种应用类型的单点登录服务,使用户只需登录一次就可以访问所有的应用系统。支持 OAuth、OpenID、SAML、Web Service 等多种单点登录协议,建立全网的单点登录服务,实现"一次登录、全网访问"。

6)电子印章系统

遵循国家关于电子印章相关标准,电子印章系统提供各级政府部门的印章注册签发管理、信息备案以及签章管理等功能,面向互联网用户的验章公共服务支撑各级政府各部门日常办公、办文、办事以及线上业务审批过程的签章、验章应用;构建一体化的电子印章体系,遵循物理印章的管理方式,对电子印章的申请、审核、制作、发布、发放、备案、冻结、更换、注销全流程进行统一管理,保障电子印章的合法化,实现各级政府相关部门电子印章的统一管理,明确管理职责、建设模式、使用范围,实现印章的可信可控管理和应用。

7)责任认定系统

责任认定系统主要为区域内网络活动提供审计数据的收集、数据分析服务。

数据收集对日志数据收集对象基本信息进行维护和管理,包括日志数据收集对象的注册、修改、更新以及其上报的日志数据格式策略管理,同时可接收资源服务管理系统推送的资源信息作为责任认定系统的日志数据收集对象;根据策略进行分析、识别风险行为的日志信息检索、查询。

8)可信时间服务系统

可信时间服务系统在 CA 的支撑下,可为所有网络与安全设备、信任服务系统、综合安全监管系统、业务系统服务器等提供基准时间同步服务,支持通过时间服务代理为密码设备、重要业务服务器提供安全时间同步,支持为业务应用及安全审计日志提供时间戳服务,保证用户行为及网络事件的时间特征可信。

### 10.9.3 云密码资源池

#### 1. 系统组成

云密码资源池为云环境中部署的大量业务系统提供动态、弹性、可伸缩的随机数产生、加密/解密、签名/验签等基础密码运算服务，并能够进一步构建文件加密服务、网络存储加密服务等应用加密服务，具备高可靠性、高安全性、易扩展能力的软硬件密码系统，由密钥管理系统、云密码机、USBKey 等组成，主要通过对云服务器密码机等物理密码设备以集群的方式进行密码资源统一调度，为上层系统及应用提供按需高效、弹性可扩展的密码服务。部署在云平台上的各类业务应用，通过调用云密码资源池提供的密码服务，为海量业务数据提供传输加密、存储加密、身份认证、签名验签等功能，筑牢平台业务安全底线，确保业务数据安全。

云密码机采用虚拟化技术，在一台硬件密码设备上实现同时运行多个虚拟化的密码机（VSM），可与云计算密码资源管理系统无缝对接，实现对 VSM 的独立管理。通过隔离技术，实现 VSM 之间的密钥安全隔离，切实保证云端用户秘密信息的安全。通过弹性调度技术，实现 VSM 密码服务性能的弹性扩展。支持虚拟化多种密码体系的 VSM，用户使用 VSM 与使用传统密码机一致。云密码机根据应用的领域可配用不同算法的 USBKey。其逻辑结构如图 10-19 所示。

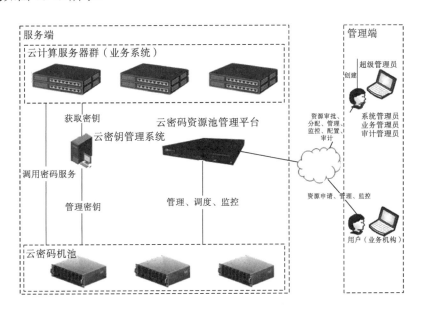

图 10-19　云密码资源池逻辑结构图

**2. 系统功能**

1) 云密码资源池管理功能

（1）虚拟网络池化管理。云密码资源池管理平台对虚拟网络、虚拟子网、虚拟路由器、虚拟安全组、虚拟安全组规则等网络资源以池化的方式进行全生命周期的管理和控制，并为密码计算单元(虚拟密码机)、密码计算单元集群(虚拟密码机集群)提供网络服务。

（2）计算资源池化管理。云密码资源池管理平台将资源池中的计算资源池化后进行管理。租户开通密码计算单元(虚拟密码机)或密码计算单元集群(虚拟密码机集群)时，云密码资源池管理平台将物理 CPU 池化为虚拟 CPU，将物理内存池化为虚拟内存并映射为加密资源，为密码计算单元(虚拟密码机)、密码计算单元集群(虚拟密码机集群)提供密码计算服务。

(3)镜像资源池化管理。云密码资源池管理平台提供虚拟镜像的上传、修改、删除等功能，为密码计算单元(虚拟密码机)、密码计算单元集群(虚拟密码机集群)提供虚拟镜像服务。

2)云服务器密码机功能

云服务器密码机功能包括：VSM 间密钥安全隔离和访问控制功能；VSM 性能按需分配功能；VSM 性能弹性调度功能；VSM 双机热备、负载均衡功能；支持生成服务器密码机 VSM、金融数据密码机 VSM、签名验证 VSM 等不同类型的 VSM。

服务器密码机 VSM 对外提供如下功能：数据加解密；数字签名/验证；MAC 的产生、验证；单向散列；对等实体鉴别；支持 SM1、SM2、SM3、SM4 等商密算法；标准的密码服务接口。

金融数据密码机 VSM 对外提供如下功能：数据加解密；数字签名/验证；消息摘要；消息完整性保护(MAC 计算和验证)；个人身份码(PIN)保护(PINBLOCK 加密、转换、验证)；CVV(卡校验值)、PVV(PIN 校验值)计算；交易正确性验证(TAC 计算和验证)；IC 卡交易(ARQC、ARPC)；支持 SM1、SM2、SM3、SM4 等商密算法；标准的密码服务接口。

签名验证 VSM 对外提供如下功能：密钥管理功能；证书/证书链/CRL 管理；数据加解密；PKCS#1 签名/验签、PKCS#7 签名/验签；会话密钥协商、数字信封；消息验证码 MAC 的产生、验证；消息杂凑；物理噪声源生成真随机数；支持 SM1、SM2、SM3、SM4 等商密算法；标准的密码服务接口。

3)安全管理功能

安全管理提供对使用 VSM 的租户管理员进行 USBKey+证书认证、对业务系统进行证书认证的功能；基于证书信息+IP 地址的访问控制功能；租户业务系统与 VSM、管理系统与 VSM 之间的 SSL 安全通信功能。

## 10.9.4 密码监管系统

### 1. 系统组成

密码监管系统分为监管呈现子系统和数据分析子系统两部分，通过标准接口和协议实现与各类密码设备、密码硬件模块以及软件密码模块之间的数据交互，融合来自不同设备和系统的数据，进行集中统一监管，及时掌握密码运行状态、资源使用情况和密码应用在线状态、加解密服务的使用信息、数据处理信息等，形成整合不同监管角度的集中统一的密码监管能力和安全风险预警能力，实现以数据安全分析为基础的全网密码设备、密码系统和密码模块的整体监管、风险监测预警和业务健康评估。

密码监管系统可对密码管理服务平台密钥的使用情况进行监管，实现密钥的使用状态、密钥过期以及密钥异常等各类生命周期内情况的监管，提供图形化统计界面，保障密钥的整个管理过程合规、不被泄露，确保信息安全。密码监管系统可对监管设备算法进行有效性校验和设备自检，包括密码算法实现的正确性、随机数、密钥的完整性以及密码服务功能的正确性等检查。其系统组成如图 10-20 所示。

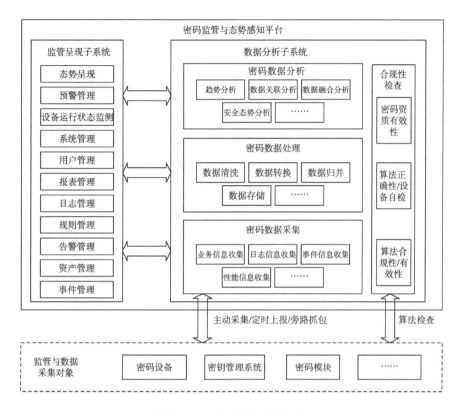

图 10-20　密码监管系统组成

## 2. 系统功能

### 1) 数据分析子系统

数据分析子系统通过密码服务系统提供的密码监管接口，对各类密码设备、密码基础设施对于密码使用的正确性、合规性和有效性进行有效监管，如状态查询、密码合规性、安全告警等。同时对接密码服务系统采集密码服务相关数据。

（1）密码数据采集。执行对密码设备、密码系统、密码服务系统等监管对象的日志信息、业务信息、事件信息、性能信息等的数据采集。

（2）密码数据处理。通过对历史和实时数据的数据清洗、数据转换、数据归并过程，将格式化的数据，通过数据关联分析、数据融合分析等分析技术，形成系统可以利用的价值信息，存入分析子系统的数据资源库中，为上层数据分析提供数据支撑服务。

（3）密码数据分析。通过行为建模分析，采用数据关联分析、数据融合分析、安全态势分析等技术从资产风险、安全威胁、异常以及用户行为等维度进行安全分析。

2) 监管呈现子系统

监管呈现子系统主要包括系统管理、资产管理、规则管理、告警/预警管理、日志管理和报表管理等功能。

(1) 态势呈现。基于分析子系统所提供的分析结果，依据相关标准对全网整体运行情况、业务情况、资产情况和风险情况进行评估。

可视化展现模块实现了数据的可视化，并对数据加以挖掘、分析利用，以丰富的可视化视图，深度数据分析，为各级管理和运维保障人员提供重要的决策依据。良好的可视化效果易于大屏播放，充分展现监管系统的价值。

①运行态势。运行态势反映当前整网的资产运行情况，包括密码设备、密码系统和密码模块的在线离线状态、性能负载情况、基础运行情况列表、运行告警列表等。

②业务态势。业务态势从密码业务系统和密码模块提供的业务维度进行集中统一的态势呈现，包括密码业务系统和密码模块的服务状态、加密解密的情况、数据处理情况等。

③资产态势。资产态势从密码资产维度感知整网安全态势，包括资产总体数量、资产类型、资产威胁分布等态势呈现。

(2) 资产管理。资产管理为用户提供管理安全资产的统一交互页面，能够增加、修改、删除单个资产信息，支持批量导入导出资产列表；提供用户自定义筛选条件，可以按照资产类型、所属安全域、组织机构等属性，对安全资产进行多维度分类检索；同时也支持资产信息的全文检索。

系统管理员可以自定义资产类型，并且可以根据项目具体情况扩展资产类型，包括资产类型和资产分类。

系统管理员还可以自定义资产类型号，并且可以根据项目具体情况扩展资产型号，包括资产类型、生产厂商、型号、版本、支持协议等信息。

(3) 设备运行状态监测。密码监管系统依据行政法规和国家标准的强制性要求，专注于保障网络安全、稳定运行，有效应对网络安全事件，防范网络违法行为，系统能够通过标准接口和协议实现密码设备、密码系统以及密码模块之间的数据交互，对网内所有的密码设备、密码系统和密码模块进行集中统一的监管，及时掌握密码设备、密码系统和密码模块的运行状态和资源使用情况。

(4) 事件管理。事件管理功能模块接收前置采集系统从安全资产处采集的原始安全事件，将其进行标准化、过滤、归并、分类等多种操作后，识别安全事件的作用域、分析安全事件严重级别、判断对系统的影响、触发对应的响应流程。最后对数据进行存储以便于后续分析和回顾。

事件管理功能的用户界面集中呈现安全事件的各项信息，支持按时间、事件等多种维度对事件进行筛选和展示，提供对事件发展趋势的预判。

(5) 告警管理。告警管理功能旨在帮助用户发现资产可能存在的安全威胁，并对安全威胁进行全生命周期管理。

本模块分析安全事件、安全威胁等数据，在告警规则的指引下生成不同类型、不同级别的告警信息，并可以通过工单通知指定的负责人，督促用户对安全威胁进行及时响应处置。

(6)预警管理。预警管理功能将潜在安全威胁提前告知用户，使用户及时了解安全风险，继而提前做出应对措施。

预警管理功能的用户界面支持按预警类型、预警趋势两个维度来展示预警信息；支持配置预警信息的统计周期；支持按预警名称、类型、等级、产生和结束时间导出结果；支持编辑、撤销、发布预备预警。

(7)系统管理。系统管理员可以对系统自身的运行参数进行配置，从而监控系统自身运行状态以及多种运行指标(包括 CPU 使用率、内存使用率、磁盘使用率等)，当健康指标超过预设的阈值时，系统会自动产生告警信息提示用户。还可以对日志的保存时间、日志空间的报警阈值、性能数据的保存时间、报表数据的保存时间进行配置。

(8)规则管理。系统内置告警/预警规则，可以匹配接收到的安全事件自动生成告警/预警信息提示用户，同时系统支持用户自定义告警/预警规则，包括规则名称、规则类型、采用的规则模板、规则匹配的事件来源，产生告警/预警的条件，匹配规则产生的告警/预警的名称、告警/预警的类型、告警/预警的级别等。产生的告警/预警会并入告警/预警管理，在统一的告警/预警管理界面进行展示和统计。

(9)日志管理。系统自动记录用户的操作日志，包括对资源的添加、删除、修改等动作。在日志管理中可以集中查看各个用户的操作日志，并对日志进行统一维护。

(10)用户管理。可对接省级统一用户管理系统提供用户管理功能。依据三权分立的系统角色职能判定，当前登录用户可对自己角色及角色下的用户进行人员属性及账号安全管理。

通过人员属性管理，用户能及时了解管理范围内各个用户的账号、姓名、联系方式等信息，以便用户进行系统运维任务派发等工作。

(11)报表管理。系统可提供灵活的报表管理功能，可以支持实时报表，实时地输出期望的报表内容，也可按照客户指定的周期自动生成历史报表以帮助用户周期性地回顾密码监管运行情况。

# 参 考 文 献

[1] 北京商用密码行业协会. 云密码服务技术白皮书[OL]. [2019-12-23]. http://www.bccia.org. cn/c ontents/38/343.html.

[2] 腾讯安全. 腾讯云数据安全中台正式发布，让数据安全防护更简单[OL]. [2019-11-18]. https://cloud.tencent.com/developer /article/ 1538870 腾讯安全.

[3] Thales. Thales data protection on demand services[OL]. [2020-11-11]. https://www.thalesdocs.com/dpod/index.html Thales.

[4] Sepior. Threshold key management[OL]. [2020-11-11]. https://sepior.com/products/threshold-km Sepior.

[5] 张春生. 中国电子认证服务业发展蓝皮书[M]. 北京: 中央文献出版社, 2012.

[6] 国家电子政务外网管理中心.国家电子政务外网电子认证业务规则. [OL]. [2020-11-11]. https://wenku.baidu.com/view/ 74756bfa 814d2b1 60b4e767 f5acfa1c7ab0082 52.html.

[7] CFCA. 公司介绍 [OL]. [2020-11-11]. http://www.cfca.com.cn/20150806/101228221.html CFCA.

[8] 江东兴，董贵山，李学斌，等. 新时期商用密码泛在化运营服务研究[J]. 信息安全与通信保密, 2020(6)：81-87.

[9] 沈永良.2018. 培育良好产业生态做大做强商用密码及产品供给体系[J].中国信息安全, 2018(8)：60-62.

# 第11章 政务信息系统典型密码应用

## 11.1 政务云密码保障

### 11.1.1 应用需求

目前,各项政策法规的陆续出台以及各部门政务信息化的需求推动我国政务云建设持续发力[1]。政务云作为电子政务的关键信息基础设施,承载着国家、省、市等各级、各领域政务信息系统和数据,其面临的安全威胁也日益增多,主要包括虚拟化系统、云计算管理平台的脆弱性带来了云计算系统本身的安全威胁。来自互联网的安全威胁越来越严重,网站安全事件屡有发生,遭受境外的网络攻击持续增多,电子政务等应用软件漏洞呈现迅猛增长趋势,针对各级组织的 DDoS 攻击仍然呈现频率高、规模大和转嫁攻击的特点。同时,在政务云内部也存在办公网 PC 访问政务云资源带来的威胁、专网内的非法访问行为、云租户之间的攻击风险等多种安全威胁。数据汇聚、集成后若安全管理不完善导致发生数据泄露,则易造成公众合法权益受到损害,甚至产生社会不良影响,造成信息化推进障碍,后果严重。

考虑到云计算平台的复杂性,存在的风险和隐患较多,目前控制和监管手段不足的现状,国家陆续出台了《信息安全技术 云计算服务安全能力要求》(GB/T 31168—2014)、《政务云安全要求》(GW 0013—2017)、《信息安全技术 网络安全等级保护基本要求》(GB/T 22239—2019)、《信息安全技术 关键信息基础设施网络安全保护基本要求》等,为关键信息基础设施安全保护工作提供技术支撑。

密码技术作为保障网络与信息安全最有效、最可靠、最经济的手段,被广泛用于实现数据的机密性、完整性、真实性和不可否认性等多方面的安全功能,是保障政务云安全的重要支撑。因此,需要以密码技术为核心构建政务云整体安全保障体系,为政务云的安全稳定运行提供密码基础支撑。

### 11.1.2 技术框架

政务云承载的各种业务应用,在设计中要满足《信息系统密码应用基本要求》(GM/T 0054—2018)中相应等级应用系统对应的密码应用要求;政务云建设完成后,要通过等级保护测评,按照"信息安全技术网络安全等级保护安全设计技术要求"中"云计算等级保护安全技术设计框架",依据等级保护"一个中心、三重防护"的设计思想,在提供密码支撑、云密码资源、密码服务的基础上,将政务云密码应用也划分为一个中心、多重防护的密码应用总体框架。其中,以密码管理系统(云密码资源池)、电子认证系统、安全区块链以及密码服务中间件提供密码基础支撑,为政务云平台以及云上业务应用提供基础密码服务、数据安全密码服务、应用密码服务等各类密码服务。"一个中心"指政务云安全管理中心的密码应用,"多重防护"包括政务云平台安全密码应用(云平台密码应用、云上业务系统密码应用)、网络边界与通信密码应用、省直接入单位终端密码应用防护、异地灾备中心密码应用防护[2]。

政务云密码应用总体框架需要兼顾当前政务云建设的密码应用需求,以及政务大数据相关密码应用需求[3]。依据政务云密码应用设计模型,可将政务云密码应用分为两个层面:密码支撑层和密码应用层。密码支撑层通过密码管理系统、电子认证系统、安全区块链以及密码服务中间件提供基础支撑,统一通过密码服务中间件对云平台、业务应用提供安全的密码服务;密码应用层按照应用点的不同,分为省直单位终端密码应用、异地灾备中心密码应用、网络边界与通信安全密码应用、政务云平台及业务密码应用,以及云管理密码应用等,涵盖政务云使用的各个方面。

政务云密码应用总体技术框架如图 11-1 所示。

政务云平台的密码应用保障体系包括密码基础设施、密码服务、政务云平台密码应用、异地灾备中心密码应用、省直单位密码应用、网络边界与通信密码应用以及云平台管理/监管密码应用。

密码基础设施主要包括密码管理系统、电子认证系统、安全区块链和密码服务中间件。密码管理系统为电子认证基础设施提供生成证书所需的非对称密钥管理服务,此外,还为政务云上部署的密码设备提供密码算法管理、密码设备管理等功能。电子认证基础设施为政务云平台的用户提供数字证书服务,包括证书的注册、签发、管理等。安全区块链为政务云提供基于区块链的安全审计、数据共享以及存证服务。密码服务中间件通过对接密码管理系统、电子认证系统等,统一为政务云平台提供各种密码服务。

密码服务主要针对政务云平台的业务应用提供基础密码服务、数据安全密码服务以及应用密码服务,为政务云平台的业务应用提供数据加解密、签名验签、数据安全共享交换、数据确权确责、身份认证、电子印章等服务。

政务云平台密码应用包括云平台密码应用、云上业务系统密码应用和政务大数据密码应用。

(1)云平台密码应用包括物理资源层安全密码应用和资源抽象层安全密码应用,需满足三级等级保护的相关要求。物理资源层安全密码应用以密码作为基础支撑,从物理层面采用技术措施保证物理和环境安全、网络和通信安全、设备和计算安全、应用和数据安全。资源抽象层安全密码应用包括云操作系统安全、虚拟网络资源安全、虚拟计算资源安全、虚拟存储资源安全,为政务云平台提供虚拟资源安全保障。

(2)云上业务系统的密码应用主要包括对政务云平台访问人员的身份认证、权限管理、应用层数据加密、数据真实性验证等。

(3)政务大数据密码应用包括政务信息共享密码应用、政务数据隔离交换、政务数据安全汇聚、可信政务数据服务,政务信息共享和隔离交换服务见 11.2 节。

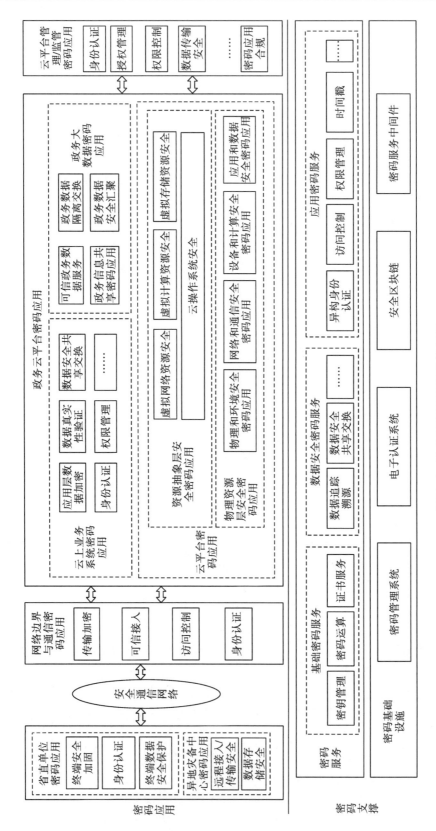

图11-1 政务云密码应用总体框架

异地灾备中心密码应用主要包括对灾备中心的数据存储安全、远程接入/传输安全。

省直单位密码应用主要包括对省直单位终端安全加固、身份认证以及终端数据安全保护。

云平台管理/监管密码应用主要包括对网络通信过程中数据传输加密、对接入用户的身份认证和访问控制并保障接入设备、系统的安全可信。

### 11.1.3　主要内容

#### 1. 密码基础设施

1)密码管理系统

若密码管理部门已经建好电子政务外网的密码管理系统，并且已经使用商用密码算法，则可利旧使用现有设备。密码管理系统由非对称密钥管理服务、对称密钥管理服务、密码合规性管理服务、密码应用有效性管理服务、综合管理平台、数据库、服务器密码机及客户端、USBKey 共同组成，为政务云上各类业务系统提供密钥全生命周期管理服务。

2)电子认证系统

电子认证系统为政务云上的业务系统提供数字证书的全生命周期的管理，为各类用户签发唯一可信的网络"身份证"，用以识别用户身份的真实、有效，是多种密码应用的基础。目前国内大部分省(市)已经建设完成电子认证系统，可利用第三方 CA 提供服务，电子认证系统可按照各个省的实际情况进行新建或利旧。

3)安全区块链

安全区块链为政务云数据提供安全共享交换数据的确权确责、追踪溯源等功能。与政务信息共享交换平台结合，是省级政务信息共享交换平台的一个重要需求，基于区块链技术构建分布式数据共享交换管理体系，对共享交换过程的决策进行共识验证，继而形成不可篡改的分布式账簿，以便对数据进行确权确责。

4)通用密码中间件

通用密码中间件适配整合密钥管理服务、证书管理服务、密码计算服务的能力，是业务应用和密码服务之间的一套商用密码 SDK 软件产品，支持全平台、多语言覆盖，能够为移动终端、PC 终端和服务器端的各类业务应用提供统一的密码服务调用接口，满足业务应用对密码功能的要求，帮助业务应用建立安全、高效、快捷地调用密码的能力，提高其安全水平。

#### 2. 密码服务

1)基础密码服务

基础密码服务是通过资源池化技术整合硬件密码设备的计算资源,根据政务云平台的业务需要，为政务云平台业务应用在重要配置文件存储加密、数据库加密、应用访问控制信息的签名等场景下的密码应用需求，提供按需、弹性的加解密、签名验签以及密钥管理等密码服务。

基础密码服务提供的数据加解密、签名验签等功能主要通过将硬件密码设备进行虚拟化，并基于资源池化技术对虚拟出的密码资源进行统一管理，形成云密码资源池，能够为上层应用提供按需获取的密码服务。

2）数据安全密码服务

数据安全密码服务面向政务云平台的业务应用提供数据安全共享交换、数据标签、数据确权确责、数据真实性验证等数据安全密码服务。数据安全密码设计参见 11.2 节内容。

3）应用密码服务

（1）可信身份接入服务。实现对电子政务外网区域及互联网区域政务云平台使用人员、管理员、各部门托管业务管理员的用户身份认证服务、应用身份认证服务，确保用户访问应用系统时用户身份、应用身份的真实性。

（2）统一身份管理服务。提供用户信息管理、应用信息管理、组织架构管理、授权信息管理、信息发布服务、系统策略管理、行为审计等服务。通过建立全网一致的用户注册等流程管理，对全网的用户信息进行统一的管理、维护和发布等，最终能够实现用户"一次注册、全网通用"。

（3）访问控制服务。提供网络接入控制、应用访问控制、远程接入控制等功能，在传输层实现用户安全接入和应用访问控制；权限鉴别服务根据所需资源对应用访问或网络接入等请求生成权限信息，访问控制系统基于策略下载权限信息进行访问控制，系统发布鉴权服务为访问控制系统提供在线鉴权鉴别功能，实现"一次认证，按权访问"。

（4）电子印章服务。为电子印章提供从制章、签章到验章的完整服务，包括电子印章的申请、审核、签发、发布、冻结、解冻、撤销、签章、验章、查询、审计等电子印章全生命周期的管理。

（5）单点登录服务。单点登录服务提供支持 Web 应用、C/S 应用等多种应用类型的单点登录服务，使用户只需登录一次就可以访问所有的应用系统。支持 OAuth 单点登录协议，建立全网的单点登录服务，实现"一次登录、全网访问"。

4）密钥管理服务

对密钥的生成、更新、存储、分发、导入、导出、使用、备份、恢复、归档、销毁等环节进行管理，对政务云平台提供的密钥管理，采用严格的鉴别机制，确保只有使用该服务的用户才能对其应用密钥管理系统进行配置。

5）密码应用监管

为保障政务云平台商用密码的安全应用及安全服务，在政务云平台上建立云密码应用监管服务，由云密码应用监管平台实现，主要对各区域的云密码机硬件设备、物理密码设备、密码资源、服务应用情况进行统一的服务监管，包括数据采集、状态监管、服务注册、密码合规性、密码有效性等功能。

**3. 政务云平台及政务业务的密码应用**

部署符合《采用非接触卡的门禁系统密码应用指南》（GM/T 0036—2004）的安全电子门禁系统、视频监控系统实现对重要区域人员进出的管控。

在网络边界部署 IPSec VPN 并通过 SSL VPN 设备，在通信前基于密码技术对通信双方进行身份认证，通过信息加密传输防止通信数据被非法截获、假冒和重用，保证传输过程中鉴别信息的机密性和网络设备实体身份的真实性。

部署信任服务系统，由其提供的身份认证服务对登录的用户进行身份鉴别，防止假冒或伪造用户，保障应用系统用户身份的真实性。

部署密码服务系统，结合云密码机、云密钥管理系统，实现对政务云平台及其所承载的业务应用为其提供统一的密码资源服务、应用密钥集中安全管理服务；部署安全认证网关，对访问核心业务应用的用户进行身份认证和访问控制；部署可信应用注册与验证系统，通过数字签名、加密技术等，对政务云上的应用进行安全性检验，实现政务云上应用的可信注册与验证，保障应用的安全；部署大数据平台加密系统，对数据中心中的敏感数据进行高效加密，实现数据密文存储，保证内部数据安全；部署数据库加密系统，实现数据库中敏感信息的机密性和完整性保护；在密码设备管理终端部署终端安全防护系统+USBKey、安全浏览器以及安全认证客户端，实现对管理人员的身份认证、安全登录以及终端的安全管控。

### 4. 省直单位密码应用

业务应用上云后，省直单位一般以终端方式接入政务云。针对省直单位的密码应用主要对政务人员使用的 PC 终端进行密码应用设计，包括终端安全保护以及终端用户身份认证。

采用终端安全防护系统进行终端安全控制和防护，对终端用户进行身份识别、终端 IT 资产信息、运行状态、操作行为、本地数据安全存储等进行统一集中监管。

在内部终端安装基于商用密码算法的安全浏览器，保障用户终端与政务云平台远程数据传输的安全。

基于电子认证基础设施或 CA 机构签发的数字证书，通过 USBKey，并基于统一身份认证系统实现政府用户登录政务云平台并访问云上业务系统时的身份认证。

通过在终端部署安全网关认证客户端，实现对登录终端用户的身份进行认证。

### 5. 移动终端密码应用

移动终端的应用主要有两类：一类是政府办公人员在移动办公过程中对政务云上电子政务外网区业务的访问；另一类是普通公众通过政务 App 对政务云上互联网区业务(如社保、公积金等系统)等的访问。

针对政务办公人员的移动办公应用，可为政务办公人员配备安全手机，通过内置的商密 TF 卡实现移动端的安全身份认证以及本地数据的存储加密。

针对政务 App 的密码应用，可为移动端 App 适配软密码模块，实现普通公众的安全身份认证。通过服务端的云计算应用密钥管理系统(密码服务管理平台)，实现对软密码模块的密钥管理和信息同步。

6. 灾备中心密码应用

在灾备中心部署数据容灾备份系统，实现灾备中心本地数据的存储加密保护。

### 11.1.4　应用成效

政务云密码保障的应用成效主要包括如下几个方面。

统一密码服务：基于云密码资源池构建弹性可扩展的密码服务，可按照用户不同的功能、性能需求为其分配相应类型和性能的密码服务能力，为政务云的计算平台基础设施、云服务(如云虚拟机、云虚拟磁盘、云存储等)、云服务租户、第三方应用系统及云密码机提供应用密钥全生命周期管理和服务，满足密钥的全生命周期管理需求。

提升资源利用率：云服务器密码机采用虚拟化技术，将加密设备虚拟化为加密服务资源，按需提供服务，因此通过资源池化的服务模式，各加密业务有效地共享了物理加密设备资源，从而有效地提升了资源利用率(30%～50%)。

提升政务信息化应用水平：政务云密码的建设能够全面保障政务应用安全迁移上云，推动"服务型政府体系"建设进程，为政府决策、管理创新和服务提供密码安全技术保障，为政务一体化办公应用提供密码应用基础支撑，助力政府治理体系和治理能力的现代化和安全化。

拓展密码应用场景：云计算、大数据、人工智能等技术日新月异，目前在政务云中，这些新技术有大量应用，在新技术环境框架下，原有的密码应用场景、应用技术已经不能满足要求，那么密码如何能够有效在云计算、大数据环境下使用，就需要开辟密码应用的新场景。云上政务系统具有数量大、任务重、类型多的特点，通过政务云密码保障可以实现密码系统在云和大数据环境下的大规模、多场景、移动化、智能化应用。

# 11.2　政务信息共享密码应用

### 11.2.1　应用需求

目前我国已经初步建立了国家数据共享交换平台，基于政务外网构建了国家、省部、地市三层共享架构。新时期政务信息系统整合共享工作对数据共享交换平台的应用范围、服务能力都提出了更高的要求[4]。当前，由于数据共享交换平台在网络、计算环境、应用和数据等层面的安全保障措施尚未完成体系化建设，存在数据保护手段不健全、数据共享主体安全责任边界难以划分、数据共享全过程安全监管不完善等问题，可能导致数据共享交换平台面临网络攻击、主机渗透、数据泄露、应用非授权访问等安全风险[5]。

政务信息资源共享面临的主要安全问题和安全需求如下。

### 1. 缺乏数据共享和开放统一评估依据

政务信息系统整合共享工作顺利开展的基础就是区分哪些数据可以共享或开放，哪些数据不能共享或开放，目前缺乏统一的评估依据。政务外网数据共享交换的各种数据，在所属业务领域、数据类型、敏感程度、被泄露后所造成的损害程度等方面都存在一定的差异性。针对不同安全级别的数据，在数据共享、交换、存储、使用等方面缺乏适度的安全防护策略。若对数据安全级别判断不足，存在保护强度不够的情况，将导致数据泄露风险。反之，过度保护的情况将影响数据共享和使用效能的充分发挥。

因此，需要制定统一的数据分类和分级标准规范，明确各级别的政务信息资源的共享或开放的范围及条件。同时，需要制定针对不同安全级别的数据加密和安全防护策略，为数据共享交换过程中的数据共享和使用、数据安全保护等提供基础依据。

### 2. 缺乏界定共享责任边界的支撑手段

明晰政务信息资源共享各参与方的安全责任边界，是政务信息资源共享和利用的重要保障。由于政务信息资源共享过程包括信息资源的发布、交换、汇集和共享使用，信息资源的留存地可能在资源提供方、资源使用方、平台服务方。如果没有清晰界定各参与方安全责任边界的支撑手段，则当发生数据泄露等安全事件时，各参与方的责任难以确定，对后续的数据共享工作造成困难。

因此，通过密码技术手段，并综合利用审计日志防篡改、数据流转抗抵赖等措施，明确政务信息资源共享流转过程，清晰界定各参与方的安全责任边界，为数据共享交换的顺利开展提供支撑。

### 3. 缺乏多维度的共享全过程监管机制

政务信息资源是政府重要资产，数据共享交换平台属于国家关键信息基础设施，针对平台和资源的监管体现了多维度、多责任主体的特点，目前尚缺乏多维度的共享全过程监管机制，难以支撑不同责任部门的监管需求。首先，数据共享交换平台的主管部门和各类资源提供方需要监测政务信息资源在共享过程中的流转情况，以确保资源是合规、合法共享和使用。其次，在政务信息资源分布式存储和大量汇聚两种情况下，都需要检查数据的敏感程度甚至涉密程度，确保资源共享符合相关管理规定。再次，数据共享交换平台涉及的网络产品和服务、云计算服务等，需要符合中央网信办的相关安全审查要求。最后，数据共享交换平台安全防护和共享资源安全防护过程所使用的密码产品和服务，需要符合国家密码管理局的相关要求。

因此，需要建立多维度的监管机制，对共享全过程的数据流转情况、保密情况、网络安全情况、密码应用情况进行细粒度、多维度的监管，满足不同责任部门的监管需求，保障政务信息资源共享合规、有序进行。

## 11.2.2　技术框架

为有效应对政务信息资源共享交换过程中的安全风险,满足政务信息共享交换参与者的安全诉求,需要围绕数据共享交换平台,开展体系化安全防护。整体安全防护体系框架如图 11-2 所示。

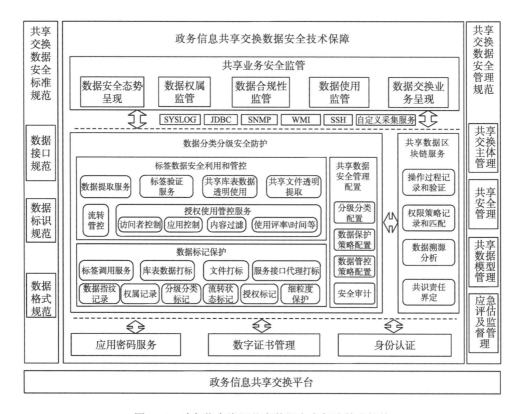

图 11-2　政务信息资源共享数据安全保障技术架构

政务信息共享安全保障体系的核心是数据分类分级安全防护、共享业务安全监管、共享数据区块链服务,同时体系要依赖应用密码服务、数字证书管理、身份认证等安全和密码基础设施,遵循统一的标准规范,满足安全管理制度的要求。

数据分类分级安全防护首先要遵循通用信息系统的安全防护要求,分别从物理和环境安全、网络和通信安全、设备和计算安全、应用安全、数据安全等层次实施防护。其中,在数据安全层面,针对数据共享交换的安全需求,重点落实数据分类分级、数据分级保护、数据确权溯源等安全功能,并通过数据标签服务、共享数据安全配置管理实现数据的安全可控。

共享业务安全监管是将数据共享交换监管融入对平台和网络安全风险的监管,并将监管和分析的结果通过统一的平台进行呈现。通过综合安全监管,从数据流转业务和安全风险等多个角度综合分析,监控数据的安全态势、数据的权属变化、数据的扩散和应用形势。

共享数据区块链服务是利用区块链在记账方面的安全特性,如实记录对数据的共享交换的访问、操作过程,通过溯源,实现对数据安全的审计。

政务信息共享交换标准规范通过建立数据接口、数据标识、数据格式的标准,规范政务信息共享交换数据安全技术。

政务信息共享交换管理规范通过明确共享主体责任,规范管理措施,建立政务信息共享交换数据管理制度,做到有法可依,有据可查。

## 11.2.3　主要内容

政务信息共享交换安全保障体系核心组成包括数据安全标签子系统、区块链服务子系统和共享业务安全监管子系统,如图 11-3 所示。

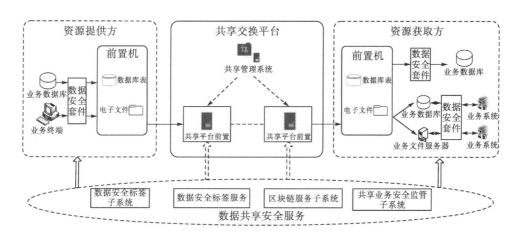

图 11-3　政务信息共享安全保障体系组成

### 1. 数据安全标签子系统

数据标签包含数据的属权身份、防护级别、使用对象、授权使用方式、流转过程信息等。数据从发布到应用的全过程,通过数据标签相应的管理策略,支撑数据的分类分级保护、流转监控和责任认定。数据安全标签子系统针对数据库表、电子文件、服务接口模式共享数据提供数据分级分类和安全标签打标功能,并可制定字段级粒度的数据防护策略,建立多种访问管控手段,在数据发布、共享交换、数据使用 3 个阶段为共享数据提供全生命周期安全保护。数据安全标签子系统包括共享数据安全策略配置管理、数据安全标签服务和数据安全套件,如图 11-4 所示。

(1)共享数据安全策略配置管理:Web 应用系统,提供数据分级分类配置管理,制定流转管控、授权使用、安全管理策略等。

(2)数据安全标签服务:软件服务,为数据提供方、需求方和交换平台提供标签的制作、验证、解除等功能。

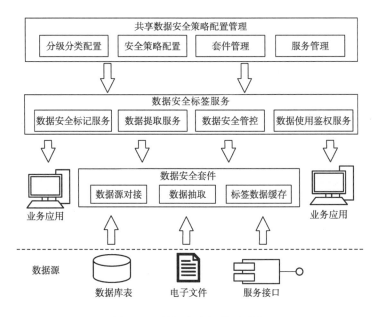

图 11-4　数据安全标签子系统

(3)数据安全套件：软件系统，包括数据库表文件安全套件和服务接口安全套件。数据库表文件安全套件对数据库表、文件形式的共享数据提供基于标签的保护和管控。服务接口安全套件提供安全服务代理，对服务接口调用过程中的响应数据进行数据身份标识，确保共享数据在使用过程中的安全，以及数据安全的权责划分。

## 2. 区块链服务子系统

区块链服务子系统(图 11-5)通过将共享数据关键信息和不同共享阶段的行为记录到区块链，实现数据所有者权益确认和数据泄露后的安全责任确定。区块链服务子系统主要包括 3 个部分。

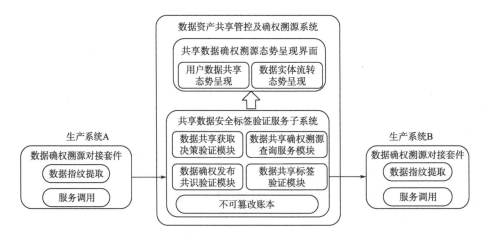

图 11-5　区块链服务子系统

(1)区块链服务套件：主要包括验证和共识记账两个服务，验证主要是根据数据共享的规则辅助人工对数据的共享进行验证，共识记账主要是对验证后的结果进行不可篡改的记录。

(2)区块链身份管理套件：主要是对区块链网络中的节点和用户进行身份管理。

(3)区块链查询及验证节点：主要是为数据共享追责提供服务。

3. 共享业务安全监管子系统

基于标签系统和区块链的交换信息，综合呈现共享业务整体安全状态，实现对全网数据资产分布态势、流转态势、风险态势、违规态势等的精准把控，提升政府数据资产的综合治理能力。数据共享安全监管子系统如图 11-6 所示。

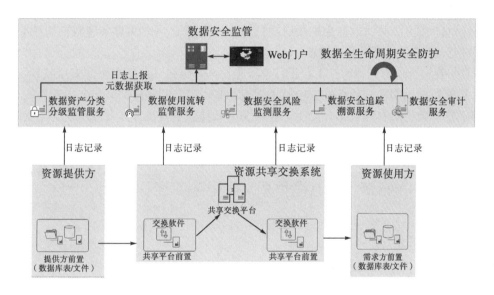

图 11-6　数据共享安全监管子系统

系统由三大套件组成。

(1)安全管控前置采集套件：是综合安全管控中心与各类安全设备、专业管理系统之间的数据交互纽带，同时它也作为安全分析研判中心的数据来源。从功能上划分，前置采集套件包含数据采集、控制代理两大模块，数据采集模块为共享业务安全态势感知子系统提供数据收集、识别、规范化服务。

(2)安全分析研判套件：安全分析研判套件负责对结构化、半结构化的多源安全数据进行预处理、数据存储和分析研判。

(3)综合安全管控套件：实现数据共享交换态势感知、呈现和告警功能。数据共享交换态势包括数据共享交换数据流转态势、业务安全态势，可以直观地展示数据的流转情况、安全状态。

### 11.2.4　应用成效

　　针对政务信息资源整合共享业务，11.2 节重点分析了数据共享交换的业务核心安全需求和系统核心安全需求，通过体系化的安全设计，实现了数据共享交换的整体安全，着重加强了数据共享交换过程的安全防护和整体监管。主要体现在以下几点。

　　(1)安全防护机制体系化，保障共享平台整体安全。遵从等级保护设计思路。从物理与环境、网络与通信、设备与计算、应用与数据安全等层次进行了针对性设计，完善了数据共享交换平台的安全防护体系，为共享交换业务提供了有力支撑。

　　(2)分类分级的数据保护，保障全生命周期的安全。从政务数据安全整体考虑，提出了基于数据标签的分类分级保护思路，给数据发放"身份证"，并结合区块链技术实现共享数据的确权溯源，保障数据全生命周期可追溯、可溯源，同时可以实现数据的精准保护，解决数据资源过保护或欠保护问题。

　　(3)完善安全保障能力，打造数据共享安全生态。围绕政务信息资源安全共享、使用、服务，以及数据分类和分级保护安全能力建设，推动建立以数据价值安全共享为核心的产业联盟，推动数据共享和数据安全生态相关理念和技术的发展，推进合作以及产业链生态的打造。

# 11.3　"互联网+政务服务"密码应用

### 11.3.1　应用需求

　　"互联网+政务服务"是政府顺应当前时代要求的必然选择，是深化简政放权、放管结合、优化服务改革的关键之举，有利于提高政府效率和透明度，推动智慧政府建设，使政务服务渠道向多元一体化发展，变"群众跑腿"为"信息跑路"，便利企业和群众办事创业，对建设廉洁高效、人民满意的服务型政府具有重要意义。2016 年《国务院关于加快推进"互联网+政务服务"工作的指导意见》，要求建成覆盖全国、一网办理的"互联网+政务服务"体系[6]，同时还提出要加快推动政务信息系统互联和公共数据共享，充分发挥政务信息资源共享在深化改革、转变职能、创新管理中的重要作用，增强政府公信力，提高行政效率，提升服务水平。

　　"互联网+政务服务"通过大数据技术将政府各部门共享的分散数据大规模集中分析处理，取得了大量有价值的数据资源，并保存在大数据存储平台。然而，随着计算机技术的高速发展，黑客攻击软件也在不断升级，大数据技术甚至也被黑客应用于网络攻击方面，从而不可避免地增加数据安全与公众隐私信息泄密的风险。同时，木马、网络病毒、系统漏洞、自然灾害、人为操作失误、软硬件设备故障等因素，也时刻威胁着数据资源的安全[7]。因此，需要基于密码技术为"互联网+政务服务"提供整体安全保障。

## 11.3.2　技术框架

　　"互联网+政务服务"平台包括政务服务网、政务服务管理平台、政务服务办理平台、公共支撑平台和政务服务信息数据平台 5 部分。其密码应用需求主要体现在身份鉴别、访问控制、审计记录和通信安全方面。"互联网+政务服务"密码应用总体框架如图 11-7 所示。

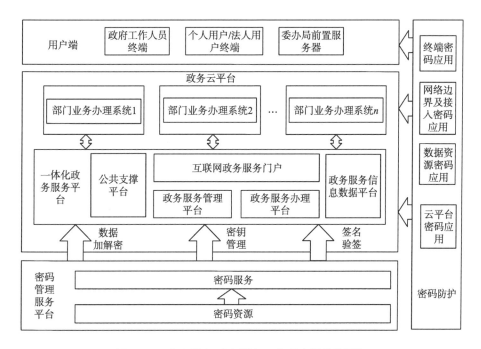

图 11-7　"互联网+政务服务"密码应用总体框架

　　基于密码资源池构建统一的密码服务体系,面向一体化政务服务平台的业务应用、政务信息资源共享交换平台、云平台提供基础密码服务、数据安全密码服务以及应用密码服务,实现业务应用的数据加解密、签名验证、统一身份认证以及电子印章服务,实现共享交换平台的安全数据共享交换,实现云平台的统一密钥管理[8]。针对一体化政务服务平台的业务终端、网络边界及通信、信息资源等构建差异化的密码防护体系,实现终端、网络等层面的密码防护,为一体化政务服务平台提供全方位的安全密码支撑。

## 11.3.3　主要内容

### 1. 用户端密码应用

　　目前政务服务门户针对个人用户提供微信、支付宝、用户名/口令以及短信二维码等方式进行身份的认证,针对法人用户提供短信二维码、电子营业执照以及数字证书等方式的认证。实现了政务服务的统一入口。由于政务服务门户的安全风险主要来源于用户在登录访问过程中的身份信息仿冒、网络传输信息被泄露等安全问题，因此针对政务服务门户的密码应用主要从以下几个方面展开。

1）移动客户端密码应用

在一体化政务服务平台移动客户端部署软件密码模块，为移动终端提供本地的数据加解密、签名验签等功能。软件密码模块通过调用密码管理服务平台的密钥服务，获取密钥信息，再将密钥信息导入终端本地的软件密码模块中，从而实现加解密和签名验签运算。移动端密码应用如图11-8所示。

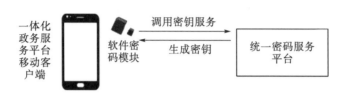

图 11-8　移动端密码应用示意图

软件密码模块可为移动端用户提供基于证书的认证以及数据加解密等功能。

2）证书认证

用户访问政务服务 App 时，可提供基于证书的身份认证服务，如图11-9所示。支持双向认证，即客户端在身份认证之前请求验证服务器身份，服务器返回签名和证书文件，客户端验证服务器签名后，客户端协同运算生成签名信息，将客户端的签名信息和签名证书文件发送到服务器，服务器验证后完成双向认证。

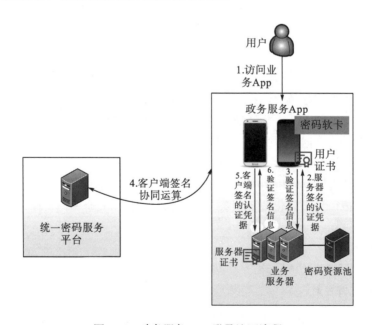

图 11-9　政务服务 App 登录认证流程

3) 数据加解密

密码软卡可以采用数字信封技术提供应用层数据的加解密服务，实现身份、银行卡、口令等敏感信息的信源加密，如图 11-10 所示。

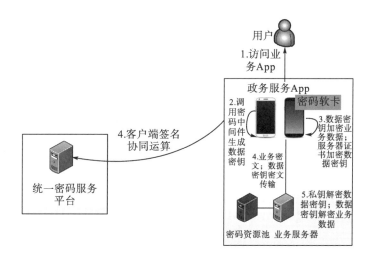

图 11-10　数据加解密流程

政务服务 App 基于密码软卡产生数据密钥，对业务数据进行加密，并用业务服务器公钥加密数据密钥，发送至业务服务器。业务服务器使用私钥解密获得数据密钥，用数据密钥解密获得业务数据。根据安全需要，发送过程可选择对发送数据进行协同计算签名，进行发送方身份鉴别，保证不可抵赖性。

4) PC 终端密码应用

针对 PC 终端密码应用，若是政务部门的政务外网 PC 终端，则部署终端安全管理系统+数字证书(USBKey)；若是互联网用户终端，则可在 PC 终端上部署密码软卡。

5) 协议改造

针对移动用户端、PC 端与一体化政务服务平台政务服务门户(服务端)之间的数据传输，将传输信道改造为基于国密算法的 HTTPS 加密连接，实现移动客户端、PC 端与一体化政务服务平台服务端之间的安全数据传输，如图 11-11 所示。

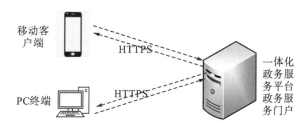

图 11-11　协议改造示意图

## 2. 政务办理系统密码应用

下面以 OA 系统为例，说明政务部门的政务办理系统的密码应用。

密码管理服务平台适用于各垂直行业的政企单位信息系统的商密改造，解决密码业务系统安全、合规、高效的问题，快速为移动办公、即时通信、数据共享等场景提供端到端、端到服务端的敏感数据安全保护、用户身份可信认证。

### 1) 统一用户身份认证

密码业务系统痛点：身份鉴别和认证管理功能遍布信息系统所有的功能层级，是数据安全保护的第一道防线。需要在用户登录时进行身份标识和鉴别，满足身份标识唯一性和身份鉴别双因子且至少一种采用密码技术来保证其复杂性的要求（GM/T 0054 三级要求）。以公钥基础设施（PKI）为代表的基于第三方的认证机制和以基于身份的密码体制（IBE）为代表的基于标识的认证机制均需要安全、合规的密码运算、证书管理和密钥管理服务为其做支撑。当前业务系统的身份认证普遍面临密码技术业务系统缺失和不合规的问题。

密码业务系统方案：密码管理服务平台提供遵循安全标准的身份认证服务，基于密码技术对用户进行可靠身份鉴别，包括单向认证、双向认证、证书认证等鉴别模式，并针对企业业务系统平台多样化的业务系统模式，实现基于密码技术的用户与业务间统一认证。

### 2) 数据加密传输

密码业务系统痛点：政务领域数据共享、移动办公、即时通信等场景涉及政务数据传输；金融领域金融支付场景涉及支付信息、交易数据传输；云服务客户终端与云环境通信过程中重要信息数据的机密性、完整性；管理数据、敏感数据、客户信息、鉴别信息和重要业务数据等的传输机密性均需要进行保护，以及集中管理通道的安全传输保护。

密码业务系统方案：针对重要通信数据的机密性、完整性需求，远程管理身份鉴别信息的机密性，访问控制信息的完整性，以及集中管理通道的安全。密码管理服务平台通过提供加密、签名、摘要等密码服务，保证重要数据传输的机密性、完整性和不可否认性。

### 3) 数据加密存储

密码业务系统痛点：企业数据（如核心知识产权、财务及员工信息等），金融领域数据（如用户手机号、身份证号、银行账号、PIN 码等），政务领域数据（如法人信息、政务业务数据等），移动办公、即时通信、视频会议等移动业务系统的终端敏感数据，以及系统的加密证书和签名证书等的安全存储，均需要做本地或第三方云服务平台的加密存储，保证数据的机密性和完整性及密钥的安全。

密码业务系统方案：密码管理服务平台通过 SDK 接入的方式并支持基于 SM4 的高性能加解密，对本地及云上的数据进行机密性和完整性保护，同时适用于政务云、行业云等云环境下的数据加解密，保证业务数据在为政企行业发挥决定性作用的同时，也对数据存储平台的数据安全性进行保护。

## 3. 一体化政务服务平台密码应用

### 1) 政务服务门户密码应用

政务服务门户是自然人、法人使用政务服务的入口。政务服务网服务端实现密码应用。

政务服务门户密码应用主要对门户内存储的用户敏感信息,如用户的身份证号、社保卡号、手机号码等,调用数据加解密服务进行加密保护,保障用户的隐私安全。

2) 政务服务网服务端密码应用

用户通过 PC 端访问网站需要提交和获取数据文件,为保证数据文件在服务器中的存储安全,通过虚拟密码机对数据文件进行加密保护,如图 11-12 所示。

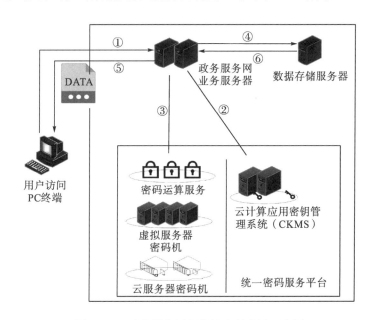

图 11-12　政务服务网服务端密码应用示意图

(1)用户通过 PC 终端访问政务服务网,提交用户数据,如图 11-12 步骤①所示。

(2)政务服务网业务服务器向云计算应用密钥管理系统获取主密钥,并返回网站服务器申请的虚拟密码机,如图 11-12 步骤②所示。

(3)虚拟服务器密码机通过主密钥产生数据加密密钥,使用数据加密密钥加密数据,使用主密钥加密数据加密密钥得到密钥数字信封,将数据密文和数字信封返回给网站服务器,如图 11-12 步骤③所示。

(4)政务服务网业务服务器将数据密文存储到数据存储服务器中,如图 11-12 步骤④所示。

(5)用户访问网站服务器获取数据文件,如图 11-12 步骤⑤所示。

(6)政务服务网业务服务器根据用户需求读取数据,调用密码资源库对密文进行解密,获取数据文件返回给用户,如图 11-12 步骤⑥所示。

3) 政务服务办理平台密码应用

针对政务服务办理平台的安全风险主要来自政务事项办理过程中服务接口调用时,用户的身份不可信,以及接口调用数据被篡改等安全问题。

网上综合受理系统、现场综合受理系统在办理政务服务业务时,需要调用部门政务服务办理系统提供的事项查询验证接口时,通过调用密码管理服务平台的密码服务,对接口进行加签，防止篡改数据，并使用 HTTPS 协议加密传输，如图 11-13 所示。

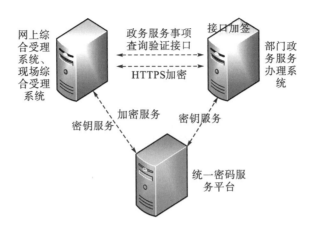

图 11-13　政务服务办理平台密码应用示意图

4) 政务服务管理平台密码应用

政务服务管理平台负责应用系统的所有事项管理、设备对接，以及业务全流程办理。政务服务管理平台在运行过程中的安全风险主要来自业务办理信息在不同系统的交互过程中被非法篡改等安全风险。因此针对政务服务管理平台的密码应用主要是针对政务服务事项办理过程中业务办理信息的安全保护，防止数据被非法篡改以及保护数据的真实性。

如图 11-14 所示，政务服务事项办理过程中主要通过政务服务管理平台与市(州)/省级部门和政务服务网进行办件信息的交换，在数据的交换过程中，政务服务管理平台调用密码管理服务平台的签名验签服务进行签名验签，保证各类政务信息在交换过程中的真实性和完整性，并根据业务请求信息分发至对应的业务系统。

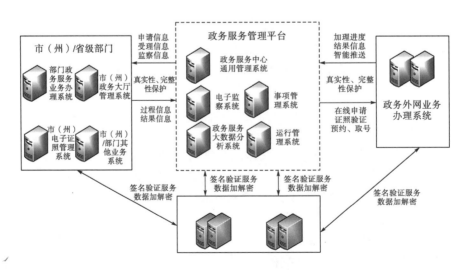

图 11-14　政务服务管理平台密码应用示意图

### 11.3.4　应用成效

"互联网+政务服务"密码应用成效主要包括如下几个方面。

一体化安全密码保障体系：通过构建以密码为底层支撑的，系统、完善的网络安全保障体系，形成一体化的安全密码保障体系。通过密码实现网络的可信互联、安全互通，为应用提供了身份认证、权限管理、访问控制、加解密等安全的密码服务，充分发挥了密码的基础支撑和安全保障作用。

政务数据安全防护：对"互联网+政务服务"平台中的敏感数据提供数据加密存储、数据资源访问控制、数据操作行为安全审计等功能，防止未授权的用户非法访问"互联网+政务服务"平台中的数据资源，确保数据的机密性和完整性。

统一身份认证：面向自然人、法人等，提供注册与实名验证服务、身份认证服务、管理服务、风险控制等服务。支持用户名/密码、动态口令、短信认证、数字证书、人脸识别等登录认证方式对用户进行身份认证。确保人员身份可信，行为可管可控。

密码应用合法合规："互联网+政务服务"密码应用的建设完全遵循国家密码主管部门对商用密码的应用要求，强化了密码应用的合法合规，保障了密码应用的正确性、有效性，能够进一步落实商用密码应用建设的推进。

## 11.4　政务移动办公

### 11.4.1　应用背景

移动办公是继计算机无纸化办公、互联网远程办公之后的新一代办公模式。在新冠肺炎肆虐期，移动办公更成为政务领域重要的工作模式之一。政务移动办公也将经历从配发设备(COPE)到自携设备(BYOD)模式的转变、从原生 App 到综合应用(融合多种功能)的技术发展。

一般来讲，移动办公的安全风险主要分布在移动终端、通信链路、业务应用和数据等方面，包括移动终端上非法接入风险、伪基站攻击风险、业务应用 App 破解和隐私信息泄露风险等。政务移动办公因其承载的业务敏感度更高，信息价值更大，会受到更多的关注和攻击，给政务移动办公业务带来额外的安全风险[9]。具体包括如下几个方面。

(1)网络的非法接入。攻击者使用非授权移动终端接入内部办公网络。

(2)网络数据侦听。攻击者使用技术手段，在无线接入链路或骨干网链路上进行网络流量侦听，获取敏感信息。

(3)政务应用 App 破解。攻击者利用漏洞技术、逆向工程等手段，破解政务应用 App 的权限和内容，完成非法操作。

(4)数据非法获取。攻击者通过多种手段，绕过防护和审查机制，越权、大量获取政务部门内部数据，威胁公民隐私信息和国家政务信息安全。

因此，加强对政务移动办公的安全设计，加强密码等安全防护技术在政务移动系统中的应用，为政务移动办公提供全面防护，是政务移动办公系统建设中的重要需求。

近年来，国家高度重视政务安全移动办公的应用建设与发展。国家信息中心牵头研制的《信息安全技术　电子政务移动办公系统安全技术规范》(GB/T 35282—2017)标准，对政务安全移动办公提出了安全方面的统一技术规范和要求。等保 2.0 专门针对移动通信、移动应用的安全防护要求。有关部门也要求促进密码在移动互联网中的身份识别、安全接入、安全定位和信息保护等方面的应用。

政务移动办公业务场景基本逻辑流程及所涉及的业务区域如图 11-15 所示。

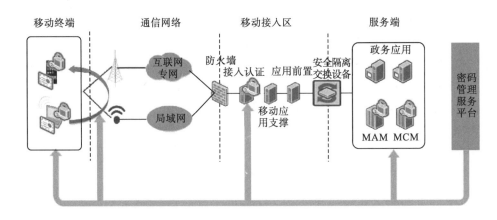

图 11-15　政务移动办公业务场景

为实现政务移动办公的可信运行，在移动化场景覆盖的不同业务区域，需要使用密码技术和服务以满足安全要求。

(1)移动终端。移动终端便携性为政务办公提供了极大的便捷，但其易失性也决定了必须具备对移动终端数据存储的本地可靠加密，确保落地政务数据的机密性；对于终端的可信身份标识，也需要采用数字证书等方式给予保证。

(2)网络通信。移动终端政务应用端到端的数据、消息传输是基于不可信的互联网通信网络的，网络通道需要进行加密，以保证信道的安全性和传输数据的机密性。

(3)安全接入。接入认证网关需要对移动终端进行可靠的身份认证。

(4)服务端：移动应用管理(mobile application management，MAM)负责移动终端 App 的安装与更新，App 应用的完整性、可信性需要通过密码提供保护；移动内容管理(mobile content management，MCM)负责移动终端内容分发，对于不可落地的敏感政务数据，需要有加密方式保证本地存储机密性保护，以及授权终端的透明解密访问。

## 11.4.2　应用框架

安全移动办公系统整体上分为 4 个层面，分别是移动终端安全、信道安全、接入安全和服务端安全，实现等级保护安全架构下的安全计算环境、安全通信网络、安全区域边界和安全管理全覆盖。安全移动办公系统安全框架如图 11-16 所示。

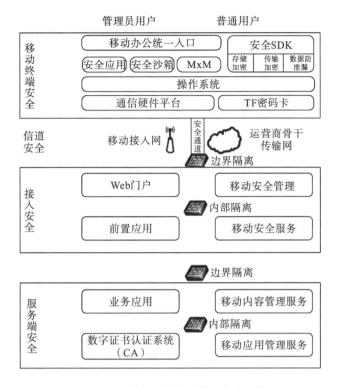

图 11-16　安全移动办公系统安全框架

安全移动办公系统框架以终端为基础，以网络为支撑，以接入为平台，以应用服务为目的。在政务移动办公安全框架内的 4 个部分中，密码技术和产品均有部署，并发挥其在安全防护中的重要作用。

### 1. 移动终端密码应用

在移动终端上，硬件方面部署密码卡，该密码卡一般以 TF 卡的形式实现。软件方面，在终端操作系统中部署密码 SDK、密码服务中间件、密码软卡、密码卡管家、数据沙箱等组件。

通过软硬件结合的模式，为移动终端提供操作系统的可信支撑，提供运行环境隔离和设备丢失防护，提供终端登录身份认证和权限控制，提供本地数据加密存储保护和传输加密保护。实现移动终端上应用环境安全、数据安全，为使用者构建安全放心的移动办公环境。

### 2. 信道安全

移动办公系统的信道中，通过 SSL VPN 技术来保障业务数据的安全通信，通过规范的 SSL 协议进行密钥交换和协商，在移动互联网中构建专用的加密信道，提供语音数据传输加密服务，为政务移动办公业务提供安全可靠的信道安全防护。

### 3. 接入安全

政务移动办公系统建设安全接入平台，为各种类别的移动终端提供统一安全接入服务，包括 Web 门户、前置应用、移动安全服务和移动安全管理等内容。

在安全接入平台中，部署接入认证网关，为移动终端提供基于数字证书的高安全网络身份认证，并基于经密码签名的属性信息，为终端分配相应权限。

### 4. 服务端安全

政务移动办公系统服务端部署各类应用系统，以及为应用提供安全防护的数字证书认证系统、统一身份认证系统、移动应用管理系统、安全存储系统等。

数字证书认证系统提供数字证书的申请、签发和验证服务。通过密码技术的保护，任何人无法伪造、篡改数字证书中经审核确认的信息，可更安全地标识个人和组织的身份。

统一身份认证系统，基于数字证书和安全的身份认证协议，帮助应用系统验证访问者的身份和属性，对访问者的行为进行权限控制。同时，统一身份认证系统基于通过密码签名的票据信息，为多个应用系统提供单点登录服务。

移动应用管理系统中，通过密码技术为经过安全检查的应用 App 安装包提供数字签名，可确保在移动终端上安装使用的 App 都是合法安全的。

安全存储系统中，可部署使用加密存储设备，包括加密存储网关或内置了加密模块的存储系统。加密存储设备可为数据库、文件系统提供磁盘、文件、应用数据等不同类型的存储加密服务，确保数据在存储过程中的安全。

## 11.4.3 主要内容

### 1. 政务移动终端安全

安全手机采用定制操作系统和定制硬件，内置安全 TF 卡。其功能与通用 Android 平台的智能手机类似，但对操作系统内核及关键服务进行了安全加强。

普通 Android 智能手机容易受到手机病毒、恶意程序和广告程序的攻击，手机中的机密数据更容易被黑客窃取。安全手机可采用基于容器技术的轻量级虚拟化技术实现安全桌面，运行在两个独立空间(个人区和工作区)中的应用和数据完全隔离，普通 Android 系统中毒或崩溃也不会影响安全系统的运作。个人区中的系统拥有目前智能手机的全部功能，可以利用 3G/4G 信道自由联网；而工作区通过调用安全 TF 卡建立 VPN 加密通道，实现安全移动办公，完全杜绝病毒木马等侵入。

安全 TF 卡采用经过国家密码管理局审批的 TF 密码卡，提供密钥/证书存储、密码运算、密钥产生等功能。用户将完成证书/密钥离线装载的 TF 密码卡安装到安全手机后，方可使用该手机建立 VPN 加密通道进行安全移动办公，并与其他安全手机加密语音和加密短信通信。

移动终端的安全移动办公工作流程描述如图 11-17 所示。

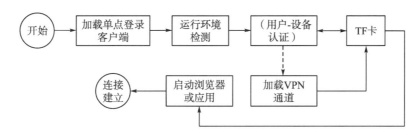

图 11-17　移动终端工作流程

首先需要登录办公虚拟桌面(密码卡管家套件)，输入 PIN 码完成用户与移动设备之间的身份识别和认证，然后系统运行安全运行环境检测程序，检测 TF 卡是否正常加载，若检测通过，则自动加载 VPN 通道，向移动安全接入网关交换证书，进入单点登录界面，最终建立安全会话通道。

移动终端所采用的安全功能所起到的防护效果见表 11-1。

表 11-1　移动终端的安全防护效果

| 序号 | 安全功能 | 满足的安全需求 |
|---|---|---|
| 1 | TF 卡密码运算 | 用户身份鉴别、会话密钥保护 |
| 2 | 可信引导程序 | 防止系统后门 |
| 3 | 本地数据加密 | 防止终端数据被非法拷贝或查看 |
| 4 | 数据远程销毁 | 防止终端因丢失或被盗而导致数据泄露 |
| 5 | 虚拟办公桌面 | 隔离互联网环境和政务外网办公环境 |
| 6 | 语音、邮件加密 | 防止语音、邮件被窃听 |

### 2. 政务移动办公接入安全

在政务移动办公系统中，通过部署移动安全接入网关设备实现接入安全。网关能够提供安全移动办公终端与 SSL VPN 安全网关之间业务信道的传输保护，提供对终端用户访问后台应用的权限控制，提供一定的网络边界防护功能。具体的安全特性如下。

(1)提供基于数字证书的终端用户身份认证。

(2)提供基于商密 SSL VPN 的传输通道加密保护。

(3)支持基于角色的权限控制、统一授权管理的应用访问控制。

(4)基于包过滤、状态监测、常见攻击防御的网络保护作用。

(5)提供详细的用户行为、管理员行为审计功能。

移动安全接入网关的功能模块组成和实现如图 11-18 所示。

(1)管理中心代理：作为移动安全管理中心在接入网关中的代理模块，用于在设备无法建立 VPN 连接的情况下，为移动终端提供设备激活/注销、数据销毁功能；同时作为移动安全管理中心在接入网关中的代理，负责被动接受从中心下发的各模块策略，通知各模块执行，防止因策略集中管理而遭受攻击的威胁。

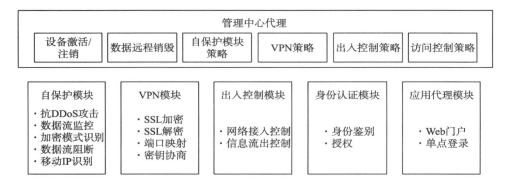

图 11-18    移动安全接入网关功能框图

(2) 自保护模块：负责数据包过滤、对异常数据流进行阻断；自动识别移动终端的 IP 地址切换，自动识别 VPN 的加密模式（即识别 SSL 数据包）。

(3) VPN 模块：提供网络安全隧道的建立和管理功能支持 SM 系列国密算法。

(4) 身份认证模块：用于对用户的身份进行鉴别，支持 SM 系列国密算法。

(5) 出入控制模块：用于对身份认证通过的用户执行资源访问检查和信息流出控制。

(6) 应用代理模块：实现用户的 Web 登录页面和单点登录，如 SOCKS 或 HTTP 代理。

移动安全接入网关部署后，防护效果分析见表 11-2。

表 11-2    移动安全接入网关的防护效果

| 序号 | 安全功能 | 解决的安全风险 |
| --- | --- | --- |
| 1 | VPN 数据加密 | 防止数据传输时被窃听、篡改 |
| 2 | 身份认证 | 防止伪造、欺骗、嗅探监听，确保仅有合法用户接入系统 |
| 3 | 管理中心代理 | 当移动终端无法连接 VPN 时能够对终端发送指令 |
| 4 | 设备自保护 | 抗 DDoS 攻击、非法访问识别和阻断 |

### 3. 政务移动办公访问控制

资源访问控制网关用于实现用户对不同业务和应用服务器的细粒度、智能化资源访问控制，并通过不同物理网络接口对系统进行安全域的划分。资源访问控制网关主要具备以下显著特点：

(1) 精准的应用识别和控制；

(2) 细粒度资源访问控制；

(3) 协议解析和异常检测；

(4) 用户识别和动态策略；

(5) 完备的基础防火墙特性；

(6) 应用层数据防泄露；

(7) 智能化主动防御（集成式入侵防御）；

(8) 深度包检测/内容过滤/防病毒/防垃圾邮件功能集成；

(9) 与移动安全管理中心和移动安全接入网关联动。

**4. 政务移动办公应用**

1) VoIP 加密通话

VoIP(voice over Internet protocol，基于 IP 的语音传输)加密语音通信系统支持 TF 密码卡的接口和调用，实现 VoIP 加密语音电话、密码管理等功能，为用户提供分语音加密通信、设备密钥管理服务。

应用方案提供商密级的端到端手机加密通话和基于终端的个人信息保护，以及手机丢失安全保护等安全服务，具有高强度安全加密、身份认证等功能。支持 VoIP 加密网络通话。提供应用内拨号界面，企业通讯录、本地通讯录中也有相应的拨打电话的入口。可以通过通讯录或拨号盘拨打 VoIP 电话，与普通手机使用习惯一致，界面如图 11-19 所示。

图 11-19　VoIP 加密通话界面

基于 VoIP 加密语音通信系统由加密手机终端(装有安全客户端软件的手机+密码卡+安全中间件)和密钥管理系统组成。加密手机终端内置国家密码管理局认证加密算法的加密模块，利用商用密码技术和信息安全技术，为客户提供商密级的端到端手机加密通话和基于终端的个人信息保护，以及手机丢失安全保护等安全服务，具有高强度安全加密、身份认证等功能。

2) 安全即时通信

安全即时通信系统提供政务办公内部"微信"，保证通信内容的机密性以及用户消息和终端软件在极端情况下的安全性。

应用功能上，安全即时通信系统提供单点登录、按照单位组织结构展示通讯录、实时文字消息、跟踪消息已读未读状态、发送图片、手机系统消息提醒、创建群组、消息阅后即焚等。

提供的安全功能包括身份认证、密级标识、流向控制、传输加密、安全审计、文件追踪和三员分立等，具体如图 11-20 所示。

图 11-20　安全即时通信系统功能

安全即时通信系统使用椭圆曲线密码体制(elliptic curve cryptography，ECC)进行密钥管理和会话密钥协商，保证一消息一密；用对称加密算法来加密通信内容，保证通信内容的机密性；通过公钥证书对通信双方的身份进行认证，来防止中间人的攻击；使用短信动态码来进行用户注册，保证用户身份的合法性；使用 TF 密码卡来保存密码和进行密码运算，保证密码和用户消息的机密性；使用密钥管理系统来远程销毁终端密钥，保证用户消息和终端软件在极端情况下的安全性。

其特有的密码技术包括如下几个方面。

数据加密技术：采用专用密码算法体制，实现对聊天即时消息、图片、文件进行加密，以应对聊天信息的伪造、篡改和非法传播等安全问题。

数据完整性保护技术：采用专用算法保证协议数据的完整性，以应对协议攻击等安全问题。

基于数字证书的身份认证与鉴权授权技术：采用数字证书技术，实现用户高安全等级身份认证，支持基于角色的鉴权授权访问控制模型，以应对传统基于数据库字段的口令式身份认证带来的安全问题。

## 11.4.4　应用成效

政务移动办公系统建设的目标是为用户构建一个安全、可信的移动办公环境和信息化平台。基于上述框架和密码技术建设的政务移动办公系统，具备标准合规、纵深防御、安全应用深度融合的特性。

(1)系统方案符合国家等级保护相关政策规范和技术标准要求，满足《信息安全技术 电子政务移动办公系统安全技术规范》(GB/T 35282—2017)和《信息安全技术　网络安全等级保护基本要求》(GB/T 22239—2019)中对移动办公安全防御的设计要求。

(2)政务移动办公系统整体安全涉及终端、信道、接入和服务多个层面，每个层面又分为不同的组成部分，能够实现纵深防御，有效提升系统的整体安全。

(3)构建政务安全移动办公系统，实现应用与安全的深度融合，能够更好地丰富移动办公的安全应用场景。

遵守当前安全防护框架的政务移动办公系统，既能够满足用户对移动办公业务的需求，也能够提升系统的安全防护水平，有效避免终端丢失、网络攻击、病毒和木马注入等多种安全风险，为确保用户信息系统和数据的安全提供保障，为政务办公手段多样化、提升政务办公效率提供有效支撑。

# 参 考 文 献

[1] 崔玉华, 陈月华, 唐鸣. 商用密码在政务外网的应用思考[J]. 信息安全与通信保密, 2018(5): 35-42.

[2] 彭红. 云计算中密钥管理关键技术研究[J]. 软件, 2019, 40(9): 212-215.

[3] 张连营. 云计算国产密码应用研究与技术方案设计[C]// 公安部第三研究所江苏省公安厅、无锡市公安局、2019 中国网络安全等级保护和关键基础设施保护大会论文集. 公安部第三研究所. 江苏省公安厅. 无锡市公安局《信息网络安全》北京编辑部, 2019.4.

[4] 陈发强, 陈月华, 杨绍亮. 政务信息系统整合共享安全问题分析与对策[J]. 保密科学技术, 2018(8): 13-16.

[5] 闫威. 电子政务信息资源共享的影响因素及安全风险分析[J]. 智库时代, 2019(7): 246-247.

[6] 周民, 贾一苇. 推进"互联网+政务服务", 创新政府服务与管理模式[J]. 电子政务, 2016(6): 73-79.

[7] 孙毅. 构建政府"互联网+电子政务"2.0 平台[J]. 信息系统工程, 2019(7): 89-90.

[8] 朱可宁, 蒋福兴, 邓晨. 可信身份认证平台在"互联网+政务服务"单点登录的应用[J]. 中国安全防范技术与应用, 2019(4): 61-66.

[9] 刘洋, 王俊人, 龚乐中. 政务安全移动办公需解决的关键问题与新发展方向[J]. 通信技术, 2017, 50(8): 1788-1793.

[10] 张辉. 电子政务移动办公系统安全技术框架[J]. 电子技术与软件工程, 2018(2): 210.

# 第12章 数字经济新基建密码应用

## 12.1 智慧城市密码应用

### 12.1.1 应用需求

智慧城市是运用物联网、云计算、大数据、空间地理信息集成等新一代信息技术，促进城市规划、建设、管理和服务智慧化的新理念和新模式，是把新一代信息技术充分运用在城市的各行各业之中的城市信息化高级形态[1]。

随着新技术的应用、新模式的运行，城市将达到前所未有的高度"智慧"状态，"人在网中、事在网中、物在网中"成为新常态，政府、企业和居民越来越依赖网络工作、娱乐、生活，这一切必将给城市网络空间安全带来全新的风险与严峻的挑战。同时，智慧城市是一个复杂的巨系统，包含物联感知、数据汇聚与共享、政务协同、惠民服务、城市公共设施管理、城市监管与科学决策等方方面面的应用，其安全保障需求也更加复杂，但现有的智慧城市建设"重业务、轻安全"的做法普遍存在[2]。密码技术作为网络安全也是智慧城市安全最基础与最核心的技术，是构建智慧城市安全保障体系的核心支撑。推进密码在智慧城市中的应用，也是智慧城市平稳、有序、健康发展的关键。当前密码技术在智慧城市局部的一些网络信息系统中发挥了数据保护、实体认证、签名验签等作用，同时国家也出台了部分密码标准规范，但总体来看智慧城市密码保障缺乏完整、规范的体系规划，密码应用广度和深度需要提升。对于智慧城市建设发展来说，需要做好智慧城市密码应用的规划、建设和管理工作，打造智慧城市密码保障体系，形成密码与智慧城市的深度融合。

### 12.1.2 技术框架

智慧城市密码应用综合运用物联网、云计算和大数据等新技术，全面整合城市信息化资源，围绕智慧城市建设的全方位、多层次、多维度安全保障需求，从"统""保""服""管"4个维度支撑智慧城市各项业务的密码应用保障工作，如图12-1所示[3]。

1. 统：统基础，建设统一的智慧城市密码基础支撑平台

通过建设城市密码管理基础设施、城市电子认证基础设施、城市网络信任服务设施、安全区块链基础设施，为智慧城市的安全密码保障体系提供密码底层支撑，通过密码基础支撑实现对智慧城市网络的可信互联、安全互通，为智慧城市用户及各类智慧业务应用提供统一密码管理、密码监管、身份认证、区块链等密码基础支撑服务。

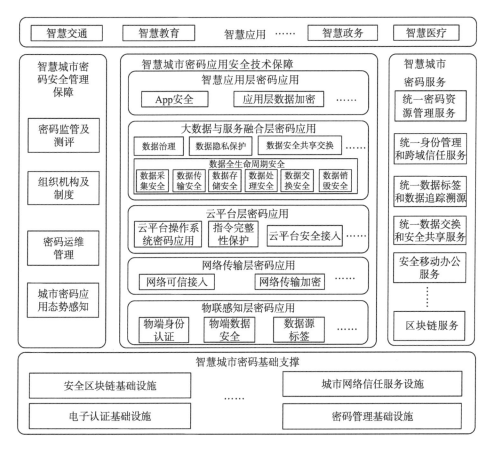

图 12-1　智慧城市密码应用框架

**2. 保：密码应用保障，为智慧城市密码应用提供安全技术保障**

保障基于商用密码的数据全生命周期的安全，保障智慧城市中关键信息基础设施的安全，从感、传、知（城市大脑的云平台、大数据）、用（各类智慧业务应用、各类用户）几个层次形成一体化的密码技术保障体系。

利用基于密码技术的身份认证、访问控制、授权管理、数据加解密、可信计算、密态计算、密文检索、数据脱敏、数据分级分类、数据标签等技术措施，构建集数据产生、采集、存储、传输、分析、应用、安全交换共享、隐私保护等安全于一体的智慧城市密码应用安全技术体系，解决隐私无法保护、数据源不真实、身份仿冒、可用不可见、数据无法追踪溯源、身份不统一等风险下的身份识别、使用处理权出让下的数据保护、数据安全共享交换、数据滥用等问题，满足智慧城市下的数据基础资源防护、组织和共享防护、计算和分析防护、应用和服务防护等安全需求。

**3. 服：利用密码应用支撑平台，为智慧城市提供统一的密码服务**

面向智慧城市的云端、物端、移动端提供跨域身份信任服务、电子印章服务、电子证照服务、安全数据共享交换、统一数据标签服务和区块链等密码服务。以密码服务为支撑构建智慧城市整体安全保障体系；规范数据分级分类保护和共享交换标准，强化数据分类共享流转监管，建立智慧城市数据安全共享交换体系；对共享数据和标签信息做整体签名，对数据实施分类分级防护，基于区块链的数据共享责任界定，实现数据的追踪溯源；打造智慧城市的安全移动办公环境，实现对安全移动环境中的传输加密、身份认证和接入控制、隔离交换三道防线的安全。

4. 管：做好智慧城市的密码使用管理、监管和应用安全评估工作

对城市态势提供有利的安全支撑、密码服务保障，加强对智慧城市网络空间安全的密码监管、应用安全性评估和测评工作。

强化组织保障，加强密码的使用管理，使智慧城市的管理者、使用者、资产所有者具有明确的权责划分，各司其职；制定密码在不同场景下的使用管理制度，推动并明确密码及其设备的使用管理办法、应急预案、应用接口规范等；构建统一密码服务及监管平台，加强各级密码管理部门对智慧城市中使用的密码设备、密码资源、服务应用情况进行的统一密码服务监管，并实现对智慧城市密码的态势感知；做好密码使用人员的安全教育意识培训，提高其安全意识和密码使用意识；加强密码应用安全性评估及测评工作，在智慧城市建设规划、实施、上线运行等多个阶段推广密码的安全性使用，将评估结果作为项目规划立项、申报财政性资金、建设验收的必备材料。

## 12.1.3　主要内容

### 1. 物联网感知层密码应用

物联感知层是智慧城市获取城市各种信息的途径，主要实现对智慧城市各个单位的全面感知和识别，以及信息的获取和采集。感知层对于密码应用的需求主要是基于密码技术解决感知终端固件完整性被破坏、节点身份仿冒、明文存储/敏感信息泄露、弱加密等安全问题。物联网感知层密码应用主要包括感知节点的密码应用、感知节点之间的密码应用和物联网感知网关的密码应用。

1) 物联网感知节点设备的密码应用

物联网感知节点设备的密码应用是保证应用于智慧城市的基础设施、环境、设备和人员等信息采集与监控设备的安全身份可信、数据安全可靠措施，保证信息采集安全，实时为上层提供准确感知数据。因此主要是使用密码技术实现数据存储的机密性和完整性。

物联网的应用场景多种多样，因此感知节点设备的种类也较多，主要包括应用于智慧城市中的二维码标签和识读器、RFID(radio frequency identification，射频识别)标签和读写器、摄像头、GPS、传感器、M2M 终端、传感器网关等设备。针对不同感知节点设备，所采用的密码技术也不一样。对于计算资源和存储资源有限的感知节点设备，主要是在感知设备上部署安全加密模块或者物联网安全芯片来实现。

对于另一类处理能力较强的感知节点设备，如 M2M 方面，主要是在 M2M 设备以及 M2M 网关上部署安全功能模块，实现密钥的生成和管理、M2M 服务层的注册、M2M 应

用的身份认证和设备完整性验证等功能。智能手机方面，硬件上主要采用安全 ROM 主板、安全处理芯片和安全功能组件，以及配套的安全 TF 卡，为数据加密、身份鉴别提供硬件支撑。加密算法支持 SM1、SM2、SM3、SM4、SM9、SHA1、AES 等。

2) 物联网感知节点设备之间的密码应用

物联网众多的感知节点在将数据上报到网络传输层之前，首先要在感知层内部通过各种无线短距离传输进行数据汇聚，那么节点设备之间的密码应用，主要为了防止攻击者伪装合法用户访问其他节点设备，传输数据被非法篡改或出现恶意操作行为的否认，因此需要使用密码技术实现感知节点的签名验签、身份认证、数据加密传输等功能。

一方面，感知节点，如可穿戴设备、智能家居设备、智能传感器等通过蓝牙、Wi-Fi、zigbee、RS485 等方式传输的过程中，各种传输网络本身有一定的密码应用，如 zigbee 提供了数据加密、身份认证、数据完整性检查等安全功能，蓝牙也提供了鉴权和加密等安全功能。

另一方面，感知节点设备上部署的物联网安全芯片，采用轻量级的密码算法实现数字签名认证和数据传输加密，无须复杂密钥管理中心，加密芯片内嵌对称标识认证算法单元，设置相同的群密钥，并且签名密钥只在芯片内部参与中间计算，永远不会出芯片，外部无法获取，这样可以有效地防止第三方设备伪造签名。在进行端到端的数据传输时，加密芯片会根据设置的群密钥、接收设备上芯片唯一的 SN(serial number，序列号)和 UID(unique identifier，唯一标识符)，每次动态产生随机的加密密钥，然后用此加密密钥对传输数据进行加密，只有拥有此标识的接收设备才能恢复同样的解密密钥对数据进行解密，这样可以有效地防止第三方设备窃取其他设备的密文数据进行解密。

3) 物联网感知网关的密码应用

物联网感知网关的主要作用是接收来自各个感知节点的数据，并将数据汇聚融合后通过无线及有线方式连接到传统的移动通信网及互联网或者行业专网中。那么感知网关的密码应用主要是针对各个感知节点的接入认证以及数据加密转发，防止假冒的感知节点接入物联网感知网关以及在数据转发过程中泄密。

物联网安全网关，是集访问控制、接入认证、无线数据采集、加密传输和安全防护等功能于一体的物联网网关设备，支持多种类型的感知节点设备接入和相邻站点之间的通信，并支持数据加密转发，为物联网感知层与网络传输层的边界安全提供了重要保障。

2. 网络传输层密码应用

网络是智慧城市的"神经系统"。随着智慧城市应用越来越深入，网络触角也深入到城市的各个角落，这些网络将各政务办公点、对外服务点，以及各种物联网设备连接在一起，城市网络也会与各个外部的网络进行对接。如果网络遭受攻击，则将会造成数据泄露甚至网络瘫痪。

对于智慧城市网络传输层密码应用，可以通过合规正确使用密码，满足基础设施网络中鉴别、访问控制、机密性、完整性、抗抵赖的基本安全需求，通过差异化的网络认证机制、网络传输保护、网络隔离和关键密钥保护等技术，解决异构网络之间的数据交换、网间认证、端间认证等问题，满足智慧城市在大容量、高宽带、全覆盖等网络环境下对于数据机密性、完整性和可用性的保护需求。

### 3. 云平台层密码应用

云计算具有资源虚拟化、数据集中化、应用服务化的特点，传统密码应用模式不能完全解决云计算的安全威胁问题。云计算环境下对密码的核心需求主要包括以下几个方面：

(1) 依托高性能以及敏捷弹性的云计算密码资源满足云环境下密码海量计算需求；

(2) 构建多层级、强隔离的密码保护体系，适应云计算复杂环境下多租户安全共用密码资源需求；

(3) 功能和性能按需分配、动态调整，满足云环境下弹性计算、泛在接入等多样性需求；

(4) 云平台密码应用可参考 11.1 节。

### 4. 大数据与服务融合层密码应用

智慧城市数据及服务融合层由数据来源、数据融合和服务融合 3 部分组成。数据及服务融合层密码应用主要在数据全生命周期安全的基础上提供数据安全治理、数据隐私保护、数据安全共享交换等数据安全防护手段。

1) 数据全生命周期安全

随着城市数据汇聚，局部数据安全和系统安全问题叠加放大，数据共享和开放过程中的安全责任主体增多，数据泄露导致的危害加大。应推动城市数据全生命周期安全保障，发挥密码的基础支撑作用，形成安全可控的数据融合共享环境。

(1) 数据采集安全。对于数据源可信一般采取基于用户身份的鉴别、数据接口安全认证、数据接入设备安全认证等方式保障接入数据源的安全。

(2) 数据传输安全。

① 数据防篡改。数据防篡改主要是通过对数据进行签名保障数据的完整性，防止数据在传输过程中被非法篡改。

② 数据防窃取。数据防窃取主要是通过对传输过程中的数据进行加密保护，防止数据泄露造成数据信息被窃取。

(3) 数据存储安全。

① 数据存储合规。数据存储合规主要是结合数据的类型、价值等形成的分级分类结果，将不同等级的数据存储在不同安全等级要求的存储区域中。

② 数据容灾备份。数据容灾备份主要通过数据热备份和冷备份等方式保证数据的可用性，对于部分重要数据需要采用异地备份。

③ 数据库安全。数据库安全主要包括数据库环境的安全以及存放在数据库中的数据的安全两个方面。对于数据库环境的安全，需要通过对数据库漏洞、后门等进行防护来解决其安全问题；对于数据的安全，需要通过数据库漏洞扫描、数据库防火墙、数据库加密等安全防护手段来解决其面临的机密性、完整性以及资源的合法访问等安全问题。

(4) 文件安全。未经授权的用户不能擅自修改文件中所保存的信息，系统中数据能保持一致性；机密的数据置于保密状态，仅允许被授权的用户访问。授权用户能正确打开文件。存储环节的文件安全主要采用文档加密来实现。

(5) 数据安全共享交换。

①共享认证。根据数据共享方式的不同，对通过服务接口提供共享的数据，通过接口认证的方式实现安全共享，包括统一身份认证、使用安全签名等方式；对通过 FTP 数据下载的共享方式，通过统一身份认证实现安全共享；对离线拷贝的数据共享方式：通过对拷贝数据的设备进行可信认证和登记审批实现数据安全。

②共享过程管控。共享过程管控是指在共享过程中通过数据共享台账管理、数据分级权限控制、数据共享审计、数据水印等方法实现共享的合规管控和溯源追责。

数据共享安全台账管理，在数据进入大数据平台存储时，做好数据资产登记，登记信息作为数据共享的资源菜单，进行共享时，会对数据共享信息进行台账记录和管理。数据分级权限控制，根据不同的数据等级，在数据共享时提供不同粒度的控制策略(无条件共享、有条件共享、不共享等)。数据共享审计，对数据共享的事件进行统计分析，发现共享过程中的高危事件、违规事件，用于事后追责。数据水印，在数据进行共享前，可对数据添加数据水印，水印信息包含数据在什么时间，被共享给了谁，使用范围是什么等，当数据发生超范围不合法不合规使用时，可以通过水印信息进行溯源追踪。

(6)数据销毁。数据在完成开发使用后，应对开发环境中的数据进行销毁，对于存放开发数据的设备进行介质擦出等剩余信息保护。

2) 数据安全治理

(1)敏感数据监控。敏感数据监控主要基于数据脱敏系统、数据库防火墙以及数据库安全审计系统等数据安全防护设备产品，对敏感数据的分布进行分析整理，并对数据的流转和使用情况进行监测。通过对敏感数据的访问请求、敏感数据操作行为等的监测，及时发现对敏感数据的安全攻击和威胁，从而阻止用户的恶意行为，提供敏感数据的安全防护能力。

(2)数据安全风险评估。数据安全风险评估通过对原始日志文件进行大数据分析，并结合网络中安全事件的分析评估，对网络中的数据安全风险进行可视化的展示，从而能够及时掌握了解数据安全的威胁及安全事件的情况。

(3)数据溯源追踪。对共享和外发的数据采用事件审计技术和数字水印技术，实现数据溯源和追踪。基于事件审计的溯源，在出现风险操作时能够追溯到操作者，用于事后溯源追责；基于数字水印的溯源追踪，采用鲁棒水印技术，在数据外发环节将外发对象、外发时间、外发使用范围等信息写到数据中，在怀疑数据发生超范围使用时，可以通过查询水印信息来进行验证，如果是超范围流通，则可追溯到数据泄露源头，该信息可用于协助事后追责。

(4)数据安全态势分析。数据安全态势分析按照数据的重要性、使用范围、防护情况等信息，实时综合评估并可视化展现全局及局部数据安全风险状态，对高风险状态的安全数据及时进行告警，帮助管理者扩大安全可见性，掌握基于数据的全局风险信息。

3) 隐私保护

基于密码、区块链等技术，采用接入认证、访问控制、数据加密、完整性保护等安全措施，保障隐私数据的采集安全、传输安全、存储安全、共享安全、使用安全，对隐私数据全生命周期进行监管，全方位实施隐私数据的安全保护。

(1)采集隐私数据时，采用接入认证措施，确保数据来源真实可信；设置采集端访问控制策略，确保数据的安全可控。

(2)传输隐私数据时,采用数据加密和完整性保护等措施,确保数据传输全程的安全。

(3)存储隐私数据时,采用可搜索加密和完整性保护等措施,既方便隐私数据的合法使用,又防止数据被泄露、篡改。

(4)共享隐私数据时,采用数字标识、数据加密和区块链等技术,实现数据共享的权限可管控、交换可监管、责任可追溯。

(5)数据使用安全时,对数据使用人员进行身份认证与动态权限管理,验证角色访问数据的权限;对敏感数据进行脱敏发布,保证数据使用安全合规;根据业务工作要求,对超过保存期限的数据做安全销毁处理。

5. 智慧应用层密码应用

智慧城市应用多,涉及城市服务、民生保障、公共交通、医疗保障等方方面面,这些应用的用户涉及政府部门员工、企业及个人,存在用户身份仿冒、用户行为不可控等安全风险。同时应用服务层也会输入、存储和处理各种数据,若让用户输入各种信息,则这些信息往往涉及用户隐私,一旦泄露将造成恶劣影响。

基于智慧城市的安全风险,智慧应用层密码应用主要通过以下两个方面展开。

(1)基于城市实体统一认证技术,对智慧城市中的人员进行身份鉴别和权限管理,保证只有身份合法、具有权限的人员才能进行访问和管理。对于人员的身份认证和访问控制应包括应用使用人员、数据访问人员、各类管理人员、IT 运维人员等,确保只有被授权的人才能进行操作或访问。对于重要系统和数据库的访问,应考虑采用多因素认证手段。在智慧城市建设中,通过部署统一身份认证系统,既可以使身份认证和管理工作统一、高效,也可以提升用户体验,实现"一个身份、全网通行"。

(2)基于应用层传输加密、应用层签名认证、存储加密、隐私保护等技术,防止智慧城市系统中的数据、敏感信息、个人隐私信息等被恶意窃取、恶意滥用或无意泄露。

## 12.1.4  应用成效

智慧城市密码应用通过建设统一的安全基础设施,提供认证体系、授权体系、密钥管理、安全管理等方面的安全功能,在智慧城市统一的安全防御体系架构下、支持安全的跨域共享和联动,实现一体化的安全管控与支撑。其应用成效主要包括以下几个方面。

构建智慧城市密码应用整体保障体系。构建以密码为核心和基石的智慧城市密码应用体系,从智慧城市的密码基础支撑、密码服务保障、密码应用技术保障、安全管理保障等多层面形成密码应用的核心能力,推动密码应用与智慧城市建设协同发展,在密码技术的支持下,实现"智能"与"安全"深度融合的城市发展新形态。

全面保障智慧城市安全运行。智慧城市密码应用体系是构建智慧城市关键领域安全保障体系的基石,通过进一步优化创新密码服务与业务融合的制度、模式,加强个人和机构网络信息安全保护,推动核心技术创新突破,构筑安全的网络环境,确保智慧城市安全运行。

保护隐私,提高安全综合效率。通过智慧城市密码应用体系建设,采用统一身份管理、统一认证、授权、审计等手段，构建具备全网统一的信任体系，并结合隐私保护技术，有效支撑智慧城市中人、物、信息、应用等可管、可控、可审计、隐私可保护，为实现各行业、各部门的资源共享，为既满足网络监管治理的需要，又满足服务民生的需求奠定基础，保护了数据就是保护了智慧城市的安全，有助于市民幸福感的提升。

通过密码应用的统一推进，有助于达成城市网络信息安全管理一盘棋的目标，切实避免各自为政、自成体系、重复投资、重复建设，实质性推动智慧城市网络信息安全建设工作、密码应用推进工作的向前发展。

构建智慧城市数据安全治理新格局。建设数据资产安全共享交换平台，对智慧城市的数据资产进行梳理，实现数据资产画像，并通过平台对接智慧城市各智慧应用的日志事件、数据共享交换日志、各类安全防护设备及系统，实现对数据资产、权限、事件、行为以及共享交换日志等实时数据的采集和汇聚，通过构建日志主题库和分析引擎，实现数据的智能关联分析和安全态势的分析；进行数据安全状态的集中展现和及时预警，帮助数据安全管理员实时感知全局数据风险，形成对全市资产分布态势、共享交换数据流转态势、数据风险态势等的精确管控、动态决策和持续改进能力，构建智慧城市数据安全治理新局面。

## 12.2　车联网密码应用

### 12.2.1　应用需求

车联网涉及汽车、电子、信息通信、互联网、交通等多个产业，正处于加速发展的关键阶段。当前，车联网技术发展和服务能力不断提升，形成车联网平台、车辆、路测设施和行人之间的高效信息交互，催生了大量新的产品和业务。综合来看，受益宏观政策驱动、5G 商业化落地、基础设施不断完善，车联网市场规模保持高速增长。中国汽车市场巨大，网联汽车占有率不断提高。未来，随着车联网产业生态的不断完善，技术、服务的不断成熟，产业规模将迎来大发展[4]。

车联网应用范围广泛，场景多样，小至车载终端 ECU (electronic control unit，电子控制单元) 单元，大至智慧交通，乃至智慧城市。在用户隐私层面，车联网是建立在车辆动态数据收集及应用上的，如车辆行驶、车体、动力、安全及环境数据等层面，尤其是车辆行驶数据一直都被视为大数据金矿，无论是车联网前装的车商，还是车联网后装的互联网科技公司，都在用户不知情的情况下收集车主驾驶历史数据，除自用外，甚至还会商业变卖给第三方使用，由此造成用户隐私泄露危险。在车联网环境中如何确保信息的安全性和隐私性，避免受到病毒攻击和恶意破坏，防止个人信息、业务信息和财产丢失或被他人盗用，都将是车联网发展过程中需要突破的重大难题[5]。车联网面临的黑客攻击具体可分为接触式攻击、非接触式攻击和后装产品攻击三大类。常见的接触式攻击为 OBD (on-board diagnostics，车载诊断) 系统车辆诊断攻击；非接触式攻击则有云端服务攻击、TPMS 攻击 (tire pressure monitoring system，胎压监测系统) 和无钥匙启动系统 3 种；后装产品攻击则是通过车辆下载互联网应用产品攻击，如 Wi-Fi 网络、蓝牙、移动 App 等软件应用。

## 12.2.2　技术框架

车联网主要包括车、手机终端、承载车联网应用的云平台 3 个部分。其逻辑架构如图 12-2 所示。

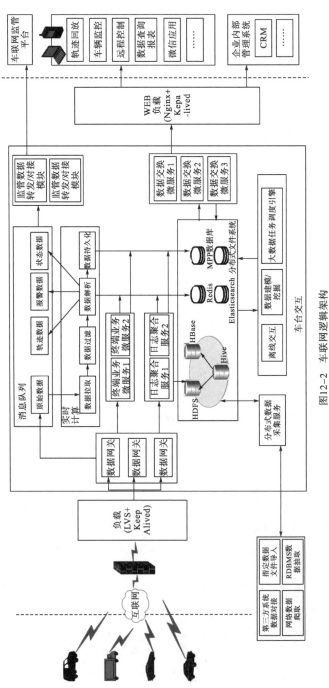

图 12-2　车联网逻辑架构

对车联网的商用密码改造主要通过在车辆端和厂商合作部署内置的密码模块或在随车的智能平板上安装密码软模块，在手机端采用基于 TF 密码卡或内置密码软模块的安全手机，在云端数据中心、4S 店和保险公司的网络边界部署安全接入认证网关/SSL VPN 网关，采用数字证书进行认证，在 4S 店和保险公司的 PC 终端上部署 USBKey，以及在云数据中心端部署统一密码服务平台、统一信任服务平台(统一身份认证平台)，部署完成后通过密码服务解决手机、车辆、云端、相关方(4S 店、保险公司等)的安全问题。商用密码建设完成后，其部署如图 12-3 所示。

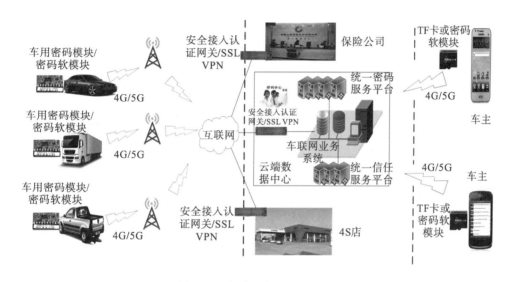

图 12-3　车联网商用密码部署图

## 12.2.3　主要内容

在车辆端与厂商合作，每台车辆配置一个内置的商用密码模块或在随车的智能平板上安装密码软模块，提供密钥计算、敏感数据储存、网关固件及配置参数完整性校验等功能，向上层应用提供接入认证服务和数据加密服务，保障车辆信息安全可信、数据传输机密完整、身份识别可信。

在车联网业务端引入统一密码服务平台、统一信任服务平台，对车联网信息系统提供弹性密码运算服务、应用密钥管理服务、证书服务、统一身份识别认证服务、数据安全服务、访问控制服务、签名验签服务、安全态势大数据分析服务、数据加解密服务、数据传输加解密和数据存储加解密等密码运算服务；在边界部署接入认证网关，实现对身份的可信接入。

在保险公司、4S 店与车联网的连接边界部署安全接入认证网关/SSL VPN 网关，实现对身份的可信接入，对其业务系统，有条件的可引入密码服务平台为其提供本地的密码应用服务。

在手机端配置 TF 加密模块或者软模块，与车联网的接入认证网关结合，实现本地身份的可信登录、数据传输加密、移动终端安全管控等安全能力。

### 12.2.4　应用成效

通过商用密码的引入，结合 4G/5G 应用下车联网的应用场景，可快速解决车主身份认证、车辆身份认证、车辆通信信息的数据传输安全、车联网接入安全隐私保护、信号灯等的认证接入安全。通过本地依赖的信息，如证书链、根证书等，对签名证书有效期等进行时间有效性检查、合法性验证，实现车主身份信息隐藏，解决黑客冒用车主身份控制车辆的安全问题。

参 考 文 献

[1]奎永秀, 孙泽红, 宋金双. 我国智慧城市发展现状及策略研究[J]. 中国建设信息化, 2019(24): 36-41.

[2]左芸. 数字经济时代的智慧城市与信息安全[J]. 中国信息安全, 2019(11): 44-46.

[3]张远云, 董贵山. 构建智慧城市密码保障体系推动密码在智慧城市中的应用发展[J]. 信息安全与通信保密, 2019(5): 56-62.

[4]武文科. 车联网技术发展与应用综述[J]. 汽车实用技术, 2017(3): 88-91.

[5]胡欣宇, 张洁. 车联网的发展与挑战[J]. 物联网技术, 2017, 7(2): 56-59, 62.

# 第13章 重要行业典型密码应用

## 13.1 金融行业密码典型应用

金融行业是现代经济发展的核心，事关国家的经济命脉。随着信息技术的广泛应用，金融信息系统业务覆盖率、复杂度持续提升。由于各类金融信息系统都不同程度地涉及客户个人属性、资金交易、合同等敏感信息，金融行业网络安全面临巨大的威胁与风险。密码作为保障网络安全的核心技术，对维护金融网络安全具有重要的意义。银行业在金融行业中居于主体地位，一直是商用密码的重要应用领域。目前，商用密码在银行业得到了大量应用，对保障银行业网络安全和业务系统安全运行发挥了重要作用，确保了公民个人隐私和财产安全。

### 13.1.1 应用需求

数字时代，伴随着电子商务的高速发展，银行业务从传统的柜面系统、ATM 机、POS 机等服务渠道拓展为网上银行、手机银行等各种新形式。无论是传统的以柜面业务和 ATM 机、POS 机为主的线下交易，还是以互联网等开放式网络环境为主的网上银行交易，在用户身份认证、支付数据的机密性和完整性方面，都需要用密码技术进行保护。银行服务提供者要保护系统不受网络黑客入侵，防止敏感信息泄露、业务损失或服务中断；保护用户在网络上输入的敏感信息不被盗用，输入的交易资料不被篡改。

因此，银行业务中的密码应用需求[1]主要包括如下几个方面。

(1)对用户的身份进行鉴别，对其权限进行核查。验证用户身份的真实性和合法性，防止非法用户假冒身份进行交易。

(2)确保交易数据的真实性，防止非法用户对数据进行篡改和删除。

(3)确保交易数据的完整性，防止传送过程中数据丢失。

(4)确保交易数据的机密性。通过对敏感数据加密来保证数据交换安全，确保只有接收方能够正确获得数据。

(5)确保消息的抗抵赖性。防止消息发送者事后虚假地否认他发送的消息。

(6)具有完备的密钥管理体系，能够确保用户所使用密钥的全生命周期安全。

### 13.1.2 技术框架

**1. 银行业典型信息系统密码应用框架**

银行业典型信息系统包括客户服务渠道(无卡渠道和有卡渠道)、银行核心业务系统、银行业中心节点关键系统等。银行业典型信息系统密码应用场景如图 13-1 所示。

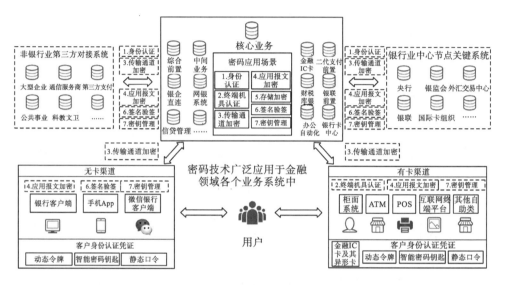

图 13-1　银行业典型信息系统密码应用场景示意

(1)身份认证:使用金融 IC 卡、动态令牌、智能密码钥匙等密码产品实现对客户身份、服务器身份等的认证。

(2)终端机具认证:使用密码技术对柜面终端、ATM 机、POS 机等进行认证。

(3)传输通道加密:使用密码技术建立安全通道,实现终端与银行业务系统间、银行业务系统与非银行业第三方对接系统间、银行业务系统与银行业中心节点关键系统间重要敏感信息的加密传输。

(4)应用报文加密:使用密码技术,实现终端与银行业务系统间报文、银行业务系统与非银行业第三方对接系统间报文、银行业务系统与银行业中心节点关键系统间报文等的加密传输。

(5)存储加密:使用密码技术,实现对系统存储的用户口令、用户隐私信息、重要交易数据等的加密保护。

(6)签名验签:发送方使用密码技术对关键数据进行数字签名,接收方对签名进行验证,用以确认数据完整、身份真实,确保行为不可抵赖。

(7)密钥管理:根据安全策略,对银行信息系统所采用的各种密钥进行全生命周期的安全管理。

### 2. 网上银行密码应用框架

网上银行系统是商业银行等金融机构通过互联网向其用户提供各种金融服务的信息系统，是银行传统渠道在互联网上的延伸。网上银行的开展可以大幅降低银行的经营成本，提高业务交易量并获得收益，同时也可以为客户提供更加便捷的创新银行服务。对客户而言，网上银行业务不受时间和空间的限制，能够有效节省用户的使用成本，满足多种形式的需求，具有广阔的发展前景。然而，由于互联网的开放性和自身固有的缺陷，与银行传统服务渠道相比，网上银行存在更大的安全隐患，也面临着更加严峻的安全形势。网上银行密码应用是利用密码技术提供的真实性、机密性、完整性和抗抵赖等特性，为网上银行系统与业务的安全提供支撑，以保护其应用安全及运行安全。以密码算法、密钥管理、数字证书、安全通道、数字签名等密码技术为基础的密码设备为网上银行业务系统提供了安全保障，进而支撑网上银行业务安全[2]。

网上银行密码应用框架如图 13-2 所示。

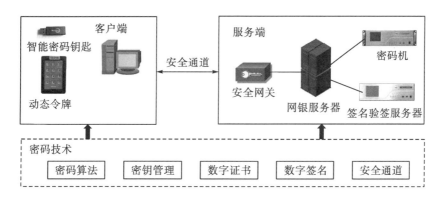

图 13-2　网上银行密码应用框架

## 13.1.3　主要内容

结合目前银行密码应用的基本情况，本书将阐述金融机构重点业务系统的密码应用架构。

### 1. 线下交易密码应用

线下交易主要是指通过 ATM 机、POS 机等终端完成的交易。其密码应用架构如图 13-3 所示。

线下交易过程中，商用密码发挥的主要作用如下：

(1) 确保线下交易主密钥装载和传输的安全；

(2) 提高 IC 卡申请人的各类密钥和敏感信息的安全性；

(3) 确保核心系统数据库中存储的安全性；

(4) 提高各种业务系统中使用的安全性；

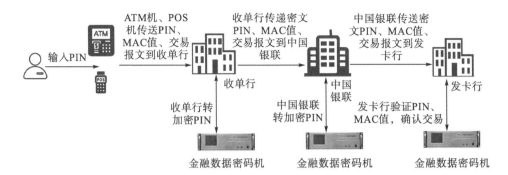

图 13-3　线下交易密码应用架构

(5) 保证 PIN 在网络传输过程中始终不以明文形式出现；
(6) 保证 PIN 在验证时始终不以明文形式出现；
(7) 保证工作密钥在交易过程中始终不以明文形式出现。

## 2. 在线支付密码应用

互联网、手机支付等在线支付方式已成为当前支付的主要方式。下面以中国银联的"银联在线支付"为例，说明在线支付的密码应用架构，如图 13-4 所示。

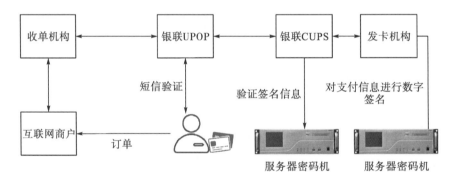

图 13-4　银联在线支付密码应用架构

在线支付交易过程中，商用密码发挥的主要作用如下：
(1) 通过用户与后台系统的双向身份认证，保证交易双方身份的真实性；
(2) 保证 PIN 在金融交易过程中始终以密文方式存在，口令无法被预测、监听和窃取；
(3) 保证数据在金融交易过程中的完整性；
(4) 保证发送方和接收方交易行为的不可抵赖性。

## 3. 网上银行密码应用

网上银行密码应用业务主要包括查询业务、资金变动业务、签约业务，对于与客户身份相关的账目信息，客户要先通过身份鉴别后才能查询。网银系统与客户的通信中应保持查询结果的机密性和完整性。客户在办理资金变动业务前必须经过身份鉴别，只有账户的真正所有者才能操作账户资金。签约业务根据内容的不同，会有选择地使用身份鉴别方式，如柜面实名、智能密码钥匙数字签名。

网上银行密码应用框架如图 13-5 所示。

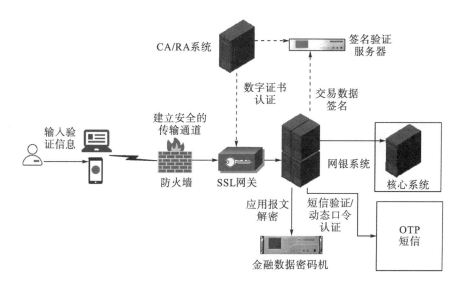

图 13-5　网上银行密码应用框架

网上银行交易过程中，商用密码发挥的主要作用如下：

(1) 通过用户与网银系统的双向身份认证，保证交易双方身份的真实性；

(2) 保证 PIN 在金融交易过程中始终以密文方式存在；

(3) 保证用户与网银系统之间信息的机密性和完整性；

(4) 保证数据在金融交易过程中的完整性；

(5) 保证发送方和接收方交易行为的不可抵赖性。

### 13.1.4　应用成效

上述解决方案的设计实施，能有效遏制伪造银行卡、仿冒网上交易身份等违法犯罪活动，增强了敏感信息和交易数据的安全防护能力，为金融行业网络安全和金融系统安全稳定运行提供有力保障，并保障公民个人隐私和金融财产安全。

## 13.2　第三方支付密码典型应用

当前，随着互联网应用，特别是移动互联网和移动智能终端的飞速发展，第三方支付业务正迅速增长。第三方支付机构处理网络支付业务量包含支付机构发起的涉及银行账户的网络支付业务量，以及支付账户的网络支付业务量。中国人民银行发布的《2019 年支付体系运行总体情况》报告显示，2019 年非银行支付机构发生网络支付业务 137199.98 亿笔，金额达 249.88 万亿元，同比分别增长 35.69% 和 20.10%。以支付宝、微信支付等为代表的第三方支付正在蓬勃发展，未来也将与数字货币对接，在社会生活中发挥越来越重要的作用[3]。

### 13.2.1　应用需求

第三方支付业务的发展，带来了一系列安全问题：一是客户身份识别机制不够健全，为欺诈、套现、洗钱等违法行为提供了可乘之机；二是风险应对能力不足，在客户资金安全和网络安全保障机制等方面存在欠缺；三是交易数据的机密性、完整性、抗抵赖性等安全保障手段不足。因此非银行支付机制密码应用需求如下。

**1. 身份真实性**

(1)客户使用支付终端登录支付服务平台时，需要对客户进行身份鉴别。

(2)支付服务平台向合作金融渠道发起资金转移指令时，需要对支付服务平台进行身份鉴别。

**2. 数据机密性**

在支付终端、支付服务平台之间进行数据传输的过程中，发送方应对交易报文原文数据进行加密保护，原文数据不暴露。在支付服务平台存储用户敏感数据或关键业务数据时，应以密文形式存储。

**3. 数据完整性**

在支付终端、支付服务平台之间进行数据传输的过程中，发送方应对原文数据进行签名，由接收方进行签名验证。

**4. 数据不可否认性**

客户使用支付终端发出交易指令到支付服务平台时，需要对交易指令进行数字签名，由支付服务平台进行签名验证；支付服务平台反馈交易结果给支付终端时，需要对交易结果进行数字签名，由支付终端进行签名验证，实现数据来源的不可否认性。

**5. 数据通信安全**

在支付终端与支付平台、支付平台与金融系统间，以安全协议保障数据在交互过程中遵循既定规则，完成安全通信。

## 13.2.2　技术框架

第三方支付业务中的密码应用以数字证书为基础，在支付交易环节新增 PKI/CA 数字证书认证方案，将用户交易签名作为交易系统判断交易合法的主要因素。第三方支付业务密码应用架构如图 13-6 所示。

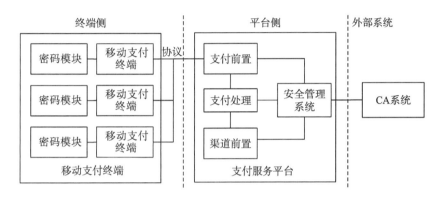

图 13-6　第三方支付业务密码应用架构

在第三方支付密码应用场景中，第三方支付系统由移动支付终端和支付服务平台两部分组成。

(1) 移动支付终端：与平台侧支付前置进行通信的实体，通过互联网联通，实现数字证书申请、密钥存储以及交易数据签名等功能。

(2) 支付服务平台：包含支付前置、支付处理、渠道前置等服务模块和安全管理系统，各模块间通过内部网络联通。支付处理系统完成支付业务处理流程；安全管理系统实现用户身份认证、密钥管理、交易数据验签等功能。

(3) 外部系统：由第三方电子认证服务机构提供基于商用密码的数字证书认证服务。数字证书的发放和使用均保证实名，涉及的密码产品均通过审批。密钥存储、密钥运算均采用防护手段，提高了密钥在终端设备存储和运算期间的安全性，避免了恶意攻击者通过非法使用用户数字证书，仿冒用户操作的攻击行为。

## 13.2.3　主要内容

根据上述技术框架，第三方支付机构密码应用分为终端侧密码模块与平台侧安全管理系统，如图 13-7 所示。

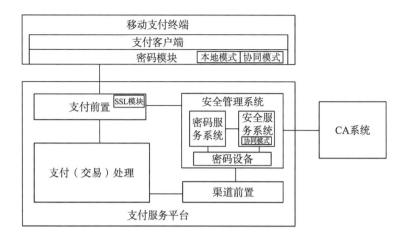

图 13-7　第三方支付业务密码应用的主要内容

第三方支付业务密码应用的主要内容如下。

(1)终端侧密码模块：为移动支付终端提供基础密码服务，利用密码模块实现包括SM2密码算法、SM3 密码算法、SM4 密码算法等在内的商用密码算法，通过密钥分散和协同运算等技术保证用户密钥的存储和运算安全，并为支付客户端提供统一的调用接口以完成签名验签等密码服务功能。

(2)平台侧安全管理系统：为支付服务平台提供安全管理与安全保障服务，主要包括安全服务系统与密码服务系统。安全服务系统主要提供接入鉴权、证书管理、协同密钥运算(需要时)等安全服务；密码服务系统主要通过调度密码服务设备为支付平台提供基础的密钥管理、数据加解密、签名验证服务。

安全管理系统与 CA 系统对接，实现用户证书生命周期的管理，包括用户证书申请、用户证书更新和用户证书吊销。此外，平台侧支付前置、支付(交易)处理及渠道前置，作为安全管理系统的服务对象，在业务处理中根据需要调用安全管理系统相关服务。

(3)安全通信模块：在移动支付终端以及支付服务平台之间使用 SSL 安全通信模块建立连接，保证通信过程安全。

## 13.2.4　应用成效

商用密码在第三方支付业务中的应用，能有效增强交易数据的安全防护能力，解决用户因缺少安全认证方式导致的支付限额问题，并兼顾了用户体验。同时从国家金融监管、业务安全的角度来看，商用密码技术与第三方支付业务的融合，将大大促进第三方支付业务的安全、健康发展。

## 13.3　能源行业密码典型应用

本节以用电信息采集系统密码应用为例,谈谈能源行业密码的应用。

### 13.3.1　应用需求

随着国家智能电网技术的步步推进,电力系统的信息化水平日益提高。为了实时全面地掌握电力用户的用电信息,自 2009 年以来,电网公司按照"统一规划、统一标准、统一实施"的原则推动智能电能表应用和用电信息采集系统(以下简称"用采系统")建设。目前,用采系统已基本实现全覆盖。

用采系统是对电力用户(包括专变/专线用户、公变台区总表、低压用户)的用电信息进行采集、处理和实时监控的系统,是智能电网的重要组成部分,用于实现用电信息的自动采集、计量在线监测、费控管理、有序用电管理、电能质量监测、采集数据发布、采集运维监测、用电分析等重要功能[4],是电力行业的重要工业控制系统和信息系统。用采系统物理结构由用采主站层、通信信道层、终端设备层组成,如图 13-8 所示。用采系统的核心业务功能包括数据采集、参数设置、控制。

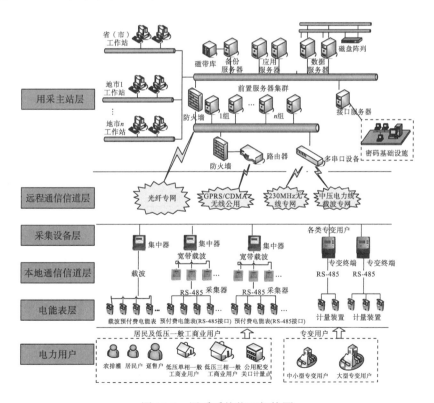

图 13-8　用采系统物理架构图

　　用采系统的数据采集工程浩大，最终要在全国各省(市)全面覆盖，因此系统的安全性与稳定可靠性直接关系千家万户的切身利益。用采系统中数据采集、指令发送和控制过程中所用到的电力用户身份信息、电量信息及用电类型信息等也是电力行业的敏感信息，可以从中窥探出政治决策、军事力量，甚至人民日常生活的方方面面，必须加强机密性保护。

　　根据用采系统业务功能和系统架构特点，结合等级保护的相关要求可知，用采系统主要面临以下安全风险。

　　(1)主站层安全风险：伪造终端接入；采集类数据被篡改、伪造、重放；业务系统间交互数据被篡改。

　　(2)通信信道层安全风险：网络数据传输过程中数据遭到窃取、篡改；缺乏接入认证手段。

　　(3)终端设备层安全风险：参数设置类、控制类数据被窃听、篡改、重放；终端上行报文未启用加密认证措施。

## 13.3.2　技术框架

　　为解决用采系统存在的安全问题，保障用电安全，需要建设用电采集系统密码应用基础设施，包括密钥管理系统和数字证书系统，为用采系统的网络安全防护提供密码支撑，并将密码技术融入用采系统的主站层、通信信道层、终端设备层，可实现用户身份的真实性保护、通信信道的安全性保护、传输数据的完整性和机密性保护等功能，保障用电信息采集、有序用电控制、用户电力缴费等业务的顺利开展和安全可靠运行。

　　用采系统密码应用框架如图 13-9 所示。

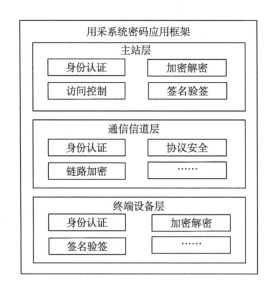

图 13-9　用采系统密码应用框架

### 1. 主站层

针对主站面临的安全风险,主站层密码技术的应用主要是通过调用密码基础设施的密码服务实现终端设备的身份认证,终端与主站数据传输的加解密与签名验签,以及主站系统操作人员与运维人员的访问权限控制。

### 2. 通信信道层

针对通信信道面临的安全风险,通信信道层密码技术的应用主要通过部署电力专用加密网关实现。利用专有安全协议、链路加密、身份认证技术,在主站层与终端设备层之间建立安全通信隧道对数据进行加密传输,实现网络层传输保护。

### 3. 终端设备层

针对终端设备面临的安全风险,终端设备层密码技术的应用主要通过在终端设备中嵌入支持商用密码算法的安全芯片,实现终端设备与主站间的身份认证,以及通信数据的完整性、机密性保护。

## 13.3.3　主要内容

### 1. 用采系统密码应用

用采系统的密码应用主要包括主站层密码应用、通信信道层密码应用以及终端设备层密码应用。

1) 主站层密码应用

在原有用采系统主站的基础之上增加与电网公司密码基础设施的接口设计,实现将用采系统主站的密码服务请求提交给密码基础设施,以及将密码基础设施的密码运算结果反馈给用采主站。

2) 通信信道层密码应用

根据用采系统的业务特点以及通信信道面临的安全风险,部署电力专用加密网关。电力专用加密网关使用专用定制化协议,其重要功能是保护用采业务的通信安全,即在电力专用加密网关和终端(ESAM)之间建立传输层加密保护,用于实现终端设备的接入认证及敏感信息和关键数据的传输层加密保护[4]。

3) 终端设备层密码应用

用采系统的终端设备有采集终端(包括集中器、采集器)、表计终端和计量现场作业终端。这些终端设备具备对数据进行采集、处理、存储以及与主站进行数据通信等功能,为保证数据安全,通过内嵌 ESAM 安全芯片终端设备,支持国密算法,可提供数据加解密、签名验签、身份鉴别等功能。

用采系统密码应用主要应用流程如下。

(1) 密码设备初始化。用采系统调用密码基础设施对电力专用加密网关、终端设备的

ESAM 安全芯片进行初始化，并发放设备证书和对称密钥。

（2）传输加密。在主站与终端设备通信过程中，为确保通信双方身份的真实性，主站与终端设备交换数字证书，实现身份认证和密钥协商。为保证主站对终端设备下发的开关控制指令、参数设置指令以及抄读数据的机密性、完整性、可用性，主站与终端设备之间利用协商的会话密钥建立安全通道，实现传输加密。

（3）应用层加密。在主站和底层终端设备电能表的通信过程中，为保证主站对电能表下发的参数设置、远程充值、控制命令等数据的机密性、完整性、可用性，对交互数据采用对称算法进行应用层加密。

### 2. 售电系统密码应用

售电系统的密码应用主要包含持卡购电和远程购电两个场景，应用流程具体如下。

1）持卡购电

在持卡购电过程中，通过调用密码基础设施的密码服务或 PSAM 卡（PSAM 卡嵌入在读卡器内）验证用户卡的合法性，并将充值信息保护后写入合法的用户卡中，实现合法持卡购电。在电能表充值过程中，电能表在确定用户卡的合法性后，将充值信息写入 ESAM 芯片中，实现电能表充值。

2）远程购电

在远程购电过程中，售电系统将充值信息发送给主站系统。用采系统主站与电能表相互验证对方的合法性，然后主站将充值信息发送到电能表，电能表将验证合法的充值信息写入 ESAM 中存储，完成充值操作。

## 13.3.4  应用成效

商用密码在用电信息采集系统中融合应用，将为国家电力安全发挥重要作用，对维护社会稳定、支持阶梯电价政策、推动节能减排等具有重要意义。

电网公司密码应用基础设施，能够为用采系统提供全方位的密码服务，有力地保障了用采系统的安全、稳定、高效运行。

# 13.4  交通行业密码典型应用

密码应用是保障交通运输行业网络安全的核心技术和基础支撑，在维护国家安全、促进经济社会发展、保护人民群众利益中发挥着十分重要的作用[5]。近年来，交通运输部积极推进交通运输行业密码应用工作，在交通一卡通系统、高速公路电子不停车收费系统（electronic toll collection，ETC）等业务领域取得了重要成效。本书将重点阐述在交通一卡通系统中的密码应用典型方案。

### 13.4.1　应用需求

《国务院关于城市优先发展公共交通的指导意见》（国发〔2012〕64 号）明确提出："十二五"期间，进一步完善城市公共交通移动支付体系建设，全面推广普及城市公共交通"一卡通"，加快其在城市不同交通方式中的应用。加快完善标准体系，逐步实现跨市域公共交通"一卡通"的互联互通。国务院的要求为交通一卡通的发展指明了方向，越来越多的城市实施公交一卡通，极大地方便了广大市民出行，提升了城市综合交通运输效率，显著提高了公共交通的服务品质[6]。交通"一卡通"系统带来极大便利的同时，其面临的安全风险也不断加大，如 IC 卡被破解、被伪造，卡片的非授权使用，交易报文被泄露、被篡改、被重放攻击，交易终端设备被破解、被伪造，交易敏感信息被非法窃取、出现交易抵赖等。

### 13.4.2　技术框架

交通"一卡通"系统密码应用架构如图 13-10 所示。根据全国交通"一卡通"互联互通总体规划及业务规则，交通"一卡通"系统分为三级体系，即交通运输部交通"一卡通"运营中心，省及各地市交通"一卡通"运营中心。交通运输部交通"一卡通"运营中心主要负责全国互联互通交通"一卡通"PSAM 卡发行、用户卡根密钥的管理与下发、跨省交通"一卡通"交易的清分结算以及后续交通运输领域涉及的其他交通"一卡通"运营服务，如移动支付、TSM 服务等，为交通应用在智能终端上的应用提供顶层支持。各省建设省级运营中心，主要负责与部运营中心对接完成跨省的交通"一卡通"交易数据的清分结算，

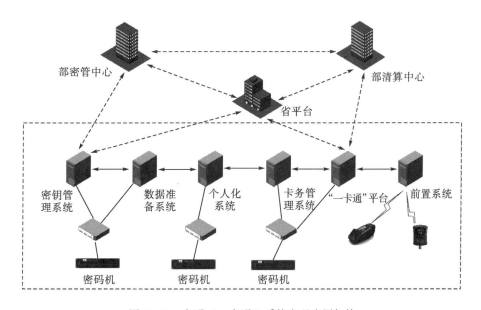

图 13-10　交通"一卡通"系统密码应用架构

并且支撑各地市的信息共享、消费清算、异地充值等业务服务。主要信息系统包括密钥系统、清算系统、异地充值平台、大数据分析、银行对接系统等系统。各地市运营管理中心作为终端用户的最终服务提供者，主要负责互联互通交通"一卡通"的受理服务以及最终提供各类交通扩展应用的实际运营业务。主要信息系统包括发卡系统、密钥系统、清算系统、钱包账户交易管理系统、客服系统、移动支付等系统。交通"一卡通"系统密码应用主要使用对称、非对称密码算法和数字证书等技术，控制发卡环节和交易环节的安全风险[7]。

1. 发卡环节安全处置

发卡的初始化工作就是对卡片内的存储空间按照公交"一卡通"系统的设计进行划分，然后将系统密钥按照一定的算法进行变换写入卡内，从而使这张卡片能够在公交"一卡通"系统中使用。卡片初始化时通过系统密钥对卡片各个扇区进行加密，写入卡片的信息有城市代码、卡类型等。初始化操作在 IC 卡管理中心完成。初始化完成之后，卡片数据直接存入中心数据库中的发卡表。卡信息包括发卡时间、卡号、城市代码、卡类、有效期等。在交通运输部交通"一卡通"系统标准中，卡片采用电子现金与电子钱包相结合的形式，在发卡过程中增加数据准备系统，用以对电子现金卡的发卡数据进行处理[8]。

如图 13-11 所示，证书申请提交省平台或部密管中心，获取基于 SM2 算法的根 CA 证书和根 CA 签发的发卡机构证书。

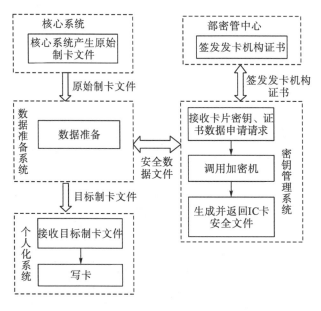

图 13-11 交通"一卡通"发卡环节安全处置流程

电子现金体系中的根 CA 证书由部密管中心提供，发卡机构证书由部密管中心签名，其他密钥由发卡机构密钥管理系统生成并维护。

电子钱包体系中的消费主密钥由部密管中心提供，其他密钥由发卡机构采用主密钥分散方式产生，并进行管理维护。

## 2. 交易环节安全处置

如图 13-12 所示，交通"一卡通"交易安全处置主要涉及终端认证、交易过程、数据存储等过程，使用对称和非对称密码算法，实现交通"一卡通"交易环节中数据的机密性、完整性保护及身份认证，交易双方签名的不可否认性，以及敏感数据的存储安全。

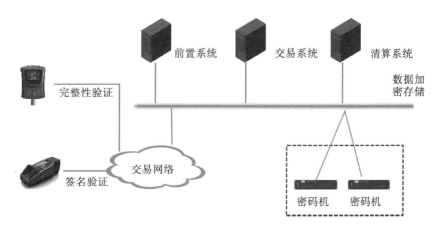

图 13-12　交通"一卡通"交易环节安全处置示意图

(1)电子现金交易中，终端采用 SM2 算法验证 IC 卡签名，实现静态/动态数据认证，从而保证 IC 卡片和交易数据的真实性、可信性。

(2)电子钱包交易中，采用 SM4 算法加密交易数据，产生报文校验值 MAC 和交易校验值 TAC，以保证信息来源的真实性和交易数据的完整性。

(3)使用 SM3 算法产生敏感数据的摘要值，对敏感数据进行完整性保护，或者采用 SM4 算法对敏感数据进行加密存储。

### 13.4.3　主要内容

#### 1. 密钥管理系统

交通"一卡通"系统涉及交易、结算等敏感信息，对安全性和防篡改性的要求较高。交通"一卡通"系统基于国密算法搭建密钥管理系统，从密钥使用的角度对业务系统中的各种密钥进行管理，实现了对交通"一卡通"业务的安全支撑，确保卡片在发卡、交易、通信等各环节的数据安全，不仅支持交通运输部卡片标准的电子现金、电子钱包等在密钥产生、传输、密钥更新等方面的密钥管理与服务需求，而且也支持国密算法密钥产生、传输、密钥更新等方面的密钥管理与服务需求。既可以作为独立的密钥管理中心使用，也可以与数据准备系统、卡片个人化系统等业务系统连接支持相关密钥管理服务[9]。主要功能如下：

(1)实现交通运输部标准的发卡机构证书的管理；

(2) 实现公交 IC 卡应用相关的密钥(包应用密钥、卡片个人化交换主密钥等)管理;

(3) 实现分发各类密钥到卡片制造商、卡片个人化中心等;

(4) 实现交通运输部《城市公共交通 IC 卡技术规范》中关于对称/非对称密钥体系的密钥管理,保证密钥在整个生命周期内产生、存储、更新、传输、使用、销毁的正确性和安全性;

(5) 实现其他与密钥管理相关的功能需求,如审计密钥管理操作、配置管理操作、用户管理操作、密钥操作权限限制等功能;

(6) 实现发卡机构的密钥管理,包括 IC 卡根密钥的产生及存储、发卡机构 RSA 对的生成及存储、根 CA 公钥文件的下载及存储等;

(7) 实现 IC 卡卡片密钥和证书数据管理,包括 IC 卡交易主密钥生成、IC 卡 RSA 对的生成、签发 IC 卡证书、签名 IC 卡静态应用数据等;

(8) 实现发卡机构 IC 卡交易主密钥的分发管理;

(9) 实现安全的授权管理功能。

### 2. 数据准备系统

数据准备系统主要负责完成卡片个人化数据的解析和整理,个人化数据包括发卡机构应用数据、规范模板数据、证书及密钥数据等所有与卡片个人化相关的数据项,其输出的制卡数据文件直接用于个人化系统进行 IC 卡的个人化操作。数据准备系统对发卡机构系统的接口模块,负责发卡机构提供的发卡数据文件转换成系统内部的数据格式,并导入数据库中。

数据准备系统具有如下功能:

(1) 建立公交 IC 卡数据模板;

(2) 配置基础的公交 IC 卡数据模板中的基础业务数据;

(3) 与公交"一卡通"其他业务系统交互,获取数据模板中的其他业务数据;

(4) 与公交"一卡通"密钥管理系统交互,获取数据模板中的证书和密钥等安全数据;

(5) 按照数据模板配置,形成最终的制卡数据,数据准备系统负责接收、处理由卡片管理系统产生的持卡人数据,并根据预先设定的包含对应业务参数的模板,调用安全加密设备生成相关的密钥、获得相关的 IC 卡非对称密钥和发卡机构公钥签名证书等,最终将所有的数据整合并转化为卡片个人化系统可以理解的格式文件,供个人化厂商进行个人化生产;

(6) 数据准备系统通过统一的适配器接口,可以支持多种制卡机设备和密码机设备。

### 3. 密码机

密码机作为国家密码管理部门认可的硬件密码设备,通过 TCP/IP 连接方式与"一卡通"系统主机相连,为"一卡通"系统发卡、交易、通信等业务提供数字签名、验证、数据加密和信息完整性保护。在密钥管理方面,密码机具有完善的密钥管理体系,能保证密钥从产生、存储、分发、分散、导入导出、备份恢复到销毁全生命周期的安全;在密码算法方面,密码机为用户提供基础的密码算法及密码运算能力,对称算法支持 3DES、SM1、

SM4 和 AES 等，非对称算法支持 RSA 和 SM2，摘要算法支持 MD5、SHA1 和 SM3 等。在密码服务接口提供方面，密码机为用户提供公交 IC 卡发卡及交易所需的密码服务接口，包括密钥管理接口、MAC 计算接口、PIN 计算接口、ARQC/ARPC 计算接口、签名验签接口、摘要计算接口等。

### 13.4.4　应用成效

交通"一卡通"密码应用的主要成效如下。

一是可支撑交通"一卡通"业务的全国开展。该方案基于行业统一的密钥管理与证书认证体系建设，有利于在全国范围开展支付与结算业务，联通用户与各类公共交通运营方，进一步推动交通"一卡通"业务开展。

二是多样化技术融合保障业务安全运营。该方案综合采用数字证书、协同签名、数字签名、传输加密等技术，在发卡环节、交易环节以及结算环节实施关键数据、关键操作的真实性与完整性保护，有效提升信息系统的安全性，保障公众出行服务的有序运营。

三是数据安全传输。在电子钱包交易中，采用密码算法保证信息来源的真实性和交易数据的完整性。

## 13.5　装备制造行业密码典型应用

### 13.5.1　应用需求

装备制造行业是国民经济的基础产业之一，其发展直接影响国民经济各部门的发展，也影响国计民生和国防力量的加强，因此，各国都把制造业的发展放在首要位置。随着国务院关于深化"互联网+先进制造业"指导意见等政策推进，关系国计民生和经济命脉的制造生产控制系统面临越来越严峻的安全现状，其网络安全方面的问题亟待解决。国家高度重视重点行业工业控制系统的网络安全，明确要求重要工业控制系统需加强密码应用和促进核心保障，亟待研究密码技术在制造生产控制系统中的应用，实现生产控制系统的安全可靠，保障关系国计民生的装备制造业的稳定高效发展。

装备制造工业控制系统应将密码应用纳入信息化建设整体规划，实现密码在数据采集与监控、分布式控制系统、过程控制系统、可编程逻辑控制器等工业控制系统中的深度应用，充分发挥密码在系统资源访问控制、数据存储、数据传输、可视化控制、安全审计等方面的支撑作用，建立基于密码的安全生产、调度管理等安全体系。

### 13.5.2　技术框架

装备制造工业控制系统的典型安全需求框架如图 13-13 所示。系统在身份认证、访问控制、数据存储、数据传输、可视化控制、安全审计等安全功能方面都涉及密码应用，其密码应用要求分析如下。

（1）身份认证：工控场景人、机、物需要实体认证，轻量化证书和密码认证协议成为实时性要求较高场景的密码应用要求。另外，紧急情况下，在不适合使用密码时，也可以采用严密的物理安全控制手段。

（2）访问控制：基于角色的访问控制可以用于限制用户的权限，使其能以最小的权限完成任务。通信需要加以认证，并对其保密性和完整性加以保护，使双方的产品进行通信，使用对称密钥加密数据交互过程。

（3）安全审计：工业控制系统需要进行周期性的审计，验证内容包括测试阶段的安全控制措施在生产系统中仍安装使用，生产系统不受安全破坏，如果受到安全破坏，则提供攻击的信息，改动项目需要为所有的变动建立审查和批准的记录。

（4）数据保护：为生产控制系统网络边界提供安全加密隧道，保证数据的完整性，实现认证和数据的保密性。

（5）安全管理：系统的安全管理包括检测、分析、提供安全和事件响应。具体内容包括动态调整安全要求，安全漏洞的优先级排序，以及安全要求到安全管理的映射——认证和授权服务器、安全密钥、流量过滤、IDS、登录等。

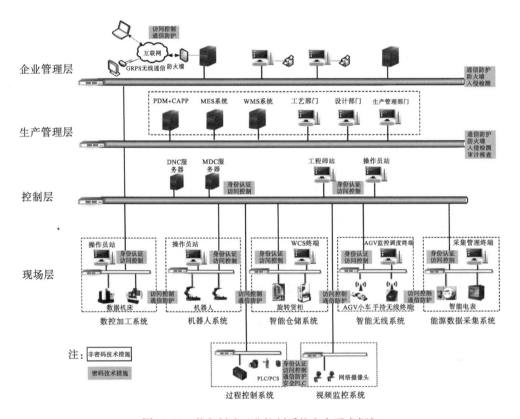

图 13-13　装备制造工业控制系统安全需求框架

从工控系统信息安全防护机制的技术体系上看，密码在认证授权、访问控制、系统及通信安全、安全审计等方面有不可替代的关键作用，密码技术与防火墙、VPN 等技术结合，形成了多种工控系统安全防护手段，同时将密码在控制器(RTU、PLC)、通信网络(现场总线、工业以太网等)等方面的深度融合，能够实现密码技术覆盖装备制造生产控制系统的各个环节，成为工业控制系统安全稳定运行的可靠保障。

技术实现主要环节分为 4 个过程：加密过程、解密过程、授权认证过程、密钥管理过程。

### 13.5.3　主要内容

装备制造行业的关键生产设施设备数控系统和生产过程控制系统如图 13-14 所示。其密码的应用场景主要分为 3 部分：设备侧、接入侧和终端侧。接入侧主要是通过工业以太网或者现场总线的方式访问数控机床的设备，如操作员站、外来维修设备等；设备侧是指数控系统或控制系统中核心的可编程控制器(PLC)的接入和控制；终端侧是指装备制造生产现场的服务器、操作员站等主机终端的人员操作和数据存储。

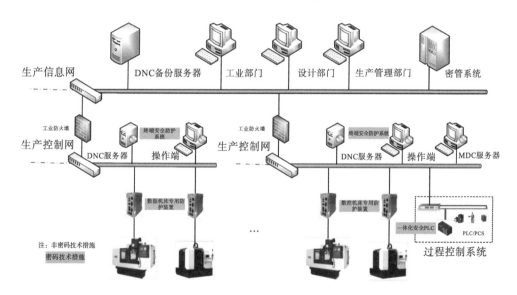

图 13-14　生产过程系统框架图

#### 1. 数控机床专用防护装置

在数控机床等重要工业生产设备端加入安全防护产品，访问数控机床等设备需要通过防护产品的身份认证，而身份认证过程中的签名/验签使用的算法采用商用密码技术。这样的安全加固简单、实用、易于部署，不会对原有的工业网络的拓扑造成任何影响，只要身份被认证通过，则工业设备生产、企业管理都不会受到多余的阻碍。对数控机床的防护主要包括如下几个方面。

(1)通用访问控制：基本的包过滤访问控制、二层访问包过滤控制、基于用户的访问控制、智能限流 ARP 控制功能。

(2)MDC 控制：对常见的 Modbus 协议和 OPC 协议进行指令级控制，实现指令级行为记录对系统状态数据进行深度监测。

(3)DNC 控制：全面监控和接管智能装备网络接口、串行接口、通用串行接口，支持对 FTP、CIFS(SMB)、NFS 协议和 NPORT 协议的管控，有效阻断恶意网络攻击和非法数据窃取行为。

(4)认证加密：在安全网关之间建立 VPN 加密隧道，并对网络数据进行数据加密。

## 2. 一体化安全 PLC

安全 PLC 由 PLC 安全模块、PLC 控制器模块(包括 CPU 模块、I/O 模块和 PLC 组态编程模块等)组成。PLC 安全模块将作为整个一体化安全 PLC 的专用信息安全模块，为 PLC 控制器提供网络安全服务，根据安全需求，PLC 安全模块需具备访问控制、二层访问控制、工业协议深度检测、VPN 通信数据加密、用户认证、入侵防御、日志记录等功能。防止非法用户访问 PLC 内部的各种资源，以保证控制系统的安全可靠运行。基于 PLC 控制系统的特点及其安全脆弱性，对 PLC 控制器的防护主要包括如下几个方面。

(1)通用网络防护：针对 FTP、TELNET、NTP 等常规网络服务的防护，针对 UDP Flood 等典型网络攻击的防护。

(2)用户认证：防止非授权用户访问 PLC 资源或服务，防止授权用户超越权限访问 PLC 资源与服务。重点对 PLC 状态查询、程序下载与上传、固件升级等服务进行严格的权限控制，防止针对 PLC 程序与固件的恶意篡改。

(3)指令检测：对流向 PLC 控制器的工业协议指令进行检测，防止非法指令访问与针对协议的 fuzzing(模糊测试)攻击。

(4)链路加密：保护 PLC 控制系统远程传输数据的机密性与完整性。

(5)基于业务的防护：基于业务特征，对写入 PLC 的控制指令进行深度检测，控制工业协议写入数据值的范围，防止外部非法操作。

## 3. 终端安全防护系统

在管理终端安装终端安全防护系统，由于工业网络并非恶意攻击的唯一切入点，主机攻击、管理漏洞造成的物理攻击等都会造成重要数据的丢失与破坏，而且网络攻击的最终目标除了破坏正常的网络运行，就是获取重要数据，因此对数据的保护非常关键。

终端安全防护系统由服务端、控制台、客户端代理、功能组件和硬件密码模块组成。对管理终端的防护主要包括如下几个方面。

(1)通用安全功能：安全管理、审计、行为管理、常规管理、准入管理、安全认证等。

(2)磁盘加密：创建加密磁盘，加密磁盘由用户的证书和创建时的密码保护实现，只有合法用户输入正确的磁盘口令才能打开加密磁盘。与普通的文件加密相比，安全性高，且与 Windows 无缝结合，用户使用普通磁盘的操作方式即可。

(3)数据加密：通过虚拟加密磁盘驱动程序在系统底层自动地对写入/读出的文件数据

块进行加/解密处理，确保文件数据在硬盘等存储介质上始终以密文的形式存在，可靠地实现了对机密文件信息的安全保护。

从工控系统信息安全防护机制的技术体系上看，密码在数据加密、认证授权、访问控制、系统及通信安全等方面均有不可替代的关键作用。

## 13.5.4　应用成效

密码应用到数控机床专用防护装置、安全 PLC 和终端安全防护系统上，在装备制造工业控制系统中具备典型的应用需求和复制推广的价值。结合智能制造和工业互联网的广泛需求，逐渐形成体系化的设备防护和数据安全传输功能。在规模化的工业制造企业中实现上述安全产品和方案的应用和推广，有效解决制造企业生产工控网通信失察、主机状态混乱等问题，将有力保障生产装备制造生产控制系统稳定高效的运行，提升企业运行效率和经济效益。

## 参 考 文 献

[1] 赵英. 商用密码在农村信用社的应用[J]. 信息安全研究, 2019, 5(12): 1120-1123.

[2] 网上银行密码应用技术要求[S]. GMT0074-2019.

[3] 2019 年支付体系运行总体情况[J].金融会计, 2020(3): 78-81.

[4] 翟峰, 冯云, 李保丰. 电力采集系统安全防护和密码管理体系[J]. 网络空间安全, 2018, 2(9): 79-85.

[5] 《中国信息安全》编辑部. 关于密码和密码法, 请看这九个问答[J]. 中国信息安全, 2019(11):60-64.

[6] 中华人民共和国国务院.国务院关于城市优先发展公共交通的指导意见（国发（2012）64 号）[OL]. [2013-01-05]. http://www.gov.cn/zhengce/content/2013-01/05/content_3346.htm.

[7] 周亮, 王永强, 李汉臣. 交通一卡通省级互联互通平台综述[J].城市公共交通, 2017(4): 18-22.

[8] 朱婷. 公交卡信息管理系统的设计与实现[D]. 成都: 电子科技大学, 2015.

[9] 范春鹏. 金融 IC 卡密钥管理系统的设计与实现[D]. 北京: 北京交通大学, 2015.

# 后　记

感谢为本书编写付出大量精力的中国电科网络信息安全有限公司、中国电子科技集团公司第三十研究所、成都卫士通信息产业股份有限公司和解放军信息工程大学等机构的"战友"们！本书是国家重点研发计划——"异构身份联盟与监管基础科学问题研究"（2017YFB0802300）和四川省重大科技专项——"党政信息网络空间安全关键技术研究与应用示范"（2017GZDZX0002）支持的成果。两年多以来，董贵山和曾光、颜亮、张景中、刘栋、张兆雷、韩斐、郝尧、陈宇翔、江东兴、白健、邓子健、宋飞、彭海洋、张远云、吴波、刘波、雷波、刘涛、夏鲁宁、侯建宁等项目组同志成立了编写组，大家在承担繁重的科研项目工作的同时，利用节假日和周末，不断挤出"海绵里的水"，终于能够为这个浩瀚磅礴、充满机遇和挑战的"数字时代"的安全与健康发展，贡献一份知识的力量。

朋友们！在这"网络融合""数据融合""物联融合""智联融合"的"数字时代"，密码通过其独特的技术特性，为"鉴别、可信、免疫"等安全基因赋能，提供网络空间"可靠的数字化生成、可信的数字化行为、可控的数字化免疫"等基础的安全功能，进一步通过技术产品打造和服务设施建设为"数字孪生"的人类世界健康发展提供保障。可以预期，未来的世界，密码就像水和空气一样，无所不在、无所不至，滋润着"数字时代"人类社会的健康发展。让智慧因密码而更安全、城市因密码更协同、生活因密码更美好！

董贵山

中国电子科技集团公司第三十研究所

2021 年 1 月 25 日